U0344120

钒冶金

Metallurgy of Vanadium

赵秦生　李中军　编著
Zhao Qinsheng Li Zhongjun

内容简介

Introduction

钒是一种重要的战略金属和钢铁的合金元素，广泛用于冶金、化工、能源、航天、电子等工业领域。本书编者在论述钒冶金的基本原理和工业实践的基础上，援引大量最新的一次资料，展示了当今世界涉及钒冶金的新思路和创新实践。

本书可供厂矿、企业、科研和教学等单位从事钒冶金、提取、加工、生产及钒制品研制从业人员使用和参考，也可用作高校相关专业的教学用书。

作者简介

About the Authors

赵秦生，男，汉族，1934 年出生。1960 年获苏联圣彼得堡工业大学物理冶金系工学硕士学位。1981 年获联邦德国亚琛工业大学工学博士学位。1960—1983 年任中南矿冶学院特种冶金系助教和讲师，1983—1985 年任中南矿冶学院冶金系副教授，1985—1996 年任中南工业大学冶金系教授。多次赴联邦德国、美国、挪威、俄罗斯等国讲学。博士生导师，享受政府特殊津贴。曾任中国有色金属学会稀有金属分会副主任委员，获省部级科技进步奖两项，发表科技论文 100 余篇，出版专著 6 部，曾任科技部国际合作专项课题负责人。

李中军，男，汉族，1963 年出生。1983 年毕业于郑州大学化学系，获理学学士学位。1989 年郑州大学化学系研究生毕业，获理学硕士学位。1998 年中南工业大学有色冶金专业博士研究生毕业，获工学博士学位。现为郑州大学教授、博士生导师，河南省化学会常务理事，河南省学术技术带头人。主要从事无机功能材料化学的教学与科学研究。先后承担完成国家及省部级等科研项目 10 余项，参编学术著作 3 部，发表 SCIE 收录论文 50 余篇，获省部级成果奖励 5 项。

学术委员会

Academic Committee

国家出版基金项目
有色金属理论与技术前沿丛书

总序

Preface

当今有色金属已成为决定一个国家经济、科学技术、国防建设等发展的重要物质基础，是提升国家综合实力和保障国家安全的关键性战略资源。作为有色金属生产第一大国，我国在有色金属研究领域，特别是在复杂低品位有色金属资源的开发与利用上取得了长足进展。

我国有色金属工业近30年来发展迅速，产量连年来居世界首位，有色金属科技在国民经济建设和现代化国防建设中发挥着越来越重要的作用。与此同时，有色金属资源短缺与国民经济发展需求之间的矛盾也日益突出，对国外资源的依赖程度逐年增加，严重影响我国国民经济的健康发展。

随着经济的发展，已探明的优质矿产资源接近枯竭，不仅使我国面临有色金属材料总量供应严重短缺的危机，而且因为“难探、难采、难选、难冶”的复杂低品位矿石资源或二次资源逐步成为主体原料后，对传统的地质、采矿、选矿、冶金、材料、加工、环境等科学技术提出了巨大挑战。资源的低质化将会使我国有色金属工业及相关产业面临生存竞争的危机。我国有色金属工业的发展迫切需要适应我国资源特点的新理论、新技术。系统完整、水平领先和相互融合的有色金属科技图书的出版，对于提高我国有色金属工业的自主创新能力，促进高效、低耗、无污染、综合利用有色金属资源的新理论与新技术的应用，确保我国有色金属产业的可持续发展，具有重大的推动作用。

作为国家出版基金资助的国家重大出版项目，“有色金属理论与技术前沿丛书”计划出版100种图书，涵盖材料、冶金、矿业、地学和机电等学科。丛书的作者荟萃了有色金属研究领域的院士、国家重大科研计划项目的首席科学家、长江学者特聘教授、国家杰出青年科学基金获得者、全国优秀博士论文奖获得者、国家重大人才计划入选者、有色金属大型研究院所及骨干企业的顶尖专家。

国家出版基金由国家设立，用于鼓励和支持优秀公益性出版项目，代表我国学术出版的最高水平。“有色金属理论与技术前沿丛书”瞄准有色金属研究发展前沿，把握国内外有色金属学科的最新动态，全面、及时、准确地反映有色金属科学与工程技术方面的新理论、新技术和新应用，发掘与采集极富价值的研究成果，具有很高的学术价值。

中南大学出版社长期倾力服务有色金属的图书出版，在“有色金属理论与技术前沿丛书”的策划与出版过程中做了大量极富成效的工作，大力推动了我国有色金属行业优秀科技著作的出版，对高等院校、研究院所及大中型企业的有色金属学科人才培养具有直接而重大的促进作用。

王淀佐

2010 年 12 月

前言

Foreword

随着世界经济的发展，钒及其化合物在科学和实践中的作用日益增加。钒在原料中主要以分散状态存在，其提取牵涉到冶金原料的综合和合理利用。

自从 C. K. Gupta 和 N. Krishnamurthy 编著的 *Extractive Metallurgy of Vanadium*(《钒的提取冶金》)一书在 1992 年出版以来，以钒冶金为题出版的书籍不多，主要有 Кобжасов А. К. 编著的 2008 年由哈萨克斯坦阿拉木图出版的 *Металлурия Ванадия и Скандия*(《钒和钪冶金》)和杨守志编著的 2010 年由北京冶金工业出版社出版的《钒冶金》。Кобжасов А. К. 的书由于出版量仅为 500 册，属教材性质，在国内未见有馆藏。

2014 年科学出版社出版的由张一敏等编著的《石煤提钒》一书弥补了从石煤综合提钒方面的空白。

在现代科技发展中，专利发明占有重要地位。然而，由于专利文献往往缺少成熟性，在专著出版物中引用较少。

本书的编写是在论述钒冶金的基本原理和工业实践的基础上，反映出当今世界涉及钒冶金的新思路和创新实践，为钒冶金工作者和研发人员提供可资参考的新方案，为钒冶金学习者和从业人员开阔思路。因此，本书在国内外专利文献和新信息的介绍上，下了较多的笔墨。编者期望本书能以此特色成为钒冶金工作者有价值的参考书，同时能对广大想学习钒冶金的人员有所裨益。

本书得到国家出版基金的资助，由赵秦生、李中军合著，最后由赵秦生统稿、修改和审定。

目录

Contents

第 1 章　钒的物理化学性质及主要化合物

1.1　钒的物理性质[1-8]

钒(vanadium)属于元素周期表第 VB 族元素，与其他 VB 族金属一样，具有体心立方结构，在 1550℃时发生多晶转变。致密钒的外观呈浅灰色，熔点较高，在冶金分类上与同一副族的铌和钽同属于稀有高熔点金属，其硬度和抗拉强度极限与加工和热处理状况以及杂质含量有密切关系。纯钒具有良好的可塑性，在常温下可轧成片、箔和拉成丝。少量的杂质，特别是碳、氧、氮和氢等间隙元素，可使钒的塑性降低，硬度和脆性增加。钒的密度介于钛和铁之间，热传导性与铁相似。钒是电的不良导体，其电导率仅为铜的十分之一。钒的主要物理性质见表 1 - 1。

表 1 - 1　钒的物理性质

性质	数值
原子序数	23
原子量	50.9415
外层电子结构	$3d^3s^2$
稳定同位素及所占百分数	50，0.25%　51，99.75%
晶体结构	体心立方
晶体常数/nm	$a = 0.30240$
原子半径/nm(20℃)	0.13112
配位数	8
原子体积/($cm^3 \cdot mol^{-1}$)	9.1
电负性	1.45
电子价	+2、+3、+4、+5
离子半径/nm	$V^{+}_{0.109}$、$V^{2+}_{0.092}$、$V^{3+}_{0.077}$、$V^{4+}_{0.067}$、$V^{5+}_{0.059}$
密度/($kg \cdot m^{-3}$)	6110
熔点/℃	1910
沸点/℃	3409
蒸气压对数值/Pa(25～1910℃)	$-26900/T + 0.33\lg T - 0.265 \times 10^{-2}T + 12.245$
比热容/($J \cdot mol^{-1} \cdot K^{-1}$)	
固体钒(298～2183 K)	$C_p = 20.50 + 10.79 \times 10^{-2}T + 0.84 \times 10^5 T^{-2}$
液体钒(2183～2600 K)	$C_p = 47.49$

续表

熔化热/($kJ \cdot mol^{-1}$)	16.74 ± 2.51
升华潜热/($kJ \cdot mol^{-1}$)	510(25℃)、502(1910℃)
电阻率/($\mu\Omega \cdot cm$)	24.8(20℃)、25.2(30.6℃)、27.4(58.9℃)
导热率/[$W \cdot (cm \cdot K)^{-1}$]	0.31(100℃)
线膨胀系数/$℃^{-1}$	8.3×10^{-6}
20 ~ 720℃(X 光法)	9.7×10^{-6}
200 ~ 1000℃(膨胀仪法)	8.95×10^{-6}
超导转变温度/K	5.13
磁化率/($M^2 \cdot mol^{-1}$)	0.11
弹性模量/MPa	$(1.2 \sim 1.3) \times 10^5$
切变模量/MPa	4.64×10^4
抗张强度/MPa	210 ~ 250
屈服强度/MPa	125 ~ 180
延伸率/%	40 ~ 60
泊松比	0.36
维氏硬度	60
捕获截面/($m^2 \cdot at^{-1}$)	
热中子吸收	$(4.7 \pm 0.02) \times 10^{-26}$
快速中子(1MeV)捕获	3×10^{-31}

1.2 钒的化学性质[1-8]

钒原子的价电子结构为 $3d^3 4s^2$，五个价电子都可以参加成键，能生成 +2、+3、+4、+5 氧化态的化合物，其中以五价钒的化合物较稳定。五价钒的化合物具有氧化性，低价钒则具有还原性，且价态愈低还原性愈强。不同氧化态的钒在酸性溶液中具有不同的电势。

不同价态的钒离子在酸性溶液中颜色不同。如 VO_2^+ 为浅黄色或淡黄色，VO^{2+} 为蓝色，V^{3+} 为绿色，V^{2+} 为紫色。因此，可以根据离子的颜色和颜色的深浅初步鉴别酸性溶液中钒离子的价态和离子浓度。

室温下致密状态的金属钒较稳定，不与空气、水和碱作用，也能耐稀酸。高温下，金属钒能与碳、硅、氮、氧、硫、氯、溴等非金属元素反应形成含钒化合物，其中钒与碳、氮、硅等形成的化合物属间隙相化合物，其中钒无确切的价态。当金属钒在空气中加热时，钒氧化成棕黑色的三氧化二钒、蓝色的四氧化二钒，并最终成为橘红色的五氧化二钒。钒在氮气中加热至 900 ~ 1300℃ 会生成氮化钒。钒与碳在高温下可生成碳化钒，但碳化反应必须在真空中进行。当钒在真空下或惰性气氛中与硅、硼、磷、砷一同加热时，可形成相应的硅化物、硼化物、磷化物和砷化物。

钒与副族元素可以形成合金、含酸盐及含钒杂多酸盐。与其他过渡金属一样，钒可与其他配体结合而生成配合物。例如 VO^{2+} 和 V^{3+} 离子都能与 F^-、SCN^-、$C_2O_4^{2-}$ 等形成配合物。

钒具有较强的抗腐蚀性能，不仅能抗普通水和海水的腐蚀，亦可以抗非氧化性酸和碱溶液的浸蚀。在室温下除了氢氟酸能与钒缓慢反应外，其他氢卤酸与钒均不起反应。热的浓硫酸、浓氯酸、硝酸和王水等氧化性酸能与钒反应生成钒酸。在空气存在下金属钒能溶解于熔融的碱、碱金属碳酸盐和硝酸盐，并生成相应的钒酸盐。钒在不同介质中的耐腐蚀行为列于表 1－2。表 1－3 列出钒在液态金属中的耐蚀性。钒的热力学性质见表 1－4。

表 1－2　钒在各种介质中的耐蚀性

腐蚀介质及条件	腐蚀速度/($mm \cdot h^{-1}$)	
	空气	氦气
自来水,35℃,30 d	2.03×10^{-6}	0.0
模拟海水,35℃,30 d	5.80×10^{-7}	0.0
氯化钠 3%,35℃,30 d	1.16×10^{-6}	0.0
氯化钠 20%,喷雾,室温		
三氯化铁 5% +10% 氯化钠,室温	2.61×10^{-2}	
三氯化铁 20%,30℃,2.8 d	0.01	0.01
氯化汞 5%,30℃,6 d	1.86×10^{-4}	1.83×10^{-4}
氢氧化钠 10%,30℃,6 d	1.13×10^{-5}	2.89×10^{-7}
硫酸溶液		
0.5%,35℃,6 d	1.45×10^{-6}	
4.8%,35℃,6 d	1.74×10^{-6}	
4.8%,60℃,6 d	6.09×10^{-6}	
10%,70℃,鼓空气	2.05×10^{-5}	
10%,70℃,不鼓空气	1.25×10^{-5}	
10%,沸腾	1.25×10^{-4}	
13.9%,35℃,6 d	3.48×10^{-6}	
58.8%,35℃,6 d	1.13×10^{-5}	
58.8%,60℃,6 d	6.32×10^{-5}	
盐酸溶液		
3.6%,35℃,6 d	1.74×10^{-6}	
3.6%,60℃,6 d	5.51×10^{-6}	
7.1%,35℃,6 d	3.19×10^{-6}	2.90×10^{-6}
10%,70℃,鼓空气	2.54×10^{-5}	
20%,70℃,鼓空气	1.57×10^{-4}	

续表

腐蚀介质及条件	腐蚀速度/(mm·h^{-1})	
	空气	氦气
20.2%,35℃,6 d	1.59×10^{-5}	
20.2%,60℃,6 d	1.03×10^{-4}	
30.9%,60℃,6 d	3.80×10^{-4}	
36.3%,35℃,6 d	8.64×10^{-5}	
37%,室温,不鼓空气		9.04×10^{-5}
硝酸溶液		
3.1%,35℃,6 d	2.90×10^{-6}	
3.1%,60℃,6 d	1.26×10^{-5}	
11.8%,35℃,6 d	7.83×10^{-6}	
11.8%,60℃,6 d	>0.01	
17.2%,35℃,2 d	$<6.58\times10^{-2}$	
磷酸溶液		
10%,35℃,6 d	1.16×10^{-6}	
10%,60℃,6 d	5.22×10^{-6}	
50%,35℃,6 d	2.61×10^{-6}	
50%,60℃,6 d	1.25×10^{-5}	
85%,35℃,6 d	2.90×10^{-6}	
85%,60℃,6 d	1.83×10^{-5}	
蚁酸溶液		
10%,35℃,6 d	1.45×10^{-6}	5.80×10^{-7}
10%,60℃,6 d	3.48×10^{-6}	2.32×10^{-6}
乳酸溶液		
10%,35℃,6 d	8.69×10^{-7}	2.90×10^{-7}
10%,60℃,6 d	3.19×10^{-6}	1.74×10^{-6}
草酸溶液		
9%,35℃,6 d	1.25×10^{-5}	5.22×10^{-6}
9%,60℃,6 d	2.84×10^{-5}	2.00×10^{-6}
酒石酸溶液		
10%,35℃,6 d	1.16×10^{-6}	2.90×10^{-7}
10%,60℃,6 d	4.35×10^{-6}	1.45×10^{-6}
柠檬酸溶液		
10%,35℃,6 d	5.80×10^{-7}	2.90×10^{-7}
10%,60℃,6 d	2.32×10^{-6}	8.70×10^{-7}

表 1-3　钒在液态金属中的耐蚀性

液态金属	试验温度/℃	试验时间及结果
钠	500	抗蚀性好，腐蚀速度为 0.2 mg/cm^2
钠(Na_2O)	613	静态试验，呈缎灰色暗晦，0.2 mg/cm^2
钠(Na_2O_3，0.001%)	700	静态试验 288 h，增重 0.10%，未浸蚀
55%铋，44.5%铅	649	抗腐性好，静态试验 500 h
55%铋，32%铅，16%锡	649	抗腐性好，静态试验 500 h
52.3%铋，21.9%铟，25.8%铅	649	抗腐性好，静态试验 500 h
49.5%铋，11.6%锡，17.6%铅，21.3%铟	649	抗腐性好，静态试验 500 h
57.5%铋，44.5%铅	482	动态试验，1008 h，试样增重，抗腐性好
52%铋，32%铅，16%锡	649	动态试验，1008 h，腐蚀速度 20 mg/cm^2

表 1-4　钒的热力学性质[3]

T/K	$c_p^\ominus(T)$	$\varphi^\ominus(T)$	$S^\ominus(T)$	$H^\ominus(T)-H^\ominus(0)/(kJ\cdot mol^{-1})$
	J/(mol·K)			
298.15	24.480	13.309	28.670	4.580
300	24.509	13.404	28.822	4.625
400	25.641	18.197	36.043	7.138
500	26.401	22.366	41.849	9.742
600	27.054	26.030	46.721	12.415
700	27.690	29.294	50.939	15.152
800	28.348	32.237	54.679	17.954
900	29.046	34.922	58.058	20.823
1000	29.792	37.392	61.157	23.765
1100	30.594	39.685	64.033	26.783
1200	31.453	41.827	66.732	29.885
1300	32.373	43.842	69.285	33.076
1400	33.353	45.747	71.720	36.362

续表

T/K	$c_p^\ominus(T)$	$\varphi^\ominus(T)$	$S^\ominus(T)$	$H^\ominus(T)-H^\ominus(0)$/(kJ·mol^{-1})
	J/(mol·K)			
1500	34.396	47.557	74.065	39.749
1600	35.502	49.284	76.311	43.243
1700	36.671	50.959	78.498	46.851
1800	37.904	52.529	80.629	50.579
1900	39.201	54.063	82.713	54.434
2000	40.562	55.547	84.758	58.422
2100	41.987	56.986	86.771	62.549
2200	43.477	58.385	88.758	66.821
2220	43.783	58.660	89.153	67.694
2220	45.600	58.660	99.514	90.694
2300	45.600	60.110	101.128	94.342
2400	45.600	61.859	103.069	98.902
2500	45.600	63.545	104.930	103.462

注：2220K 是文献[3]著者认定的钒的熔点。

1.3 钒的主要化合物[1-8]

由于钒是多变价元素，且具有强烈的形成络合物的倾向，因此钒能形成数量较多的各式各样的化合物。已发现的钒的化合物有 2 价、3 价、4 价和 5 价。最稳定的是 5 价钒的化合物，这与钒原子中的电子分布(2, 8, 11, 2)有关，在释放两个外层电子和 3 个次外层电子后，钒具有惰性气体氩的稳定原子结构。V^{5+}/V^{4+}体系的标准氧化—还原电位为 1.01 V。从能量转换上看 5 价钒与 4 价钒容易相互转变。

1.3.1 氧化物

钒与氧主要形成 4 种化合物：一氧化钒 VO(或 V_2O_2)，倍半氧化钒 V_2O_3，二氧化钒 VO_2(常被称为四氧化二钒，并写作 V_2O_4)和五氧化钒 V_2O_5(准确的应称为五氧化二钒)。在文献中还出现过多种 4 价和 5 价钒的中间化合物。钒与氧形成众多的氧化物，但公认的主要氧化物为 V_2O_5、V_2O_4、V_2O_3和 VO，它们的主要性质列在表 1-5 中[2]。

表 1-5　钒氧化物的性质

性质	V_2O_5	V_2O_4	V_2O_3	VO
颜色	橙黄	蓝	黑	浅灰或淡绿
结构	斜方	单斜	密排六方 刚玉型	面心立方 NaCl 型
密度/(kg·m^{-3})	3357	4339	4870	5758
熔点/℃	678	1542	1957	1790
沸点/℃	1750℃分解			
蒸气压	$p_{V_2O_5(液)} = p_{V_2O_5(气)}$①			
$\Delta H^{\ominus}_{298}$/(kJ·mol^{-1})	-1550.6	-713.37	-1218.8	-431.8
$S^{\ominus}_{298}$/(J·K·mol^{-1})	130.5	51.46	98.07	38.91
$\Delta G^{\ominus}_{298}$/(kJ·mol^{-1})	-1420.0	-659.4	-1139.5	-404.4

①$\lg p = 7.175 \sim 7100/T$，$T = 950 \sim 1500$ K（p 为表观蒸气压，单位：Pa，随温度升高 V_2O_5 失氧）。

$VO - V_2O_5$ 的相图如图 1-1 所示。从该相图可以看出，除主要氧化物 V_2O_5、V_2O_4、V_2O_3 和 VO 外，尚有一些中间氧化物存在。应当指出的是，在 $V_2O_5 - V_2O_4$ 之间还应有一些中间氧化物，但该相图未指出它们的存在。

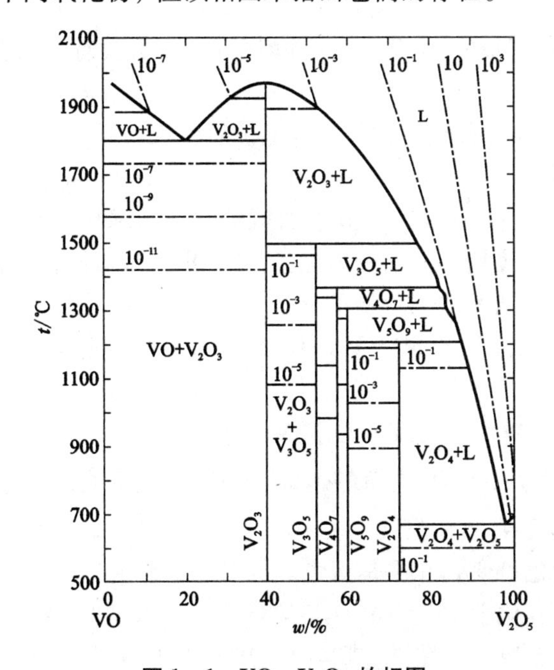

图 1-1　$VO - V_2O_5$ 的相图

1.3.1.1 **一氧化钒 VO**

VO 通常由还原高氧化态的钒化物制得。将一氯氧钒 VOCl 在氢气流中加热至红热状态或将 V_2O_3与粉末状金属钒按化学计量混合后加热均可制得 VO。

$$V_2O_3 + V = 3VO$$

一氧化钒曾被长时间当作是金属钒，因为它能导电、具有高密度(5.76 g/cm^3)和金属光泽。VO 不溶于水，在氯气中燃烧变为 VCl_3。它具有碱性：在稀酸中溶解形成二价钒的盐类。二价钒盐是强还原剂，它们在空气中不稳定，很容易被氧化。VO 易形成非化学计量化合物，具有 NaCl 缺陷性结构。二价钒盐与二价铁、铬、锰的盐类可形成类质同象。

当用碱作用于二价钒盐的水溶液时有二价钒的棕褐色水解物沉淀 $V(OH)_2$产生。它迅速氧化成三价钒的水解物 $V(OH)_3$。除单盐(例如 $VSO_4 \cdot 7H_2O$)外，二价钒的硫酸盐可以成为各种复盐和络盐的组成。例如，$(NH_4)_2SO_4 \cdot VSO_4 \cdot 6H_2O$ 就与莫尔盐(硫酸亚铁铵)的成分类似。

1.3.1.2 **倍半氧化钒 V_2O_3**

将五氧化二钒或偏钒酸铵在氢气中于 600 ~ 900℃下加热即可制得。在无空气存在时 V_2O_3可稳定直至白热。进一步加热它可被残留的空气逐渐氧化成 VO_2，后者呈靛青蓝色晶体。

$$2V_2O_3 + O_2 = 4VO_2$$

当 V_2O_3与 FeO、MgO、MnO、CaO 等熔合时，生成具有尖晶石结构的复合物，例如 $FeO \cdot V_2O_3$。

当 V_2O_3在空气中加热时，它与其他低价氧化钒一样，氧化成 V_2O_5。V_2O_3为碱性化合物，既不溶于水也不溶于碱溶液，易溶于酸性溶液。三价钒化合物的酸性溶液呈绿色。向 V_2O_3的酸性溶液添加氨水时析出绿色水合物沉淀 $V(OH)_3$。该水合物随其氧化程度增加逐渐变为棕色。$V(OH)_3$呈碱性，不溶于过量的碱中。

三价钒的含氧盐与其他三价钒的化合物一样，比二价钒的化合物稍微稳定。三价钒盐的代表有钒钾矾 $K_2SO_4 \cdot V_2(SO_4)_3 \cdot 24H_2O$ 和钒铯矾 $Cs_2SO_4 \cdot V_2(SO_4)_3 \cdot 24H_2O$。

1.3.1.3 **二氧化钒 VO_2(或四氧化二钒 V_2O_4)**

用 V_2O_5 与碳微热，V_2O_5 与草酸熔合，V_2O_5 或偏钒酸铵在分解氨中于 400℃左右加热还原，或将 V_2O_3在空气中缓慢加热均可制得二氧化钒。VO_2的颜色与制备方法有关，从蓝色可变到几乎是黑色。据最近的研究结果，VO_2中钒的价态为三价和五价，因此其化学式应为 $V_2O_3 \cdot V_2O_5$。还有人认为，在 VO_2中除金属—氧键外，还有金属—金属键。在钒(或其他过渡元素)的未饱和化合物的晶格中存在此类相互作用的原子簇，会影响这些化合物的磁学、电学和其他性质。

VO_2是两性化合物，可溶于酸中形成钒氧基离子 VO^{2+}，也能与碱作用形成四价钒的钒酸盐。当二氧化钒和它的水合物溶解在非氧化性酸中时，得到蓝色的钒盐溶液：

$$VO_2 + H_2SO_4 = VOSO_4 + H_2O$$

VO^{2+}基带有两个正电荷，称作钒酰，其聚合物 $V_2O_2^{4+}$ 被称为二钒酰。

用铋汞齐、亚硝酸、二氧化硫和一些有机物质还原五氧化二钒在硫酸中的溶液，可得到钒酰盐的溶液。从溶液中析出的钒酰水合盐为蓝色，而无水盐为绿色或褐色。

从含过量硫酸的溶液中蒸发结晶得到亮蓝色的酸性钒酰硫酸盐 $2VOSO_4 \cdot H_2SO_4$ 的水合物，或二氧三硫酸二钒(IV)酸 $H_2[V_2O_2(SO_4)_3]$。这一化合物的衍生物，例如 $K_2SO_4 \cdot 2VOSO_4$，为亮蓝色方片状。另一类 $M_2^1SO_4 \cdot 2VOSO_4$型的钒酰硫酸盐的复盐，可以看作是氧二硫酸硫酸盐 $M_2^1[VO(SO_4)_2]$。当用碱作用于钒酰盐溶液时，沉淀出呈肮脏灰色的水合物 $V_2O_4 \cdot 7H_2O$。当 VO_2溶解于碱液中时，形成多亚钒酸 $H_2V_4O_9$的盐类溶液。相应的盐类被称为亚钒酸盐或次钒酸盐。

1.3.1.4　五氧化二钒

五氧化二钒或钒酸酐是钒最重要的化合物，是制取许多钒化合物的原料。

在空气中加热偏钒酸铵可得到五氧化二钒：

$$2NH_4VO_3 = V_2O_5 + 2NH_3 + H_2O$$

上述反应应在不断搅拌下和空气供应充足的情况下进行，以避免生成的 V_2O_5 被氨还原成低价氧化物和氮化物。制造 V_2O_5 的另一类方法是令三氯氧钒 $VOCl_3$或其他五价钒的化合物水解成 $V_2O_5 \cdot nH_2O$，然后进行脱水。

$$2VOCl_3 + 3H_2O = V_2O_5 + 6HCl$$

在空气中或氧气中加热粉末状钒、低价氧化钒和碳化钒也能得到 V_2O_5，尽管这些反应通常进行得不甚完全。从金属钒生产 V_2O_5 伴随着大量热的释放。

$$2V + 5/2O_2 = V_2O_5 + 1588.4\ kJ$$

五氧化二钒有两种形态：无定形和结晶态。无定形 V_2O_5 呈砖红色、橙色或黄色，随制备方法和条件的不同而有差异；而结晶态的 V_2O_5 呈紫红色。在实验室中分解偏钒酸铵得到的五氧化二钒是无定形的。将其加热到熔化并随后冷却，可使其变为结晶态。V_2O_5 的密度为 3.32 ~ 3.56 g/cm³，熔点 660℃。V_2O_5 熔化时伴有氧的释放。

五氧化二钒不吸湿，在水中的溶解度不大，按不同作者的数据在25℃时为0.005% ~0.07%。

五氧化二钒的水溶液具有酸性反应，与碱作用生成盐类。随溶液酸度不同析出的水合 V_2O_5 沉淀成分分别为 $V_2O_5 \cdot 3H_2O$、$V_2O_5 \cdot 2H_2O$、$V_2O_5 \cdot H_2O$，这与正钒酸、焦钒酸和偏钒酸相对应。

向钒酸盐溶液添加无机酸时，含钒离子的成分逐渐发生变化。最终从溶液中沉淀出水合五氧化二钒 $V_2O_5 \cdot nH_2O$ 的红棕色凝胶状沉淀。水合五氧化二钒很容易生成胶体溶液。

五氧化二钒及其在酸性介质中的溶液在颇多情况下是氧化剂。钒的还原程度取决于还原剂的性质、浓度和其他条件。例如，SO_2在无湿度的情况下将 V_2O_5 还原成 VO_2：

$$V_2O_5 + SO_2 = 2VO_2 + SO_3$$

加热能使反应明显加速。这一反应以及二氧化钒能被氧氧化成 V_2O_5 的性能，乃是在硫酸生产中钒触媒的工作原理。在吸水物质存在情况下干燥的氯化氢能与五氧化二钒反应生成 $VOCl_3$：

$$V_2O_5 + 6HCl = 2VOCl_3 + 3H_2O$$

然而，浓盐酸与 V_2O_5 在加热时相互反应能析出氯气：

$$V_2O_5 + 2HCl = 2VO_2 + Cl_2 + H_2O$$

上述反应可逆。为了使五氧化二钒彻底还原到 V(+4)，必须维持反应物料中 HCl 的高浓度。在硫酸酸化了的水溶液中钒盐容易被铋汞齐还原到 V(+4)，被镁还原到 V(+3)，被锌汞齐还原到 V(+2)。某些还原方法处理后，随后用高锰酸钾溶液滴定被还原了的含钒溶液，曾被用于钒的定量测定。

V_2O_5 是两性氧化物，但其碱性弱，酸性强，易溶于碱形成钒酸盐。虽然强酸也能使 V_2O_5 溶解，但它与碱形成五价钒的钒酸盐的趋势更为明显。V_2O_5 溶于酸、碱后，生成物的形态取决于溶液的钒浓度和 pH。

1.3.2 钒酸

五价钒的含氧酸在水溶液中能形成钒酸根阴离子或钒氧基阳离子。钒酸根能以多种聚合状态存在，其性质对钒的生产极其重要。

钒酸的存在形式主要与溶液的酸度和钒的浓度有关。在高碱度下主要以正钒酸根 VO_4^{3+} 形式存在，当水溶液逐渐被酸化时，钒酸根会发生一系列水解反应。

当钒的浓度很低时，例如小于 1 mmol/L，在各种 pH 下钒均以单核形式存在。随着钒浓度的增加，由于其有很强的聚合能力，会产生一系列聚合反应。这种性质随 pH 的下降而加强。图 1 -2 示出钒酸水溶液的状态与钒浓度和 pH 的关系。从图中可以看出，在一定的钒浓度下，从碱性或弱碱性溶液析出的钒酸盐是正钒酸盐或焦钒酸盐；当溶液接近中性时，析出的是四聚体 $V_4O_{12}^{4-}$ 或三聚体 $V_3O_9^{3-}$ 的偏钒酸盐；当溶液呈弱酸性或酸性时，析出的是多钒酸盐，如 $V_{10}O_{28}^{6-}$ 的十钒酸盐。

在 40℃ 和 pH 2 ~8 时，钒酸存在的主要形式是 $V_3O_9^{3-}$、$V_4O_{12}^{4-}$、$HV_6O_{17}^{3-}$、$HV_{10}O_{28}^{5-}$。当 pH 下降到 2 以下时，十钒酸盐会转变成十二钒酸盐，其反应如下：

$$6H_6V_{10}O_{28} = 5H_2V_{12}O_{31} + 13H_2O$$

研究证明，水合 V_2O_5 是 $H_2V_{12}O_{31}$ 的多聚体，其中的质子可被其他金属正离

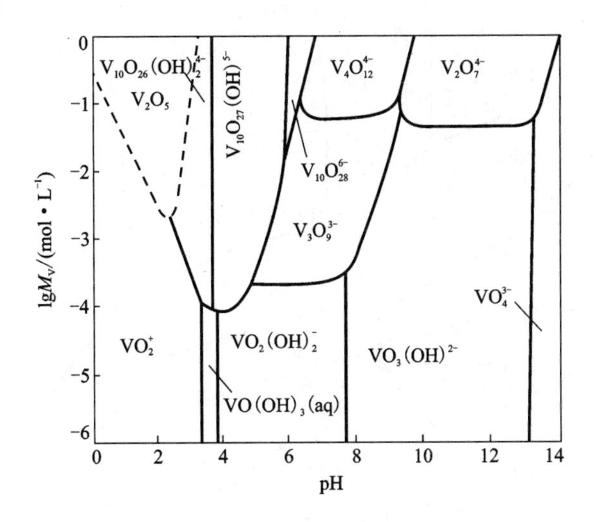

图1-2　在不同pH和钒的总摩尔浓度下钒酸水溶液的状态分布图

子取代，取代的顺序如下：

$$K^+ > NH_4^+ > Na^+ > H^+ > Li^+$$

当含钒溶液的酸度增加到 $pH<3$，特别是 $pH<1$ 时，多聚体受到质子的破坏而转变为 VO_2^+，其反应如下：

$$H_2V_{12}O_{31} + 12H^+ = 12VO_2^+ + 7H_2O$$

钒酸根离子也能与其他酸根离子，如钨、磷、砷、硅等的酸根离子形成复盐，构成钒酸盐杂质的部分来源。

从图1-2中还可以看到，当含钒溶液的 $pH<1$ 时，钒主要以 VO^{2+} 离子存在，即多聚钒酸根离子遭到破坏。

图1-3为钒浓度为 1.0×10^{-2} mol/L 时溶液的电位-pH图。从图可见，钒酸根仅在高电位和高pH时才稳定。当 $pH<4$ 时，钒可以随电位的下降，依次形成各种阳离子 VO^{2+}、V^{3+}、$V(OH)^{2+}$ 和 V^{2+}。图中还表示出钒以其各种氧化态固体沉淀的电位-pH范围。

1.3.3　钒酸盐[1]

通常说的钒酸盐多指含V(V)的钒酸盐。最常见的钒酸盐有三种：正钒酸盐 $3M_2O\cdot V_2O_5$ 或 M_3VO_4，焦钒酸盐 $2M_2O\cdot V_2O_5$ 或 $M_4V_2O_7$，偏钒酸盐 $M_2O\cdot V_2O_5$ 或 MVO_3(式中M代表一价金属离子)。含 $(V_3O_9)^{3-}$ 或 $(V_4O_{12})^{4-}$ 离子的钒酸盐也称为偏钒酸盐。除上述钒酸盐类型外，还有大量被称为多钒酸盐的钒酸盐类型，如含 $(V_{10}O_{28})^{6-}$ 离子的称为十钒酸盐。Bi、Ca、Cd、Cr、Co、Cu、Fe、Pb、Mg、Mn、Mo、Ni、K、Ag、Na、Sn和Zn均能生成钒酸盐。

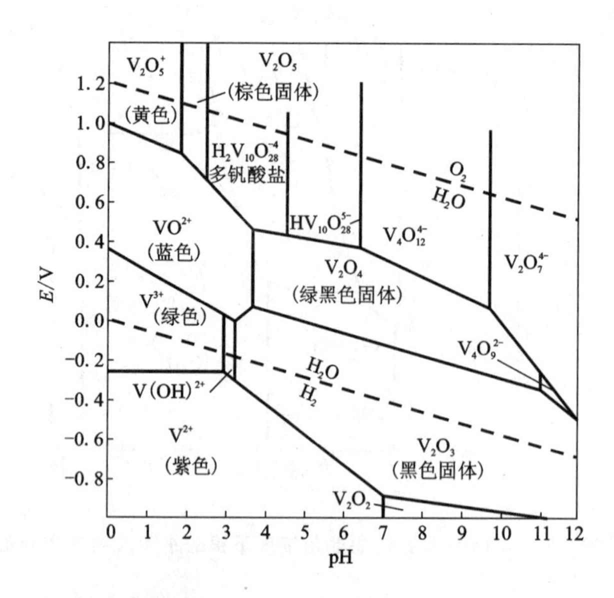

图1-3　钒离子和钒化合物在水溶液中于25℃和总压100 kPa下的稳定区图([V] = 10^{-2} mol/L)

在多钒酸盐的组成中 V_2O_5 与碱性氧化物摩尔数之比较偏钒酸盐高。例如，六钒酸盐 $H_4V_6O_{17}$ 或 $3V_2O_5 \cdot 2H_2O$。当用数量递增的盐酸处理正钒酸钠 Na_3VO_4 时，在最终的溶液中有 $[HV_6O_{17}]^{3-}$ 离子存在。离子组成的变化按下列顺序(从正钒酸盐存在时的 VO_4^{3-} 离子开始)：

$2VO_4^{3-} + 2H^+ \rightleftharpoons V_2O_7^{4-} + H_2O$　焦钒酸盐　(pH 12 ~ 10.6)；

$3V_2O_7^{4-} + 6H^+ \rightleftharpoons 2V_3O_9^{3-} + 3H_2O$　偏钒酸盐　(pH 9 ~ 8.9)；

$2V_3O_9^{3-} + 3H^+ \rightleftharpoons HV_6O_{17}^{3-} + H_2O$　六钒酸盐　(pH 7 ~ 6.8)；

在溶液中最稳定的是偏钒酸盐，最不稳定的是正钒酸盐，它们甚至在冷态下也迅速水解，转变成焦钒酸盐：

$$2Na_3VO_4 + H_2O \rightleftharpoons Na_4V_2O_7 + 2NaOH$$

当溶液加热时焦钒酸盐转变成偏钒酸盐。

$$Na_4V_2O_7 + H_2O \rightleftharpoons 2NaVO_3 + 2NaOH$$

上述反应均可逆。将生成的碱束缚掉可使反应的平衡向溶液中形成偏钒酸盐方向移动。

将五氧化二钒溶解在 NaOH 溶液中会导致 $V_2O_5 - Na_2O - H_2O$ 体系中在75℃下生成固体相 V_2O_5、$Na_4V_2O_7$、Na_3VO_4 和 $Na_8V_2O_9 \cdot 12H_2O$；在较低温度下生成固体相 V_2O_5、$Na_2V_6O_{16} \cdot 20H_2O$、$Na_4V_2O_7 \cdot 18H_2O$、$Na_3VO_4 \cdot 10H_2O$ 和 $Na_8V_2O_9 \cdot 30H_2O$。

钒酸盐的性质列于表1-6，热力学性质见表1-7[2]。

碱金属和镁的偏钒酸盐可溶于水，得到的溶液呈淡黄色。其他金属的偏钒酸盐不太能溶于水。

表1-6　钒酸盐的物理性质

化合物	化学式	外观	熔点/℃	溶解度
偏钒酸	HVO_3	黄色鳞状		溶于酸和碱
偏钒酸铵①	NH_4VO_3	淡黄或无色结晶	200℃分解	微溶于水
偏钒酸钾	KVO_3	无色结晶		溶于热水
偏钒酸钠	$NaVO_3$	无色单斜柱状	630	溶于水
正钒酸钠	Na_3VO_4	无色六方柱状	850~856	溶于水
焦钒酸钠	$Na_4V_2O_7$	无色六方柱状	632~654	溶于水

①密度2326 kg/m^3。

表1-7　钒酸盐的热力学性质

化合物	化学式	$\Delta H_{298}^{\ominus}/(kJ\cdot mol^{-1})$	$\Delta G_{298}^{\ominus}/(kJ\cdot mol^{-1})$	熔点/℃
钒酸一钙	CaV_2O_6	-143.5(-2330)	-146.02(-2170)	778
钒酸二钙	$Ca_2V_2O_7$	-262.3(-3083)	-265.47(-2893)	1015
钒酸三钙	$Ca_3V_2O_8$	-322.17(-3778)	-329.28(-3561)	1380
钒酸亚铁	FeV_2O_6	-81.17(-1899)	-83.68(-1750)	
钒酸二铅	$Pb_2V_2O_7$	-146.86(-2133)	-149.37(-1946)	722
钒酸三铅	$Pb_3V_2O_8$	-170.71(-2375)	-176.77(-2161)	960
钒酸一镁	MgV_2O_6	-49.16(-2201)	-50(-2039)	
钒酸二镁	$Mg_2V_2O_7$	-81.80(-2836)	-86.82(-2645)	710
钒酸锰	MnV_2O_6	-63.81(-2000)	-66.11(-1849)	
偏钒酸钠	$NaVO_3$	-161.92(-1145)	-165.06(-1064)	630
焦钒酸钠	$Na_4V_2O_7$	-534(-2917)	-544.76(-2720)	632~654
正钒酸钠	Na_3VO_4	-357(-1756)	-360(-1637)	850~856
偏钒酸铵	NH_4VO_3	-108.4(-1051)	-45.19(-886)	

注：括号内的数值为从元素合成的热力学参数值。

1.3.3.1　钒酸钠

对钒冶金而言，最重要的钒酸盐是钒酸钠。比较常见的形式包括：偏钒酸钠

($NaVO_3$)、焦钒酸钠($Na_4V_2O_7$)和正钒酸钠(Na_3VO_4)。它们在水中易溶，生成水合物。以偏钒酸钠为例，在35℃以上时它能从其溶液中析出无水结晶，而在35℃以下则析出 $NaVO_3 \cdot 2H_2O$。偏钒酸钠的溶解度随温度升高而增加，有关数据见表1-8。

表1-8　偏钒酸钠在水中的溶解度①

化 合 物	25℃	40℃	60℃	70℃	75℃
$NaVO_3$	21.1	26.23	32.97	36.9	38.8
$NaVO_3 \cdot 2H_2O$	15.2	29.9	69.9		

①溶解度的单位为100 g水中偏钒酸钠的质量(g)，表1-9同此。

将 V_2O_5 溶解在 Na_2CO_3 或 NaOH 的水溶液中可制得偏钒酸钠。偏钒酸钠通常含两个结晶水。在空气存在下将 V_2O_5 或其他含 V_2O_5 的物料与 NaCl 焙烧可得到无水偏钒酸钠。反应中 NaCl 发生如下反应：

$$2NaCl + 1/2O_2 = Na_2O + Cl_2$$

氯化钠的分解产物(Na_2O 和 Cl_2)均能促使含钒物料分解。通过下列反应生成偏钒酸钠：

$$Na_2O + V_2O_5 = 2NaVO_3$$

偏钒酸钠在水溶液中常聚合为 $Na_3(VO_3)_3$ 或 $Na_4(VO_3)_4$，而聚合物又会进一步离解为 Na^+、$V_3O_9^{3-}$ 和 $V_4O_{12}^{4-}$ 离子：

$$3NaVO_3 \rightleftharpoons Na_3(VO_3)_3 \rightleftharpoons 3Na^+ + V_3O_9^{3-}$$

$$4NaVO_3 \rightleftharpoons Na_4(VO_3)_4 \rightleftharpoons 4Na^+ + V_4O_{12}^{4-}$$

因此，偏钒酸钠在水溶液中主要以聚合状态存在。

偏钒酸钠是有毒的，最高容许浓度为0.5 mg/m^3。

焦钒酸钠的水合物有 $Na_4V_2O_7 \cdot 15H_2O$、$Na_4V_2O_7 \cdot 18H_2O$ 和 $Na_4V_2O_7 \cdot 20H_2O$。在水溶液中会发生如下反应：

$$Na_4V_2O_7 \rightleftharpoons 4Na^+ + V_2O_7^{4-}$$

$$V_2O_7^{4-} + H_2O \rightleftharpoons 2HVO_4^{2-}\ (pH = 12.2 \sim 14)$$

正钒酸钠(Na_3VO_4)及其他金属正钒酸盐可用 V_2O_5 与金属的碳酸盐或氢氧化物熔合的方法制备。正钒酸盐中只有 Na_3VO_4 和 K_3VO_4 能较好溶于水。

当将三价铁盐溶液与含有钒酸根离子的溶液作用时，生成正钒酸铁 $FeVO_4$ 的黄色沉淀。它总是含有水。正钒酸铁的无水盐可以用将铁铵矾溶液与硫酸氧钒溶液作用的方法制得。在用氨水中和后，沉淀出具有不同组分和颜色的水合物类型的沉淀。由于三价铁对四价钒的氧化，最初析出黄色的 $FeVO_4$ 无水盐，然后析出

V_2O_4、亚铁氢氧化物和两者的混合物。

在750℃煅烧过的 $FeVO_4$ 在100℃时的溶解度为100 mL 水中1.5 g。生成 $FeVO_4$ 的反应有时用于从溶液中析出钒。

1.3.3.2　偏钒酸铵

偏钒酸铵在钒的湿法冶金中占有重要地位。偏钒酸铵为白色或微带黄色的晶体粉末，微溶于水和氨水，而难溶于冷水。它在不同温度下于水中的溶解度见表1-9。当水溶液中有铵盐存在时，因同离子效应，偏钒酸铵的溶解度下降。这一现象在钒的湿法冶金中被广为应用。

表1-9　偏钒酸铵在水中的溶解度[4]

0℃	12.5℃	18℃	20℃	25℃	35℃	45℃	55℃	60℃	70℃
0.066	0.44		0.510	0.6082 0.77	1.077 1.150	1.5712	1.9972	2.55	3.0466

偏钒酸铵在常温下稳定，加温时易分解。它在空气中的分解反应为：

$$6NH_4VO_3 = (NH_4)_2O \cdot 3V_2O_5 + 4NH_3 + 2H_2O$$

$$2NH_4VO_3 = V_2O_5 + 2NH_3 + H_2O$$

即在较低温度时，分解的固体产物中仍含有部分氨；温度较高时，分解的固体产物为 V_2O_5。

偏钒酸铵可用于生产五氧化二钒和其他钒盐。向 $NaVO_3$ 的浓溶液添加过量的氯化铵可制得 NH_4VO_3：

$$NaVO_3 + NH_4Cl = NH_4VO_3 + NaCl$$

将 V_2O_5 溶解在过量的氨水中，然后添加酒精（NH_4VO_3 不溶于酒精）也可制得偏钒酸铵。在12.5℃下100 mL 水中能溶解0.44 g NH_4VO_3。

在钒的湿法冶金中，以偏钒酸铵形式从溶液中分离钒可使钒与大多数杂质分离，杂质留在溶液中。

1.3.3.3　其他钒酸盐

1. 偏钒酸钙 $Ca(VO_3)_2 \cdot 3H_2O$

将含有 NH_4VO_3 和 $CaCl_2$ 的溶液煮沸可得到偏钒酸钙。偏钒酸钙是一种溶解度最小的钒酸盐，用来从水溶液中沉淀钒。

偏钒酸钙呈柠檬黄色，在20℃和70℃下的溶解度分别为0.0091 mol/L 和0.125 mol/L。其特点是易于形成过饱和溶液。向偏钒酸钠溶液添加石灰水或固体氧化钙在pH = 5.1 ~ 6.1时产生偏钒酸钙沉淀。

2. 偏钒酸铁（Ⅱ）$Fe(VO_3)_2$

将亚铁离子与 KVO_3 溶液作用可得 $Fe(VO_3)_2$。它容易溶于盐酸中，但难溶于水和氯化钠溶液中。100℃时 $Fe(VO_3)_2$的溶解度为 100 mL 水中 1.8 g。

3. 过钒酸盐

将 H_2O_2作用于碱金属偏钒酸盐溶液会形成 $M_4V_2O_x$（$x>7$）类型的过钒酸 $H_4V_2O_x$的衍生物，过钒酸 $H_4V_2O_x$不能独立存在。过钒酸盐溶液呈黄色（在强酸性溶液中呈红色），这在分析化学中得到利用。过钒酸盐呈黄色，不溶于酒精，用硫酸作用于过钒酸盐溶液时，过钒酸盐分解并析出氧。

1.3.4 钒的卤化物

钒能与卤素生成二价、三价和四价的卤化物。五价钒的纯卤化物已知的只有 VF_5。对同一种卤素，随着钒原子价增加，钒卤化物的化学稳定性减弱。对同一价态的钒，其卤化物的化学稳定性由氟到碘依次递减。这说明钒与氟、氯容易发生反应，而与溴、碘则较困难。

二价钒卤化物的热稳定性好，是强还原剂，易吸湿，在水中能形成 $V(H_2O)_6^{2+}$离子。它们的性质见表 1－10。

表 1－10 二价钒卤化物的性质

化合物	颜色	升华温度/℃	密度/(g·cm^{-3})	$\Delta H^{\ominus}_{f,298}$/(kJ·mol^{-1})	$\Delta S^{\ominus}_{f,298}$/(J·K^{-1}·mol^{-1})
VF_2	蓝色		3.96(20℃)		
VCl_2	浅绿色	约 910	3.09(20℃)	－460.24	97.07
VBr_2	褐橙	约 800	4.52(25℃)	－347.3	125.52
VI_2	红	750～800(真空)	5.0(0℃)	－263.6	146.44

三价钒卤化物的热稳定性较差。三价钒的卤化物和卤氧化物的性质见表 1－11。

表 1－11 三价钒卤化物的性质

化合物	颜色	分解温度/℃	密度/(g·cm^{-3})	$\Delta H^{\ominus}_{f,298}$/(kJ·mol^{-1})	$\Delta S^{\ominus}_{f,298}$/(J·K^{-1}·mol^{-1})
VF_3	绿色	1406	3.36(19℃)	－1150.60	96.99
VCl_3	红紫	425(歧化)	2.82(20℃)	－560.7	131
VBr_3	灰褐	400(歧化)	4.20(25℃)	－447.69	142.26
VI_3	褐黑	280(真空下分解)	5.14(20℃)	－280.3	202.92
VOCl	褐(棕)	620(真空下分解)	3.44(25℃)	－602.5	75.3
VOBr	紫色	约 480(分解)	4.00(18℃)		

四价钒的卤化物热稳定性差，其中四氯化钒相对较稳定。四价钒的卤化物和

卤氧化物的主要性质列于表 1－12。

表 1－12　四价钒卤化物的性质

化合物	颜色	熔点/℃	沸点/℃	密度/($g·cm^{-3}$)	$\Delta H^{\ominus}_{f,298}$/($kJ·mol^{-1}$)	$\Delta S^{\ominus}_{f,298}$/($J·K^{-1}·mol^{-1}$)
VF_4(固)	绿	100(升华与歧化)		3.15(20℃)	－1403.31	121.34
VCl_4(液)	深棕	－25.7	152	1.82(25.3℃)	－569.9	221.75
VCl_4(气)						366.5
VBr_4(气)	品红	－23(分解)			－393.30	334.72
VOF_2(固)	黄			3.396(19℃)		
$VOCl_2$(固)	绿	约 300(歧化)		2.88(13℃)	－690.4	119.2
$VOBr_2$(固)	黄棕	320(分解)				

五价钒的卤化物中仅 VF_5 被确认。VF_5 是白色固体，在 19.5℃熔化成淡黄色液体，是强氧化剂和氟化剂。五价钒的卤化物更多的是以卤氧化钒形式存在。五价钒的卤氧化物较多。表 1－13 列出了部分五价钒的卤化物和卤氧化物的性质。

表 1－13　五价钒的卤化物和卤氧化物的性质

化合物	分子量	颜色	熔点/℃	沸点/℃	密度/($g·cm^{-3}$)	$\Delta H^{\ominus}_{f,298}$/($kJ·mol^{-1}$)
VF_5(固)	145.93	白	19.5	48.3	＞2.5	－1150.60
VF_5(液)					2.508	
VOF_3(固)	123.94	苍黄	110(升华)		2.459(20.5℃)	
$VOCl_3$(液)	173.30	黄	－78.9	127.2	1.830	－719.65
$VOBr_3$(液)	306.67	深红	－59	133(100 托) 180(分解)	2.993(15℃)	
VO_2F(气)	101.94	棕	＞300			
VO_2Cl(固)	118.39	橙		180(分解)	2.29	－764.9

1.3.4.1　**四氯化钒**

四氯化钒(VCl_4)是钒(Ⅳ)的氯化物，为亮红色液体。相对密度 1.816(30℃)。熔点 －28℃ ±2℃。沸点 148.5℃。溶于无水酒精、乙醚、氯仿和醋酸等有机溶剂。在空气中或遇水后分解冒白烟。四氯化钒呈顺磁性，它比反磁性的四氯化钛多一个价电子。它是少数室温下为液体且为顺磁性的化合物之一。

与同族的 VF_5、$NbCl_5$ 和 $TaCl_5$ 不同，VCl_4 可由金属钒氯化制备，氯气的氧化性不足以将钒氧化至 VCl_5。VCl_4 也可由氮化钒通干燥氯气后加热制得。VCl_4 用于医药和制备钒及钒的有机化合物和二氯化钒、三氯化钒等。

四氯化钒在沸点下分解，生成三氯化钒和氯气：

$$2VCl_4 \longrightarrow 2VCl_3 + Cl_2$$

光照会加速其分解。此外，它在水中激烈水解产生 $VOCl_2$ 和氯化氢气体：

$$VCl_4 + H_2O \longrightarrow VOCl_2 + 2HCl$$

在有机合成中，VCl_4 可使酚偶联，比如与苯酚反应生成4，4′-联苯酚：

$$2C_6H_5OH + 2VCl_4 \longrightarrow HOC_6H_4 - C_6H_4OH + 2VCl_3 + 2HCl$$

在橡胶工业中，VCl_4 可以催化烯烃的聚合反应，机理与齐格勒—纳塔催化剂类似。

VCl_4 与 HBr 反应生成 VBr_3。反应经由中间产物 VBr_4，室温下分解放出 Br_2。

$$2VCl_4 + 8HBr \longrightarrow 2VBr_3 + 8HCl + Br_2$$

1.3.4.2 三氯化钒

三氯化钒(VCl_3)系紫色的六方系晶体，易潮解，相对密度3.0018(4℃)，溶于乙醇、乙酸、乙醚、苯、氯仿、甲苯和二硫化碳。熔点425℃分解，受热(400℃以上)则发生歧化反应：

$$2VCl_3 \longrightarrow VCl_2 + VCl_4$$

溶于水分解生成次钒酸、盐酸和二氯化钒。三价钒的水合离子为绿色，与过量氯离子生成水合配位氯化物，与液氨作用生成氨合物。与气态氨作用生成氮化物，与胺类及其他有机物生成相应的配位化合物，与某些芳香族羟基酸产生特征的颜色反应。三氯化钒由四氯化钒热分解，或将三氧化二钒与二氯化二硫作用均可制得。三氯化钒可用于制备强还原剂二氯化钒和有机钒化合物，用于有机合成的催化剂、检验鸦片的试剂。

在160～170℃和通惰性气体的情况下加热 VCl_4 可得到 VCl_3，通惰性气体的作用是清除 VCl_4 分解产生的 Cl_2。

$$2VCl_4 \longrightarrow 2VCl_3 + Cl_2$$

随着反应进行，鲜红的液体转换成硬壳紫色固体。进一步加热时 VCl_3 分解，挥发出 VCl_4，留下 VCl_2。

VCl_3 的其他制备方法有：将 V_2O_3 与 $SOCl_2$ 在200℃下加热反应24 h：

$$V_2O_3 + 3SOCl_2 \longrightarrow 2VCl_3 + 3SO_2$$

1.3.4.3 二氯化钒

二氯化钒(VCl_2)系浅绿色固体，六方晶系，碘化钙结构，空间群 P3 m1—D3d3，晶格常数 $a = 0.36$ nm，升华温度约为910℃，密度3.09 g/cm³。700 K 时具有反磁性，为强还原剂，有强的吸湿性，必须隔离空气保存。在水中生成 $[V(H_2O)_6^{2+}]$ 离子。在430℃由氢还原三氯化钒或在800℃氮气流中三氯化钒分解、或在1000℃下由金属钒和氯化氢反应制取。用于有机物合成。

1.3.5 碳化钒[9]

碳化钒是碳—钒二元系中的间隙相化合物。钒—碳系中只有 V_2C 和 VC 两个中间相在1320℃以上的温度下稳定。钒—碳相图如图1-4所示。

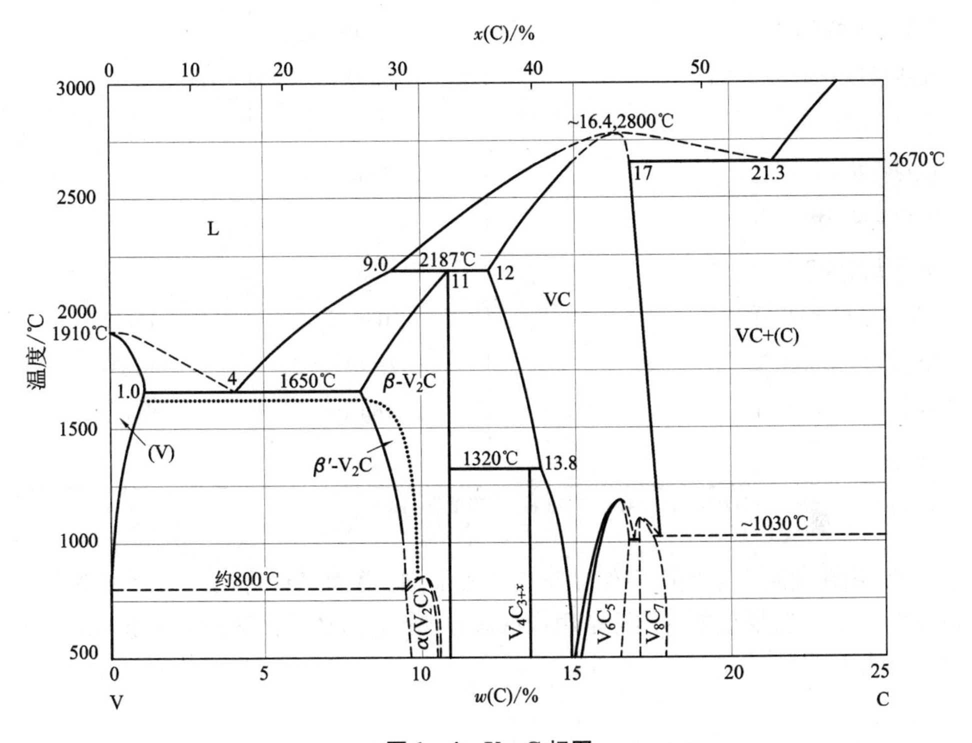

图1-4 V-C相图

根据钒—碳相图可知钒与碳可形成化合物。其化合物的存在形式与含碳量有关。由化学知识知：

VC理论含碳量：12/(51+12)≈19%

V_2C 理论含碳量：12/(51×2+12)≈10.53%

当含碳量在以上两者之间、冷却到室温时得到的产物为VC和 V_2C 的混合物。

碳化钒的性质列于表1-14中[1]。两种碳化钒均系非化学计量化合物，其物理性能均与其实际组成有依赖关系。

表 1-14 碳化钒的性质

项　目	VC	V_2C
外观	灰色金属状粉末	
结构	面心立方	六方密堆
密度/($kg \cdot m^{-3}$)	5770	5665
熔点/℃	2800	2187
热膨胀系数/K^{-1}	7.2×10^{-6}	
比热/($J \cdot mol^{-1} \cdot K^{-1}$)	32.3	
电阻/($\mu\Omega \cdot cm$)	150	
微观硬度	2900	2140
弹性模量/MPa	269×10^3	
抗压强度/MPa	621	
$\Delta H^{\ominus}_{f,298}$/($kJ \cdot mol^{-1}$)	-100.83	-147.28
$\Delta S^{\ominus}_{f,298}$/($J \cdot mol^{-1} \cdot K^{-1}$)	27.61	59.83
$\Delta G^{\ominus}_{f,298}$/($kJ \cdot mol^{-1}$)	-109.07	-165.12
蒸气压	①	

①$\lg p_v = 12.636 - 30700/T$，$T = 2473 \sim 2513$ K，压强单位：Pa。

VC 用在硬质合金生产中作晶粒细化添加剂，添加 VC 可使硬质合金寿命提高 20%。碳化钒最重要的用途是用作钢铁添加剂，两种碳化钒型钢铁添加剂的成分列于表 1-15[1]。

表 1-15 碳化钒型钢铁添加剂的组成/%

添加剂	V	C	N	Al	Si	P	S	Mn
Carvan	82.0~86.0	10.5~14.5		<0.1	<0.10	<0.05	<0.10	<0.05
Nitrovan	78.0~82.0	10.0~12.0	<6.0	<0.1	<0.10	<0.05	<0.10	<0.05

1.3.6 氢化钒

钒能吸收大量的氢形成固溶体，也能形成一系列氢化物相。含氢最高的氢化物是 VH_2[10]。在高温下，钒在氢气中能迅速吸收大量氢气。

氢化物为灰色金属状物，脆性极大，很容易碾磨成粉末。在真空下加热至

500℃以上，氢化物分解并脱氢，并可实际上将全部氢脱除。

1.3.7　氮化钒

在钒—氮系中形成两个钒的氮化物，即 VN 和 V_2N，它们均为非化学计量化合物，均有较宽的匀相区。氮化钒的性质列于表 1 – 16[11]。

表 1 – 16　氮化钒的性质

项目	VN	V_2N
颜色	棕	
结构	面心立方	
显微硬度	6130	
密度/$(kg \cdot m^{-3})$	1500	
熔点/℃	2340	2000
导热率/$(W \cdot m^{-1} \cdot K^{-1})$	11.3	
热膨胀系数/K^{-1}	8.1×10^{-6}	
电阻率/$(\mu\Omega \cdot cm)$	85.9	
$\Delta H^{\ominus}_{f,298}/(kJ \cdot mol^{-1})$	−217	−264.3
$\Delta S^{\ominus}_{f,298}/(J \cdot K^{-1} \cdot mol^{-1})$	37.24	53.42
$\Delta G^{\ominus}_{f,298}/(kJ \cdot mol^{-1})$	−228.25	−280.36
分解压	①	②

① $\lg p(N_2) = 5.527 - 2916/T$，$T = 1573 \sim 1873$ K，压强单位：Pa；

② $\lg p(N_2) = 6.99 - 9470/T$，$T = 1573 \sim 1873$ K，压强单位：Pa。

V – N 二元系相图如图 1 – 5 所示[12]。

1.3.8　硅化钒

钒与硅形成四种硅化物：V_3Si、V_5Si_3、V_6Si_5 和 VSi_2。这些硅化物熔点均高，除 V_3Si 外均为化学计量化合物。硅化钒的性质列于表 1 – 17。

V – Si 二元系相图如图 1 – 6 所示[12]。

钒硅合金的主要用途为钢铁的添加剂。向钢水添加钒硅合金被视为最经济的方法。作为钢铁添加剂的钒硅合金是一种专利铁合金产品，商品名为“Ferovan”。

V_3Si 的超导转变温度高，为 17 K，因此，作为超导体而引起人们的兴趣。V_3Si 是一新型超导化合物家族的典型，属于此一家族的化合物还有 Nb_3Sn（T_c18 K）、Nb_3Al（T_c18 K）和 V_3Ga（T_c16 K）。

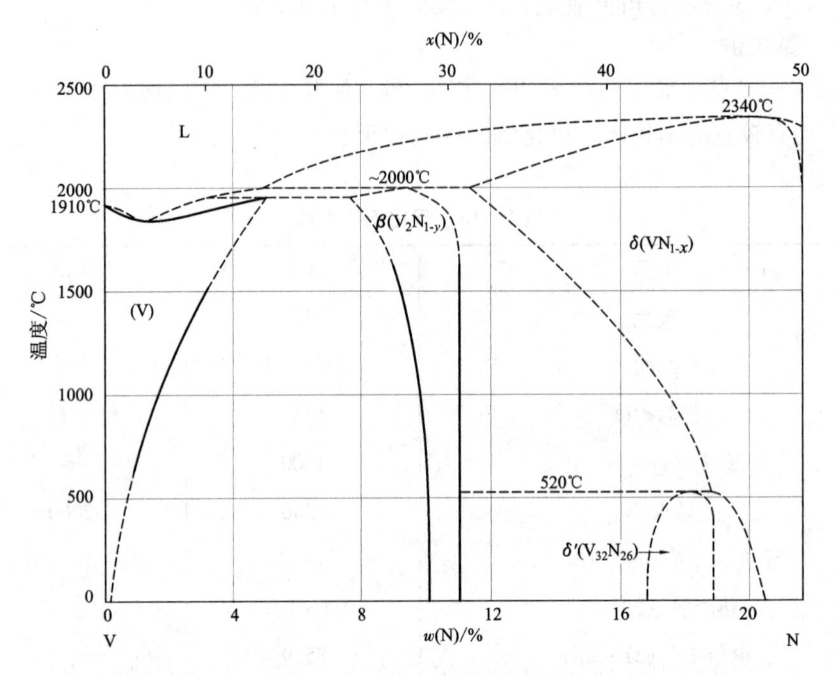

图 1-5　V-N 二元系相图

表 1-17　硅化钒的性质

项目	V_3Si	V_5Si_3	V_6Si_5	VSi_2
结构	立方			六方
密度/(kg·m^{-3})	5670	4800		4420
熔点/℃	1925	2010	1670	1677
显微硬度				1090
电阻率/(μΩ·cm)				9.5①
超导转变温度/K	16.9			
$\Delta H^{\ominus}_{f,298}$/(kJ·mol^{-1})	-150.62	-461.91		-125.52
$\Delta G^{\ominus}_{f,298}$/(kJ·mol^{-1})	-180.87	-524.16		-149.45

①热压试样。

1.3.9　镓化钒

上述碳化钒、氢化钒和氮化钒是钒的典型间隙型化合物，硅化钒是位于间隙型化合物和金属间化合物之间的化合物，镓化钒属于金属间化物。钒能与许多金属，如 Al、Be、Co、Ga、Hf、Ni、Pt、Rh 和 Zr 形成金属间化合物，其中 V_3Ga 是最重要的金属间化合物，属于 V_3Si 一族的超导体，其超导转变温度为 16 K，是很有应用前景的超导体。

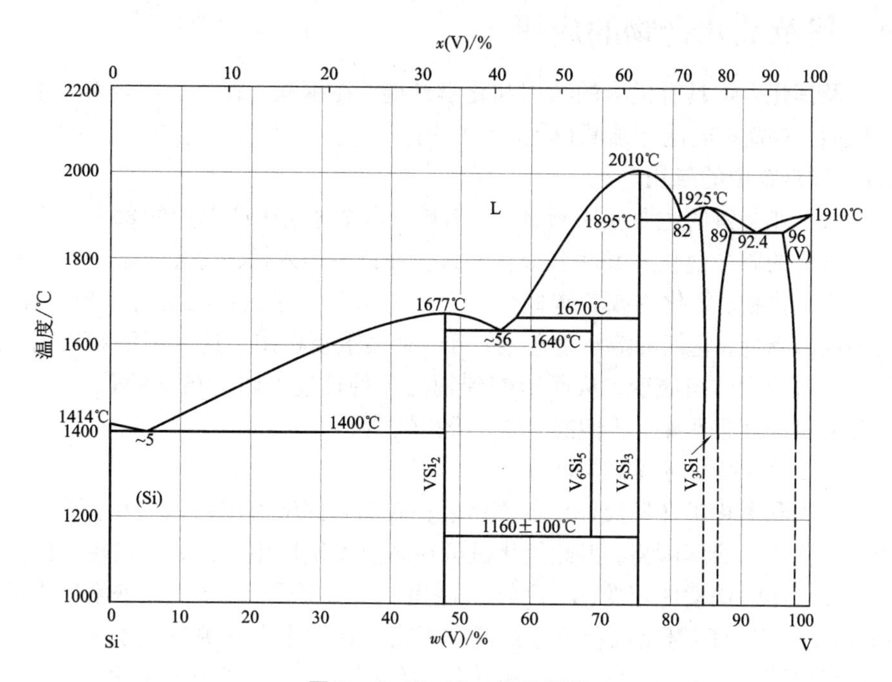

图1-6　V-Si二元系相图

V-Ga二元系相图如图1-7所示[11]。

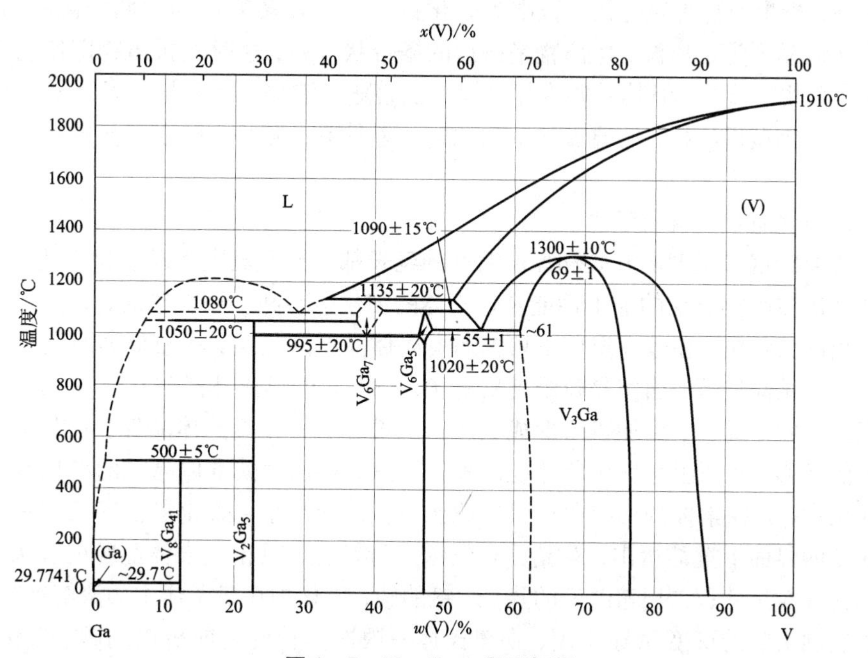

图1-7　V-Ga二元系相图

1.4 钒及其化合物的应用

钒及其化合物具有优异的物理和化学性能，在钢铁、有色金属合金、化工催化及玻璃、陶瓷和电池等领域得到广泛应用。

1.4.1 在钢铁中的应用

钢铁工业是钒的主要应用领域，其消耗量占全球钒生产总量的85%左右。钒是钢中重要的微合金化元素和合金化元素。在钢中加入钒，它会与钢中的碳和氮化合形成碳化物、氮化物或者碳氮化物。在高温下这些化合物溶解于奥氏体中，随着温度的降低，它们的溶解度急剧减小，又会重新析出。这种溶解和析出过程及状态会影响钢组织演变，从而影响到钢的各种性能，如提高钢的强度、韧性、塑性和耐腐蚀性，改善工艺性能，提高服役性能等。

1. 钒在奥氏体中的溶解与析出

碳化钒和氮化钒在奥氏体中的固溶度积较高且固溶温度较低。相比之下，碳化钒比氮化钒的溶解度高，因此氮化钒可在高温奥氏体中析出；而在较低的温度下发生奥氏体—铁素体相变(γ/α 转变)过程中和相变后，由于其在铁素体中溶解度降低，氮化钒、碳氮化钒和碳化钒都会析出。在钢中存在氮的情况下，钒的碳氮化物析出可分为三个阶段：一是奥氏体中的析出，析出产物为氮化钒；二是两相区的析出，析出产物为碳氮化钒；三是过饱和铁素体中的析出，在氮量充分的情况下，析出产物为氮化钒，否则为碳化钒。在 γ/α 转变过程中两相区析出时，析出物以晶界为析出源，析出物呈链形的条带状排列，这时的析出物即使初期与 α 基体有共格关系，但其后的冷却过程中也会随之消失，属于与 α 基体非共格性的弥散强化型析出物；低温 α 区的析出与 α 基体有共格性，属于二次硬化型的析出物。

2. 细化晶粒和析出强化

普通碳钢随温度的升高和保温时间的延长都会导致奥氏体晶粒粗大化，而粗大的奥氏体晶粒对钢的加工性能及铁素体的细化均不利。添加钒时，高温奥氏体中析出的氮化钒，在较高温度下可抑制奥氏体晶粒的长大，在较低温时则可阻碍奥氏体再结晶进行，而使晶粒维持扁平状，扁平状的奥氏体晶粒将转变成细小的铁素体晶粒。此外，添加钒可形成碳化钒弥散相，钉扎奥氏体晶界，减弱奥氏体晶界的迁移，从而阻止奥氏体晶粒的长大。钒的添加对铁素体晶粒的细化有两方面作用：一是铁素体的形核主要是在原始奥氏体晶界上，碳化钒在奥氏体—铁素体相变的界面上沉淀析出，对晶界和位错进行钉扎，阻止铁素体晶粒的长大，从而细化晶粒尺寸；二是随温度的降低，钒的碳、氮化物在奥氏体中的溶解度减小，加上轧制引起的形变诱导作用，在奥氏体—铁素体转变之前析出的碳、氮化物，为铁素体晶粒的长大提供了形核位置，此时形成的铁素体不易集聚长大，铁素体晶粒尺寸得到细化。在奥氏体—铁素体相变过程中和相变后的铁素体中析出的碳化钒或碳氮化钒，除发挥晶粒细化作用外，还起到析出强化作用，它是低合金钢的主要强化方式，其强化的程度主要取决于析出物的体积百分数、析出物的弥散度、析出物的稳定度、析出物的化学组成。VN是钢中最好的强化相，而氮化钒的强化又取决于钢中的钒含量、氮含量以及相应的冷却速度。

钒在钢中可以以固溶状态存在，亦可以以析出状态存在，不同的状态赋予钢不同性能。

钒对钢的组织和性能的影响及作用概括于图1-8[13]。

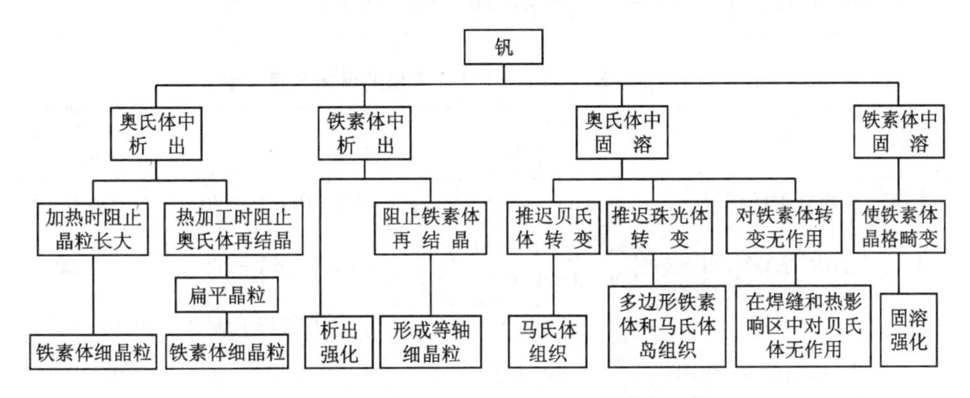

图1-8　钒对钢的组织和性能的影响和作用

钒在钢中形成的碳化物可提高硬度和耐磨性，使工具钢更具高温强度；碳化钒和氮化钒的析出，均可提高结构钢和煅钢的强度。钒加入钢中可阻止奥氏体加热时晶粒长大，抑制形变及奥氏体再结晶，达到细化铁素体晶粒的作用。钒可延缓贝氏体、珠光体的形成，故可用作热处理的合金元素。钒是碳粒体的稳定剂，有利于碳粒体的形成，可推迟贝氏体和珠光体的转变，同时更有利于提高钢的淬透性。钒在焊接高强度钢中可提高焊件的韧性，同时在热处理中有抗回火的能力，故也适应于高温焊接用钢。钒是强力氮化物形成剂，故适宜用作浇注硬化钢的合金元素，在高速钢中有提高红硬性的作用，在强热钢中有抗蠕变的性能，在耐腐蚀钢中可提高抗腐蚀性及抑制应变时效。

钒作为微合金元素添加的钢类有：建筑用高强度热轧带肋钢筋、高强度低合金钢中厚板、管线钢、薄板钢、微合金非调质钢、弹簧钢、螺栓钢等。以钒作为合金元素添加的钢类有：模具钢、高速钢、超高强度钢、轴承钢、马氏体耐热钢等。表1-18[14]列出了目前常用钒微合金化和合金化的钢类与钢种。一般来说，只有在工模具钢、轴承钢、耐热钢等钢类中钒的含量较高，其他钢类中只含有微量的钒。含钒合金钢可分为低钒合金钢（钒含量小于0.15%）和高钒合金钢（钒含量大于5%)。低钒合金钢主要用于生产高强度低合金钢(HSLA),又可分为结构钢、耐腐蚀钢、低温用钢、耐磨钢、钢筋钢、钢轨钢及其他专业用钢等7大类。高强度低合金钢发展很快,广泛应用于输油(气)管道、建筑、桥梁、钢轨和压力容器等工程建设中,20世纪70年代已占钒在钢铁应用中的40%以上。在钢中加入适量的钒不仅可以改善钢材的物理特性,而且可降低钢的成本。例如,在结构钢中加入0.1%的钒,可提高强度10%~20%,减轻结构重量15%~25%,降低成本8%~10%;用高强度热轧带肋Ⅲ级钢筋代替Ⅱ级钢筋,不仅可以提高工程质量,而且可实现节省钢材10%~20%,且具有显著的节能减排效果。

钒在钢中的典型应用(常用的钒钢与钒含量)列于表1-18[13, 14]。

表1-18 钒在钢中的典型应用(常用的钒钢与钒含量)

序号	钢类	常用钢种	标准	钒含量范围/%
1	热轧带肋钢筋	20MnSiV(不规定钢号)	GB 1499.2—2007	0.02~0.10
2	低合金高强度结构钢	Q345/Q390/Q420/Q460/Q500/Q550/Q620/Q690	GB/T 1591—2008	≤0.20
3	合金结构钢	35CrMoV	GB/T 3077—1999	0.10~0.20
4	非调质机械结构钢	F49MnVS	GB/T 15712—2009	0.08~0.15
5	弹簧钢	50CrV4	DIN 17221—1988	0.10~0.25
6	轴承钢	M50(8Cr4Mo4V)	AMS 6491	0.90~1.10
7	热作模具钢	H13(4Cr5MoSiV1)	ASTMA 681—1999	0.80~1.20
8	冷作模具钢	D2(Cr12MoV)	ASTMA 681—1999	0.50~1.10
9	高速钢	M2(W6Mo5Cr4V2)	ASTMA 600—1999	1.75~2.20
10	铁素体耐热钢	15Cr11MoV	GB/T 1221—2008	0.25~0.40
11	马氏体不锈钢	90Cr18MoV	GB/T 1220—2008	0.07~0.12
12	超高强度钢	300M(42Si2CrNi2MoV)	AMS 6257	0.05(min)

1.4.2 在钛合金中的应用

钛合金工业也是钒的重要应用领域,其消耗量占钒生产总量的10%左右。钒是钛合金重要的稳定化元素,能增强热处理固溶强化效果,并显著降低相变点,增加淬透性,还可使钛合金不发生共析反应,提高高温下组织稳定性。

钛有两种同质异体:882℃以下为密排六方结构α钛,882℃以上为体心立方的β钛。根据它们对相变温度的影响,添加钛中的合金元素可分为三类:①稳定α相、提高相转变温度的元素为α相稳定元素,有铝、碳、氧和氮等;②稳定β

相、降低相变温度的元素为β相稳定元素，又可分同晶型和共析型二种。前者有钼、铌、钒等；后者有铬、锰、铜、铁、硅等；③对相变温度影响不大的元素为中性元素，有锆、锡等。

利用钛的上述两种结构的不同特点，添加适当的合金元素，使其相变温度及相分含量逐渐改变而得到不同组织的钛合金。室温下，钛合金有三种基体组织：

- α钛合金。它是α相固溶体组成的单相合金，不论是在一般温度下还是在较高的实际应用温度下，均是α相，组织稳定，耐磨性高于纯钛，抗氧化能力强。在500～600℃的温度下，仍保持其强度和抗蠕变性能，但不能进行热处理强化，室温强度不高。在α相钛合金中，Ti－8Al－1Mo－1V具有代表性，钒是六方结构α钛的柔性增强剂。

- β钛合金。它是β相固溶体组成的单相合金，未热处理即具有较高的强度，淬火、时效后合金得到进一步强化，室温强度可达1372～1666 MPa；但热稳定性较差，不宜在高温下使用。属于β钛合金的有：Ti－3Al－11Cr－13V及Ti－3Al－8Mo－8V－2Fe等。钒是β钛的稳定剂，能强化立方晶相，提高延展性、可塑性。

- $\alpha+\beta$钛合金。它是双相合金，具有良好的综合性能，组织稳定性好，有良好的韧性、塑性和高温变形性能，能较好地进行热压力加工，能进行淬火、时效使合金强化。热处理后的强度约比退火状态提高50%～100%；高温强度高，可在400～500℃的温度下长期工作，其热稳定性次于α钛合金。Ti－6Al－4V是$\alpha+\beta$钛合金中性能最好、用量最多的，因其耐热性、强度、塑性、韧性、成形性、可焊性、耐蚀性和生物相容性均较好，而成为钛合金工业中的王牌合金，该合金使用量已占全部钛合金的75%～85%，其他许多钛合金都可以看作是Ti－6Al－4V合金的改型。

钛合金因具有高比强度、高韧性、耐腐蚀及低温性能好和可焊接等性能特点，广泛应用于航空航天、舰船等重要的工业领域。

1.4.3　钒基合金的应用[15]

钒是典型的低中子激活活化金属。纯度较高的钒具有很好的塑性，但强度较低，在高温下易于氧化，影响合金的强度和塑性，在氢环境中易于吸氢而变脆。通过添加合金元素，可提高钒合金的强度(固溶强化)，改变合金的氢脆特性及改善合金抗高温氧化的能力，从而提高钒基合金的力学性能。作为低活化结构材料，钒基合金的合金元素也需满足低活化的要求，因此，只能局限于Al、Si、Ti、Cr和Mg等少数元素中。

早在20世纪60年代，国外就开始了对钒合金的研究工作，直到20世纪90年代，随着对聚变反应堆用材料的深入研究及一些领域的特殊要求，美国、俄罗斯和日本等国对钒基合金进行了大量系统的研究。之后随着科技发展对材料性能要求的提高，各国材料科研工作者对钒合金研究越来越重视，现在普遍认为 V-(4-5)Cr-(4-5)Ti合金是最重要的候选材料。对钒基合金的研究主要集中在以下几个方面：力学性能，防腐性能，氢、氧和微量元素对钒合金性能的影响，安全性和环保特性等。

与其他金属结构材料相比，钒基合金最显著的优点是其在中子辐照条件下的低激活特性和优良的高温强度性能。此外，钒基合金还具有良好的抗辐射诱变膨胀和损伤性能、良好的尺寸稳定性、高热传导性、较低的热膨胀系数、较低的弹性模量、低生物危害的安全性和环保特性、较好的抗蠕变性能、良好的加工性能、与液体锂具有良好的相容性等。钒基合金的特性决定了其在一些特定的环境中具有较好的应用前景，目前钒基合金主要应用在航空、国防、核聚变和高温环境等领域。

此外，钒合金还应用于磁性材料、硬质合金及超导材料等领域。

1.4.4 在化工催化领域的应用

钒有多种价态，且外层电子层的结构具有传输电子的特性，所以以含钒化合物为活性组分的钒系催化剂是最重要的催化氧化催化剂之一，广泛用于化学工业及石油工业中。钒系催化剂的活性组分有钒的氧化物、氯化物和配合物等多种形式，但最常见的含钒活性组分为 V_2O_5，催化剂的载体一般采用硅胶、硅酸镁或分子筛等。含钒催化剂在制取硫酸、聚氯乙烯、聚苯乙烯，合成醋酸、草酸、苯甲酸、邻苯二甲酸以及石油工业中的裂化、乙烯和丙烯的聚合反应等过程中得到广泛应用。例如，以五氧化二钒为活性组分的催化剂可催化 SO_2 氧化生产硫酸及苯氧化制顺丁烯二酸；以偏钒酸铵为活性组分可催化环己酮或环己醇氧化制己二酸；以三氯氧钒为催化剂可催化生产乙烯和丙烯及乙烯和丙烯聚合反应生产乙丙三元橡胶。

控制和治理 NO_x 污染一直是国际环保领域的研究热点。以氨为还原剂的选择性催化还原(SCR)技术是目前烟气脱硝最有效的方法。以 V_2O_5 为主要活性成分的脱硝钒催化剂是当前国内 SCR 工艺的主流催化剂，它通常以 SiO_2、ZrO_2、TiO_2或炭基材料为载体。例如将 V_2O_5 负载于活性炭制得的钒系 SCR 脱硝钒催化剂，在200℃可同时脱除烟气中的 SO_x 和 NO_x，且再生后的脱硫脱氮能力还会增强，表现出较好的抗中毒性能。

1.4.5 在电池领域的应用[16, 17]

在电池领域，含钒化合物及相关材料在全钒氧化还原液流电池(简称钒电池或 VRB)及锂离子电池正极材料方面得到重要应用。

1.钒电池

钒电池是一种以不同价态的钒离子溶液为正、负极活性物质的新型高效环保储能电池，工作时活性物质呈循环流动状态。主要由电解液、电极和隔膜三部分组成。其中，电解液是为钒电池提供正、负极活性物质的核心材料，主要由正、负极活性物质及支持电解质组成。正极活性物质为V(Ⅴ)和V(Ⅳ)溶液，负极活性物质为V(Ⅲ)和V(Ⅱ)溶液，由于各种价态的钒盐在硫酸中都有很好的溶解性，所以一般选用硫酸作为支持电解质。强酸环境中，正负极活性物质分别以VO_2^+(黄色)、VO^{2+}(蓝色)和V^{3+}(绿色)、V^{2+}(紫色)的不同离子形式存在。

钒电池由用于盛放正、负极电解液的两个电解液池和一层层的电池单元组成。每个电池单元由两个"半单元"组成，中间夹着隔膜和用于收集电流的电极。两个不同的"半单元"中盛放着不同离子形态的钒的电解液。每个电解液池配有一个泵，用于在封闭的管道中为每一个"半单元"输送电解液。电池放电时，正极电解液中VO_2^+和负极电解液V^{2+}在电极表面发生氧化还原反应释放电能，此时，负极电解液中V^{2+}被氧化为V^{3+}，正极电解液中$VO_2{}^+$被还原为VO^{2+}。电池充电时，发生可逆的氧化还原过程，电解液回到放电初始状态。电池充放电过程中，电解液是只传导离子的非电子导体，其内部的电荷平衡是通过溶液中H^+穿过质子交换膜的传输来实现的，这保证了整个电池的回路通畅。正负半电池的充放电反应如下，放电时反应向右进行，充电时反应向左进行。

在正极上：

$$VO_2^+ + 2H^+ + e^- = VO^{2+} + H_2O$$

在负极上：

$$V^{2+} - e^- = V^{3+}$$

与其他二次蓄电池相比，钒电池具有如下优点：①可随意增加电解液量，来增加电池容量；②在充放电期间，钒电池只是液相反应，不像普通电池那样有复杂的可引起电池电流中断或短路的固相变化；③电池的保存期限和储存寿命长，其工作寿命也可达到5~10年，明显优于其他类型的蓄电池；④能深放电但不会损坏电池，可100%放电；⑤结构简单，材料便宜，更新维修费用低；⑥通过更换电解液，可实现"瞬间再充电"。基于这些优点，钒电池有很广泛的用途：可用于智能电网调峰系统，大规模光电风电转换系统，边远山区储能系统，不间断电源或应急电源系统，以及市政交通和军事设施等多个领域。钒电池可实现瞬间再充电，对于电动汽车的开发有很大的意义，电动汽车可以在加油站直接更换电解质，实现再充电。

2. 锂离子电池正极材料[18-21]

钒系化合物具有成本低、无环境污染、比容量高、嵌锂性能好等优点，而且钒是一个多变价的过渡金属元素，在充放电过程中价态的多变性可增加嵌入与脱嵌Li^+离子的数量，有利于提高电池的比容量，因此钒系化合物有望成为新一代锂离子电池正极材料。在锂离子电池中，研究较多的是LiV_3O_8、V_2O_5、V_6O_{13}、LiV_2O_4和$LiNiVO_4$等，以及钒的磷酸盐聚阴离子型化合物电池材料如

$Li_3V_2(PO_4)_3$、$LiVPO_4F$、$VOPO_4$、$LiVOPO_4$ 等。

LiV_3O_8系单斜晶系，是由八面体结构的 VO_6和三角双锥结构的 VO_5组成的层状化合物，其晶格有足够的空间容纳 Li^+ 离子形成 $Li_{1+x}V_3O_8$。其中 1 mol Li^+ 占据$[V_3O_8]^-$组成的层间八面体的位置，起电荷平衡的作用，其他的 Li^+(与 x 相对应)占据四面体的位置。八面体位置的 Li^+ 与层之间以离子键紧密相连，这种固定效应使其在充放电循环过程中有一个稳定的晶体结构，从而使得材料具有较长的循环寿命。这种层状结构和层间空位使得锂离子在其中可以自由地扩散，适合锂离子嵌入和嵌出，理论上每摩尔 $Li_{1+x}V_3O_8$可允许 3 mol 以上的 Li^+可逆地嵌入与脱嵌，因此 $Li_{1+x}V_3O_8$化合物具有较高的理论比容量(300 A · h/kg 以上)。

V_6O_{13}属于单斜晶系，由层间作用较弱的 VO_6层构成，因此晶格间有足够的空间容纳 Li^+离子，当 Li^+离子插入 V_6O_{13}层间时生成 $Li_xV_6O_{13}$，在 $Li_xV_6O_{13}$中 Li^+离子是一维方向扩散。它与正丁基锂的反应表明，每摩尔 V_6O_{13}最大嵌锂量可达 8 mol，X 射线衍射分析表明 Li^+嵌入存在四相：$Li_{0.5}V_6O_{13}$、$Li_{1.5}V_6O_{13}$、$Li_3V_6O_{13}$和 $Li_6V_6O_{13}$。其理论比容量为 420 A · h/kg，理论比能量为 890 W · h/kg，工作电压可达 1.5 V 以上，这些特点有利于 V_6O_{13}作摇椅式电池的正极材料。

$LiNiVO_4$具有反尖晶石型结构，由于 Li 原子和 Ni 原子同等地处在配位八面体的空隙，而 V 原子处在配位四面体的空隙，与 $LiMn_2O_4$相比，在化合物 $LiNiVO_4$中，Li 和 Ni 原子取代了 2 个 Mn 原子，V 原子取代了 Li 原子，没有 Li 原子运动的隧道结构，具有极为突出的嵌锂效果。

$Li_3V_2(PO_4)_3$属聚阴离子型化合物电池材料，具有单斜和菱方 2 种晶型，用作锂离子电池正极材料的主要是单斜 $Li_3V_2(PO_4)_3$，其中 PO_4四面体和 VO_6八面体通过共用顶角的氧互相连接，形成灯笼状结构基元。每个金属 V 原子被 6 个 PO_4四面体所包围，同时 PO_4四面体被 4 个 VO_6八面体所包围。PO_4对整个三维框架结构的稳定起到重要作用，使得其具有很好的热稳定性和安全性。Li^+离子处于这个框架结构的孔穴里，3 个四重的晶体位置为 Li 所占据，导致在一个结构单元中有 12 个 Li^+离子的位置。因为 $Li_xV_2(PO_4)_3$中的 V 可以有 +2、+3、+4 和 +5 四种变价，所以理论上 $Li_xV_2(PO_4)_3$中可有 5 个锂离子可逆地插入和脱出，充放电最终产物分别为 $V_2(PO_4)_3$和 $Li_5V_2(PO_4)_3$，理论比容量高达 328 A · h/kg。$Li_3V_2(PO_4)_3$材料具有可用电压范围广、可逆比容量高、循环性能好、倍率性好以及材料固有的晶体结构稳定、热稳定性和安全性好等优点，使该类材料颇具应用前景。

钒系正极材料与其他正极材料相比，除比容量高外，可以大电流充放电，适于作电动汽车、混合电动汽车的动力电源。

1.4.6 在其他领域的应用

钒的氧化物有各种各样的颜色，因此在玻璃、陶瓷工业中用作染色剂，可得到红、绿、蓝、黄、琥珀等各种色彩。纯钒酸钇晶体是性能极佳的双折射晶体，具有双折射率大、透过率高、透光波段范围宽、抗潮解和易加工等特点，可广泛应用于光纤传输的无源器件中，帮助解决了光纤长距离传输的信号放大问题，可提升信号强度，补偿传输损耗。以铕活化的钒酸钇用于彩色电视机的显像管。二氧化钒薄膜和超细粉体由于其自身独特的相变特性，可广泛应用于电学和光学开关装置、太阳能控制材料、光盘介质材料、涂层、热敏电阻等领域。

钒化合物的生物特性在医学上也已得到了重视，并有了一定的应用。研究发现，钒通过抑制肝、肌肉和脂肪组织几个关键的代谢酶系统来提高进入这些组织细胞中的葡萄糖的利用率，抑制了与胰岛素作用相反的激素的活性，从而对治疗糖尿病有一定作用；同时它还对糖尿病并发症有一定的治疗作用。钒能提高心肌高能磷酸化合物活性，改善心肌功能，并且对高血压有明显的治疗作用。同时钒可使肾肿大明显改善，尿蛋白明显减少，肾功能得到改善。此外钒对白内障的恢复也起到有益的作用。长春医药集团新药研究开发有限公司研制出的联麦氧钒胶囊，既可以降低血糖又可以预防胰岛素血症所造成的心脑血管合并症，比现在临床常用的降糖药及胰岛素更为先进，目前这种药物已经产业化，具有取代目前降糖药物的趋势。我国现有糖尿病患者 3000 万人，因此，钒药物具有广阔的市场前景。

参考文献

[1] 赵天从，傅崇说，何福煦等. 有色金属提取冶金手册：稀有高熔点金属(下)[M]. 北京:冶金工业出版社，1999.

[2] 廖世明，柏谈论. 国外钒冶金[M]. 北京:冶金工业出版社，1985.

[3] Мизин В. Г. и Ар. , Феррославы[M]. Метадлургиздат, Москва, 1992.

[4] Gupta C K, Krishnamurthy N. Extractive Metallurgy of Vanadium[M]. Amsterdam-London-New York-Tokyo：Elsevier, 1992.

[5] 杨守志. 钒冶金[M]. 北京:冶金工业出版社，2010.

[6] 陈鉴等. 钒及钒冶金[R]. 攀枝花资源综合利用领导小组办公室，1983.

[7] Кобжасов А К. Металлурия Ванадия и Скандия[M]. Алматы, 2008.

[8] 张一敏等. 石煤提钒[M]. 北京:科学出版社，2014.

[9] [日] 长崎诚三，平林真. 二元合金状态图集[M]. 刘安生译. 北京:冶金工业出版社，2004:322.

[10] T B Massalski et al. Binary Alloy Phase Diagrams[M]. American Society for Metals, Metals Park, 1986.

[11] O N Carlson et al. Metall. Trans. A[J]. 1986, 17A：1647.

[12] 唐仁政，田荣璋. 二元合金相图及中间相晶体结构[M]. 长沙:中南大学出版社，2009.

[13] 刘兴乾. 钒在钢中的应用[J]. 钢铁钒钛, 1983(4): 50-57.
[14] 干勇, 董瀚. 钒在钢中的应用技术评述[J]. 世界金属导报, 2010, 9, 7.
[15] 于兴哲, 宋月清, 崔舜, 李明, 周晓华. 钒基合金的研究现状和进展[J]. 材料开发与应用, 2006, 21(6): 36-40.
[16] 王刚, 陈金伟, 汪雪芹, 田晶, 刘效疆, 王瑞林. 全钒氧化还原液流电池电解液[J]. 化学进展, 2013, 25(7): 1102-1112.
[17] 顾军, 李光强, 许茜, 隋智通. 钒氧化还原液流电池的研究进展[J]. 电源技术, 2000, 24(2): 116-119.
[18] 余丹梅, 王洁, 李小艳, 张代雄, 申燕. 钒氧化物正极材料的研究现状[J]. 电池工业, 2012, 17(1): 46-50.
[19] 田成邦, 刘妍. 锂离子电池钒系正极材料的研究进展[J]. 化工技术与开发, 2010, 39(6): 31-35.
[20] 司玉昌, 邱景义, 王维坤, 余仲宝, 杨裕生. 锂钒氧系锂离子电池正极材料的研究进展[J]. 稀有金属材料与工程, 2013, 42(5): 1096-1110.
[21] 杨改, 应皆荣, 高剑, 姜长印, 万春荣. 钒的聚阴离子型锂离子电池材料研究进展[J]. 稀有金属材料与工程, 2008, 37(5): 936-940.

第 2 章　从钒钛磁铁矿和其他铁矿中提钒

2.1　概述[1-7]

钒钛磁铁矿是一种以含铁、钛、钒为主的共生磁铁矿，钒的绝大部分和铁矿物呈类质同象赋存于磁铁矿中。该类矿在世界上贮量巨大，在世界六大洲均有大型矿床分布(见表 2-1)。钒钛磁铁矿是世界上最主要的含钒矿种，世界上钒年产量的 88% 是从钒钛磁铁矿中获得的。因此，钒钛磁铁矿的高效提钒对世界钒产量与质量的提升具有重要影响。

我国四川攀枝花和河北承德地区蕴藏着极其丰富的钒钛磁铁矿。其中攀枝花地区钒钛磁铁矿的化学组成见表 2-2，矿石中伴生有钴、镍、铬、镓、钪等多种有色和稀有金属。目前，攀枝花钢铁公司已成为我国生产钒的重要基地，其钒产量占我国钒总产量的 80% 以上，主要的技术经济指标处于世界先进水平。

本章首先归纳我国开发的提钒工艺，然后再介绍国外从钒钛磁铁矿和铁矿中提钒的成熟流程。

从钒钛磁铁矿中冶炼钒，常用的方法是将钒钛磁铁矿在高炉或电炉中冶炼出含钒生铁，钒富集在铁水中(钒含量 0.2% ~1.0%)，再通过选择性氧化铁水，使钒氧化后进入炉渣，得到钒含量较高的炉渣作为下一步提钒的原料。

目前含钒铁水的处理方法有三种：

(1)吹炼钒渣法。此法是在转炉或其他炉内吹炼生铁水，得到含 V_2O_5 12% ~ 16% 的钒渣和半钢，吹炼的要求是“脱钒保碳”。所得钒渣作为提钒原料，半钢则继续吹炼成钢。此法是从钒钛磁铁矿生产钒的主要方法，较从矿石中直接提钒更经济。目前世界上钒产量的 60% 是用这种方法生产的。

(2)含钒钢渣法。此法是将含钒铁水直接吹炼成钢。钒作为一种杂质吹入炉渣，钢渣作为提钒的原料。但这种钢渣中氧化钙含量高达 45% ~60%，使提钒困难。这种方法不仅省去吹炼钒渣的设备，节省了投资，而且回收了吹炼钒渣时损失的生铁，是新一代的提钒方法。钢渣提钒的关键是寻求处理高钙钒渣的合理工艺。目前已研究出一些处理含钒钢渣的工艺，如“钠盐焙烧—碳酸化浸出”“含钒钢渣返回高炉回收钒”等。

表 2－1 世界钒钛磁铁矿储量概况

国家	矿 区	储量/万 t	V_2O_5/%	TFe/%	TiO_2/%
中国	攀枝花	107892.0	0.16～0.44	16.7～43.0	7.76～16.7
	白马	120334.0	0.13～0.15	17.2～34.4	3.9～8.2
	红格	35451.1	0.14～0.56	16.2～38.4	7.6－14.0
	太和	75120.0	0.16～0.42	18.1～36.6	7.7～17.0
苏联	卡契卡纳尔—康扎克夫	88966.0	0.13～0.14	16.0～20.0	1.28
	中乌拉尔	233260.0	0.19	14.0～38.0	2.80
	斯托依连	255060.0			
	别列金	133800.0			
	克拉托姆克夏	76050.0			
	卡恰克	102560.0			
南非	塞库库纳兰	41935.0	1.73		
	芝瓦考	44636.0	1.69		
	马波奇	54573.0	1.40～1.70	53.0～57.0	12.0～15.0
	斯托夫贝格	4219.0	1.52		
	比勒托利亚	259.0	1.80		
	吕斯滕堡	22327.0	2.05		
	诺瑟姆	19722.0	1.80		
美国	阿拉斯加州	1832.0	0.020～0.20		
	纽约州	22.65	0.15～0.30		
	怀俄明州	22.65	0.020～0.36		
	明尼苏达州	8.10	0.05～1.10		
澳大利亚	巴拉矿	1500.0	0.45	35～40	13.0
	巴拉姆比矿		0.70	26.0	15.0
	科茨矿		0.54	25.4	5.4
芬兰	奥坦玛基	1500.0	0.45	35～40	13.0
	木斯塔伐瑞	400.0	0.36	17.0	3.1
新西兰	北岛西海岸铁矿砂	（不详）	0.14	18.0～20.0	4.33

表2-2 攀西四大矿区钛磁铁矿单矿物化学组分

品级	矿田	成分/%																	TFe/ TiO_2	密度/ $(g\cdot cm^{-3})$
		TFe	Fe_2O_3	FeO	TiO_2	V_2O_5	Cr_2O_3	MnO	P_2O_5	SiO_2	Al_2O_3	MgO	CaO	Co	Ni	Cu	S	Ca		
岩石	H	58.74	52.07	20.15	6.75	0.54	0.020	0.16	0.136	4.30	1.71	1.34	1.72	0.013	0.002		0.010	0.0080	8.70	4.861
	P	57.32	44.54	33.66	9.65	0.66	0.06	0.31		2.93	4.05	1.54	0.48	0.024	0.008		0.280	0.0058	5.94	4.610
	B	60.87	48.73	34.05	7.97	0.70	0.22	0.034	0.034	1.22	3.55	1.49	0.55	0.015	0.025	0.020	0.196	0.0063	7.64	4.799
Fe_4	T	61.01	48.83	34.55	7.52	0.43		0.26	0.096	1.92	1.70	2.06	0.70	0.008	0.044	0.019	0.041		8.14	4.733
	H	59.26	51.40	31.64	7.90	0.67	0.55	0.22	0.030	1.95	2.49	1.89	0.55	0.010	0.066	0.016	0.123	0.0050	7.50	4.842
	P	58.52	50.72	29.59	9.40	0.60	0.06	0.29	0.080	1.76	3.46	1.64	0.59	0.017	0.012		0.142	0.0050	6.23	4.779
	B	60.89	46.50	36.59	8.07	0.78	0.06	0.27	0.033	1.01	3.29	1.67	0.30	0.015	0.022	0.013	0.359	0.0056	7.55	4.841
Fe_3	T	61.47	50.19	32.57	6.75	0.60		0.29	0.037	1.31	2.27	1.57	0.68	0.005	0.002	0.032	0.150	0.0058	9.41	4.820
	H	59.30	50.76	31.29	9.46	0.61	0.82	0.25	0.030	1.27	2.29	2.33	0.49	0.017	0.097	0.025	0.130	0.0044	6.27	4.850
	P	57.60	45.55	33.03	12.50	0.54	0.09	0.40	0.105		3.76	2.03	0.14	0.017	0.010		0.167	0.0054	4.61	4.808
	B	59.40	47.52	33.31	10.16	0.74	0.15	0.35	0.018	0.94	3.43	1.92	0.27	0.014	0.021	0.033	0.198	0.0055	5.83	4.833
Fe_2	T	59.74	48.14	33.54	9.10	0.50		0.33	0.078	1.18	2.23	1.53	0.77	0.004	0.003	0.071	0.217	0.0040	6.57	4.805
	H	56.02	45.93	31.53	13.81	0.60	0.62	0.31	0.015	1.24	2.53	3.39	0.38	0.018	0.055	0.039	0.171	0.0036	4.06	4.774
	P	55.97	48.45	28.35	14.01	0.50	0.09	0.40	0.094	0.71	3.85	2.38	0.23	0.011			0.112	0.0050	4.00	4.729
	B	59.25	48.44	31.57	10.85	0.69	0.05	0.40	0.042	0.87	3.00	1.96	0.18	0.012	0.020	0.028	0.102	0.0050	5.46	4.816
Fe_1	T	58.12	45.89	33.47	12.20	0.56		0.39	0.065	0.95	1.72	1.96	0.45	0.005	0.005	0.032	0.29	0.0040	4.76	4.753
	H	54.58	43.87	29.99	14.85	0.60	0.49	0.34	0.044	0.57	2.46	0.92	0.29	0.017	0.006	0.019	0.066	0.0031	3.68	4.713
	P	55.59	43.66	32.16	14.97	0.48	0.13	0.35	0.100	0.37	3.74	2.60	0.21	0.013	0.015		0.293	0.0050	3.71	4.726
	B	56.61	48.30	30.50	14.97	0.48		0.43	0.036	0.44	1.59	1.99	0.45	0.006	0.005	0.023	0.045	0.0040	3.78	4.732

注：T—太和矿区；H—红格矿区；P—攀枝花矿区；B—白马矿区。

(3)钠化渣法。此法是把碳酸钠直接加入含钒铁水，使铁水中的钒生成钒酸钠，同时脱除铁水中的硫和磷，得到钠化渣和半钢。这种渣可不经焙烧直接水浸，提取五氧化二钒。所获得的半钢含硫磷很低，可用无渣或少渣法炼钢。此法是一种很有前途的提钒方法，目前正在研究之中。

钒钛磁铁矿提钒的主要流程见图 2－1。A 为回转窑预还原流程，B－F 为钒渣法(高炉)流程，B－D 为钢渣流程，B－E 为钠化渣法，C 为精矿直接提钒流程。

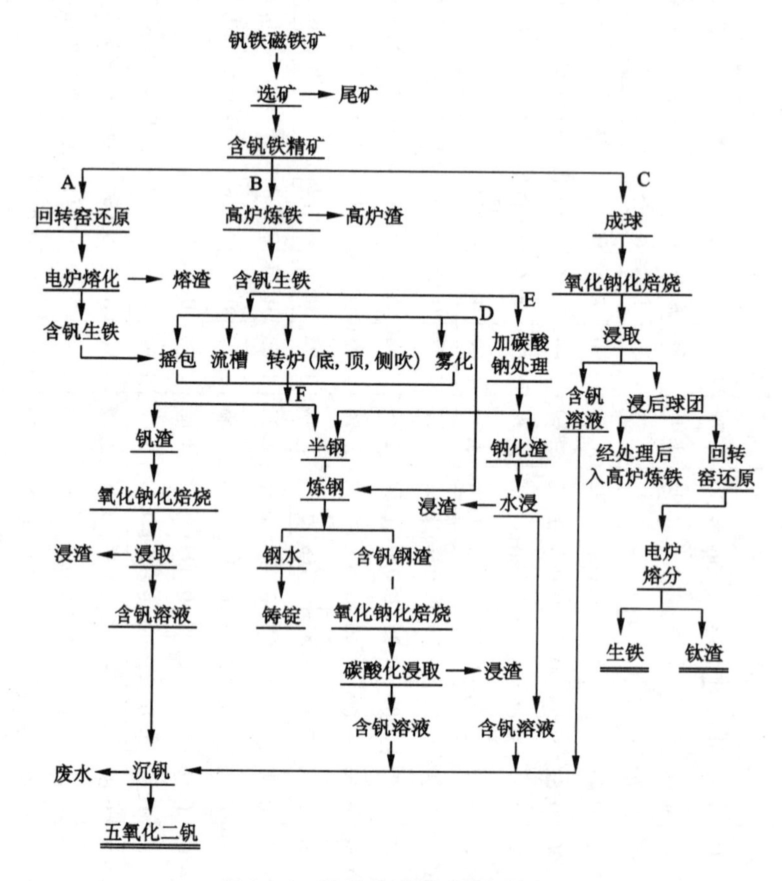

图 2－1　从钒钛磁铁矿提钒流程

2.2　从含钒生铁中吹炼钒渣[9－12]

2.2.1　吹炼钒渣的热力学

含钒生铁中，除铁、碳、钒外，还有钛、锰、硅、磷、硫等。从这些元素氧化物生成自由焓与温度的关系可知，在一定的温度下，采用选择性氧化法可以使钒氧化，而铁不氧化，使钒以氧化物的形式与铁分开。当温度较低时，钒氧化成三

氧化钒的 $\Delta G^{\ominus}$ 较碳氧化的自由焓更负。因此吹炼时只要控制熔池温度低一点，就可以达到“提钒保碳”的目的。吹炼钒渣时，硅、钛先氧化，锰、铬则与钒同时氧化。这些元素生成的氧化物成为钒渣的组分。当生铁中这些元素含量高时，产出的渣量大，渣中钒含量低。

吹炼钒渣时为了达到“提钒保碳”目的，熔体温度应低于转化温度。

2.2.2 钒渣的物相结构

物相分析表明，钒渣是由 SiO_2、V_2O_3、Cr_2O_3、TiO_2、Al_2O_3、CaO、MgO 等组分构成。尽管各工厂的生铁成分不一样，产出钒渣的成分差别很大，但物相结构基本相同。钒渣主要由二相构成，一是尖晶石相，一般形式为 $MeO \cdot Me'_2O_3$（其中 Me 为二价离子，Me′为三价离子）。钒渣中尖晶石有钒铁尖晶石、钛铁尖晶石、铬铁尖晶石等，其中以钒铁尖晶石（FeV_2O_4）含量为最高，也是最主要的含钒物相，其中钒以 V^{3+} 离子的形式存在。二是硅酸盐相，如钙镁锰铁橄榄石 $2(CaO \cdot MgO \cdot MnO \cdot FeO) \cdot SiO_2$、偏硅酸钙 $CaO \cdot SiO_2$ 和辉石等。硅酸盐与尖晶石互不溶解，硅酸盐呈不规则粒状填充于尖晶石颗粒之间，成为钒渣中主要黏结相。钒铁尖晶石是吹炼钒渣的目标物相，其含量决定了钒渣的质量。钒渣中尖晶石颗粒平均粒度为 0.02～0.05 mm，其形成过程是以钒和铬的氧化物为结晶中心，生成尖晶石晶核后逐渐长大的。尖晶石粒度的大小，影响着钒渣的后续处理过程。尖晶石粒度越大，钒渣后续氧化焙烧制取 V_2O_5 过程越易进行。

2.2.3 转炉法生产钒渣

转炉法是将含钒生铁水置入转炉内吹炼数分钟，使钒氧化进入炉渣，实现钒与铁的分离。目前，转炉法吹炼含钒铁水的方式有顶吹、底吹、吹入空气或氧气等。图 2－2 表示了转炉的吹炼形式。

冷却剂的使用是保证吹炼钒渣顺利进行的一个重要条件。吹炼时，由于部分碳和其他元素的氧化，产生大量的化学热。如果不能将多余的热吸收，将造成熔体温度升高。熔体温度过高时，将引起碳的大量氧化，抑制钒的氧化，造成半钢中碳含量过低，使后续的炼钢热量不足。同时因钒不能充分氧化使钒回收率降低。

常用的冷却剂有氧化铁皮、水、废钢和铁矿石。

表 2－3 列出了在 20 t 空气顶吹转炉上使用不同的冷却剂时半钢的收得率。

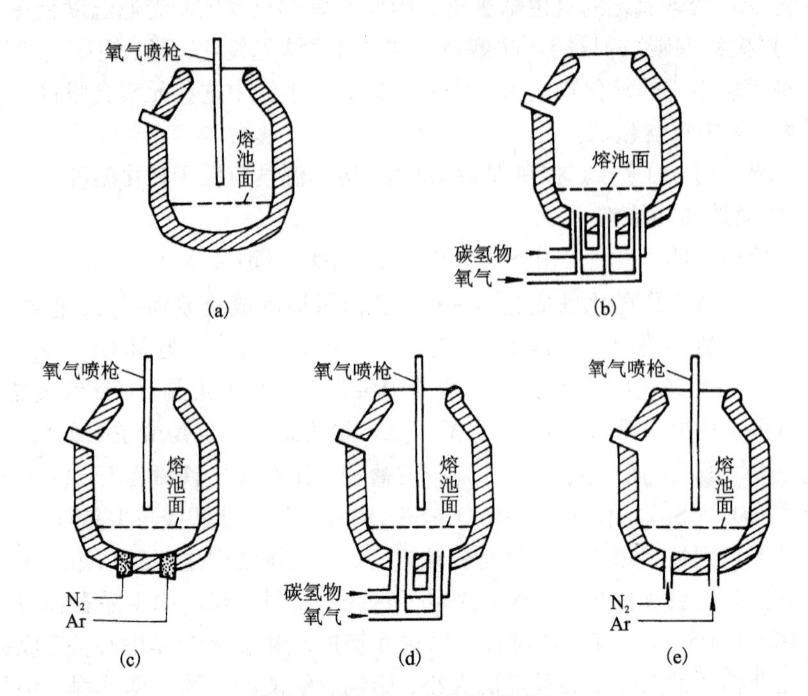

图 2-2　转炉吹炼的几种形式

(a)顶吹法：高纯氧在高压与高速下垂直向下通过一个水冷管或吹枪进入熔池；(b)底吹法：高纯氧在高压与高速下垂直向上通过带有碳氢物的管子包围的风嘴进入熔池；(c)顶部喷枪加底部可透性部件；(d)顶部喷枪加底部冷却风嘴；(e)顶部喷枪加不冷却的底部风嘴

表 2-3　冷却剂与半钢收得率

冷却剂名称	半钢收得率/%	冷却剂名称	半钢收得率/%
氧气流带入氧化铁皮	94.5	废钢、水和氧化铁皮	89.0
氧化铁皮加入转炉	93.5	废钢与水	87.0
氧气流中加水	91.0		

图 2-3 表示了空气底吹转炉炼含钒生铁时铁水成分的变化。

顶吹时，氧枪喷嘴的结构和距熔池的距离对吹炼的效果有影响。由表 2-4 可知，采用三孔喷枪，吹炼时间缩短，氧气用量减少，半钢中碳含量增加。

表2-4　100 t顶吹氧转炉炼钒渣的试验结果

试验条件及指标	试验月份					
	1	2	3	7	8	9
喷枪类型	圆柱形	圆柱形与螺旋形	螺旋形	螺旋形	三孔	三孔
吹炼时喷枪位置/m	2.5~3.5	1.5~3.5	1.0~2.0	1.0~2.0	1.0~1.5	1.0~1.5
吹炼时间/min	14	15	12	11	11	10
铁水装入量/t	101.3	105.1	115.4	122.0	116.6	120
冷生铁块加入量/%	2.2	7.6	10.1	6.10	6.2	6.1
氧化铁皮加入量/%	0	3.1	3.7	2.89	4.1	3.2
水加入量/($kg \cdot t^{-1}$)	15.2	4.2	0	0	0	
1 t铁水耗氧量/m^3	17.7	17.9	15.1	14.3	14.8	15.4
铁水中一些元素含量/%						
V	0.41	0.42	0.42	0.42	0.42	0.40
Si	0.55	0.43	0.48	0.53	0.47	0.48
Ti	0.31	0.30	0.28	0.27	0.25	0.21
半钢						
V/%	0.105	0.097	0.068	0.034	0.031	0.036
C/%	3.34	3.33	3.57	3.53	3.75	3.64
温度/℃	1397	1379	1382	1381	1383	1372
产率/%	86.2	88.0	91.5	91.2	95.5	95.2
钒渣/%						
V_2O_5	14.84	15.62	15.12	15.4	14.5	14.70
TFe	33.20	36.5	36.0	38.4	40.67	38.6
SiO_2	18.10	18.5	18.1	20.5	19.22	
P	0.08	0.06	0.06	0.06	0.06	
CaO	0.72	0.86	0.71	1.01	0.82	
成渣率	77.9	79.5	85.4	92.5	93.4	91.1

在钒渣中含量最高的是铁，为35% ~40%。降低铁含量是提高钒含量的有效措施。渣中全铁含量取决于供氧强度和氧枪位置。由图 2 – 4 可知，喷枪离熔池面距离由 2.0 m 降到 1.0 m 时，渣中全铁含量可降低 5%，对提高渣中钒含量有利。

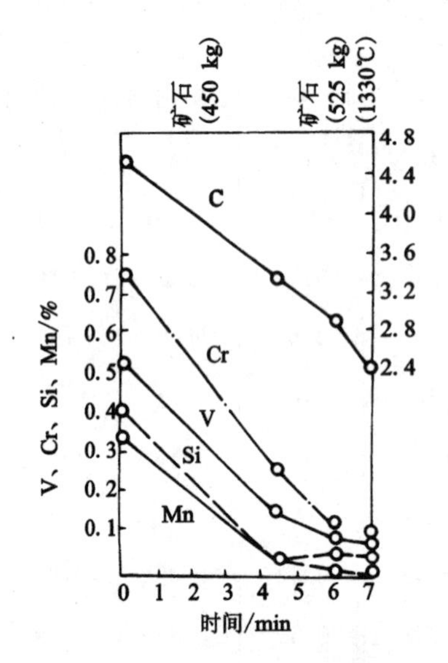

图 2 –3　空气底吹转炉吹炼情况图

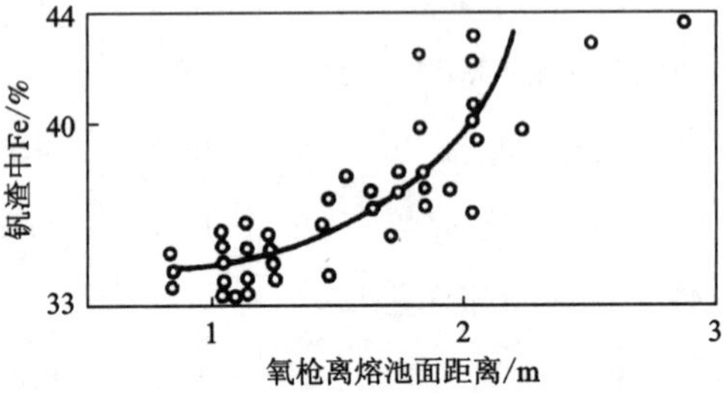

图 2 –4　钒渣铁含量与氧枪(螺旋形)位置的关系曲线

2.2.4　雾化法生产钒渣

铁水雾化法是使用压缩空气将铁水雾化成细小液滴，使空气中的氧与铁液中的钒发生氧化。雾化法生产钒渣工艺流程见图 2 –5。具体的过程是：铁水从铁水罐兑入中间罐，再进入雾化室，铁水在雾化室内与雾化器喷出的高速压缩空气流相遇，被粉碎成细小的液珠，并在液珠表面发生氧化反应。氧化后的液珠汇集在半钢罐内，并分离为半钢和熔渣。先倒出半钢，并送转炉炼钢，然后翻出钒渣。雾化炉的结构见图 2 –6。

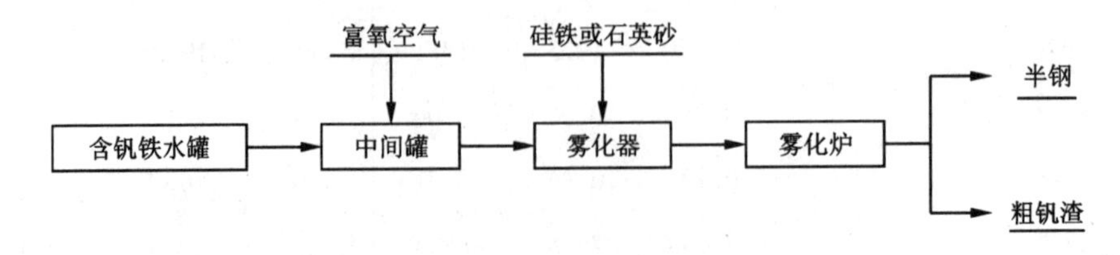

图 2 –5　雾化法生产钒渣工艺流程

研究表明，在雾化的液珠表面钒发生氧化时，一部分铁被氧化成 FeO，当液珠汇集到半钢罐后，钒的氧化继续进行。反应需要的氧由 FeO 提供。少量的碳也会氧化。

$$(FeO) = [Fe] + [O]$$

$$2[V] + 3[O] = (V_2O_3)$$

在雾化提钒工艺中，雾化器是关键设备。好的雾化器应具有雾化效果好、钒氧化率高、不喷溅、对炉衬冲刷较轻的特点。目前我国使用的全水冷双排孔型雾化器是较好的一种，其结构见图 2-7。

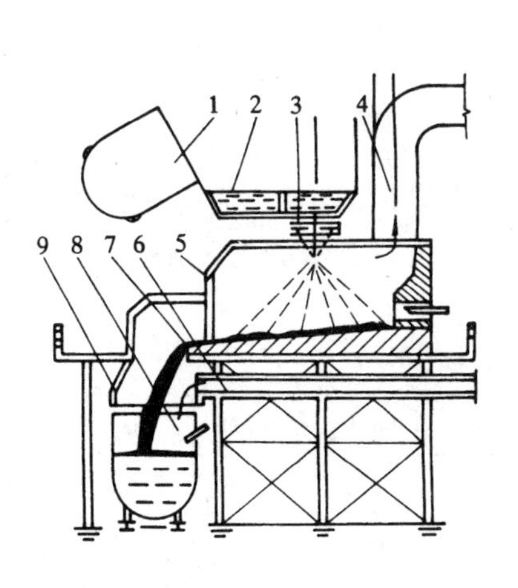

图 2-6　攀钢 2 号雾化炉示意图

1—铁水罐；2—中间罐；3—雾化器；4—烟道；5—雾化室；6—副烟道；7—出钢槽；8—半钢罐；9—烟罩

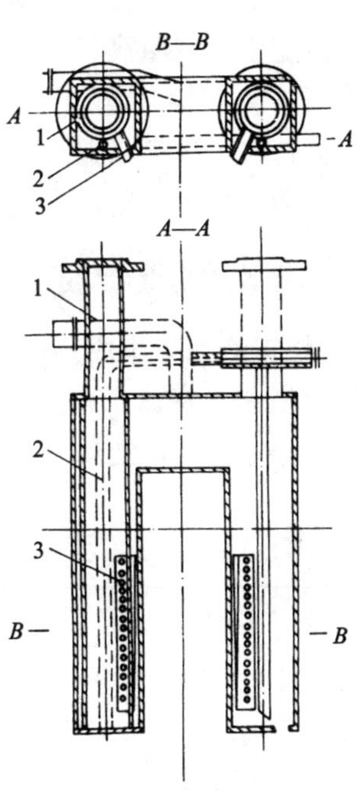

图 2-7　全水冷双排孔型雾化器

1—进风管；2—进水管；3—风嘴

雾化法生产钒渣目前存在的主要问题是渣中铁含量高达 43%。

雾化法生产的钒渣成分为（%）：

TFe	V_2O_5	TiO_2	Cr_2O_3	MnO	CaO	SiO_2	MgO	P
43.10	18.94	12.08	1.98	6.47	0.13	17.1	0.19	0.0121

除铁含量偏高外，其他组分的含量符合一级钒渣的要求。其中 V_2O_5 含量较高，CaO 含量较低，对后续的提钒有利。半钢中碳含量约 3.5%，能满足炼钢要求。

雾化法和转炉法相比，具有半钢中碳含量高，处理能力大，设备简单，容易操作的优点。雾化法曾是攀枝花钢铁公司生产钒渣的主要方法，其钒渣产量曾占全国钒渣产量的一半以上。

雾化提钒工艺的优点是：设备简单、操作易行、投资少、对耐火材料要求不高；生产过程反应条件好，使得钒的氧化反应能够顺利进行。另外由于生产过程不额外添加冷却剂，得到的钒渣质量较好，且可实现连续化生产，生产效率大大提高。

其缺点是：提钒条件不太稳定、渣铁分离困难、钒渣流失较多、钒的总收得率偏低、钒渣中含铁量高、铁损及生产过程温度降低较多。

综合考虑到钒渣质量及生产过程中各方面的要求，攀钢在 1995 年淘汰了雾化提钒法，转向了更加高效且易操作管理的转炉提钒方法，实现了提钒方法的本质改变，推动了转炉提钒法在我国的普及运用。

2.3 从含钒钢渣中提钒[9, 10]

2.3.1 含钒钢渣的化学成分和物相

含钒钢渣是含钒铁水直接在转炉内按一般碱性单渣法炼钢而得到的钢渣。这种渣成分复杂，又经常波动。表 2-5 列出了三批含钒钢渣的化学成分。

表 2-5 含钒钢渣的化学成分/%

批号	V_2O_5	CaO	FeO	SiO_2	MgO	P	Cr_2O_3	MnO	TiO_2	其他
1	4.96	45.64	16.9	8.48	10.91	0.23	0.3	1.79	5.46	5.4
2	6.00	44.34	14.4	9.09	10.1	0.26	0.5	1.38	4.80	4.9
3	5.12	47.12	19.4	7.27	12.32	0.7	0.7	1.2	3.84	6.46

除含钒钢渣法处理含钒铁水可得到含钒钢渣外，采用钒渣法和钠化渣法选择性氧化含钒铁水，都会有相当量的残钒进入半钢，经转炉炼钢后最终也形成含钒钢渣，其中 V_2O_5 含量在 1% ~5% 。

含钒钢渣的特点是氧化钙含量高，钒含量低。

钢渣的物相组成见表 2-6。钢渣的物相完全不同于普通的钒渣。虽然作为酸性氧化物的 V_2O_5 会不可避免地与碱性的 CaO 结合生成稳定的矿物相，但由于钢渣中钒含量低，氧化物活度和化学势相对较小，很难形成稳定而独立的 $Ca_3(VO_4)_2$矿物相，而是以固溶形式存在于硅酸三钙、钙钛氧化物和硅钒酸钙等矿物中。

表2-6 含钒钢渣的物相组成

物相	硅酸三钙	钙钛氧化物	镁—方铁石	硅钒酸钙	碳酸盐	金属铁
含量/%	46.81	30.91	15.40	0.32	5.00	1.56
V_2O_5/%	1.47	9.78	0.20	31.99		
V_2O_5 分布率/%	17.88	78.66	0.81	2.65		

研究结果表明，硅酸三钙(Ca_3SiO_5)结晶较晚，其形状受空间限制，自形性差，一般呈不规则粒状填充于其他矿物格架之间，并包裹其他矿物。硅酸三钙相中 V_2O_5 的含量较低，约1.47%，但由于该相在渣中占的比例大，仍有17.88%的 V_2O_5 夹杂其中。镁—方铁石系方镁石、方铁石、方锰石构成的固溶体系列，其分子式为$(Mg_{0.58}, Fe_{0.36}, Mn_{0.06})_{1.00}O$，该矿物中含钒很少。

钙钛氧化物是一种新矿物，分子式为：$(Ca_{3.02}, Mn_{0.01})_{3.03}(Ti_{1.36}, V_{0.37}, Fe_{0.23}, Cr_{0.06}, Mg_{0.01}, Si_{0.09})_{2.12}O_7$，简写成 $Ca_3(Ti, V)_2O_7$。该矿物是一种黑色薄厚不等的长板状矿物，并与其他矿物连生，钒置换钛进入晶格中。该矿物中 V_2O_5 含量为9.78%，其钒量占渣中总钒量的78%，是提钒的主要对象。

硅钒酸钙是另一种新矿物，分子式为：$(Ca_{5.97}, Fe_{0.03}, Mg_{0.02})_{6.02}, [(Si_{1.02}O_4) | (V_{0.96}, Ti_{0.04}O_4)_2]$，可简写成 $Ca_6[(SiO_4)|(VO_4)_2]$。该矿物一般为完好的柱状，断面常呈对称的六边形，是钢渣中含钒最高的矿物，但由于矿物含量小，所以钒在该矿物的分布仅占渣中总钒量的2.65%。该矿物的化学性质不稳定，在很弱的酸性介质中能迅速溶解。

2.3.2 含钒钢渣返回高炉回收钒的工艺

含钒钢渣返回高炉处理是我国首创的一种提钒工艺。它是把含钒钢渣再烧结后返回小高炉，炼出含钒2%～3%的铁水，再兑入氧气底吹转炉内吹炼，得到 V_2O_5 含量达35%～40%的高钒渣。此渣在电炉内直接还原，制取含钒大于35%的钒铁合金。其原则流程见图2-8。

2.3.3 含钒钢渣的水法提钒工艺

含钒钢渣的特点是氧化钙含量高，用传统的钠盐焙烧—水浸提钒工艺，钒浸出率很低。目前研究出的钠盐焙烧—碳酸化浸出工艺较好地解决了氧化钙的危害。基本原理是加钠盐焙烧，使大部分钒与钙生成钒酸钙，浸出时通入 CO_2气体，使钙转变成碳酸钙沉淀，钒呈钒酸钠进入溶液，实现钙与钒的分离，其工艺流程见图2-9。

在含钒钢渣中，钒主要赋存在钒钙钛氧化物中，焙烧时钒钙钛氧化物与碳酸钠反应：

$$2Ca_3V_2O_7 + Na_2CO_3 + O_2 = 3CaO + 2NaVO_3 + Ca_3(VO_4)_2 + CO_2$$

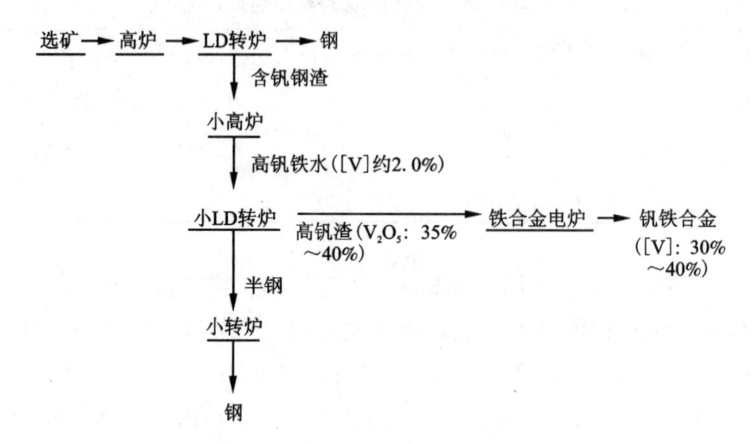

图2-8　含钒钢渣返回高炉流程示意图

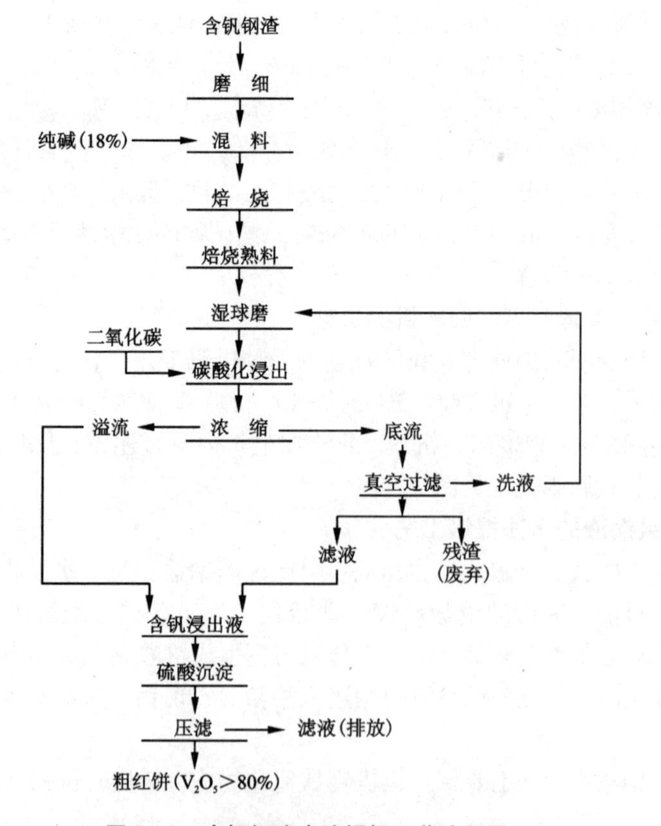

图2-9　含钒钢渣水法提钒工艺流程图

硅钒酸钙与碳酸钠也发生类似反应：

$$2[Ca_2SiO_4 \cdot Ca_4(VO_4)_2] + Na_2CO_3 + O_2 = 2Ca_2SiO_4 + 2NaVO_3 + Ca_3(VO_4)_2 + 5CaO + CO_2$$

焙烧后水溶性钒约20%，碳酸化浸出的钒约60%。

含钒钢渣的焙烧通常在回转窑内进行，其设备配置见图2－10。

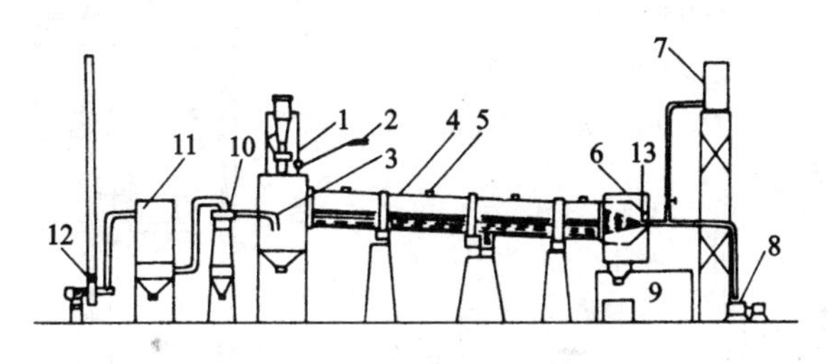

图2－10　焙烧设备配置图

1—圆盘给料机；2—下料管；3—排烟管；4—回转窑；5—热电偶；6—燃烧室；7—高位油槽；8—风机；9—排料罐；10—旋风收尘器；11—布袋收尘器；12—排风机；13—燃烧喷嘴

焙烧的主要技术条件：渣碱比100∶18，钢渣的磨细度－200目大于60%，制粒后的粒度直径5～10 mm，焙烧温度1100℃，物料停留时间3.7 h。

技术指标：生产能力1.58 t/(m^2·d)，烟尘率0.5%，熟料转浸率85%。焙烧温度和加碱量对转浸率的影响分别见图2－11(a)和图2－11(b)。

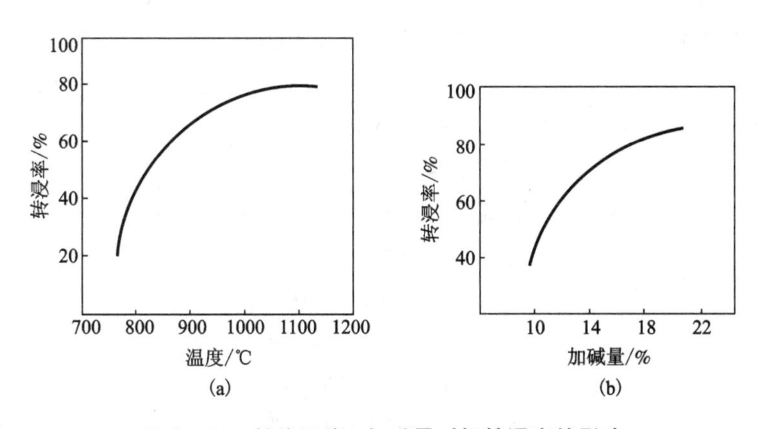

图2－11　焙烧温度、加碱量对钒转浸率的影响

焙烧后的含钒物料在通有CO_2气体的浸出槽中浸出。焙砂中的游离碱与通入的CO_2作用，生成Na_2CO_3和$NaHCO_3$，它们使焙砂中的钒酸钙溶解：

$$Ca(VO_3)_2 + Na_2CO_3 = CaCO_3\downarrow + 2NaVO_3$$

$$Ca(VO_3)_2 + 2NaHCO_3 = CaCO_3\downarrow + H_2O + CO_2 + 2NaVO_3$$

浸出的主要设备是机械搅拌浸出槽和气体搅拌浸出槽。见图 2－12、图 2－13。

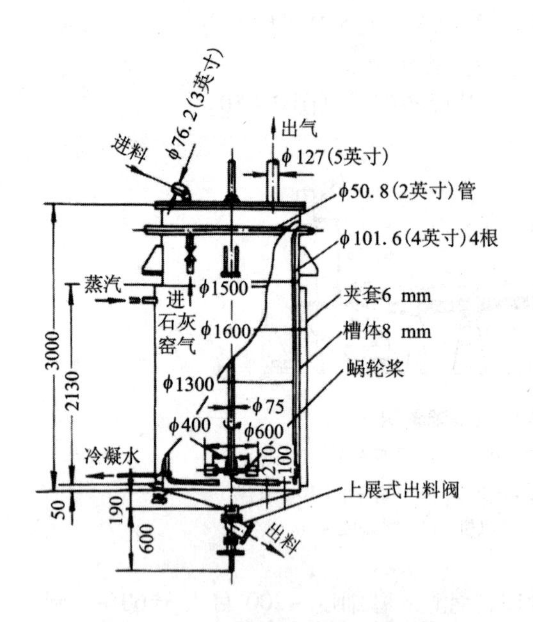

图 2－12 机械搅拌碳酸化浸出槽

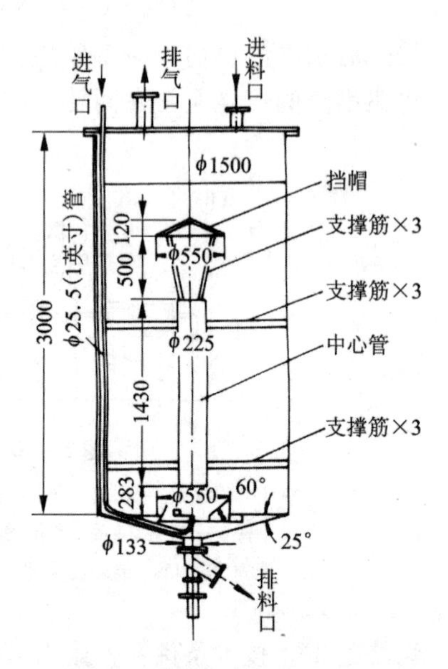

图 2－13 气体搅拌碳酸化漫出槽

2.4 从含钒生铁中生产钠化钒渣[2, 5, 9, 10, 13]

当含钒铁水的温度在 1400～1600 K，加入 Na_2CO_3，铁水中的钒、磷、硫将与 Na_2CO_3 发生下列化学反应：

$$2[V] + 3Na_2CO_3 = 3Na_2O \cdot V_2O_5 + CO + 2C$$

$$\Delta G^\ominus = -31720 - 11.27T$$

$$2[V] + 3Na_2CO_3 + O_2 = 3Na_2O \cdot V_2O_5 + 3CO$$

$$\Delta G^\ominus = -86480 - 52.44T$$

$$2[P] + 3Na_2CO_3 = 3Na_2O \cdot P_2O_5 + CO + 2C$$

$$\Delta G^\ominus = -121980 + 41.94T$$

$$2[P] + 3Na_2CO_3 + O_2 = 3Na_2O \cdot P_2O_5 + 3CO$$

$$\Delta G^\ominus = -176750 + 0.77T$$

$$Na_2CO_3 + [S] + 2[C] = Na_2S + 3CO$$

$$\Delta G^\ominus = 87790 - 68.92T$$

铁水中的钒、磷、硫分别生成钒酸钠、磷酸钠和硫化钠进入渣相。其他杂质如 TiO_2、SiO_2 等也生成相应的化合物入渣。

实际操作中，在搅拌铁水的情况下，分批向铁水表面加入碳酸钠，碳酸钠在铁水中熔化成液态。碳酸钠与铁水中的钒、磷、硫反应属液—液反应。因此扩大铁—碳酸钠接触面和改善传质条件都能加快反应速度，图2－14表示了用碳酸钠处理铁水的装置示意图。图2－15表示了含钒铁水用碳酸钠处理过程中，钒、磷、硫和碳的变化。由图2－15可知，加入碳酸钠后，仅用十余分钟，钒、磷、硫就可降到最低点，碳含量降低不多，这对后续的炼钢有利。表2－7和表2－8分别表示了铁水和半钢的成分及钠化渣的成分。

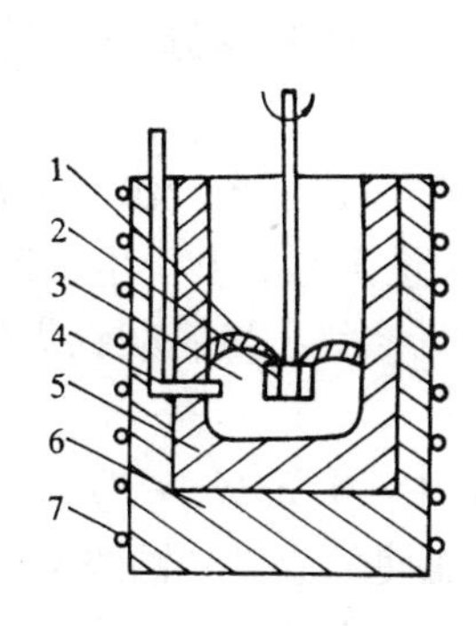

图2－14 铁水处理装置示意图

1—钠化渣；2—搅拌桨；3—铁水；4—连续测温热电偶；5—石墨坩埚；6—外衬；7—感应器

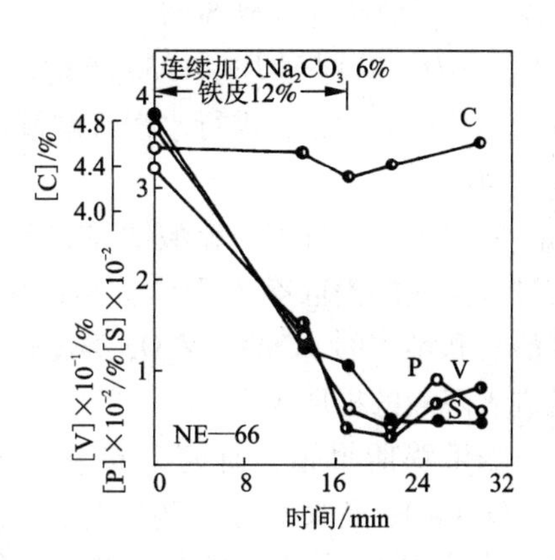

图2－15 氧化钠化处理过程元素含量变化情况

表2－7 铁水和半钢成分/%

项 目	V	S	P
铁水原始含量	0.31	0.120	0.033
16 min时半钢含量	0.04	0.005	0.005
元素氧化率	87.1	95.80	84.80

表2－8 含钒钠化渣成分/%

组成	V_2O_5	可溶V_2O_5	TFe	SiO_2	MFe	Na_2O
含量	6.07	5.69	6.14	10.34	0.14	28.7

虽然用碳酸钠处理含钒铁水已取得很大进展，但仍有一些技术关键需要解决，如氧化钠对炉衬的腐蚀，水浸钠化钒渣后进入溶液中磷、硫、硅的净化问题等。

2.5 从磁铁矿精矿直接提取钒[14-16]

克额尔倍尔格曾建议将矿石在1100℃下进行氧化焙烧，然后在 5×10^5 Pa 下用硫酸进行高压釜浸出。此时钒进入溶液的提取率约60%，但在添加5% CaF_2 的情况下，提取率提高到80%。

M·H·萨博列夫在1935年建议将钒钛磁铁矿在900~1200℃下与钠盐一道进行氧化焙烧，然后进行水浸和酸浸。在焙烧时生成钒酸钠，钒进入溶液的提取率为90%。

实验表明，精矿与硫酸钠在1150~1200℃下焙烧后，用水浸出和酸浸出时，钒进入溶液的提取率为75%。精矿中 SiO_2 和 CaO 含量高时，由于生成碱金属的硅酸盐和难溶的 nCaO · V_2O_5 类型的单钒酸钙、二钒酸钙、三钒酸钙等钒酸盐，钒进入溶液的提取率下降。

据俄罗斯报道，研究人员从下列成分的精矿中：0.38% V，2.5% SiO_2，0.24% CaO，提取了超过70%的钒。提高焙烧温度能使形成钒酸钠的反应速度增加，但同时也促使碱性添加剂与物料的其他成分反应。研究人员认为，焙烧的温度应高于磁铁矿晶格的破坏温度，而低于反应添加剂的分解温度。

与硫酸钠进行焙烧使钒进入水溶液，并随后用浸出尾矿作黑色冶金的原料的方法，在芬兰的奥塔玛基矿的工厂得到运用。该厂的生产流程见图2-16。

将磁铁矿精矿与硫酸钠(重量为精矿重量3%)在球磨机中研磨。磨碎后的混合物送入转鼓型制球机，并添加返回液。尺寸在20~50 mm的球团送竖炉，在1250~1300℃下焙烧。炉子的上部用于球团的焙烧，下部用于球团的初步冷却。炉子用重油加热。空气通入炉子的上部和下部。焙烧时间为24 h。

经焙烧的产品送逆流水浸，浸出温度为80~90℃，时间8 h。钒的提取率在80%~90%范围内波动。浸出渣对黑色冶金来说是珍贵的原料，用于炼铁。

浸出得到的钒酸钠溶液含有 V_2O_5 10~14 g/L，送往在95~100℃下加硫酸和氯化铵沉淀多钒酸铵。析出的多钒酸铵经干燥后熔化成熔片。得到的五氧化二钒含 V_2O_5 99.16%。从精矿到最终产品的回收率为60%~70%。

当精矿中含CaO大于0.5%，SiO_2 大于1%时，上述工艺不可用。因为在焙烧过程中形成难溶的钒酸钙和形成的硅酸钠对炉料引起的烧结，使磁铁矿的氧化程度减少，水溶性钒化合物的收率减少(由于焙烧温度的下降)。

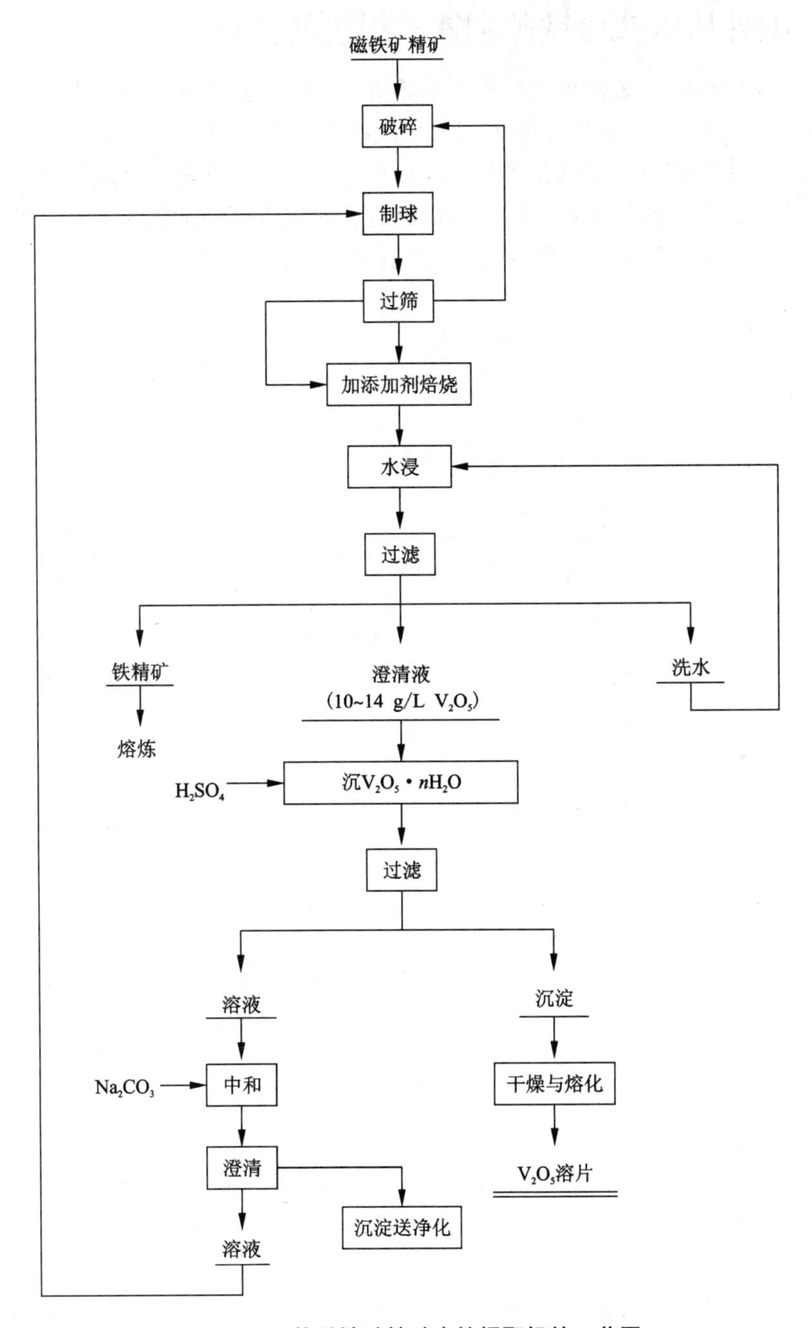

图 2－16　从磁铁矿精矿直接提取钒的工艺图

2.6 国外从钒钛磁铁矿和铁矿提钒的流程[2]

由于钒钛磁铁矿是世界上最重要的钒资源，经过多年的实践，国外已用多种方法从钒钛磁铁矿提取钒(见图2－17)，这些方法大体可分为化学方法和冶金方法。化学方法指矿石直接钠化焙烧；冶金方法则是矿石首先熔炼成生铁，钒富集在铁水中。铁水经转炉吹炼可得到富钒炉渣。此钒渣再经钠化焙烧提取钒。在某些情况下，磁铁矿精矿经选择性熔炼生产生铁，而使钒留在渣中。

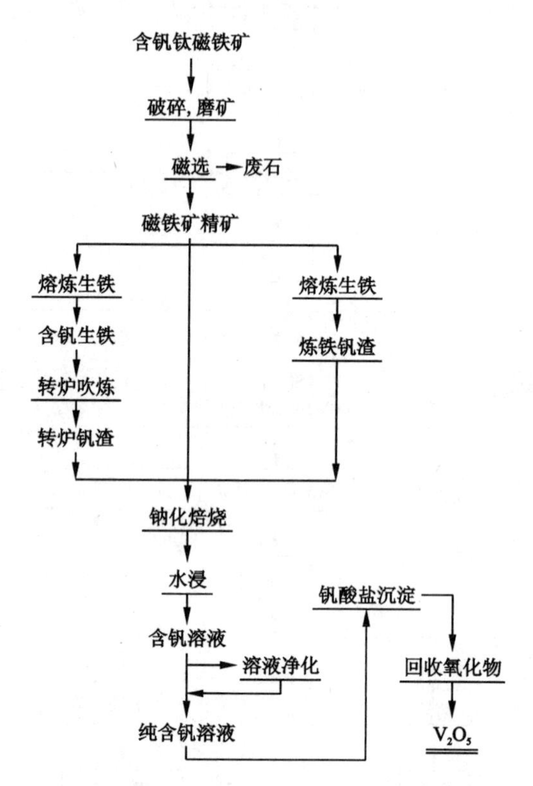

图2－17　从含钒钛磁铁矿回收钒的方法

如果矿石中含有磁铁矿和金红石矿，则首先用磁选进行分离，而后仅对磁铁矿精矿作提钒处理。

矿石中含有多种金属氧化物，其中 V_2O_5 的酸性最强，其余的氧化物按酸性递减次序可排列如下：Cr_2O_3，SiO_2，TiO_2，Al_2O_3，Fe_2O_3，MgO，TiO，FeO 和 CaO。

磁铁矿中的钒主要以 V^{3+} 存在，它取代磁铁矿中的部分 Fe^{3+}。在钠化焙烧时，钒被氧化成 V^{5+}，并与钠盐形成水溶性钒酸盐。其他一些金属，如 Fe 和 Cr 也有类似反应。这些反应可用下式表示：

$$V^{3+}, Cr^{3+} \text{和} Fe^{2+} \longrightarrow V^{5+}, Cr^{6+} \text{和} Fe^{3+}$$

$$M_xO_y + zNa_2CO_3(L) = zNa_2O \cdot M_xO_y + zCO_2$$

式中 M 为 V、Cr、Fe、Al、Si、Ti。视 Na_2CO_3的添加量，焙烧时能形成钒酸钠、铬酸钠、硅酸钠、钛酸钠、铝酸钠和铁酸钠。除钛酸钠和铁酸钠在水浸时分解为氧化物外，其余四种钠盐均可溶于水而进入浸出液。

2.6.1　钒钛磁铁矿的处理流程

目前，从磁铁矿提钒的主要生产国为南非、芬兰、独联体国家和中国。

1. 芬兰含钛磁铁矿提钒处理

劳塔鲁基(Rautaruuki Oy)公司是芬兰国营钢铁企业，下属的奥坦玛基(Otanmaki)和木斯塔伐瑞(Mustavaara)厂均从含钛磁铁矿中回收钒。芬兰奥坦玛基厂的提钒流程见图 2－18。从原矿到工业 V_2O_5 的总收率约为 50%。

图 2－19 为木斯塔伐瑞厂的设备流程图。由于原矿中磁铁矿和金红石嵌布极细，不能用选矿方法使之分离。木斯塔伐瑞原矿含 1.6% V_2O_5，其处理方法大致与奥坦玛基矿的处理相同，但由于其硅酸盐含量高，钠化焙烧料浸出液中水溶性硅酸盐浓度高，因此，必须在沉钒作业前进行脱硅处理。经浸出的球料因含钛量高，不能用于钢铁生产。

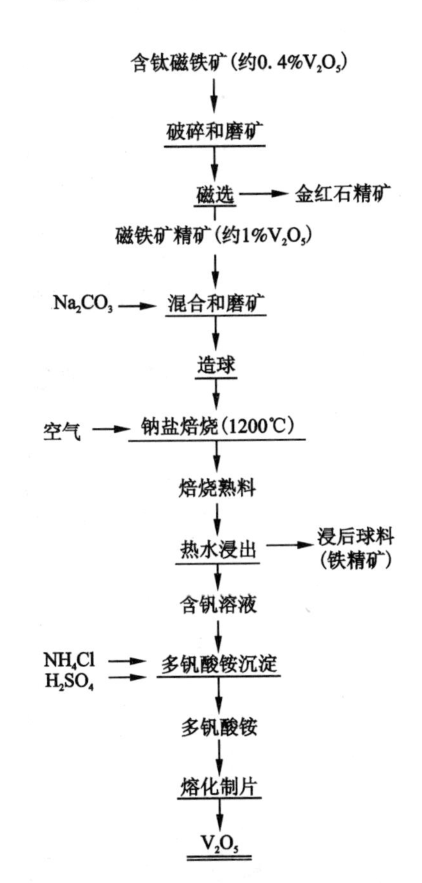

图 2－18　芬兰奥坦玛基厂提钒流程

2. 南非从含钛磁铁矿提钒工艺

巴斯维尔德(Bushveld)的含钛磁铁矿非常丰富，其含钒量为 1% ~ 1.59% V_2O_5。目前有海维尔德(Highveld)、联合碳化物(Union Carbide)和德兰士瓦(Transvaal)三家公司用化学法回收钒。

1) Vantra(海维尔德)法

Vantra 是德兰士瓦钒公司的英文简称，该公司现为世界上最大的钒生产厂家海维尔德钢铁和钒联合公司的一部分。Vantra 只从含钛磁铁矿中回收钒，其他矿石组分作尾矿废弃。Vantra 的生产流程见图 2－20。

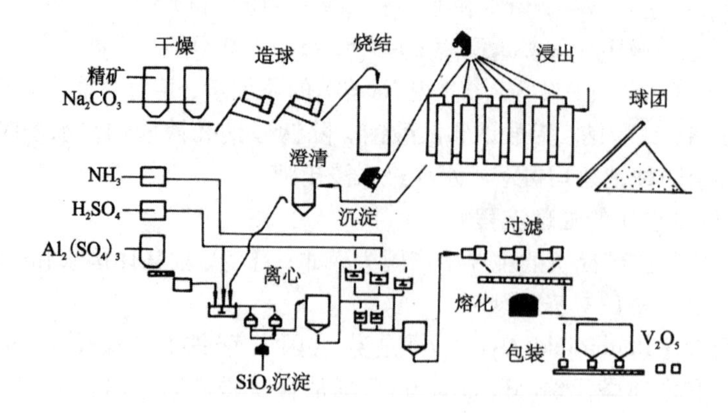

图 2-19 芬兰木斯塔伐瑞厂的设备流程

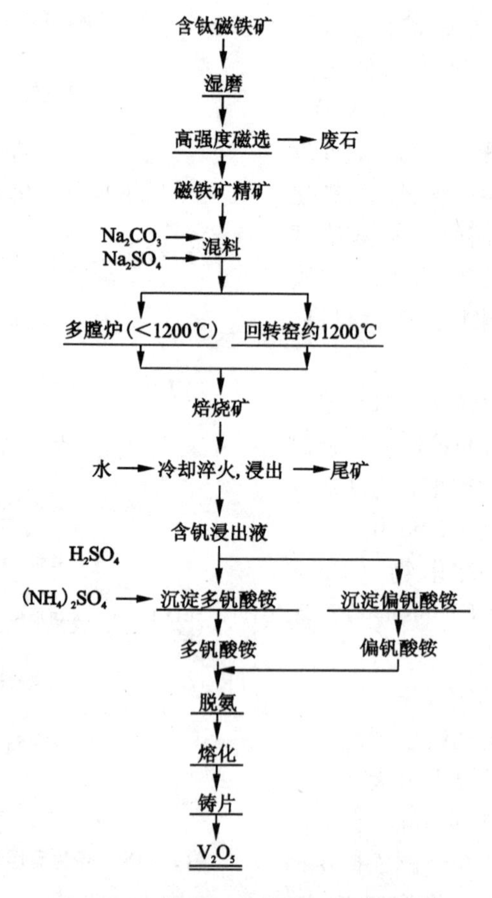

图 2-20 南非德兰士瓦公司提钒流程

2)海维尔德公司火法冶金提钒法

除化学方法外，海维尔德公司也用火法冶金方法提钒，所用的火法提钒工艺见图2－21。

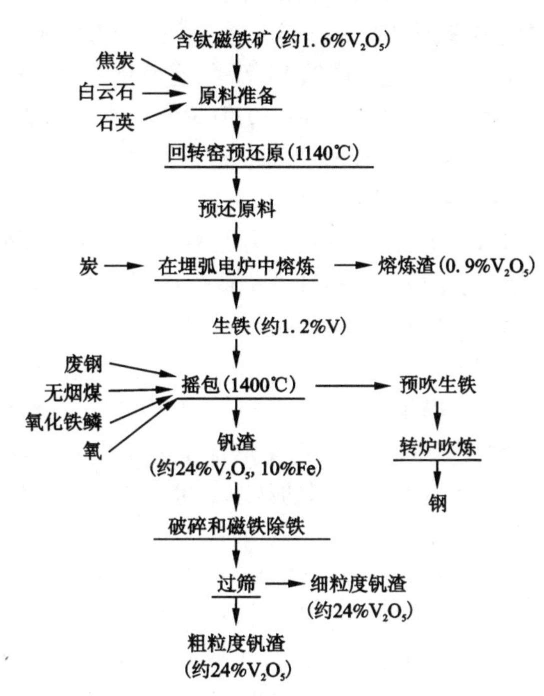

图2－21 南非海维尔德公司火法提钒工艺

原矿和各中间产物中钒的浓度列于表2－9。

表2－9 海维尔德火法提钒过程中原矿、生铁和炉渣的化学分析

组成	磁铁矿/%	生铁/%	电炉渣/%	吹炼渣/%	组成	磁铁矿/%	生铁/%	电炉渣/%	吹炼渣/%
Al_2O_3			14	4	MnO				
C		3.5			P		0.08		
CaO			17	2	S		0.07	0.17	
Cr		0.3			Si		0.2		
Cr_2O_3				5	SiO_2			22	17
Fe	54			10	Ti		0.2		
FeO			1～1.5	26	TiO_2	14		32	4.5
MgO			15	3	V		1.22		
Mn		0.25		4	V_2O_5	1.6		0.9	24.5

3. 俄罗斯利用固态还原钒钛磁铁矿得到的钒渣中提取钒的方法

俄罗斯伊尔库茨克市一个采用 MTRCI 快速铸铁生产工艺（manufacturing technology of rapid cast iron）的炼铁厂正在兴建中。该工艺可从各种含铁原料中生产高质量产品，其中包括钒钛磁铁矿。该工艺所使用的能源可以是合成气、炼焦煤气、天然气和煤。该生产装置年产铁10万t，金属化率100%，碳含量2.5%～3%。该过程使用的铁矿含铁应不低于48%，但对硫和磷含量没有要求。原料粒度要求小于0.074 mm的颗粒应不少于70%。燃料气的发热值不小于5200 kJ/m^3（标）。产品的保证质量为：Fe：96%；C：2.5%。

伊尔库茨克 MTRCI 厂以钒钛磁铁矿为原料，通过固相还原得到还原炉料。经磁选后得到下列成分的金属铸铁粉和含钒钛炉渣：铸铁（%）：Fe 96.0，C 3.9，Ti 0.01，V 0.03，S 0.02，P 0.025；炉渣（%）：FeO 12.6，SiO_2 30.2，CaO 21.6，Al_2O_3 13.3，MgO 9.7，TiO_2 10.0，V_2O_5 1.9。

为了从上述炉渣中提取钒，厂方拟采用2009年公布的俄罗斯专利RU1365649C3从含钒钛炉渣提取钒的钙化焙烧工艺。由于原料炉渣中CaO含量为21.6%，所以依据上述俄罗斯专利的技术，可不必添加任何添加剂进行钙化焙烧。

依据上述专利，在温度为1050～1150℃下对钒钛炉渣样品（在破碎后）进行15～45 min的氧化焙烧。在所述钒钛炉渣的CaO含量在8%或8%以上时，不用任何添加剂。而当钒钛炉渣中CaO的含量低于8.0%时，焙烧时需添加炉渣重量5%～15%的碳酸钙，以补充使V_2O_5转变为酸可溶性钒酸钙所需的氧化钙。煅烧料在冷却后，用稀硫酸在pH 2.5～3.0的微酸性介质中浸出，温度25～60℃，并搅拌10～20 min。钒进入浸出液中的提取率达85%～97%。

在对烧渣浸出钒时，采用的浸出条件为：S∶L＝1∶2，在pH＝2.5～3.0用稀硫酸浸出10～20 min。固液比采用1∶2（与苏打烧结相同），是为了得到五氧化二钒浓度在10～20 g/L的富钒液，有利于后续的沉钒作业。减少固液比进行浸出不切实际，因为浸出液浓度低。而增加固液比会增加矿浆的密度，为浸出和随后的过滤增加困难。

所提出的方法与通常采用的添加苏打焙烧相比，有以下一些优点：当钒渣含有8%或更高的CaO时，通过不使用添加剂即可实现提钒目的，而在常规的苏打焙烧时，苏打添加量为钒渣质量的20%；当钒渣CaO含量少于8%时，通过添加5%～15%（重量）的$CaCO_3$以补充CaO的不足，烧成时间从3～4 h缩短到15～45 min，钒提取率从70%～90%提高到85%～97%；不管钒渣中的SiO_2含量是多少，均能保证高的钒提取率。专利发明人认为，此发明可用于加工俄罗斯和其他国家产出的钛磁铁矿矿石和精矿。

值得指出的是，我国也有石煤钙化焙烧提钒的工艺，但与前述的俄罗斯专利相比较，采用的焙烧温度较低(一般低于1000℃)，配钙数量较低，焙烧时间较长，转浸率低。因此，本书编者认为俄罗斯专利主张的钙化焙烧条件值得借鉴。

2.6.2 从不含钛的铁矿中提钒

智利、瑞典的不含钛的磁铁矿和欧洲中部国家的沉积铁矿也含钒，但钒的含量通常较含钛磁铁矿低很多。沉积铁矿平均含0.02% ~0.2% V_2O_5，智利磁铁矿含0.25% V_2O_5，而瑞典凯若纳(Kiruna)铁矿含0.1% ~0.2% V_2O_5。前两种矿已用于工业生产钒。由于矿石含钒低，只能用熔炼生铁和将钒富集在转炉渣的方法。

1. 第二次世界大战时德国从钢厂渣提钒工艺

德国从含钒量低的沉积铁矿回收钒。原矿含钒0.015% ~0.1%。这些铁矿用通常的高炉熔炼生产生铁。矿石中的大部分钒进入生铁。生铁在转炉吹炼时钒富集于转炉渣中。转炉渣返回与原矿再次炼铁，使钒富集于生铁和吹炼生铁的转炉渣。例如，原矿含0.1%的钒，第一次循环时，生铁中含钒0.3%，在第二次循环时转炉渣含钒常超过10%，可用化学法提钒。

2. 智利从转炉渣提钒工艺

智利CAP钢厂用碱性吹氧转炉精炼钢得到下列组成的转炉渣：5.7% V_2O_5，47.0% CaO，2.5% MgO，11.0% SiO_2，3.2% P_2O_5，4.0% MnO，15.1% Fe和1.2% Al_2O_3。由于渣中CaO和P含量高，所以钒主要以$3CaO \cdot P_2O_5 \cdot V_2O_5$及$CaO \cdot 3V_2O_5$，$CaO \cdot V_2O_5$和$3CaO \cdot V_2O_5$形态存在。为减少浸出时的酸耗，须先将渣中CaO转化为硫酸钙，故在图2-22的流程中向转炉渣添加当量的黄铁矿(72% FeS_2)。从转炉渣到红饼(81% ~82% V_2O_5)钒的总收率约80%。

3. 从含钒褐铁矿提取钒[7]

含钒褐铁矿中V_2O_5含量为0.5% ~2.5%，其中Fe含量为20% ~40%，SiO_2含量为30% ~65%。钒在褐铁矿中未呈独立矿物存在，而是以离子型吸附状态存在于铁和泥质内。从含钒褐铁矿提钒的流程是：破碎→球磨→焙烧→浸出→沉淀→制备V_2O_5。

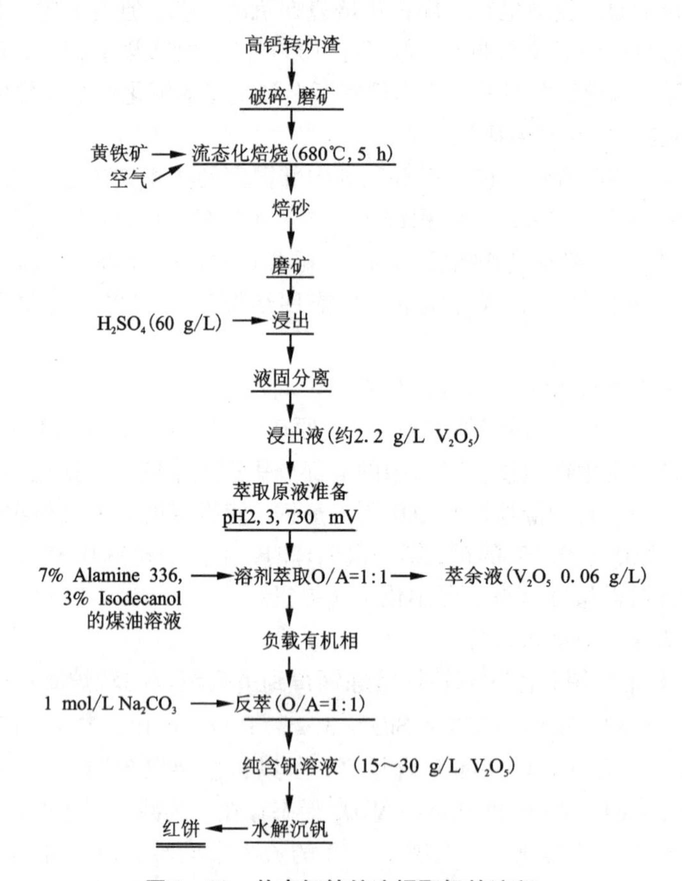

图 2-22　从高钙转炉渣提取钒的流程

2.7　提钒尾渣酸浸提钒[18, 19]

钒渣经提取 V_2O_5 之后，遗弃的废渣(即提钒尾渣)中 V_2O_5 含量在 1.5%(质量分数)左右，钒含量较高，具有再回收价值。每年约有数百万吨含钒废渣直接排放，大量废渣堆积如山，不仅造成钒资源的浪费，且占用大量土地，污染环境。因此，从含钒尾渣中二次提钒，不仅对钒资源有效利用意义重大，且可带来可观的经济、环境与社会效益。

提钒尾渣是钒渣钠化焙烧—水浸提钒之后的水浸渣，一般呈黑色粉末状固体，化学成分随钒生产企业而有所不同。我国攀枝花钢铁公司和承德钢铁公司提钒尾渣的化学成分分别见表 2-10 和表 2-11。其中总铁(TFe)和 V_2O_5 含量较高。X-射线衍射物相分析表明，提钒尾渣中铁、钒的主要物相分别为 Fe_2O_3、Fe_3O_4、Fe_2VO_4，钒主要以类质同相形式赋存在铁钒尖晶石 Fe_2VO_4相中。

表2-10　攀枝花钢铁公司提钒尾渣化学成分/%

TFe	SiO_2	CaO	V_2O_5	Cr_2O_3	TiO_2	MnO	Na_2O	Ga
32.80	14.40	2.50	2.08	2.24	12.90	7.84	5.26	0.008

表2-11　承德钢铁公司提钒尾渣化学成分/%

TFe	SiO_2	CaO	V_2O_5	Cr_2O_3	TiO_2	K_2O+Na_2O
31~36	19~23	1~1.5	1.3~2.1	3~3.5	10.8~11.5	0.56~5.9

钒渣的主要物相是尖晶石、硅酸盐相和玻璃相。钒主要存在于尖晶石中，尖晶石颗粒镶嵌或夹杂在硅酸盐相之中。钒渣中的钒不能完全被提取，其主要原因是：①以硅酸盐为主体成分的玻璃体包裹在尖晶石周围，阻碍了氧与含钒尖晶石颗粒的传质、扩散，不利于钒酸盐的生成，导致含钒尖晶石未能完全被氧化、钠化；②含钒矿物、钠盐添加剂和硅酸盐相反应生成不溶性的玻璃态硅钒酸盐；③焙烧熟料在冷却过程中形成不溶于水也不溶于酸的钒青铜。因此，提钒尾渣中的钒存在于玻璃态的不溶性化合物和未被破坏的尖晶石中，其中钒主要以三价形式存在。从钒尾渣中提钒实际上就是将不溶性的三价钒最大限度地转化为可溶性的四价或五价钒，从而使其溶解并加以回收。

从钒尾渣中提钒曾采用钠化焙烧水浸、加压酸浸和常压酸浸等工艺。钠化焙烧工艺的突出问题是能耗高、产生 HCl 和 Cl_2 等有害气体，且钒提取率低(小于40%)；加压酸浸和常压酸浸均存在反应时间过长、高浓度酸(为保证浸出率，H_2SO_4 浓度通常大于250 g/L)对设备有防腐要求，且产生的大量杂质和废酸存在对后续钒的净化和富集带来困难等问题。

针对提钒尾渣的矿物组成和钒赋存特点，目前研究提出以较低酸度的硫酸为基础浸出酸，通过加入氢氟酸(或含氟化合物)来破坏含钒硅酸盐矿物和尖晶石的晶体结构，使赋存在其中的钒充分释放出来，然后在浸出过程中加入高锰酸钾、次氯酸钠等氧化剂氧化溶解钒。

樊刚等人[20]对攀钢钒渣提钒尾渣(化学组成见表2-12)采用硫酸—氢氟酸—高锰酸钾组合浸出体系进行常压酸浸提钒。所用物料粒度：95% -250 μm。研究结果表明，该浸出体系能把包裹钒的矿物破坏，促进钒的浸出，达到较理想的浸出效果。提钒过程中浸出剂浓度、氧化剂用量、浸出时间、矿浆液固比等因素对钒的浸出率均有不同程度影响。正交实验研究结果表明，各因素对浸出率影响大小顺序为：$KMnO_4$用量 > 液固比 > HF 浓度 > 浸出时间 > H_2SO_4浓度。其较佳提钒工艺条件为：初始 H_2SO_4浓度150 g/L、HF 浓度30 g/L、氧化剂 $KMnO_4$为3.33%、液固比 =5∶1、浸出时间4 h、温度为85℃，此条件下钒浸出率可达

82.86%。

表2-12 用于试验攀枝花提钒尾渣主要化学成分

成分	V_2O_5	$Fe_{金属}$	TFe	Ti	SiO_2	Mn	Al_2O_3
含量	1.77	<0.5	31.33	7.55	14.62	6.03	3.30
成分	Na_2O	MgO	Cr	CaO	S	K_2O	P
含量	5.26	5.73	1.47	2.38	0.049	0.10	0.040

邓志敢等人[21]采用硫酸—氢氟酸—次氯酸钠组合浸出体系对攀钢钒渣提钒尾渣(化学组成见表2-12)提钒进行了研究，结果表明：该浸出体系可以破坏尾渣中含钒物相的晶体结构，打开提钒尾渣脉石对钒的包裹，有利于钒的浸出；但物料粒度过细易形成新相重新包裹，不利于钒的浸出。当物料粒度小于74 μm(>90%)，钒的浸出率随试剂浓度、液固比、温度和时间的升高而增大。其最佳浸出条件为：物料粒度0.15~0.25 mm(>95%)，初始H_2SO_4浓度为150 g/L，初始HF浓度为30 g/L，氧化剂NaClO加入量为矿量的1.5%，矿浆液固比为6，浸出温度为90℃，浸出时间为6 h，搅拌速度为500 r/min。在此条件下，钒的浸出率可达85%以上。浸出渣主要化学成分如表2-13所示。浸出渣的X-射线衍射分析表明，与原提钒尾渣相比，物相组成发生了很大变化，原提钒尾渣中的Fe_3O_4和Fe_2VO_4消失，出现了FeV物相，浸出渣主要物相为Fe_2O_3、FeV、SiO_2等。

表2-13 浸出渣的主要化学成分/%

成分	V_2O_5	$Fe_{金属}$	TFe	Ti	SiO_2	Mn	Al_2O_3
含量	0.517	<0.5	28.04	10.04	9.75	3.78	3.38
成分	Na_2O	MgO	Cr	Ca	S	K_2O	P
含量	1.63	1.53	0.91	0.554	0.06	0.027	0.008

目前对提钒尾渣采用酸浸提钒工艺进行钒的浸出，需在高硫酸用量和高氢氟酸用量的条件下才能得到较高的钒浸出率，因此如何降低酸耗有待进一步研究。

此外，将提钒尾渣返回和钒渣原矿一起焙烧进行提钒，虽然可以部分利用尾渣中的钒，但是，提钒尾渣的返回量是钒渣原矿的60%，这势必会使设备的负荷及能耗增大。为解决这一问题，李秀敏等[22]提出了对提钒尾渣采用酸浸，然后从酸浸液中沉淀法制备中间富钒渣再返回和钒渣钠化焙烧的工艺路线。富钒渣中V_2O_5含量可达到16%。富钒渣返回焙烧研究表明：富钒渣的返回量占钒渣原矿的15%时，可以促进钒的浸出，且相对于提钒尾渣直接返回焙烧能减少渣的返回量，降低设备负荷和能耗。

塔尔塔可夫斯基等[23]在俄罗斯专利RU2118389C1中描述了一种将钒渣提钒尾渣与钒渣一道混合处理的方法。在该专利的实施中，取1 kg含 V_2O_5 16%和CaO 3.3%的钒渣、1 kg含硫2.5%的尾渣和1 kg含硫4.6%的尾渣，按将 V_2O_5 转变为 $(Ca \cdot Mn_{1-x})_2V_2O_7$ 和将硫转变为 $CaSO_4$ 所需的石灰石数量加入石灰石配成炉料，进行分步氧化焙烧：第一阶段焙烧温度为300～700℃，第二阶段焙烧温度为700～800℃，第三阶段焙烧温度为800～950℃。对焙烧料在液固比1∶1.5～1∶4和温度为35～65℃下进行分段低酸浸出：第一阶段在pH 2.5～3.0，第二阶段及以后的浸出在pH 2.1～2.3下进行。实验结果表明，在上述条件下处理尾渣的效果最好。从尾渣中提取钒的收率达80%。

2.8 从高硅高钙钒渣及钢渣中提取五氧化二钒[24-26]

近年来，随着钢铁工业的发展，高品位铁矿石日益短缺。为了应对这种局面，同时充分利用攀西地区钒钛磁铁矿，钢厂在高炉冶炼过程中，在普通矿石中添加部分钒钛磁铁矿，所得到的铁水中含0.15%以上的钒。为了回收铁水中这部分钒，采用转炉双联提钒工艺，如图2-23所示。跟普通的钒渣(CaO<2.5%)相比，采用该工艺所得到的钒渣具有高硅、高钙、低钒等特点。钒渣的化学成分见表2-14。钒渣中主要矿相是尖晶石[(Fe, Mn) V_2O_4]、橄榄石[(Fe, Mn) $_2SiO_4$]。

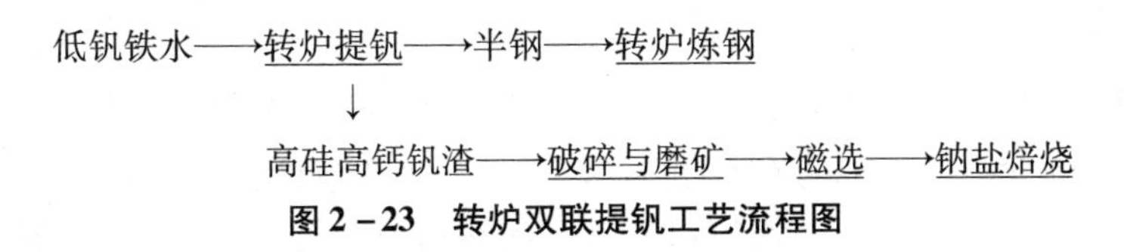

图2-23 转炉双联提钒工艺流程图

表2-14 高硅、高钙、低钒钒渣的化学成分/%

V_2O_5	CaO	FeO	SiO_2	MnO	TiO_2	MgO	Cr_2O_3	P_2O_5	Al_2O_3	其他
7.8	5.45	38.30	19.58	10.74	10.20	3.42	2.00	0.54	1.78	0.19

钒渣经过粗破碎—磁选后，再通过球磨机把钒渣磨细至全部通过0.074 mm的分样筛。

以碳酸钠为添加剂，采用氧化焙烧—水浸工艺可从高硅高钙低品位钒渣中提取五氧化二钒。通过考察碳酸钠加入量、焙烧温度、焙烧时间、浸出温度、浸出时间、浸出液固比等对钒浸出率的影响，结果表明：氧化焙烧过程对钒的提取影响显著，而水浸过程影响较小。通过氧化焙烧使钒转化为可溶性的钒酸钠与不溶性的钒酸钙。在水浸过程中，钒酸钠溶于水；而钒酸钙与磷酸钠或硅酸钠反应转化为可溶性的钒酸钠，可同时除去浸出液中的杂质硅和磷。通过实验获得的优化工艺参数为：碳酸钠加入量为18%，焙烧温度为700℃，焙烧时间为2.5 h；浸出温度为90℃，浸出时间为30 min和液固比为5∶1 mL/g。在此优化条件下，钒浸出率可达到89.5%以上，浸出液中主要杂质为Si、P和Cr。产物五氧化二钒的纯度>99%。

钠化焙烧—水浸提取五氧化二钒较理想的钒渣一般要求五氧化二钒含量>8%。且钒渣中二氧化硅和五氧化二钒的比值也不能太高（钒渣标准中SiO_2/V_2O_5：一级≤0.94、二级≤1.0、三级≤1.06），这一比值为1.0左右。表2－15给出一种低钒、高硅、高铁钒渣的化学成分，其粒度为 －100目，其中SiO_2/V_2O_5为6.23，远远大于钒渣三级标准规定的1.06。

表2－15　高硅低钒钒渣的化学成分/%

	V_2O_5	TFe	FeO	CaO	SiO_2	Al_2O_3	MgO	MnO	TiO_2
筛上	4.89	37.40	42.58	0.392	32.50	1.50	6.38	2.53	4.08
筛下	5.05	37.70	47.09	0.468	31.94	1.45	6.11	2.61	3.62

研究表明，采用钠化焙烧—水浸工艺可从该高硅低品位钒渣中提取五氧化二钒。在焙烧温度800～820℃，焙烧时间1 h的条件下，Na_2CO_3为钠化剂（添加量10%），钒的转化率为70%～75%；NaCl为钠化剂（添加量11.5%），钒的转化率在80%以上；Na_2CO_3与NaCl复合（添加量10%），钒的转化率为72%～80%。

一般认为含钒原料中的CaO含量大于5% 就算高钙含钒原料。一种攀枝花高钙含钒钢渣的化学成分见表2－16，X－射线衍射分析表明，高钙含钒钢渣中存在$Ca_3(Ti, V)_2O_7$、硅酸三钙、镁—方铁矿、硅钒酸钙、游离氧化钙、金属铁等。其中，$Ca_3(Ti, V)_2O_7$是主要的含钒矿物。

表2－16　高钙含钒钢渣化学成分/%

成分	V_2O_5	CaO	MgO	SiO_2	TFe	TiO_2	Al_2O_3	MnO_2	Cr_2O_3	P	S
含量	4～8	45～60	2～10	5～12	4～17	2～6	2～5	1～3	0.2～0.7	0.2～0.3	0.2～0.3

采用钠盐焙烧－CO_2气水浸出工艺可从该高钙含钒钢渣中提取V_2O_5。焙烧过程中的主要反应为：

$$2Ca_3(Ti,V)_2O_7 + 1/2O_2 = 2CaTiO_3 + Ca(VO_3)_2 + 3CaO$$

$$Ca(VO_3)_2 + Na_2CO_3 = 2NaVO_3 + CaO + CO_2$$

当 Na_2CO_3 加入量为 18%，焙烧温度 1100℃时，钒的转浸率达到 80% 以上。CO_2 气水浸出时，溶液中游离碱变成 Na_2CO_3 或 $NaHCO_3$，将 $Ca(VO_3)_2$ 转化成 $NaVO_3$，同时 CO_2 可以与 Ca^{2+} 形成难溶的 $CaCO_3$，从而减少了 $Ca(VO_3)_2$ 的生成，提高了钒的浸出率。

图 2－24 是一定条件下，浸出过程中钒的转浸率与通入 CO_2 量的关系。图 2－25是钒的转浸率与浸出液 pH 的关系。从图 2－24 和图 2－25 中看出，随着 CO_2 气的通入，溶液的 pH 下降，Ca^{2+} 含量下降，钒的浸出率上升。当溶液的 pH ＝8.5 时，Ca^{2+} 浓度降到最低值，而钒的浸出率则达到最大值。当溶液的 pH 降至 8 以下时，Ca^{2+} 浓度迅速增加，又会使钒的浸出率降低。因此，浸出过程中通入 CO_2，并使溶液的 pH 为 8～9 较为适宜。当 pH 为 8.5 时，也正是从溶液中去除 Si、Al、Fe 等杂质的适宜条件，所以浸出液中杂质含量较少，有利于提高沉钒质量。

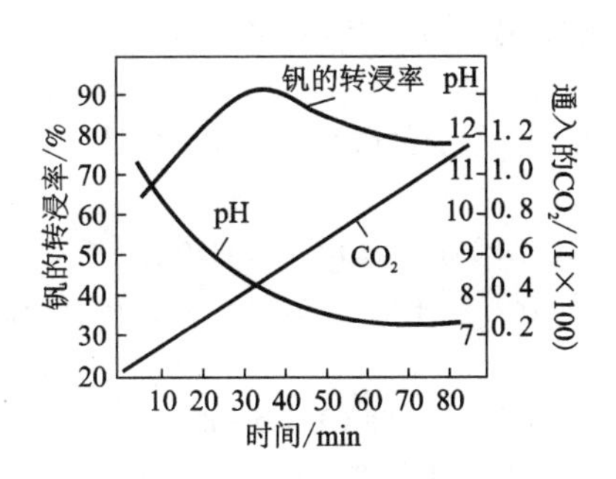

图 2－24　钒的转浸率与通入 CO_2 量的关系

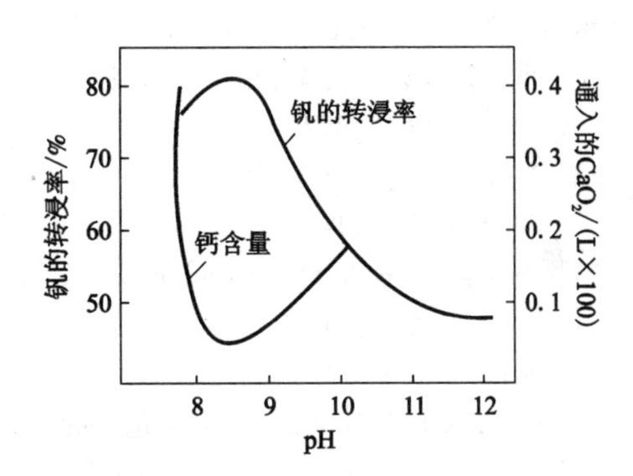

图 2－25　钒的转浸率与浸出液 pH 的关系

参考文献

[1] 赵天从，傅崇说，何福煦等. 有色金属提取冶金手册：稀有高熔点金属(下)[M]. 北京：冶金工业出版社，1999.

[2] 廖世明，柏谈论. 国外钒冶金[M]. 北京：冶金工业出版社，1985.

[3] Gupta C K, Krishnamurthy N. Extractive Metallurgy of Vanadium[M]. Amsterdam-London-New York-Tokyo：Elsevier, 1992.

[4] 杨守志. 钒冶金[M]. 北京：冶金工业出版社，2010.

[5] 陈鉴等. 钒及钒冶金[R]. 攀枝花资源综合利用领导小组办公室，1983.

[6] Кобжасов А К. Металлурия Ванадия и Скандия[M]. Алматы: 2008.
[7] 张一敏等. 石煤提钒[M]. 北京: 科学出版社, 2014.
[8] 王喜庆. 钒钛磁铁矿高炉冶炼[M]. 北京: 冶金工业出版社, 1991.
[9] 攀枝花资源综合利用科研报告汇编, 第三卷, 1985.
[10] Proceeding of International Symposium on Exploitation of Vanadium Bearing Titano-rnagnetite [C]. Panzhihua, China, 1989, 93: 105, 113.
[11] 魏寿昆. 冶金过程热力学[M]. 上海: 上海科学技术出版社, 1980.
[12] 王长林译. 钒渣的氧化[M]. 北京: 冶金工业出版社, 1982.
[13] 张中豪等. 钢铁[J]. 1986, 10, 14.
[14] Соболев М Н. Получение ванадия из керчинских руд[M]. ОПТИ, 1935.
[15] Красных И Ф. Сталь[J]. 1956, 10: 523 - 530.
[16] Беневоленский Д. Сталь[J]. 1946, 10: 947.
[17] 张生芹. 钒渣体系物化性能及相平衡的研究[D]. 重庆大学, 1956(10): 2014.
[18] 陈东辉. 从提钒废渣再提钒的研究[J]. 无机盐工业, 1993(4): 28 - 32.
[19] 李秀敏, 张一敏, 黄晶, 刘涛. 助浸剂对攀钢钒尾渣酸浸提钒的影响[J]. 金属矿山, 2012(7): 158 - 160.
[20] 樊刚, 魏昶, 葛怀文等. 提钒尾渣常压酸浸提钒[J]. 有色金属, 2010, 62(4): 65 - 68.
[21] 邓志敢, 魏昶, 李兴彬等. 钒钛磁铁矿提钒尾渣浸取钒[J]. 中国有色金属学报, 2012, 22(6): 1770 - 1777.
[22] 李秀敏, 张一敏, 黄晶等. 利用攀钢提钒尾渣制备富钒渣的研究[J]. 矿冶工程, 2013, 33(5): 111 - 114.
[23] Тартаковский И М. Способ извлечения ванадия [P]. Патент RU 2118389.
[24] 李新生, 谢兵, 冉俊锋. 高硅高钙低品位钒渣提取五氧化二钒的研究[J]. 稀有金属, 2011, 35(5): 747 - 752.
[25] 边悟. 高硅低钒钒渣提取五氧化二钒的研究[J]. 铁合金, 2008(3): 5 - 8.
[26] 徐国胤, 刘福臻. 从高钙含钒钢渣提取五氧化二钒[J]. 铁合金, 1980(1): 8 - 13.

第3章　钒的湿法冶金

3.1　概述[1,2]

生产钒用的原料虽然因种类、性质及钒含量的差异而处理方法各不相同，但其提钒工艺一般都需要经过湿法冶金过程。该过程首先使钒从原料中溶解进入溶液，与原料中大量其他组分分离；然后再将溶液中的钒以适当的形式沉淀下来，得到钒的化合物或五氧化二钒。钒的湿法冶金过程所包括的主要单元操作有：加盐焙烧或无盐焙烧、酸浸、碱浸、水浸、溶剂萃取、离子交换和沉钒等。各种处理工艺流程综合于图3－1。

将原料中的钒转化为水溶性钒的一般方法是氧化钠化焙烧，该法适用于大多数含钒原料的处理，不同原料仅在工艺条件上有所差异。氧化钙化焙烧是新发展起来的方法，其优点是不消耗钠盐，对环境污染小，尤其适宜于处理高钙含钒原料。由于钙化焙烧使钒转化成难溶于水的钒酸钙，因此需要采用特殊的浸出方法，如碳酸化浸出、碱液加压浸出、加压氨浸出及离子交换树脂矿浆浸出等方法。

成分较复杂的含钒溶液的净化（主要是酸浸液），一般采用溶剂萃取使钒与溶液中的其他成分分离。

从含钒溶液中沉钒的传统方法是酸化水解沉淀法。由于此法生产的产品纯度低，目前已逐渐被铵盐沉淀法所取代。

3.2　含钒原料的焙烧

3.2.1　基本原理[2,16]

含钒原料（包括矿石、精矿和钒渣等）的焙烧，是将含钒原料与钠盐添加剂混合后于氧化性气氛下高温焙烧，其目的是破坏钒矿物的组织结构，将三价或四价钒氧化为五价钒氧化物，并与钠盐分解出来的 Na_2O 作用生成可溶于水的钒酸钠（$xNa_2O \cdot yV_2O_5$），以便于水溶液的浸出。因焙烧过程中的添加剂一般为钠盐，所以该过程通常称作氧化钠化焙烧，亦简称钠化焙烧。从破坏钒矿物的结构，并将低价钒氧化为五价钒来说，熔盐氯化处理含钒原料也可视为焙烧的一种。

可用作焙烧添加剂的钠盐有：$NaCl$、Na_2CO_3、$NaHCO_3$、Na_2SO_4、Na_2O_2 和 $NaClO_3$ 等。选择添加剂的原则是：对所用钒原料能得到最佳的焙烧转浸率，对以后钒的浸出及钒的沉淀等工艺操作有利，资源丰富，价格便宜，对环境污染小等。工业生产中常用的添加剂是食盐、纯碱和芒硝。

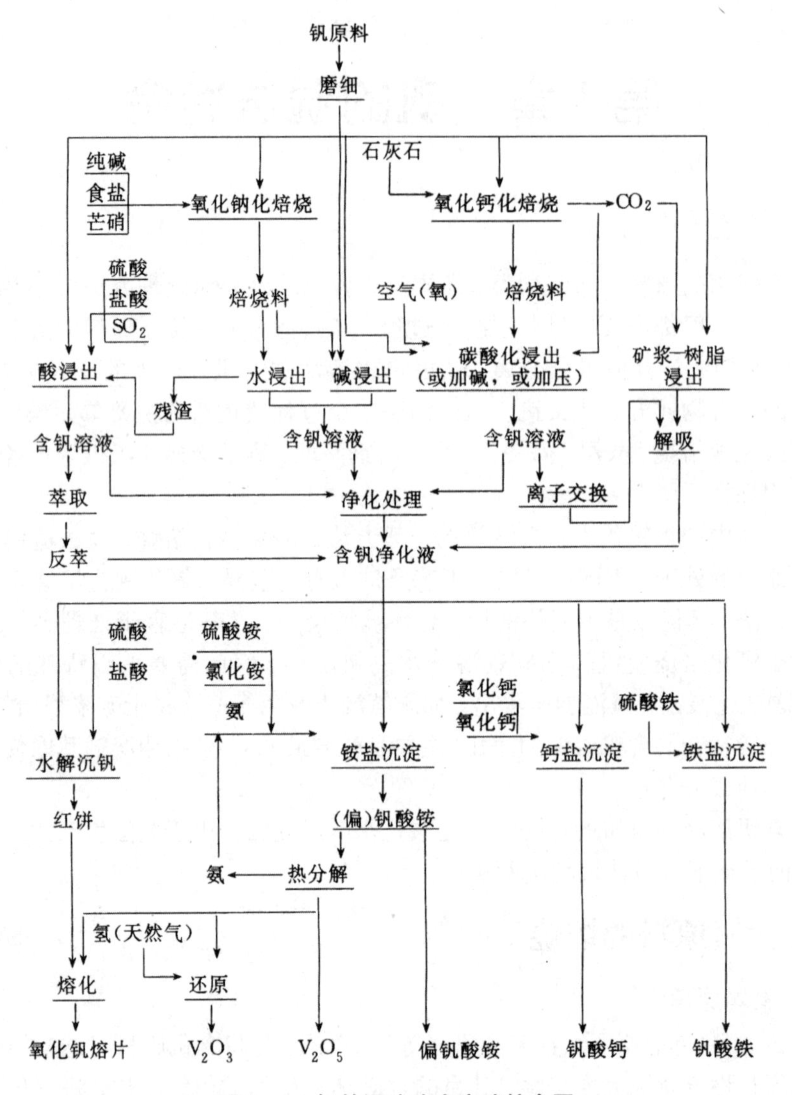

图3-1　钒的湿法冶金方法综合图

1. 食盐

食盐(氯化钠)熔点为801℃，分解温度为800～850℃。焙烧过程中的反应为：

$$2NaCl + 3/2O_2 + V_2O_3 = 2NaVO_3 + Cl_2 \qquad (3-1)$$

有水蒸气参加反应时可表示为：

$$2NaCl + O_2 + H_2O + V_2O_3 = 2NaVO_3 + 2HCl \qquad (3-2)$$

在实际焙烧过程中，由于焙烧气氛中总是含有一定量的水分，因此反应(3－1)和(3－2)往往同时发生。相比之下反应(3－2)的进行更占优势。

当盐量不足时，焙烧反应会产生Na/V(摩尔比)小于1的钒酸盐，这种化合物容易失氧而生成叫做“钒青铜”(bronzes)的水不溶性物质，影响钒的浸出。常见的一种“钒青铜” NaV_6O_{15}含有1个四价钒离子和5个五价钒离子。

氯化钠用作添加剂的特点是：原料便宜易得，焙烧过程中能与原料中的钒优先作用，焙烧温度相对较低，一般在800～900℃。食盐是作为主要添加剂之一最早应用于石煤焙烧提钒工艺。

2. 纯碱

纯碱(碳酸钠)熔点为850℃，分解温度为1100～1200℃。焙烧过程中的反应为：

$$Na_2CO_3 + V_2O_5 = 2NaVO_3 + CO_2$$

加碳酸钠的焙烧温度为900～1200℃，在焙烧过程中碳酸钠与钒的作用不具选择性，能与原料中硅、磷和铝作用生成相应的钠盐而干扰钒的回收。Na_2CO_3作为添加剂的特点是碱性强，它比NaCl和Na_2SO_4浸蚀破坏尖晶石的能力强，因此在磁铁矿和钒渣提钒中应用较广泛。

3. 芒硝

芒硝(硫酸钠)的熔点为884℃，分解温度为850～1100℃。硫酸钠比较稳定，焙烧过程中的反应为：

$$Na_2SO_4 + V_2O_5 = 2NaVO_3 + SO_2 + 0.5O_2$$

与NaCl和Na_2CO_3相比，Na_2SO_4作为添加剂的特点是焙烧反应放出氧，有利于钒的氧化。但较高的焙烧温度(1200～1300℃)及相对高的原料成本限制了它的应用，仅用于某些钒钛磁铁矿的焙烧。

实际上为了取得较好的焙烧效果，经常将两种添加剂混合使用。由两种钠盐组成的二元系相图中都有一个低共熔点，其位置为：

NaCl－Na_2CO_3系位于：62%(摩尔)NaCl，638℃

NaCl－Na_2SO_4系位于：46%(摩尔)NaCl，623℃

Na_2CO_3－Na_2SO_4系位于：40%(摩尔) Na_2CO_3，790℃

添加剂与钒原料间的反应，基本上是液—固相之间的反应。

钠盐焙烧可回收钒原料中70%～85%的钒。原料中硅、钙、铁等组分的存在会影响钒的回收。硅的影响与焙烧过程中形成低熔硅酸铁钠(如锥辉石$Na_2O \cdot Fe_2O_3 \cdot 4SiO_2$)有关，该低熔物夹杂钒影响钒的浸出。铝的存在可以缓解这种作用，它形成熔点比焙烧温度高的硅酸铝钠和硅酸铁铝钠，这些化合物夹杂的钒比低熔硅酸铁钠要少得多。由于硅酸钠没有偏钒酸钠稳定，所以它对水浸回收钒没有影响。钙的影响是由于焙烧过程中形成不溶于水的钒酸钙，解决这一问题的一种办法是在焙烧过程中加入黄铁矿(FeS_2)或磷酸盐固钙[分别生成 $CaSO_4$ 和 $Ca_3(PO_4)_2$];另一种办法是用酸浸或碳酸盐浸出含钒酸钙的焙烧料使钒溶解。

通常用焙烧转化率(钒转化为可溶钒的百分率)或焙烧转浸率(对给定的浸出条件而言)来衡量钠化焙烧的效果。影响钒焙烧转化率的因素有焙烧温度、焙烧时间、添加剂的种类、钒原料的物相结构及有害组分的含量和原料粒度等。对给定的钒原料,其最佳焙烧工艺条件应由实验确定。

3.2.1.1 钒渣的焙烧[2]

吹炼含钒生铁得到的钒渣是生产五氧化二钒的主要原料。钒渣中五氧化二钒含量可达13% ~18%,其中钒以三价氧化物形式存在于尖晶石中。钒渣的成分与原料矿类型和吹炼条件有关。

焙烧钒渣用的添加剂主要为纯碱、食盐与芒硝。经常使用两种盐的混合物,也可以使用天然盐矿或天然碱作钠化剂。钠化焙烧过程中含钒尖晶石结构被破坏,钒由三价氧化为五价,并转化为可溶性的钒酸钠。以纯碱为添加剂的钠化焙烧反应可表示为:

$$4FeO \cdot V_2O_3 + 4Na_2CO_3 + 5O_2 = 4Na_2O \cdot V_2O_5 + 2Fe_2O_3 + 4CO_2 \uparrow$$

在焙烧过程中,钒酸钠与硅酸盐,或尖晶石、硅酸盐与纯碱发生反应,生成玻璃状的硅钒酸钠。钒以三、四和五等价态进入玻璃质成为钒的不溶性化合物,是引起钒损失的主要原因。钒渣焙烧在回转窑或多膛焙烧炉中进行,焙烧温度根据钒渣特性、钠化剂的种类及用量而定,一般为850 ~950℃。

钒渣也可用 CaO 作添加剂钙化焙烧提钒。

3.2.1.2 钙化焙烧

钙化焙烧是将含钒原料(包括矿石、精矿和钒渣等)与钙盐按一定比例混合,在氧化气氛条件下,将低价钒(V^{3+}, V^{4+})氧化成高价钒(V^{5+})。与钠化焙烧不同的是,钙化焙烧是将钒渣中的钒氧化并生成不溶于水,但溶于碳酸盐溶液的钒酸钙[$Ca(VO_3)_2$],达到与其他杂质分离的目的。

钙化焙烧工艺依据钙化剂的不同,主要分为生石灰(CaO)法、碳酸钙($CaCO_3$)法或氢氧化钙[$Ca(OH)_2$]法等。焙烧过程中的反应可分别表示为:

生石灰法:

$$4FeO \cdot V_2O_3 + 4CaO + 5O_2 = 4Ca(VO_3)_2 + 2Fe_2O_3$$

碳酸钙法:

$$4FeO \cdot V_2O_3 + 4CaCO_3 + 5O_2 = 4Ca(VO_3)_2 + 2Fe_2O_3 + 4CO_2 \uparrow$$

氢氧化钙法:

$$4FeO \cdot V_2O_3 + 4Ca(OH)_2 + 5O_2 = 4Ca(VO_3)_2 + 2Fe_2O_3 + 4H_2O$$

钙化焙烧工艺对焙烧物料有一定的选择性,一般用于钙含量较高的钒渣及石煤提钒,且钙化焙烧工艺影响因素较多。钙化焙烧后的物料需要酸浸出才可达到高的浸出率，浸出液处理和回收工艺较为复杂，生产成本较高，得到 V_2O_5 质量偏低（V_2O_5 含量指标在95%左右）。采用碳酸法浸出可解决焙烧物料的浸出问题，且浸出过程中控制合理的pH，可降低钒浸出液中硅、钠、磷、铁等离子的含量，提高 V_2O_5 产品质量。钙化焙烧不仅环境污染小，且能够减轻浸出液除杂负担，是未来提钒发展的方向之一。

3.2.1.3　无盐（氧化）焙烧

无盐（氧化）焙烧是指在焙烧过程中不添加钠盐和钙盐，利用空气中的氧气作氧化动力，直接破坏钒矿物晶体结构，将三价钒氧化为五价，使其与矿石本身分解出来的氧化物生成钒酸盐，进行浸出得到含钒溶液，再进一步加工为五氧化二钒。无盐焙烧过程的反应可表示为：

$$V_2O_3 + O_2 = V_2O_5$$

3.2.2　焙烧设备

钠化焙烧的工业设备主要是回转窑和多层焙烧炉，也有采用隧道窑、竖窑和平炉进行焙烧的。

1. 回转窑[3]

工业上使用的钠化焙烧回转窑直径为2.3~2.5 m，长约40 m，窑身倾斜2%~4%，转动速率0.4~1.1 r/min，用重油、天然气或煤气作燃料。图3-2给出了回转窑焙烧示意图。焙烧时窑内分成三个工作区：

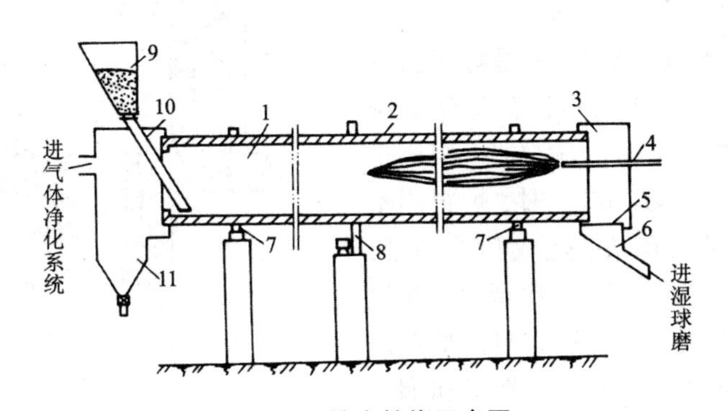

图3-2　回转窑焙烧示意图

1—窑身；2—耐火砖衬；3—窑头；4—燃烧嘴；5—条栅；6—排料斗；7—托轮；8—传动齿轮；9—料仓；10—下料管；11—灰箱

预热区：混合好的炉料经加料管加入窑内，随窑体旋转进入预热区。预热区的长度为10~15 m，温度为400~700℃。从窑尾排出废气的温度为400~500℃。

烧成区：经预热的炉料进入烧成区，加热至规定的温度。钒的氧化与钠化反应在这一区域内进行。焙烧钒渣的温度通常为873~900℃，焙烧钒钛磁铁矿约为

1200℃。烧成区的长度为15～20 m。

冷却区：焙烧料离开烧成区后进入长度为5～8 m的冷却区。焙烧熟料从窑内排出时温度为350～500℃，经格筛去掉大的烧结块后送湿球磨。

严格控制焙烧温度及保持良好的氧化气氛，才能得到高的钒转化率。排出的废气中含8%～12%氧，经除尘和吸收有害气体后排入大气。

2. 多层焙烧炉[3]

多层焙烧炉是德国纽伦堡电冶金厂从钒渣提钒用的焙烧设备。炉体呈圆柱形，直径约6 m，共10层左右。炉子结构与重金属硫化矿脱硫焙烧的多膛炉相同。炉中心有带耙子的立轴，立轴带着耙子转动而使炉料按规定方向移动。用天然气作燃料，在燃烧室内燃烧后获得1200℃高温气体送入炉内。钒原料及添加剂的混合料从炉顶加入第一层，经耙子耙动，炉料沿规定途径流动。从上往下数第一层至第三层为脱水预热区；第四层至第七层为烧成区，焙烧温度为800～850℃；第八层至第十层为冷却区。焙烧熟料出炉温度约550℃。废气经净化处理与电除尘后排入大气。多层焙烧炉对炉料的搅动有利于炉料与空气的接触和均匀加热，因此焙烧效果良好。

3. 隧道窑[4]

隧道窑广泛应用于陶瓷及耐火材料行业，近年来被用于钒原料的焙烧。一般的隧道窑总长约100 m，内截面宽约2 m，高约1.5 m。图3－3是隧道窑截面示意图。图3－4为隧道窑工作系统示意图。窑内可划分为预热带、烧成带和冷却带三个区域。焙烧时，炉料用窑车运载依次进入预热、烧成和冷却带，最后由窑尾出窑。燃料（煤或油）在燃烧室燃烧后其火焰直接进入窑内加热炉料。通风系统由鼓风机、排烟机和烟囱等组成，通过通风系统使窑内气体按照一定的方向流动，并供给燃烧所需空气，排除烟气，维持窑内有一定的压力和气氛。

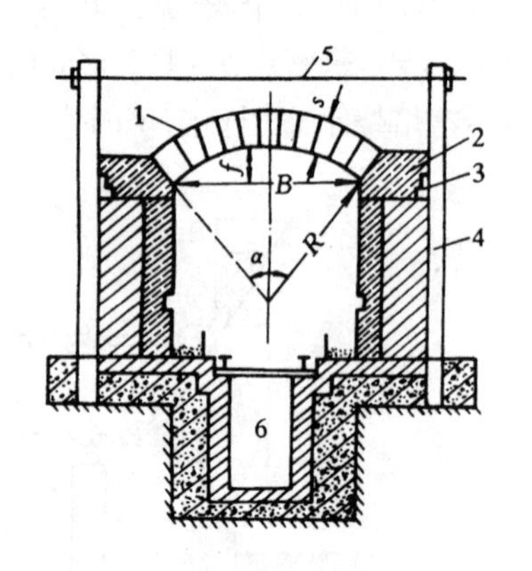

图3－3　隧道窑截面示意图

1—拱顶；2—拱脚；3—横梁；4—立柱；
5—拉杆；6—检查坑；
R—拱半径；B—跨度；α—拱心角；
s—拱厚；f—拱高

3.2.3　食盐氧化焙烧法实例[5]

加食盐焙烧处理钒渣的原则流程见图3－5。

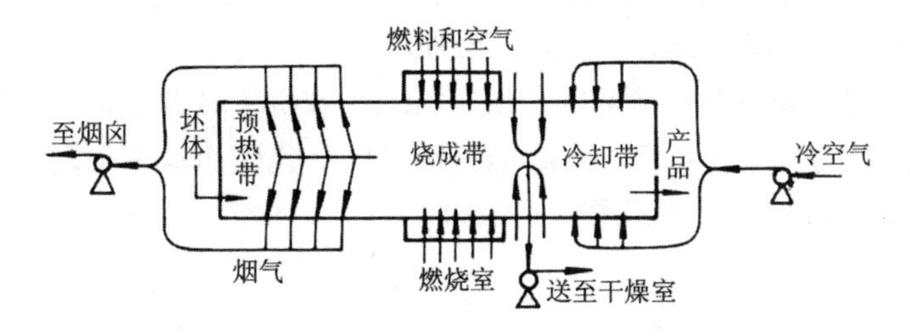

图3-4　隧道窑的工作系统

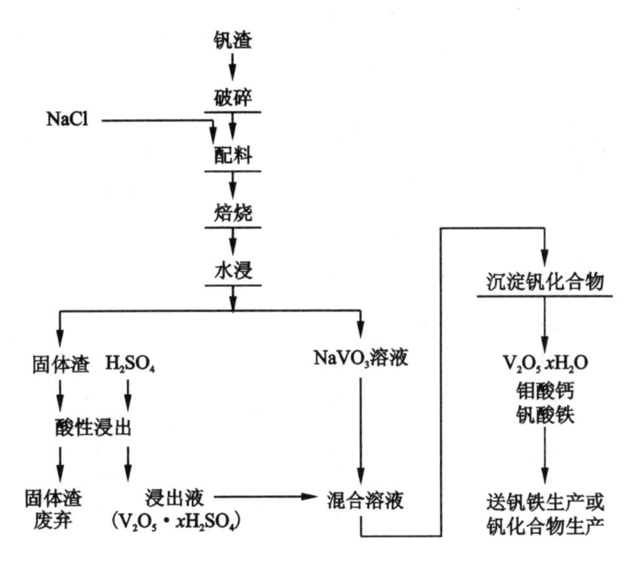

图3-5　加食盐焙烧钒渣的原则流程

3.2.4　氯化法处理钒渣[5]

用氯气氯化钒渣可以在碱金属氯化物熔体中进行。由于固体钒渣颗粒在氯气—熔盐体系中的强烈循环，氯与被氯化料之间有良好的接触。熔盐氯化效率很高，且易于实施。

氯化器为长方形的竖炉，氯气由侧面的风口或上部的中心风口送入。钒渣经破碎后与15%的焦炭混合，用螺旋送料器加入氯化器。通常用镁电解槽报废的电解质作氯化介质，其组成为(%)：KCl 73.2；NaCl 19.5；$MgCl_2$ 4.5；$CaCl_2$ 1.4。随着熔盐中铁和不被氯化的残渣的积累，周期性地放出部分废熔体。生成的$VOCl_3$、$TiCl_4$、$SiCl_4$蒸气与其他气体经玻璃纤维袋过滤器净化，除去以灰尘状态机械带出的铁、铝氯化物和原料。净化后的气态混合物(110～120℃)送入冷凝器以冷凝氧氯化钒、氯化钛和氯化硅。冷凝物的平均成分为：$VOCl_3$ 45%、$TiCl_4$ 21%、$SiCl_4$ 32%、$AlCl_3$ 0.8%、CCl_4 0.45%。

熔盐氯化法的缺点是必须将 $VOCl_3$ - $TiCl_4$ - $SiCl_4$（沸点分别为 127℃，136℃和 57℃）进行分离，同时由于杂质（主要是铁）的氯化因而氯耗很高。

熔盐氯化钒渣的工艺流程示于图 3-6。

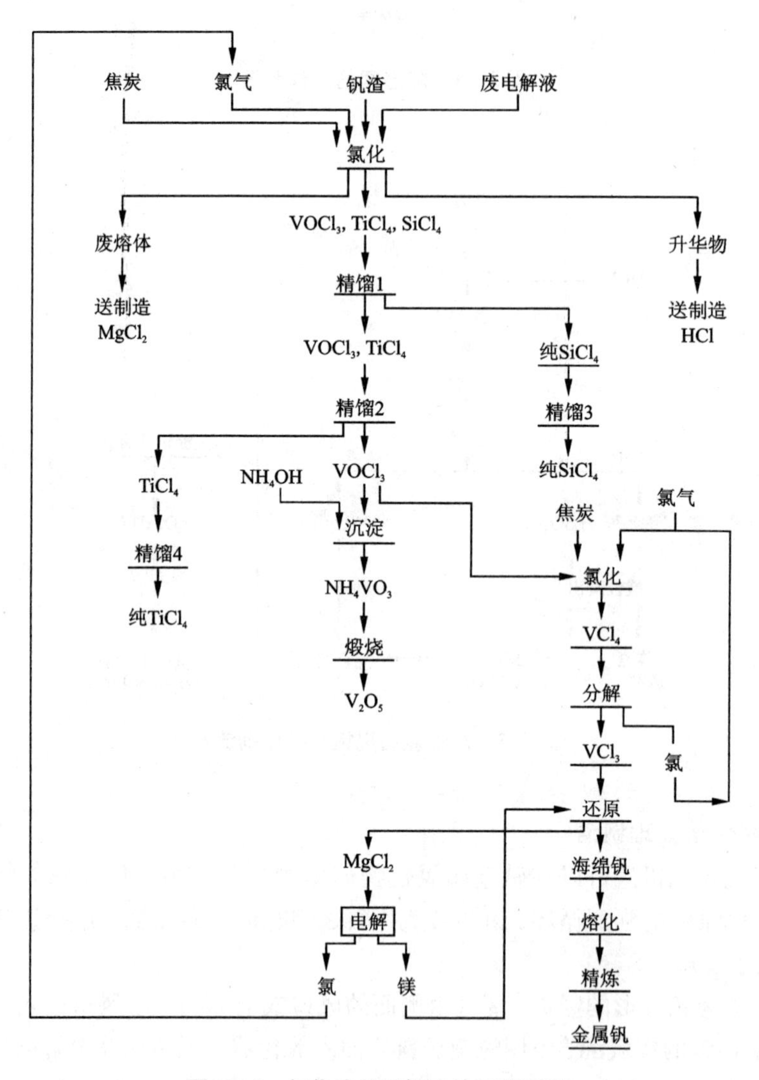

图 3-6 氯化法处理钒渣的工艺流程

3.3　钒的浸出

浸出钒的方法包括：含钒焙烧熟料的水浸、酸浸和碱浸；直接酸浸钒矿；直接碱浸含钒原料。

3.3.1　焙烧熟料的水浸

1. 基本原理[3]

钠化焙烧熟料水浸是生产中普遍应用的浸出方法。该过程在固液相间进行。在浸出过程中除了钒的可溶性化合物溶解外，钠化焙烧过程中生成的一些可溶性杂质离子，如Fe^{2+}、Fe^{3+}、Cr^{3+}、Mn^{2+}、Al^{3+}、SiO_3^{2-}和PO_4^{3-}等也被溶解。然而这些杂质离子在浸出液的pH（正常情况下为7.5～9.0）下，或经调整pH后，大部分发生水解反应而沉淀进入渣中。它们开始水解的pH为：Fe^{2+} 6.5～7.5，Fe^{3+} 1.5～2.3，Mn^{2+} 7.8～8.8，AlO_2^- 3.3～4.0，Cr^{3+} 4.0～4.9。而SiO_3^{2-}和PO_4^{3-}水解后仍生成可溶性化合物，继续留在浸出液中。因而需要经专门的净化处理，才能除去浸出液中的磷和硅。

影响钒浸出的因素主要有浸出温度、浸出时间、焙烧熟料的组织结构和粒度及浸出介质的性质等。较高的浸出温度（353～363 K）有利于提高钒的浸出率和加快浸出速度。适当地将焙烧熟料磨细可增大固液相间的接触面积，焙烧料的组织结构对钒的浸出影响很大，疏松多孔的焙烧料不仅有助于浸出，而且能使浸出工艺简化，容易过滤。

浸出液pH增大有助于钒的浸出，提高浸出率。但pH过高时，焙烧料中阴离子杂质会大量进入溶液，阳离子杂质在浸出过程中大量水解析出，有时呈胶态导致浸出液不易澄清，浸出渣不易沉降。同时胶状沉淀物吸附溶液中的钒进入残渣，引起钒的损失。当浸出液的pH减小时，焙烧料中的水不溶性偏钒酸盐如$Ca(VO_3)_2$、$Mn(VO_3)_2$、$Fe(VO_3)_2$和$Fe(VO_3)_3$可部分溶解，因此钒的浸出率也会提高，但与此同时浸出液中的这些杂质离子也会相应增加。当浸出液的$pH<1$时，上述水不溶的钒酸盐及四价钒均很易溶解。这种酸浸一般用于水浸后残渣的二次浸出。

2. 浸出方法

1）湿球磨法[6,7]

焙烧熟料经格筛除去大块熟料后直接加入湿球磨机，添加洗涤滤渣的洗液，在磨细焙烧熟料的同时浸出水溶性钒酸盐。湿球磨法的优点是浸出过程中不断击碎焙烧熟料，增加固液相间的接触，有利于浸出；其不利之处是在磨细过程中产生悬浮状的固态微粒而使过滤困难。从湿球磨排出的浸出液与浸出渣用泥浆泵输送到浓缩机，进行固液分离，溢流送贮液罐，底流用内滤式过滤机或真空过滤机过滤。图3－7是工业上应用的圆盘真空过滤机的设备配套示意图。浓度达到工艺要求的滤液送沉淀工段回收钒。

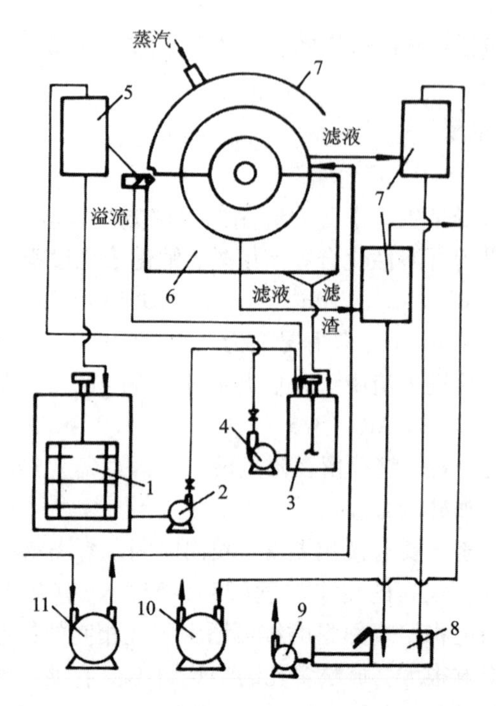

图 3－7　圆盘真空过滤机的设备配套示意图

1—框式搅拌机槽($\phi=2$ m, $V=6$ m^3); 2—HПГ－3 型砂泵; 3—搅拌槽($\phi=1$ m, $V=0.8$ m^3);
4—HПГ－2 型砂泵; 5—矿浆分配器; 6—带转子搅拌器的圆盘真空过滤机(150 r/min); 7—蒸汽罩; 8—滤液罐: 9—水封; 10—HП－2 型砂泵; 11—BH－50 真空泵

2)淋滤法[3]

淋滤法浸出过程示意图见图 3－8。将粗碎后的焙烧熟料装在过滤板上，上面喷水或洗液淋洗，下面与真空系统联结，浸出与过滤同时完成。此法使用的设备数量与占地面积较少，且不产生悬浮状的固态微粒。

3)罐装堆浸法[4]

罐装堆浸法所用的装置见图 3－9。装料前先向罐内装入适量稀的含钒水溶液以保护滤层。装料到规定高度后，从罐顶喷头向料柱喷淋稀含钒溶液，浸出后的钒溶液从底部流出。通过控制喷淋量可以得到合格的含钒溶液。浸出结束后用清水淋洗料柱(淋洗液供下一循环浸出使用)。最后用真空抽滤装置将料柱脱水。打开下料底盖，浸渣靠重力自然脱落。

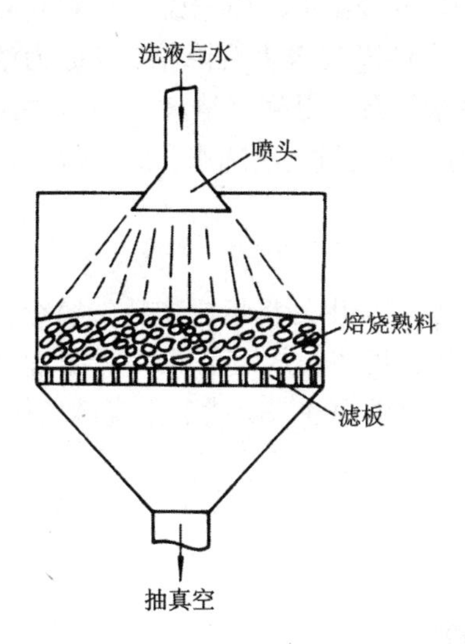

图3-8　淋滤浸出法示意图

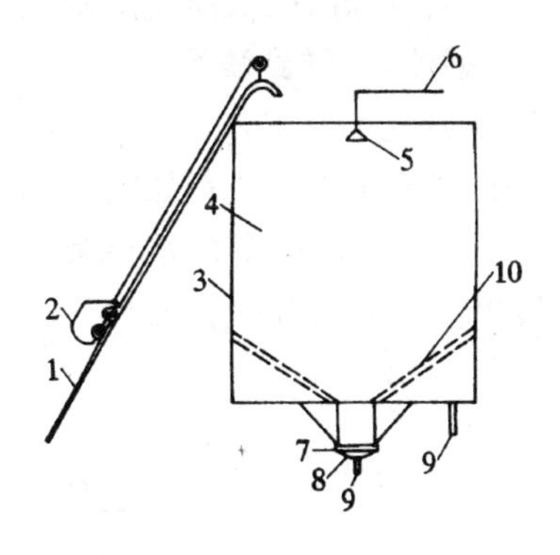

图3-9　浸罐装置

1—上料斜桥；2—上料小车；3—浸罐；4—焙烧熟料；5—水喷头；6—稀钒液输送管；7—下料口连接法兰；8—带滤网底盖；9—出液管；10—过滤层(圆台面)

3. 浸出工艺[8]

水浸工艺有连续式和间歇式两种。

1)连续式水浸工艺

连续式水浸出工艺流程如图3-10所示。连续式浸出适于微细粉末或通过焙

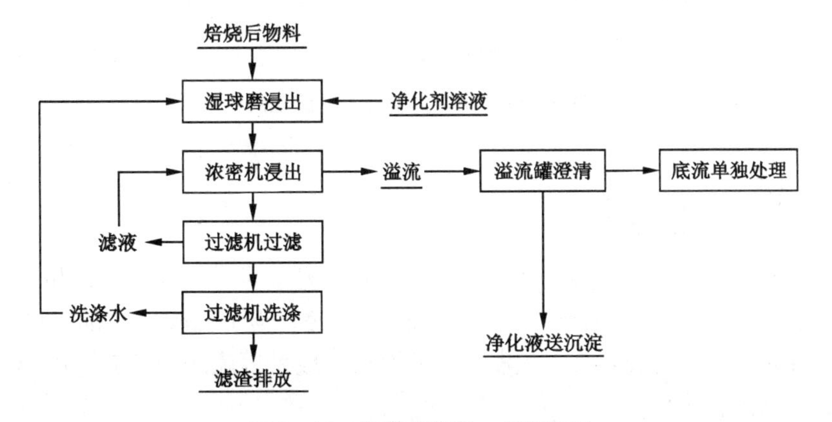

图3-10　连续式浸出工艺流程图

烧等转化成易溶性物料的浸出，可得到浓度均匀的浸出液。将焙烧后物料直接进入湿球磨机内，边冷却、边研磨、边浸出，然后料浆被送去沉降槽(或称为浓密机)，加热到80℃以上。沉降后的溢流再经多次沉降，得到澄清液被输送去沉淀钒酸铵。而沉降后的低流从浓密机底部排放到过滤机过滤、洗涤，最后得到的滤渣(或称残渣)输送到渣场。

2)间歇式水浸工艺

间歇式浸出工艺流程如图3－11所示。间歇式浸出是将焙烧物料先经冷却器冷却后，排放到可倾翻的浸滤器内。渗透浸出槽底部安放有滤板，上面盛有物料，浸出液借助重力自上而下流出，或者由水泵自下面注入，从上溢流循环使用，借以进行浸出。

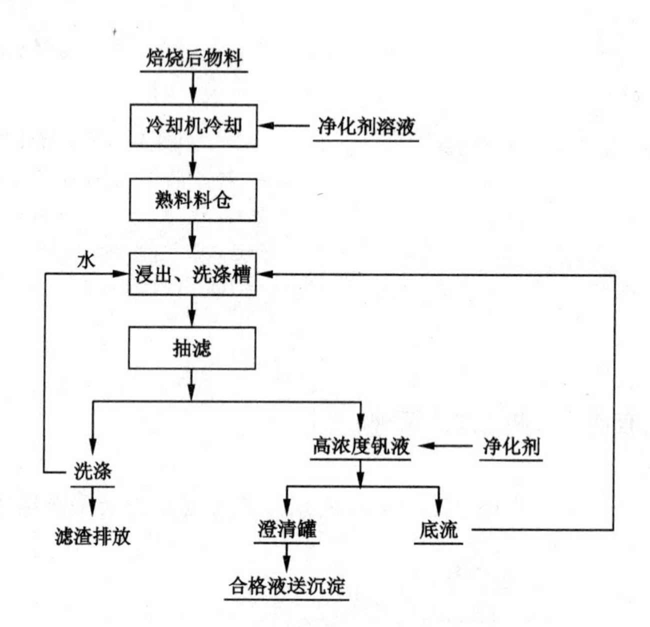

图3－11　间歇式浸出工艺流程图

3.3.2　酸浸

1. 焙烧熟料的酸浸[3]

钠化焙烧过程中生成的5价钒的化合物$Fe(VO_3)_2$、$Fe(VO_3)_3$、$Mn(VO_3)_2$、$Ca(VO_3)_2$以及4价钒化合物不溶于水，但溶于酸。为了回收这一部分钒，通常将水浸后的残渣再用酸溶液二次浸出。酸浸出一般采用硫酸(也有采用盐酸和盐酸—硫酸混合液的)。

酸浸出也用于氧化钙化焙烧熟料中钒的溶解。

酸浸对于提高钒的浸出率是有效的，但酸浸过程缺少选择性，除了钒化合物溶解外，许多杂质离子也溶解进入溶液。因此得到的浸出液杂质较多，需经进一步净化处理。

2. 含钒原料的直接酸浸

直接酸浸含钒原料已在工业生产中得到广泛应用。主要用于氧化剂（如氯酸钠或二氧化锰）存在下，直接酸浸含钒铀矿回收钒和铀。浸出用酸一般为硫酸，原矿磨碎后用硫酸溶液浸出。为了提高钒的浸出率，通常用高浓度硫酸溶液浸出，矿浆维持高密度（固体含量45%～55%），温度接近沸点。铀的浸出率95%～98%，钒的浸出率80%～85%。由于浸出过程原矿中许多其他组分被溶解，所以得到的浸出液杂质较多。

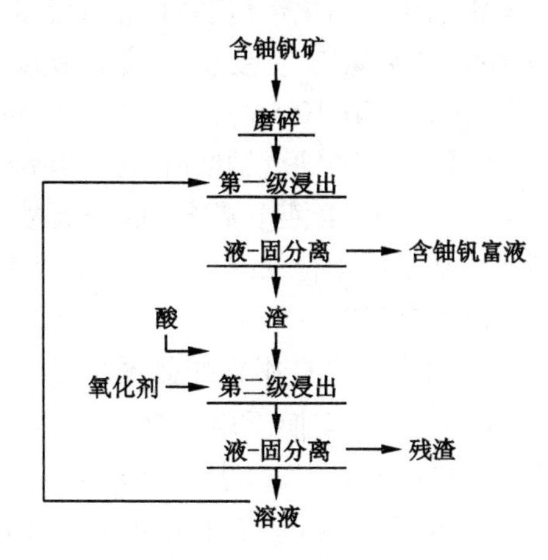

图3－12　含钒铀矿的二级酸浸出

图3－12是含钒铀矿的两级酸浸工艺流程。第一级浸出也是一个中和步骤，因为再循环进入第一级浸出的浸出液中过量酸被新加入矿中的碳酸盐和金属离子所消耗。第一级浸出维持较高的pH，可以减少富液中杂质离子含量。

3. 电场强化钒渣浸出[9]

电场强化钒渣浸出即在电场作用下对钒渣进行直接酸浸出。电场不仅可以强化含钒尖晶石物相的破坏，而且通过阳极氧化作用，将钒渣中不易溶于酸的低价钒氧化为易溶于酸的高价钒，从而提高钒的浸出率。

电场强化钒渣浸出的试验装置图见图3－13。

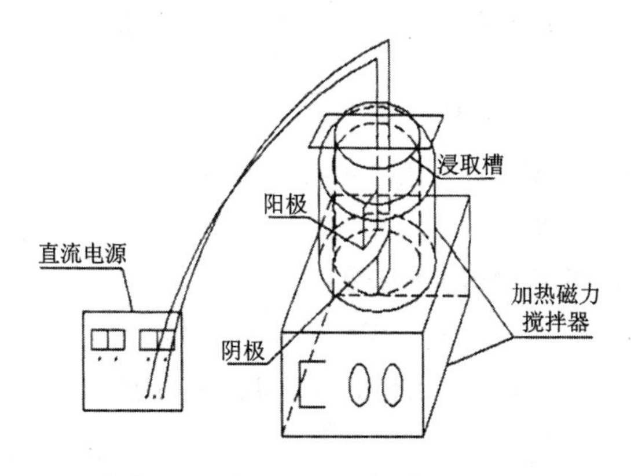

图3－13　电场强化钒渣浸出的试验装置图

3.3.3 碱浸

1. 焙烧熟料的碱浸[3]

含钒铀矿的钠化焙烧熟料、含钙高的钒原料的钠化焙烧熟料或氧化钙化焙烧熟料通常采用碱溶液浸出。碱溶液浸出剂一般为 Na_2CO_3、$NaHCO_3$、NaOH、$(NH_4)_2CO_3$或 NH_4HCO_3。含钒铀矿焙烧料用 Na_2CO_3溶液浸出时，焙烧过程中生成的钒酸钠和钒酸铀酰钠溶解进入溶液，使钒和铀都被浸出。浸出操作中需要将焙烧料在 Na_2CO_3溶液中骤冷，因为焙砂的慢慢冷却可引起钒酸铀酰钠向钒酸钠和不溶性铀复杂化合物的转化。用碳酸钠溶液浸出，钒的浸出率为70% ~80%，铀的浸出率为75% ~85%。

氧化钙化焙烧料用碳酸盐浸出时，CO_3^{2-} 与 VO_3^- 离子间发生交换反应，使 $Ca(VO_3)_2$转化为溶度积更小的 $CaCO_3$，从而使钒进入溶液，在浸出过程中通入 CO_2气使溶液中的 HCO_3^- 和 CO_3^{2-} 离子保持较高的浓度，有利于钒的浸出。

碳酸盐浸出使用帕丘卡槽(见图 3 - 14)。帕丘卡槽结构简单，CO_2气流起搅拌作用，节省动力，应用时多级串联使用。但浸出过程中生成的碳酸钙会在 CO_2出口处产生结疤。

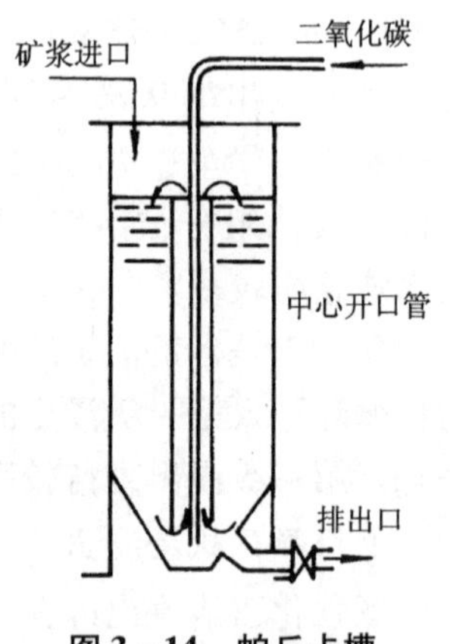

图 3 - 14 帕丘卡槽

2. 含钒原料的直接碱浸

碱溶液直接浸出含钒原料一般在高温和(或)高压下进行。如果原料中的钒不是五价，还需通入氧气或空气将低价钒氧化为可溶性的五价钒。和酸浸相比，碱浸对钒的溶解有较高的选择性。碱浸大量地用于从含钒铀矿中提取钒，尤其是从高钙(CaO >6%)含钒铀矿中提钒。

3.4 含钒浸出液的净化

浸出液的净化包括用常规方法除去铁、锰、铬、硅和磷及用溶剂萃取或离子交换将钒与杂质离子分离。

3.4.1 铁、锰、铬、硅和磷的常规去除[3]

含钒浸出液中通常含有 Fe^{2+}、Mn^{2+}、CrO_4^{2-} 和 SiO_3^{2-} 等离子。加 Na_2CO_3或 NaOH 调节溶液的 pH 至 10 ~12 可使 Fe^{2+}、Mn^{2+}等阳离子生成氢氧化物沉淀而除去。

在 pH 为 9 ~10 时加入 $MgCl_2$可使溶液中的阴离子 CrO_4^{2-} 和 SiO_3^{2-} 沉淀除去。为了加速沉淀物的聚集和沉降，净化操作一般在加热条件下进行，且温度高于

363 K，必要时添加助凝剂。

浸出液中的磷以 PO_4^{3-} 形式存在，一般用镁沉淀法或钙沉淀法使之除去。

向含钒溶液中加入 $MgCl_2$ 和 NH_4Cl，并用 NH_4OH 调溶液 pH 至 9.5 ~ 11，Mg^{2+}、NH_4^+ 和 PO_4^{3-} 便生成难溶的磷酸铵镁沉淀。

镁试剂除磷的优点是 $MgNH_4PO_4$ 溶解度小，除磷效果好，且易沉降分离。因 $Mg(VO_3)_2$ 溶解度大，故钒损失少。但 $MgCl_2$ 加入量也不能过多，否则也会造成钒的损失。

向钒浸出液中加入 $CaCl_2$ 时，Ca^{2+} 便与 PO_4^{3-} 离子生成难溶的 $Ca_3(PO_4)_2$ 沉淀。溶液 pH 应控制在 8 ~9。

李秀雷等人在题为"一种浸出钒液净化除杂的方法"的中国专利[10]中介绍了旨在除去浸出液中主要杂质磷和硅的技术方案，它包括以下工艺步骤：①将含钒熟料浸出液(pH 为 8 ~11)的温度设置在 60℃至 100℃之间，加入除磷净化剂：硫酸铵与硫酸镁的混合液，反应时间为 10 ~20 min；②利用酸调节浸出钒液的 pH 为 5 ~8，加入除硅净化剂：硫酸铝的水溶液，反应时间为 10 ~20 min；③上述反应结束后，冷却、静置后过滤，得到硅磷含量较低的钒液。本发明的有益效果是：操作简单，对原始钒液的酸度及杂质含量要求不高，净化 pH 5 ~8，钒液反应及静置时间都较短，有利于工业连续化生产；除杂体系全部采用硫酸盐，避免了氯离子的引入，环境友好，对设备要求低，减小了后道工序对管道的腐蚀，有利于酸性废水的处理。其除磷、除硅化学反应方程式如下：

$$Mg^{2+} + NH_4^+ + PO_4^{3-} \longrightarrow Mg(NH_4)PO_4 \downarrow$$

$$2Al^{3+} + 3SiO_3^{2-} \longrightarrow Al_2(SiO_3)_3 \downarrow$$

文献[10]作者采用的工艺流程图见图 3 -15。

上述常规沉淀法去除含钒浸出液中的杂质存在以下几点缺陷：①沉淀过程需消耗大量化学药剂(氧化剂、沉淀剂、碱等)，增加整个工艺流程的成本。②沉淀物中往往夹带一定量的可溶性钒，使钒的回收率大大降低，造成资源的浪费。③沉淀物往往本身不是可应用的产品又无法循环利用，即成为固体废弃物，将对环境造成极为不利的影响。

3.4.2 溶剂萃取分离钒

1. 基本原理[11]

溶剂萃取是利用物质对水的亲、疏性而进行分离的方法。通常采用螯合物或离子缔合物萃取体系将亲水的无机离子转化为疏水的螯合物或离子缔合物，使其从水相转移至有机相中以便用有机溶剂溶解实现组分分离。溶剂萃取可有效地将水相中的钒萃取到有机油相，实现钒的分离与浓缩富集，因此普遍用于从浸出液中分离铀和钒，也用于从含钒低的浸出液中分离和提取钒。从含钒溶液中溶剂萃取分离钒的流程如图 3 -16。

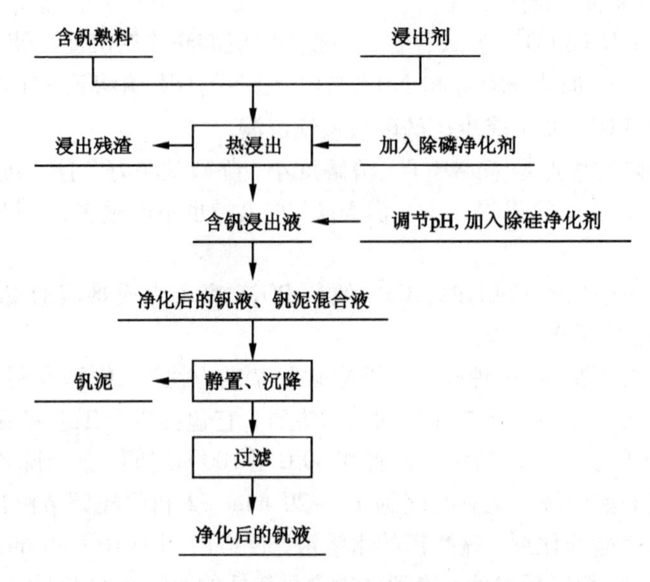

图 3-15　浸出钒液净化除磷和硅的工艺流程

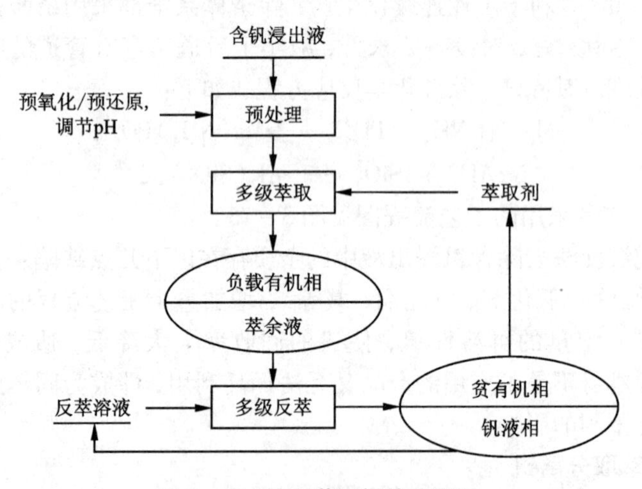

图 3-16　溶剂萃取钒的流程图

常用于萃取钒的萃取剂主要是有机磷型和胺类萃取剂，如表 3-1 所示。有机磷型萃取剂属阳离子萃取剂，适用于提取酸性溶液中的 V(Ⅳ) 和 V(Ⅴ)，它们对 V(Ⅳ) 的萃取性能优于 V(Ⅴ)，因此在萃取前常将 V(Ⅴ) 还原为 V(Ⅳ)。胺类萃取剂只用于萃取以阴离子形式存在的 V(Ⅴ)，其中伯胺和叔胺适用于 pH 大于 2 的弱酸性溶液，而大分子季铵盐使用的 pH 范围则较广，可以萃取中性和碱性溶液中的钒。因只有五价钒可形成钒酸根阴离子，所以用胺类萃取剂萃取前需将溶液中的钒全部氧化为V(Ⅴ)。

由于钒离子在浸出液中常以V(Ⅳ)和V(Ⅴ)价存在，且其存在形式与溶液pH及钒浓度密切相关，因此应根据溶液体系和钒价态来选择合适的萃取剂。不同萃取剂萃取钒的最佳pH范围如表3-2所示。

表3-1　常用萃取钒的有机磷类和胺类萃取剂

类型	试剂	简称	钒价态和溶液体系
烷基磷酸	二(2-乙基己基)磷酸	D2EHPA (P204)	V(Ⅳ), H_2SO_4 溶液
			V(Ⅴ), H_2SO_4 溶液
烷基膦酸	2-乙基己基磷酸-单-2-乙基己基酯	EHEHPA (P507)	V(Ⅳ), H_2SO_4 溶液
烷基次膦酸	双(2,4,4-三甲基戊基)膦酸	Cyanex 272	V(Ⅳ), H_2SO_4 溶液
			V(Ⅴ), H_2SO_4 溶液
伯胺	仲碳伯胺	N1923	V(Ⅴ), Na_3VO_4 溶液
叔胺	三烷基叔胺	Alamine336(N235)	V(Ⅴ), H_2SO_4 溶液
			V(Ⅴ), Na_3VO_4 溶液
叔胺	三辛胺	TOA	V(Ⅴ), H_2SO_4 溶液
季铵盐	三辛基甲基氯化铵	Aliquat 336(N263)	V(Ⅴ), HCl 和 NaOH 溶液
			V(Ⅴ), Na_3VO_4 溶液

表3-2　不同类型萃取剂萃取钒的最佳 pH 范围

萃取剂	最佳 pH	有机相组成
P204	2.3, 2.5, 2.0~2.5	10%（15%）P204 +5% TBP + 煤油
	1.5V(Ⅴ)	15% P205 +5% TBP + 煤油
P507	3.0	15% P507 + 煤油
N1923	2~5	15% N1923 + LK-N12X + 煤油
Alamine 336	<4	5% Alamine 336 +5% 异癸醇 +70% 煤油
	3.5	10% N235 +20% 仲辛醇 +70% 煤油
	初始 pH 2.15	20% N235 +10% 仲辛醇 +70% 煤油
TOA	2.0~3.2	10% TOA +5% TBP + 煤油
Aliquat 336	1.5~12	Aliquat 336 +10% 正辛醇 + 煤油
	3 mol/L 的 HCl	Aliquat 336 +10% 正辛醇 + 煤油
	3~8	Aliquat 336 +2% 仲辛醇 + 煤油

不同萃取剂萃取钒反应达到平衡所需的时间见表 3－3。有机磷和胺类萃取钒的萃取反应达到平衡时间均少于 15 min，但是，通常单级萃取并不能取得理想的钒回收率。以 P204 为例，10% P204 和 5% TBP 溶于煤油中，其 McCabe－Thiele 曲线表明，在 O/A 为 1∶1 的条件下，理论萃取级数为 6。在 O/A 比为 1∶2 的条件下，接触时间 10 min，仅 95.94% 的钒被萃取，经过六级逆流萃取，负载相中钒质量浓度为 7.56 g/L，萃余液中钒为 0.16 g/L，P507 萃取 V(Ⅴ)的 McCabe－Thiele 曲线表明，在 O/A 比为 1∶1 的条件下，理论萃取级数为 3。

表 3－3　萃取钒反应达到平衡所需的时间

萃取剂	接触时间/min	萃取条件		
		t/℃	介质	稀释剂
P204	10	室温	H_2SO_4 溶液，pH 为 2.3～2.5	煤油
	8	室温	pH＝1.5	煤油
P507	8	室温	HCl 溶液	煤油
N1923	15	20	碱性溶液	煤油
Aliquat 336	15	25	HCl 或 NaOH 溶液	煤油
	1～2	＞20	Na_3VO_4 溶液，pH 为 8.34～8.64	煤油

不同萃取剂对钒离子和溶液中其他杂质离子的选择性见表 3－4。由表 3－4 可见，磷型萃取剂和胺类基本上可以把含钒溶液中常以阳离子形式存在的 Ca、Mg、Al、Fe 和以阴离子形式存在的 Mo、Cr、Si、P 与钒分离开，其他类型的萃取剂如羟肟萃取剂 LIX63 和 8－羟基喹啉也表现出良好的选择性。

表 3－4　不同萃取剂对钒离子和溶液中其他杂质离子的选择性

萃取剂	选择性
P204	V(Ⅳ)优于 Fe(Ⅱ)，溶液 pH 为 2.3
	V(Ⅳ)优于 Fe、Si、Al、Mg，H_2SO_4 溶液
P507	V(Ⅳ)和 Mo(Ⅵ)优于 Al(Ⅲ)、Co(Ⅱ)、Fe(Ⅱ)
N1923	V(Ⅴ)优于 Cr(Ⅵ)
TOA	V(Ⅴ)优于 Ca(Ⅱ)、Mg(Ⅱ)、Al(Ⅲ)、P(Ⅴ)、Si(Ⅳ)
Aliquat 336	V(Ⅴ)优于 Mo(Ⅵ)，溶液 pH 为 8.0～8.5
8－quinolinol	V(Ⅴ)优于 Ca(Ⅱ)、Mg(Ⅱ)、Fe(Ⅲ)、Cu(Ⅱ)、Cr(Ⅵ)、NO_3^-
LIX63	V(Ⅴ)和 Mo(Ⅵ)优于 Ni(Ⅱ)、Co(Ⅱ)、Fe(Ⅲ)、Al(Ⅲ)

P204 对金属离子的萃取性能由强到弱的顺序为：$Fe^{3+} > VO^{2+} > VO_2^+ > Ca^{2+} > Mn^{2+} > Mg^{2+} > Fe^{2+} > K^+ \approx Na^+$。在中性溶液中，伯胺可以通过溶剂作用优先萃取钒而不萃取 Cr，二者的分离系数可达 170。由于萃取反应平衡和反应动力学的差异，P507 可以将低酸度溶液中的 Mo、V 与 Al 分离，之后负载相上的 Mo 和 V 可通过不同的反萃剂分步反萃分离。

0.5 mol/L 的 LIX63 溶于 Shellsol 70 中，在 A/O 为 1∶1 的条件下，几乎能够全部萃取出 pH 为 1 ~2 的硫酸溶液中的 V(Ⅴ)和 Mo(Ⅵ)，而对溶液中 Ni(Ⅱ)、Co(Ⅱ)、Fe(Ⅲ)和 Al(Ⅲ)的萃取可以忽略。用 8 – quinolinol 萃取酸性溶液中 V(Ⅴ)，当钒回收率超过 97% 时，其他杂质元素 Ca(Ⅱ)、Mg(Ⅱ)、Al(Ⅲ)、Fe(Ⅲ)、Cu(Ⅱ)和 Cr(Ⅵ)的萃取率都低于 0.2% ~0.3%。

常用于钒溶液萃取净化反萃过程的反萃剂及其反萃效果如表 3 –5 所示。一般采用纯酸溶液多级反萃从负载有机磷萃取剂中反萃钒，且随反萃级数增加，反萃率增高。酸浓度对反萃率的影响实验表明，当酸浓度从 0.5 mol/L 增加到 2.5 mol/L时，反萃率从 41% 提高到 98%，但是，随之反萃液中自由 H_2SO_4浓度也增加，这是萃取过程中要避免的。因此必须综合考虑钒反萃率和反萃液中自由酸度来选择适宜的酸浓度。反萃过程可以进一步将钒与其他伴随的杂质金属离子分离。采用 15% H_2SO_4 溶液洗涤金属 – P204 负载有机相，在 O/A 比为 5∶1，温度 45℃，时间 15 min 的条件下，经过 5 级逆流反萃，钒、铁反萃率分别为 99.14% 和 19.35%，反萃溶液中 $m(V)/m(Fe)$的比值为 62，分离效果良好。贫有机相经过 NH_4HCO_3 溶液洗涤除铁→水洗→再酸化可实现再生利用。

表 3 –5　从不同负载钒有机相上反萃钒

萃取剂	反萃剂	反萃条件	反萃率
P204	1.5 mol/L H_2SO_4	O/A =5∶1，三级逆流	全部
	15% H_2SO_4	O/A =5∶1，45℃，15 min，五级逆流	99.1%
P507	1.0 mol/L H_2SO_4	O/A =2∶1，三级逆流	>99.5%
TOA	0.5 ~0.7 mol/L Na_2CO_3	O/A =1∶1，pH >12，两级	99.9%
Alamine 336	1.5 mol/L NaOH	O/A =2∶1，单级，室温	96.0%
	10% $NH_3 \cdot H_2O$	O/A =2∶1，单级，30℃	99.9%
Aliquat 336	1 mol/L NaOH	单级	99%
	4 mol/L NaCl +1 mol/L NaOH	O/A =1∶2，单级，1 min，28℃	99%
LIX63	400 g/L H_2SO_4	A/O =1∶1，单级，40℃	11.3%
	10% $NH_3 \cdot H_2O$	A/O =1∶1，单级，40℃，pH 1.01 ~1.39	>99.9%
	1 mol/L NaOH	A/O =1∶2，单级，40℃	>99.9%

从负载钒的高分子季铵盐相上反萃钒比较困难，其反萃速度慢。尽管采用 1 mol/L NaOH 溶液可以将 Aliquat 336 从酸性和碱性介质中萃取的钒洗涤下来，且该反应在热力学上可行，但其反应速率较慢。研究表明多钒酸根 $H_2V_{10}O_{28}^{4-}$ 转化为 HVO_4^{2-} 和(或)VO_4^{3-} 为其反应速率限制性步骤。采用浓度较高的氨水和铵盐的混合溶液洗涤可以取得较高的反萃率，而浓度低的混合液或 1 mol/L NaOH 只能释放部分钒。用氨水和铵盐混合溶液洗涤负载钒有机相时，会生成 NH_4VO_3 沉淀，NaCl 溶液可有效避免沉淀生成。氯化物溶液反萃钒的同时可实现萃取剂再生，而在同样条件下，经 NH_4NO_3 溶液洗涤再生的硝酸型萃取剂的萃取性能将远低于原萃取剂。

此外，添加 KBr、$NaBrO_3$、HNO_3 等添加剂和使用超声波可以大大缩短 NaOH 溶液从负钒有机相上反萃 V(Ⅴ)的时间。研究表明，通过机械搅拌的方式，反萃率达到 91% 需要 60 min，而加添加剂后，采用超声搅拌，取得 97% 的反萃率仅需 5 min。

虽然有许多萃取剂可用于含钒溶液净化，但在工业生产中得到应用的主要是二(2－乙基已基)磷酸(D2EHPA)和胺类化合物。

D2EHPA 可萃取四价或五价钒阳离子，且萃取 V(Ⅳ)的能力比 V(Ⅴ)强。D2EHPA 对 V(Ⅳ)的萃取系数颇大，可用于实际生产中。萃取反应可表示为：

$$nVO^{2+} + m(HA)_2(org) = (VO)_n(A)_{2n}(HA)_{2(m-n)}(org) + 2nH^+$$

式中 HA 表示 D2EHPA。当 $n > 1$ 时萃取过程中生成多核络合物。

在实际萃取过程中，D2EHPA 的浓度一般在 0.2～0.4 mol/L，pH 维持在 2 左右。萃取前溶液用铁粉、硫化钠或硫氢化钠处理，将溶液中的 V(Ⅴ)还原为 V(Ⅳ)。溶液中若有 Fe(Ⅲ)，也被还原为非萃取状态的 Fe(Ⅱ)。反萃 D2EHPA 萃取的钒一般用稀硫酸或 10% 的碳酸钠溶液。

胺是阴离子萃取剂，它萃取溶液中的钒酸根阴离子，因为只有五价钒可形成钒酸根阴离子，因此萃取前需要将溶液中的钒全部氧化为五价。用过氧化氢将 VO^{2+} 氧化成 VO_2^+，生成的 VO_2^+ 按下列反应溶剂化，形成钒酸根 $H_3V_2O_7^-$ 即可被胺萃取。

$$2VO_2^+ + 3H_2O = H_3V_2O_7^- + 3H^+$$

除了强酸性溶液外，钒酸根阴离子可以在较宽 pH 范围存在，因此胺可以在碱性和酸性介质中萃取 V(Ⅴ)。与此相比，D2EHPA 则只能在强酸性介质中萃取钒。在各种胺中，叔胺和季铵盐应用最多。叔胺萃取的一个有代表性的反应可表示为：

$$H_2V_{10}O_{28}^{4-} + 4R_3N^{-H}_{-HSO_4} = (4R3N^{-H})_{-H_2V_{10}O_{28}} + 4HSO_4^-$$

图 3－17 是叔胺(Alamine 336)和季铵盐(Aliquat 336)萃取钒时，钒萃取百分比随 pH 的变化。可以看出 pH＝2～3 时叔胺的萃取效果比季铵盐好，而季铵盐

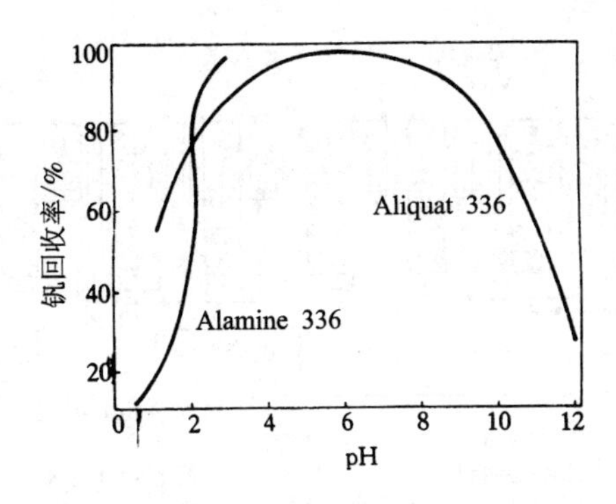

图3－17 叔胺和季胺萃取钒随pH变化特性曲线

Aliquat 336 在 pH＝5～9 范围内一直保持高的萃取率，这种性能使得钒与杂质的分离变得非常灵活。

胺萃取后，当用含氨的铵盐反萃时，萃取的十钒酸盐转化为偏钒酸盐 $V_4O_{12}^{4-}$（即 VO_3^-）。由于偏钒酸盐水溶性小，结果在反萃水溶液中析出 NH_4VO_3结晶沉淀。当用弱酸性（pH＝6.5）铵盐溶液反萃时，钒仍然以十钒酸盐的形式进入反萃液中，十钒酸盐的高水溶性使钒在反萃液中得到浓缩。然后向反萃液中加氨提高溶液的pH，并加热促使十钒酸盐转化为偏钒酸盐而结晶析出。

2. 应用

图3－18是季铵盐 Aliquat 336 从碱性含钒溶液中萃取分离钒的流程图。水溶液中 V_2O_5 含量2 g/L，钒以钒酸根阴离子形式存在。萃取溶剂为含 Aliquat 336 和异癸醇（调整剂）的煤油溶液。经四级萃取，萃余液中含 V_2O_5 只有0.001 g/L，有机相含钒达到8 g V_2O_5/L。有机相经三级反萃，反萃液中含 V_2O_5 增加到32 g/L，可用于沉钒。

图3－19是溶剂萃取分离钒和铀的工艺流程。萃取溶剂为含有0.3 mol/L NaD2EHPA 和0.2 mol/L TBP 的煤油溶液。经还原处理后的钒溶液用溶剂萃取时，钒和铀都被萃取到有机相，然后通过选择性反萃使两者分离：即先用1 mol/L 硫酸溶液反萃钒，再用1 mol/L 碳酸钠溶液反萃铀。含钒反萃液用 $NaClO_3$氧化V（Ⅳ）到V（Ⅴ）后，用水解法沉钒。

图3－20工艺是用叔胺萃取分离钒和铀。含V（Ⅴ）、U（Ⅵ）和Mo（Ⅵ）的浸出液用铁还原，使钒变为非萃取的四价后，用叔胺选择性萃取铀和钼。萃余液中的钒用 MnO_2 氧化为五价，并在 pH＝3 左右用叔胺单独萃取。含钒有机相用浓 Na_2CO_3溶液（100 g Na_2CO_3/L）反萃，钒以钒酸钠进入反萃液中。3 mol/L NH_4OH 或温和的还原剂（如0.05 mol/L $FeSO_4$＋0.05 mol/L H_2SO_4）也可用于从胺溶剂中反萃钒。

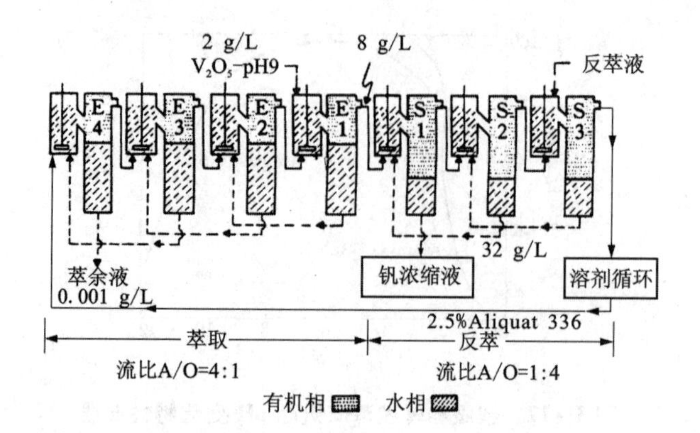

图 3-18　季铵盐 Aliquat 336 从碱性含钒溶液中萃取钒工艺流程图

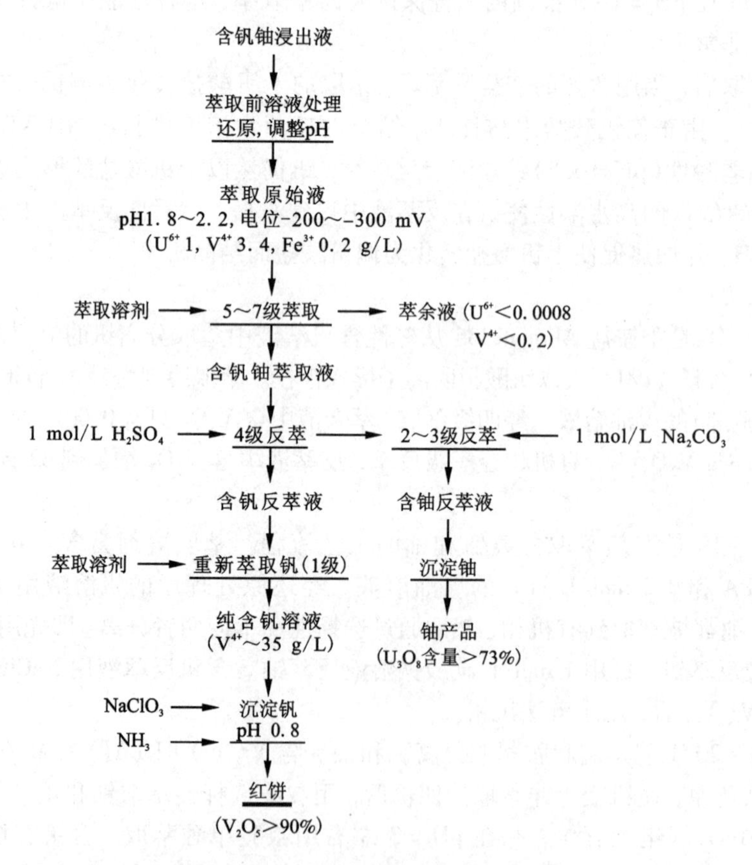

图 3-19　二(2-乙基己基)磷酸溶剂萃取分离钒和铀(DAPEX 过程)

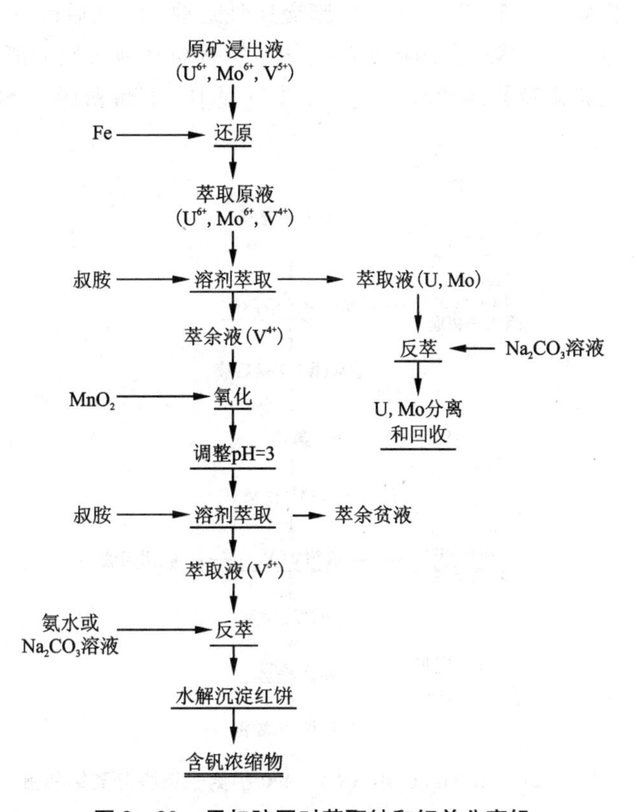

图 3-20　用叔胺同时萃取铀和钼并分离钒

3.4.3　离子交换分离钒[3]

离子交换是利用离子交换树脂与离子间的交换反应而进行分离的方法。与溶剂萃取相比，离子交换法在钒溶液净化中的应用原先不很广泛，但近年来应用愈来愈多。用于分离和提钒的离子交换树脂一般为强碱性季胺型阴离子交换树脂，如 Amberlite IRA-400、IRA-401、IRA-402、IRA-410、IRA-425 及 Dowex-1、Dowex-21 等。溶液中的五价钒酸根阴离子可与树脂上的阴离子交换基团发生交换反应。如 Amberlite IRA-402 树脂与 pH 6.0~7.2 的含有杂质的钒酸盐溶液接触时，发生如下交换反应：

$$V_4O_{12}^{4-}(\text{溶液}) + Cl_4^{4-}(\text{树脂}) = V_4O_{12}^{4-}(\text{树脂}) + 4Cl^-(\text{溶液})$$

树脂上的 Cl^- 离子与溶液中的 $V_4O_{12}^{4-}$ 离子相互交换，溶液中的 $V_4O_{12}^{4-}$ 被吸附在树脂上，而与其他杂质离子分离。由于 V(Ⅳ)不形成酸根阴离子，所以不能与阴离子树脂发生交换反应。

应用 Amberlite IRA-400 阴离子树脂从含 V(Ⅳ)、铀及其他杂质离子的酸浸液中分离钒的流程见图3－21。先用树脂交换吸附铀，除铀后的溶液用 $NaClO_3$ 加热氧化使钒变为五价，然后再用树脂吸附钒，使钒与其他杂质分离。含钒树脂的淋洗通常是用二氧化硫的饱和水溶液，淋洗过程中，五价钒因被 SO_2 还原而从树脂上解吸下来。

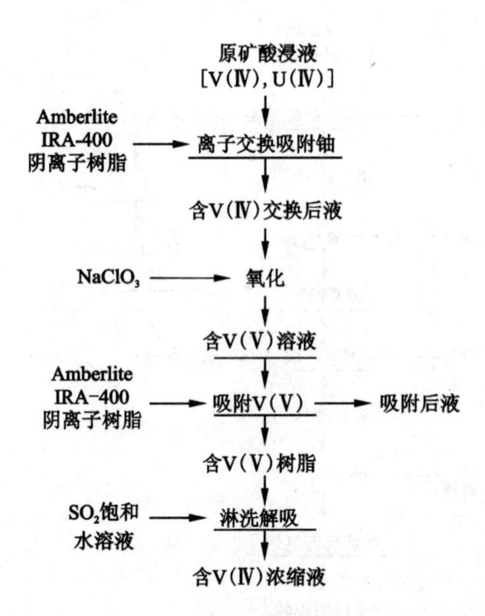

图3－21 用 Amberlite IRA－400 阴离子树脂分离铀和钒

钒和铀的分离也可采用不同条件下的选择性吸附或采用不同淋洗剂进行选择性解吸。

3.5 钒的水解沉淀法

在处理各种类型的含钒原料时，得到的水溶液可能是碱性、中性或酸性，其含钒浓度在很大范围内变动。在水溶液中钒可能呈＋2、＋3、＋4和＋5价。但是，在空气存在时，只有五价钒稳定。决定钒在水溶液中存在形式的因素有pH、溶液电位和钒的浓度。在不同总钒浓度下，五价钒的各种形态离子在不同pH下的稳定区见图1－2。

3.5.1 基本原理[3, 12]

从图1－2可以看到，在低钒浓度（$<10^{-4}$ mol/L）的酸性溶液中，VO_2^+ 阳离子占优势。当钒浓度大于 50×10^{-3} mol/L，pH＝2～3时，V_2O_5 水解沉淀。在钒浓度大约为 50×10^{-3} mol/L 和 pH＝1～6 范围内，VO_2^+ 离子聚合成十钒酸离子，一般表示为 $V_{10}O_{28-z}(OH)_z^{-(6-z)}$。在更高的pH（直至10～12）时，形成其他聚合

钒络合阴离子，如 $V_3O_9^{3-}$、$V_4O_{12}^{4-}$、$V_2O_7^{4-}$ 等。pH 高于 13 时，VO_4^{3-} 离子稳定。当钒浓度很低(10^{-4} mol/L 以下)，pH =4 ~8 时，偏钒酸根离子 $H_2VO_4^-$ 稳定。

从图 1 -3 可以看到，当 pH <4 时，随着溶液电位下降，钒依次形成 VO^{2+}、V^{3+}、$V(OH)^{2+}$ 和 V^{2+} 等阳离子。该图也示出钒以各种氧化物形式沉淀的电位 - pH 区。

钠化焙烧水浸钒溶液在加酸中和进行水解沉钒时，钒的存在形式逐步发生变化：

$$V_2O_7^{4-} \xrightarrow{H^+} V_4O_{12}^{4-} \xrightarrow{H^+} V_{10}O_{28}^{6-} \xrightarrow{H^+} V_{10}O_{27}(OH)^{5-} \xrightarrow{H^+} V_{10}O_{26}(OH)_2^{4-} \xrightarrow{H^+} V_2O_5$$

最后产生水合五氧化二钒砖红色沉淀，俗称红饼。

当 pH 约为 1.8 时，V_2O_5 的溶解度最小，约为 230 mg/L。有关 V_2O_5 的溶解度与酸度的另外一些关系数据如下：

$[H_2SO_4]/(g \cdot L^{-1})$	2.3	13.0	17.1	31.2
$V_2O_5/(g \cdot L^{-1})$	0.24	0.78	1.14	2.04

$V_2O_5-H_2SO_4-H_2O$ 系生成的沉淀相的性质列于表 3 -6，表 3 -7、表 3 -8 和表 3 -9 分别列出了该系统 25℃、30℃和 75℃时的数据。

表 3 -6 $V_2O_5-H_2SO_4-H_2O$ 系沉淀相性质

沉淀相	组成	性 质
Ⅰ	$V_2O_5 \cdot 3H_2O$ 或 H_3VO_4 V_2O_5	红褐色至红色，针状结晶 —
Ⅱ	$V_2O_5 \cdot 2H_2O$ 或 $H_4V_2O_7$ $V_2O_5 \cdot 2SO_3 \cdot 8H_2O$	粉红色至橘黄色，无定形碎片 棕红色，极少针状结晶体
Ⅲ	$V_2O_5 \cdot H_2O$ 或 HVO_3 $V_2O_5 \cdot 2SO_3 \cdot 3H_2O$	淡橘黄色至黄色，针状结晶 大量呈红色，极少量的柱状结晶
Ⅳ	V_2O_5 $V_2O_5 \cdot 5SO_3 \cdot 4H_2O$	黄色至淡黄色针状结晶，含有少量的 $V_2O_5 \cdot H_2O$ 黄色，晶体极少

表 3 -7 $V_2O_5-H_2SO_4-H_2O$ 系中 25℃时的数据

V_2O_5/%	H_2SO_4/%	析出相	V_2O_5/%	H_2SO_4/%	析出相
5.90	28.15	Ⅰ + Ⅱ	5.64	31.28	Ⅱ
4.73	41.52	Ⅱ + Ⅲ	3.82	37.98	Ⅱ
12.48	53.17	Ⅲ + Ⅳ	1.85	47.81	Ⅲ
0.79	2.61	Ⅰ	6.90	52.50	Ⅲ
2.02	17.98	Ⅰ	10.79	59.09	Ⅳ
4.58	26.96	Ⅰ	1.01	90.60	Ⅳ

表 3－8 $V_2O_5-H_2SO_4-H_2O$ 系中 30℃时的数据

V_2O_5 /%	H_2SO_4 /%	密度 /($g\cdot cm^{-3}$)	析出相	V_2O_5 /%	H_2SO_4 /%	密度 /($g\cdot cm^{-3}$)	析出相
1.63	7.30	1.066	Ⅰ	1.59	74.67		Ⅲ
4.79	23.50	1.219	Ⅰ	6.21①	73.26①		Ⅳ
7.40	37.26	1.370	Ⅰ	0.276	80.41	1.727	Ⅳ
4.41	45.01		Ⅱ	0.0531	99.16	1.817	Ⅳ
5.50	54.36	1.519	Ⅱ	9.26	40.49	1.440	Ⅰ＋Ⅱ
9.14	60.42	1.661	Ⅱ	10.49	62.22	1.734	Ⅱ＋Ⅲ
5.44	66.76		Ⅱ	1.50	77.48	1.714	Ⅲ＋Ⅳ

注：①亚稳定。

表 3－9 $V_2O_5-H_2SO_4-H_2O$ 系中 75℃时的数据

V_2O_5/%	H_2SO_4/%	析出相	V_2O_5/%	H_2SO_4/%	析出相
1.48	17.43	Ⅰ	10.80	60.20	Ⅳ
2.00	24.18	Ⅰ	7.51	4.98	Ⅳ
5.06	33.00	Ⅰ	7.52	70.50	Ⅳ
5.48	38.02	Ⅱ	0.13	93.44	Ⅳ
5.27	41.01	Ⅱ	6.10	34.30	Ⅰ＋Ⅱ
5.13	46.56	Ⅱ	8.29	49.53	Ⅱ＋Ⅲ
8.09	52.31	Ⅲ	11.96	57.56	Ⅲ＋Ⅳ
9.08	57.33	Ⅲ			

钒水解沉淀的适宜酸度一般为 pH＝2 左右。耗酸量与溶液中钒的浓度成正比，与溶液的 pH 有关。在计算沉淀用酸量时，若钒溶液 pH＜10，且溶液中杂质很少，加酸量可少一些。若溶液 pH＞10，且杂质多，必须适当增大加酸量，所增加量应根据溶液 pH 的大小与杂质的多少而定。一般在酸度较高的情况下，上层液中游离酸[H_2SO_4]＞5 g/L 时，沉淀反应进行比较迅速，且可克服由杂质所引起的不良影响。此时所得红饼中杂质较少，V_2O_5 含量较高，但残留在废液中的钒量大于0.1 g/L。在酸度较低的情况下沉淀时，如游离酸[H_2SO_4]＜4 g/L，废液中含钒量较低，约在 0.05 g/L。但沉淀的速度慢，红饼中含杂质较多，V_2O_5 含量较低。

3.5.2　影响水解沉钒过程的因素[3, 12]

影响钒水解沉淀的因素有钒浓度、溶液酸度、温度、杂质离子和搅拌作用等。钒沉淀率与钒浓度和酸度的关系见图3－22。钒浓度除影响钒的聚集状态外，还影响 V_2O_5 的相对饱和度。适宜的含钒浓度为5～18 g/L。

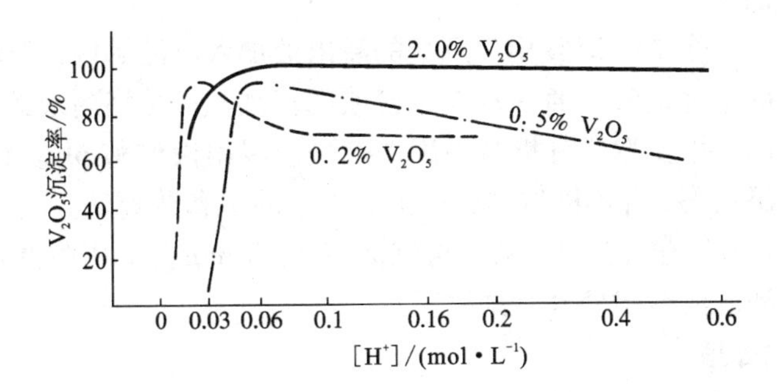

图3－22　沉淀率与原液 V_2O_5 浓度和酸度的关系

温度对加快沉钒速度起很重要的作用。温度越高，沉钒速度越快。通常温度每增加10 K，沉钒速度可提高1.6～2倍。在不同的酸度、温度下钒的沉淀率与时间的关系见图3－23。温度低时，钒的水解沉淀难于进行，沉淀时间长，夹带杂质多，过滤困难，红饼中 V_2O_5 含量较低。高温沉淀反应较快，生成的红饼中 V_2O_5 含量也高。

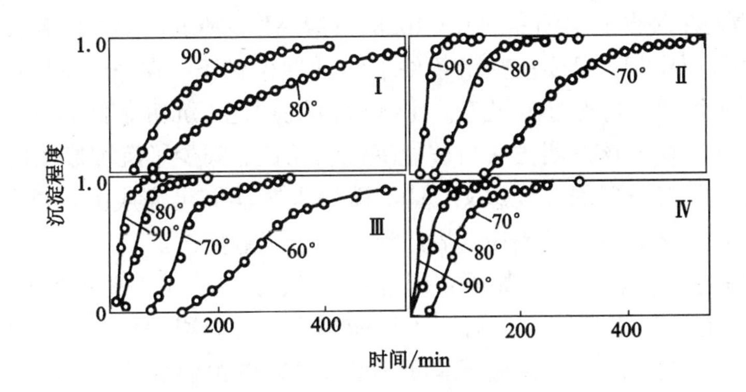

图3－23　钒沉淀程度与时间关系曲线

H^+/VO_3^-：Ⅰ—0.855；Ⅱ—0.954；Ⅲ—1.16；Ⅳ—1.18

搅拌能加速水解反应的进行和使钒沉淀完全，同时也减少沉淀对杂质的吸附。

Cl^- 离子的存在会加快沉钒速度，SO_4^{2-} 的存在会降低沉钒速度，它们都会降

低红饼中 V_2O_5 的含量。

3.5.3 水解沉钒设备与操作[3]

工业上用的水解沉钒设备是沉淀罐。形状为直径 2 ~ 5 m、容积 5 ~ 40 m^3 的圆柱形。罐壁用瓷砖或辉绿岩作耐酸内衬，罐中心设不锈钢搅拌器，靠罐壁有通蒸汽的不锈钢加热管。

沉钒操作是，首先将 25% 用于沉淀的浸出液加入沉淀罐内，开动搅拌，一次加入沉钒需要的全部硫酸。通入蒸汽直接或间接加热，并将剩余的 75% 的浸出液陆续加入罐内。根据取样分析结果添加硫酸或浸出液调整 pH。整个沉淀过程溶液均保持沸腾状态，并不断取样分析上层液中的钒和游离酸。当上层液中钒含量小于 0.1 g/L 时停止加热和搅拌，再沉淀 10 ~ 20 min 后，用吸滤器、压滤机或鼓式过滤机过滤。滤液经处理后排放。

3.5.4 红饼的处理[3]

水解沉钒得到的红饼含有大量水分，需要进行干燥。干燥后的红饼通常含 86% V_2O_5 和 11% Na_2O。其中的钠不能用洗涤的方法除去，一般可将红饼看成是分子式为 $Na_2H_2V_6O_{17}$ 的六钒酸钠，红饼供冶炼钒铁或经过提纯处理生产高纯度 V_2O_5。

工业上用反射炉熔化红饼，并在转动式圆盘铸片机上浇铸成薄片。反射炉使用水冷却的夹层炉底，用煤气、天然气或油等作燃料。红饼的熔化温度控制在 1073 ~ 1173 K，最高不越过 1223 K，以减少蒸发损失。

3.5.5 密闭酸性水解沉钒

马伟等人在获得的中国专利 CN 102897834 A“一种沉钒的方法和五氧化二钒的制备方法”[13]中说，只要在密闭条件下和酸性条件下，在 90 ~ 290℃温度下进行，即可实现沉钒，与现有沉钒工艺中水解沉钒相比，沉钒条件容易实现，沉钒率高，沉钒速度快。该发明方法与铵盐沉钒法相比，减少了沉淀废水中难于处理的盐分含量，具有重要的环保意义，且不需加入铵盐即可完成沉钒过程，降低了成本。该方法工艺简单，可望在今后广泛应用于工业生产。

该方法的具体操作举例如下：用硫酸将钒酸钠溶液（钒酸根离子浓度为 0.68 mol/L）的 pH 调到 5.5，然后倒入反应釜中，反应釜中配备有搅拌装置，拧紧螺栓使反应釜密闭后，将反应釜置于 100℃烘箱中恒温加热 2 h，并不断搅拌，随后进行过滤，将沉钒所得固体取出，用去离子水洗涤，洗涤后放入 60℃烘箱中干燥 5 h，然后在 360℃下焙烧 5 h，制得五氧化二钒固体。沉钒率为 99.4%，制得的五氧化二钒的纯度为 98.2%。

将实施例与对比例进行比较表明，采用该发明方法虽然不如铵盐沉钒法制得的五氧化二钒的纯度高，但该发明方法的沉钒率高，而且没有硫酸铵等盐分产生，减少了沉淀废水中难于处理的盐分含量。采用该发明方法比在开放状态下将钒酸钠溶液煮沸沉淀的沉钒条件容易实现，只要在密闭条件下和酸性条件下，在90～250℃温度下进行，即可实现沉钒，且沉钒率较高。

3.5.6 酸性四价钒溶液的水解[14]

当含钒原料中有四价钒时，往往采用酸浸来提取。当含钒溶液为强酸性溶液，且含有低价钒时，则在中和水解沉钒时，应在中和前加入氧化剂(如氯酸钠)，使低价钒氧化为五价。然后按滴定分析结果加入计量的碱进行中和，再加热到沸腾水解沉淀。

也可以直接将含四价钒的溶液进行水解沉淀。此类溶液在用萃取法提钒时常见到，如硫酸反萃液。加入氨水可使四价钒水解沉淀。当从反萃液(0.4 mol/L $VOSO_4$，0.75 mol/L H_2SO_4)用浓氨水沉钒过程中，在pH约3.5时开始产生沉淀，在pH约为7时水解完毕。水解产物在600℃煅烧，得到易粉碎的暗绿色产品，含V_2O_5大于99.5%。这一产品特别适合于生产低钠制品的市场需要。

3.5.7 添加四价钒水解沉淀五价钒的方法

俄罗斯专利RU2187570 Cl[15]报道了一种添加四价钒协助五价钒沉淀的方法。

向五价钒的溶液(如钾、钠、铯、铷的偏钒酸盐溶液)添加四价钒的化合物(如硫酸氧钒)，其数量应使V^{4+}/V^{5+}为2.0～4.0。然后用硫酸将溶液的pH调节到3.0～3.1；加热溶液到80～95℃，并在该温度下保持2～2.5 h。这样可使钒从溶液中沉淀。例如，取400 mL 0.025 mol/L的偏钒酸钠溶液(400 mL的含量为1.22 g)，添加6.52 g(0.04 mol/L)的硫酸氧钒(俄罗斯专利数据有误，这里作了修正——编者)。V^{4+}/V^{5+}为4.0。然后添加5.0 mL 0.5 mol/L H_2SO_4调节pH到3.1。将溶液加温到95℃。80 min后达到沉淀平衡。沉淀物经过滤，用少量水洗涤并干燥。经Spectr－75型红外光谱仪测定，产品为$Na_2V_{12}O_{30}\cdot nH_2O$。化学分析表明含$V_2O_5$ 86.5%。经脱水后含量为96.0%。

通常认为，在溶液中四价钒的存在，不利于五价钒化合物从溶液中析出，由于扩散困难导致形成不完善的结晶结构和形成多相产物。但是该专利证明，在一定的条件下，四价钒的存在非但不妨碍，反而有利于五价钒化合物的析出。条件是V^{4+}和V^{5+}要有一定的比例，同时应保证与上述比例相应的pH。此法所用的pH较已知方法的pH高许多，因而可减少酸的耗量。此外，还可以减少固体晶核形成的孕育期，使钒从溶液中析出的速度加快。

3.6 铵盐沉淀法

在一定条件下向含钒浸出液中加入NH_4Cl、$(NH_4)_2SO_4$、NH_4NO_3等，可使钒以偏钒酸铵或多钒酸铵形式从溶液中沉淀析出。然后经煅烧得V_2O_5。根据沉钒pH的不同，铵盐沉淀法可分为弱碱性铵盐沉钒、弱酸性铵盐沉钒和酸性铵盐沉钒。

3.6.1 弱碱性铵盐沉钒[3, 12]

弱碱性铵盐沉淀法基于弱碱性偏钒酸盐溶液与铵盐作用生成偏钒酸铵的反应，所以此法又称为偏钒酸铵沉淀法。pH = 8 ~ 9 时，溶液中的钒主要以 $V_4O_{12}^{4-}$（即 VO_3^-）形式存在。当向钒溶液中加入 NH_4Cl 时，将发生复分解反应，生成溶解度很小的 NH_4VO_3 白色结晶。影响偏钒酸铵沉钒的因素有：

(1)沉钒温度。由图 3 - 24 知，低温有利于结晶析出。一般沉淀在室温（20 ~ 30℃）下进行。

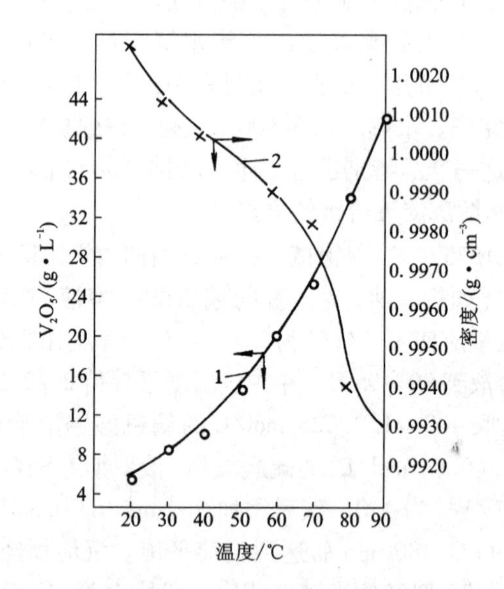

图 3 - 24 偏钒酸铵在水中的溶解度、密度与温度的关系曲线

1—偏钒酸铵溶解度与温度关系；2—偏钒酸铵饱和溶液密度与温度关系

(2)铵盐用量。溶液中 NH_4^+ 浓度增大，一方面有利于沉淀的生成，另一方面因同离子效应也会降低 NH_4VO_3 的溶解度（见表 3 - 10）。故沉钒时铵盐一般需过量。通常用加铵系数来表示沉钒时铵盐的过量程度。加铵系数定义为：实际加铵量/理论加铵量。

(3)搅拌和加晶种。因偏钒酸铵水溶液具有形成过饱和溶液的倾向，因此搅拌和加晶种可以加快其结晶速度（见图 3 - 25）。

(4)溶液的 pH。沉淀反应最好在弱碱性（pH 8 ~ 9）溶液中进行。当溶液碱性大时，铵盐耗量将随溶液碱性升高而增大。

用弱碱性铵盐沉钒，母液中钒含量较高，一般为 1 ~ 2.5 g/L。沉淀经煅烧后所得产品含 V_2O_5 99% 以上。若煅烧前经过重结晶或重新溶解二次沉钒，产品纯度会进一步提高。

表3-10 偏钒酸铵在氯化铵水溶液中的溶解度

温度/℃	NH_4Cl	NH_4VO_3
12.5±2	0.261 0.550 2.270	0.085 0.018
35	0.296 1.067 2.540 4.47 8.98	0.497 0.149 0.026 0.006 微
60	0.210 0.551 20.06	2.490 1.340 微

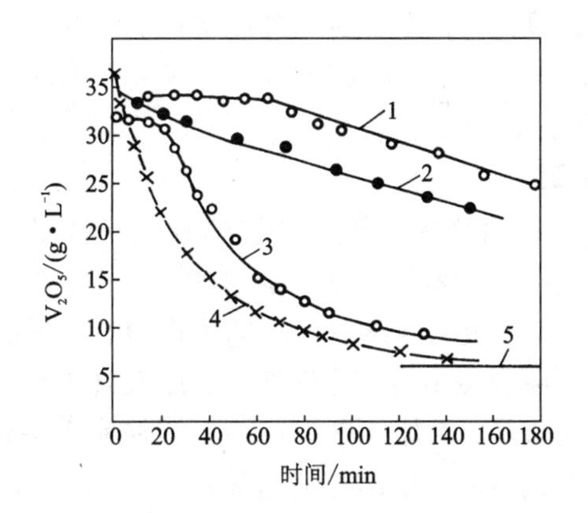

图3-25 搅拌、加晶种对偏钒酸铵结晶速度的影响

1—静止；2—静止下加入偏钒酸铵晶种；

3—搅拌；4—搅拌下加入偏钒酸铵晶种；

5—实验温度下偏钒酸铵在水中的平衡浓度

弱碱性铵盐沉淀法常用于精制水解提钒的红饼，通过碱溶、弱碱性铵盐沉钒和偏钒酸铵的分解获得纯度较高的 V_2O_5。

3.6.2 弱酸性铵盐沉钒[3, 12]

弱酸性铵盐沉钒的 pH 为 4 ~6，在该酸度下溶液中的钒主要以 $[V_{10}O_{28}]^{6-}$ 形式存在，当向钒溶液中加入铵盐时，钒以十钒酸盐形式沉淀。因浸出液中含有大量的 Na^+，沉淀形式可一般地表示为 $(NH_4)_{6-x}Na_xV_{10}O_{28} \cdot 10H_2O$，式中 x 随沉钒条件的不同而变化，一般 $0<x<2$。沉钒过程中的反应可表示为：

$$V_{10}O_{28}^{6-} + (6-x)NH_4^+ + xNa^+ + 10H_2O = (NH_4)_{6-x}Na_xV_{10}O_{28} \cdot 10H_2O$$

由于沉淀产物十钒酸盐中含有化学结合的钠，简单的水洗不能将它除去。为获得纯的最终产品，可将沉淀溶于热水中，在 pH = 2 下进行再处理得到的沉淀物为 $(NH_4)_2V_6O_{16}$，而使钠离子留在溶液中。

原液钒浓度高，铵盐用量大，则沉钒率高，沉钒速度快。溶液中硅含量高时，除影响产品纯度外，还影响钒的沉淀率。

弱酸性铵盐沉钒后母液中 V_2O_5 含量一般在 0.05 ~ 0.5 g/L。

3.6.3 酸性铵盐沉钒[3, 12]

酸性铵盐沉淀是在水解沉钒法基础上发展起来的一种新的、流程最短的制备高品位 V_2O_5 的沉钒法，它基于在 pH = 2 ~ 3 的溶液中多钒酸盐和铵盐作用生成六聚钒酸铵沉淀。沉钒过程可用下列反应式描述：

$$3Na_4H_2V_{10}O_{28} + 5(NH_4)_2SO_4 + H_2SO_4 = 5(NH_4)_2V_6O_{16}\downarrow + 6Na_2SO_4 + 4H_2O$$

向净化的钒溶液中加入适量铵盐，用硫酸中和至 pH = 2 ~ 3，在高于 90℃ 下沉钒。由于本法产品纯度高、含杂质少、沉淀率高、沉淀物含水分少、铵盐耗量少、硫酸耗量较水解法少等优点，已成为我国以钒渣为原料生产 V_2O_5 的钒厂和芬兰、德国钒厂广为采用的方法。

3.6.4 氧化性铵盐沉钒

俄罗斯专利[16]涉及一种由冶金钒渣和钒的其他材料浸出得到的碱性溶液中提取的钒的方法。该发明的技术结果是增加钒的提取率，简化了从强碱性含钒溶液获得 V_2O_5 含量在 99% 以上的高纯钒产品的生产流程，母液可全部返回流程使用。该方法包括向含钒原料浸出得到含钒溶液，加入氧化性铵盐进行沉钒。所采用的氧化性铵盐为过硫酸铵，其加入量为形成钒酸铵所需的化学计量1 ~ 2倍，使溶液中的钒以钒酸铵形式沉淀。钒酸铵通过过滤与母液分离，经洗涤、干燥和煅烧，得到 V_2O_5 含量 >99% 的产品。母液返回浸出提取新批次的含钒原料。

过硫酸铵沉淀钒酸铵的化学反应式如下：

$$(NH_4)_2S_2O_8 + 2NaVO_3 = 2NH_4VO_3 + Na_2S_2O_7 + 1/2O_2$$

与类似的方法相比较，除产品质量得到提高外，沉钒率可提高 5%。

3.6.5 钒酸铵的煅烧分解

铵盐沉钒得到的偏钒酸铵或多钒酸铵在 450 ~ 600℃ 下煅烧，分解得到五氧化二钒。热分解过程一般是在空气中进行，且要不断搅拌以免氧化不完全。偏钒酸铵煅烧分解，首先分解放出氨，生成多钒酸铵：

$$6NH_4VO_3 = (NH_4)_2V_6O_{16} + 4NH_3 + 2H_2O$$

在此阶段有大量氨放出，需考虑氨回收。然后多钒酸铵进一步分解，钒被还原为四价：

$$(NH_4)_2V_6O_{16} = 3V_2O_4 + N_2 + 4H_2O$$

在氧化性气氛中四价钒转化为五价，生成 V_2O_5。钒酸铵煅烧通常在回转窑中进行，窑内有法兰盘将其分为三个区域：第一个区域为干燥区，控制温度为 300～500℃；第二个区域为分解区，温度 450～500℃；第三个区域为氧化区，温度大于 450℃。操作时将分解放出的 NH_3 从第二区导出，将过量的空气导入第三区，使低价钒在该区域充分氧化。

3.6.6 沉钒工艺对比[3]

图 3－26 是常见的沉钒工艺流程。表 3－11 是沉钒方法对比。水解沉钒法具有流程短、操作简便、对溶液中钒浓度要求不严、允许在较大范围内波动等优点。其缺点是酸耗大，产品中 V_2O_5 含量低；碱性铵盐沉钒和弱酸性铵盐沉钒的优点是产品纯度高、酸耗小(或很小)，但流程和生产周期长、铵盐用量大、要求溶液中含钒浓度高，且必须除硅，因此成本较高；酸性铵盐沉钒法兼有水解沉钒法和其他铵盐沉钒法的优点，即流程短、生产周期短、操作简便，有利于连续化、自动化，对溶液中钒浓度无严格要求，酸耗比水解法低，铵盐消耗比其他铵盐法低得

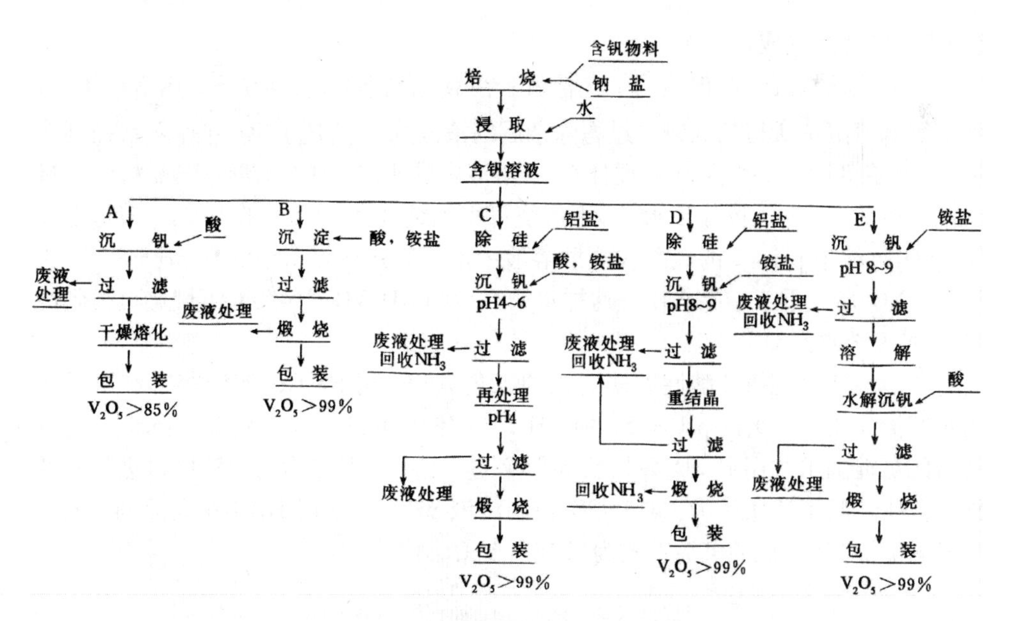

图 3－26 几种沉钒工艺流程示意图

A—水解沉钒；B—酸性铵盐沉钒；C—弱酸性铵盐沉钒；

D—弱碱性铵盐沉钒(先除硅，重结晶提纯)；E—弱碱性铵盐沉钒(水解沉钒除硅提纯)

多，而产品质量大大高于水解沉钒产品质量，能与其他铵盐法相比。

表 3－11　沉钒方法对比

项目	水解沉钒	酸性铵盐沉钒	弱酸性铵盐沉钒	弱碱性铵盐沉钒
沉钒 pH	1.5～3	2～3	4～6	8～9
酸耗	大	比水解沉钒小	酸耗小	酸耗小(或很小)
铵盐消耗	无	小	大	更大
对钒浓度要求	钒浓度可在较大范围波动，Si 低	同左	原液钒浓度应高，应除 Si	同左
三废处理	废液酸性应处理	同左	必须回收废液中的 NH_3	必须回收废液废气中的 NH_3
流程和生产周期	短	短	较长	较长
沉淀回收率	约 98%	>98%	>98%	>98%
最终产品含 V_2O_5/%	>85	>99	>99	>99

3.6.7　铵盐沉钒应用实例

弱碱性铵盐沉钒法提纯的工艺流程：在氧化剂 $NaClO_3$ 存在下，用 Na_2CO_3 溶液溶解水解沉钒所得的红饼。过滤除杂后的清液加入 $(NH_4)_2SO_4$ 并加氨水控制溶液的 pH 在 8～9，室温下缓慢搅拌 6 h，溶液中的钒以 NH_4VO_3 形式结晶析出。过滤洗涤后的 NH_4VO_3 沉淀于 450℃ 下煅烧可得到纯度为 99.5% 的 V_2O_5。若将上述 NH_4VO_3 沉淀于 pH＝2 的硫酸或盐酸溶液中溶解，并加氨水中和至 pH＝8，则钒以 NH_4VO_3 形式重新结晶析出。这样重结晶后的 NH_4VO_3 于 450℃ 下煅烧可得到纯度为 99.9% 的 V_2O_5。

弱酸性铵盐沉钒和酸性铵盐沉钒的工艺流程：用 Na_2CO_3 溶液溶解红饼后所得钒溶液先用 H_2SO_4 调 pH 至 5，加 NH_4Cl 于室温下进行弱酸性铵盐沉钒。沉钒所得的沉淀加水并用 H_2SO_4 酸化至 pH＝2 进行溶解，从该含钒溶液中再进行酸性铵盐沉钒。其工艺条件为：加 H_2SO_4 控制溶液 pH＝2；用 NH_4Cl 作沉淀剂；温度 85℃ 下沉淀 2 h。钒的沉淀形式为 $(NH_4)_2V_6O_{16}$。

3.7　钒酸钙与钒酸铁沉淀法

钒酸钙、钒酸铁沉淀法主要用于从低浓度的含钒溶液中回收富集钒。

3.7.1　钒酸钙沉淀法[3, 12]

从含钒浓度低的碱性溶液中沉淀钒酸钙时，沉淀剂可用氯化钙溶液、石灰或石灰乳。钒酸钙的沉淀形式随沉淀钒时溶液 pH 不同而变化。溶液 pH 为 10.8 ~ 11时，沉淀出正钒酸钙 $Ca_3(VO_4)_2$；pH 为 7.8 ~ 9.3 时，沉淀出焦钒酸钙 $Ca_2V_2O_7$；而 pH 为 5.1 ~ 6.1 时，沉淀出偏钒酸钙 $Ca(VO_3)_2$。由于正钒酸钙和焦钒酸钙溶解度小，所以从钒沉淀率考虑，以沉淀成正钒酸钙或焦钒酸钙为宜。其中，尤以沉淀为 $Ca_2V_2O_7$最为经济，易于加工。

钒酸钙沉钒通常是在强烈搅拌下，将沉淀剂加入到热的含钒溶液中，钒的沉淀率为 97% ~ 99.5%。当钒溶液中含有 PO_4^{3-}、SO_4^{2-} 和 SiO_3^{2-} 等杂质离子时，它们和钒一起进入沉淀。沉淀所得钒酸钙含钒高时可供直接冶炼钒铁，含钒低时需经再处理。

3.7.2　钒酸铁沉淀法[3, 12]

含钒浓度低的酸性溶液可用钒酸铁沉淀法回收钒。沉淀剂为铁盐或亚铁盐。在弱酸性溶液及加热搅拌情况下，向含钒溶液中加入 $FeSO_4$，会析出暗绿色沉淀物。这种沉淀物是铁和亚铁的钒酸盐、水合二氧化钒($VO_2 \cdot xH_2O$)及铁氢氧化物的混合物。这是因为在弱酸性溶液中 Fe^{2+} 会部分被氧化成 Fe^{3+}，VO_3^- 会部分被还原为四价钒氧基离子 VO^{2+}。若往钒酸盐溶液中加入如 $FeCl_3$ 或 $Fe_2(SO_4)_3$等，则析出黄色的组成不定的钒酸铁 $xFe_2O_3 \cdot yV_2O_5 \cdot zH_2O$ 沉淀。钒酸铁沉淀法沉钒率可达 99% ~ 100%。钒酸铁一般作为富集钒的中间产品，也可用作冶炼钒铁的原料。

3.7.3　钒酸钙沉钒应用举例[3]

图 3 - 27 是从含钒溶液中沉淀钒酸钙($Ca_2V_2O_7$)并进一步加工处理得到 V_2O_5 (红饼)和偏钒酸铵的工艺流程。钒酸钙沉钒是用 $CaCl_2$ 作沉淀剂，用 NaOH 调溶液的 pH。焦钒酸钙沉淀的进一步加工，一条路线是酸溶后水解沉钒得到红饼；另一条路线是碳酸盐转化溶出 VO_3^- 后弱碱性铵盐沉钒得到偏钒酸铵。

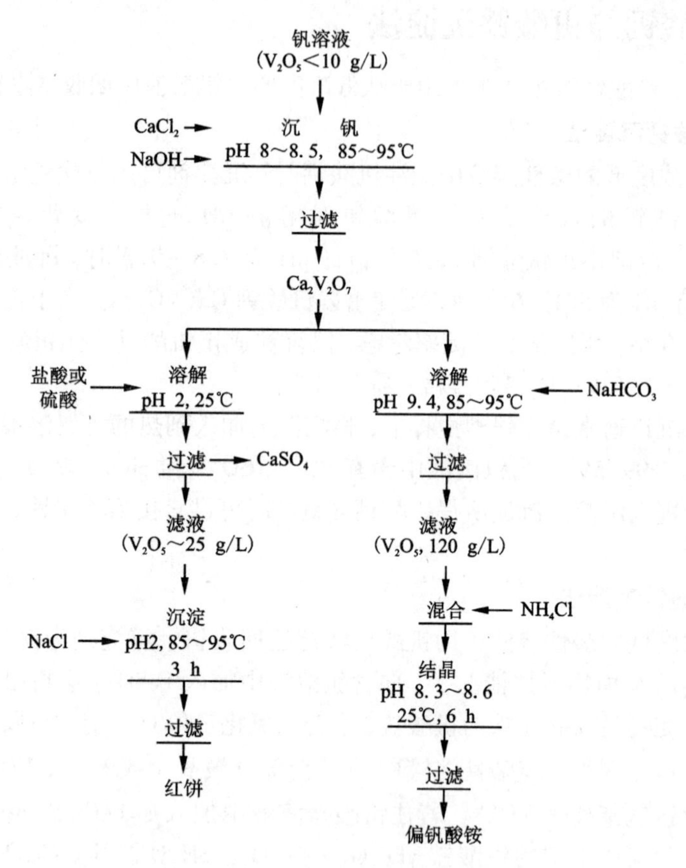

图 3－27 钒酸钙沉钒及加工处理

参考文献

[1] 赵天从，傅崇说，何福煦等. 有色金属提取冶金手册：稀有高熔点金属(下)[M]. 北京：冶金工业出版社，1999.

[2] 廖世明，柏谈论. 国外钒冶金[M]. 北京：冶金工业出版社，1985.

[3] Gupta C K, Krishnamurthy N. Extractive Metallurgy of Vanadium[M]. Amsterdam-London-New York-Tokyo: Elsevier, 1992.

[4] 陈东辉. 从提钒废渣再提钒的研究[J]. 无机盐工业，1993(4)：28－32.

[5] A H Зеликман, Б Г Коршунов. Металлургия редких металлов [M]. Москва: Металлуриздат, 1991: 133.

[6] 王喜庆. 钒钛磁铁矿高炉冶炼[M]. 北京：冶金工业出版社，1991, 6.

[7] 攀枝花资源综合利用科研报告汇编[R]. 第三卷，1985.

[8] 黄道鑫，陈厚生．提钒炼钢[M]．北京：冶金工业出版社，2000：50－51，62－63.
[9] 李艳．电场强化转炉钒渣浸取实验研究[D]．重庆大学，2012.
[10] 李秀雷等．一种浸出钒液净化除杂的方法[P]．中国专利 CN 102251113.
[11] 张菊花，张力，张伟等．溶剂萃取法净化含钒溶液的研究现状[J]．材料与冶金学报，2013，12(3)：189－196.
[12] 李国良，李家莉，陈鉴．六聚钒酸铵的溶解性[J]．钢铁钒钛，1982(4)：78－83.
[13] 马伟等．一种沉钒的方法和五氧化二钒的制备方法[P]．中国专利 CN 102897834 A.
[14] 陈鉴等．钒及钒冶金[R]．攀枝花资源综合利用领导小组办公室，1983：38，72.
[15] Подвальная Н В, Волков В Л. Способ выделения ванадия из растворов [P]. Patent России, RU2187570.
[16] Ватолин Н А, и др. Способ извлечения ванадия из ванадийсодержащего материала[P]. Patent России, RU2 187 570 C1.

第4章 从石煤(含碳页岩)中提钒

4.1 概述[1,2]

我国湘、鄂、浙、皖、赣、桂、川、陕、黔诸省区富产含碳页岩(俗称石煤),探明储量为618.8×10^8 t,其含 V_2O_5 品位多在0.3%~1.0%。石煤的平均含钒品位如下[3]:

V_2O_5/%	<0.1	0.1~0.3	0.3~0.5	0.5~1.0	>1.0
占有率/%	3.1	23.7	33.6	36.8	2.8

我国 V_2O_5 总储量约135330 kt,而石煤中 V_2O_5 储量为117960 kt,占总储量的87%。

石煤外观与石灰岩、碳质页岩等岩石相似,颜色呈暗灰或灰黑色,缺乏光泽;断口呈阶梯状、贝壳状、参差状等。石煤包含有机和无机两部分,其中无机成分远远高于有机成分。无机成分主要是硅质、泥质、钙质等矿物,有机成分由藻类和浮游生物经过一系列物化过程形成。

石煤灰分高,其含量一般在70%~88%,部分地区的石煤灰分含量为20%~40%;石煤中全硫含量大多在2%~5%,以黄铁矿硫为主,次之为有机硫,硫酸盐硫最少;石煤碳含量多在10%~15%,N、H含量一般低于0.5%;石煤热值较低,多数在1000 kCal/kg左右,约为煤炭发热量的1/5。

我国石煤钒矿的品位较低,但是储量非常大,仅湖南、湖北、江西、浙江、安徽、贵州、陕西等7省的石煤中,V_2O_5 的储量就达11797万t,其中目前有开采价值的为 V_2O_5 品位≥0.8%的石煤钒矿,V_2O_5 的储量为7707.5万t,详细情况见表4-1。可见,我国石煤钒矿资源非常丰富,因此,从石煤钒矿中提取钒是我国利用钒资源的一个重要方向。

表4-1 我国部分省自治区石煤钒矿中 V_2O_5 储量

省份	湖南	湖北	广西	江西	浙江	安徽	贵州	陕西	合计
石煤储量/亿t	187.2	25.6	128.8	68.3	106.4	74.6	8.3	15.2	614.4
V_2O_5 储量/万t	4045.8	605.3	—	2400.0	2277.6	1894.7	11.2	562.4	11797.0

我国的石煤提钒研究和生产居世界领先地位,因此本章对其作单独论述。

4.2 石煤中钒的赋存状态与提钒方法的关系

4.2.1 石煤中钒的赋存状态[4]

石煤钒矿属于沉积矿床，大部分形成于早寒武纪，由富钒的有机菌藻类在缺氧环境沉积于海底，经过复杂的成岩变质作用而形成。石煤中钒的赋存状态大致可以分为两类：吸附态和类质同象混晶。我国石煤中的钒以吸附态存在的较少，绝大多数以V(Ⅲ)形态存在于云母类及高岭土等黏土矿物中，以类质同象形式取代其中的Al^{3+}、Ti^{3+}、Fe^{3+}等进入矿物晶格中。

石煤中钒的赋存形式以含钒氧化铁、含钒云母、含钒高岭土、含钒电气石和石榴石等为主[5]。其中，在云母类，电气石和石榴石类矿物中，钒(Ⅲ)主要是通过类质同象作用取代铝(Ⅲ)进入硅酸盐晶格中；而在氧化铁和高岭土中，钒以吸附为其主要的赋存形式。云母是钾、铝、镁、铁、钠等层状结构铝硅酸盐的总称，其化学通式可表示为：$X\{Y_{2\sim3}[Z_4O_{10}(OH)_2]\}$，式中X代表以钠、钾为主的金属阳离子，位于云母结构层间；Y主要是位于八面体层中的Al^{3+}、Fe^{3+}和Mg^{2+}；Z组阳离子以Si、Al为主，位于硅氧四面体层中；OH^-为附加阴离子，其结构示意图见图4-1[6]。而在电气石和石榴石等岛状硅酸盐矿物中，钒的存在形态更为稳定。

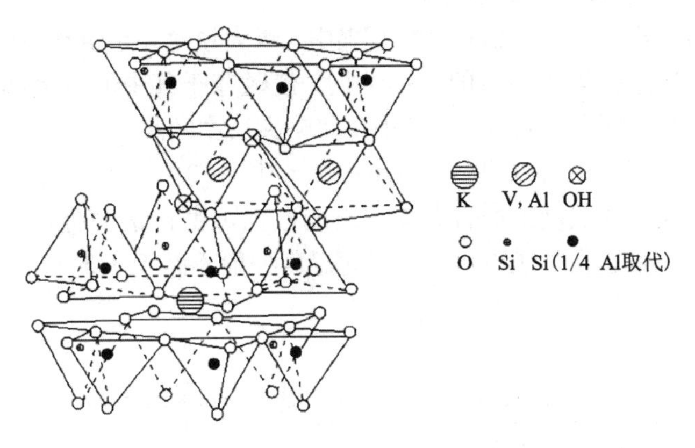

图4-1　含钒云母的结构示意图

含钒石煤的物质组成较复杂，钒的赋存状态变化多样(表4-2)[7]。研究钒的赋存状态，对确定提钒工艺可提供重要依据。

钒在石煤中的价态分析的研究结果表明，各地石煤原矿中一般只有V(Ⅲ)和V(Ⅵ)存在。没有发现V(Ⅱ)和V(Ⅴ)。除个别地方石煤中V(Ⅵ)高于V(Ⅲ)外，绝大部分地区石煤中钒都是以V(Ⅲ)为主。这就是为什么在石煤提钒过程中需要采用氧化焙烧使低价钒变为V(Ⅴ)的原因。

表4-2　某些矿区钒的赋存状态[1]

矿区	主要赋存状态		次要赋存状态	
	赋存矿物	V_2O_5 分配率/%	赋存矿物	V_2O_5 分配率/%
浙江诸暨	含钒云母(包括钒云母、绢云母)	89.9	含钒高岭土、石榴石	9.1
甘肃方山口	含钒云母	74.9	含钒高岭土、 含钒氧化铁、 含钒电气石	11.5 12.3
四川巫溪九狮坪	含钒高岭土 含钒有机质	45.37~52.38 24.07~27.6	硫化物 硅酸盐	14.1~12.38 7.61~23.15
湖北杨家堡	含钒高岭土 钒铬石榴石	50 20	含钒有机质	15
湖南益阳泥江口	含钒高岭土	70	游离氧化物	10~20
湖南岳阳新开矿	伊利石类黏土		钙钒石榴石、变钒铀矿	

4.2.2　硫酸浸出石煤中钒的机理研究

石煤中钒浸出的热力学机理：在石煤中，钒大量赋存于伊利石中，可以认为，钒的浸出就是通过破坏伊利石的晶体结构，使赋存于其中的钒溶解出来的过程。含钒石煤中钒的酸浸过程可由下式表示(忽略夹层中的水)：

$$KAl_2[AlSi_3O_{10}](OH)_{2(s)} + 10H^+ \xlongequal{} K^+ + 3Al^{3+} + 3H_4SiO_{4(aq)} \tag{4-1}$$

上述物质在不同温度下的吉布斯自由能数据可由化学手册查得，见表4-3。由于酸浸过程一般是在常压下进行，因此温度一般不高于373.15 K，故所列数据以373.15 K为上限。

表4-3　石煤酸浸提钒目标反应中各物质的自由能数据/($kJ \cdot mol^{-1}$)

温度/K	$KAl_2[AlSi_3O_{10}](OH)_2$	H^+	K^+	Al^{3+}	H_4SiO_4
298.15	-6033.21	6.23	-276.06	-416.72	-1515.65
323.15	-6040.76	6.64	-278.19	-407.49	-1520.29
348.15	-6048.98	6.79	-282.85	-398.99	-1525.28
373.15	-6057.83	6.71	-283.26	-391.62	-1530.65

不同浸出温度下石煤提钒酸浸过程的标准摩尔吉布斯自由能变($\Delta_r G_m^{\ominus}$)可按

式(4－2)计算。然后，根据式(4－3)，可计算出各温度下的平衡常数 K，结果见表4－4。

$$\Delta_r G_m^{\ominus}(T) = \sum v_i G_m^{\ominus}(T)(\text{生成物}) - \sum v_i G_m^{\ominus}(T)(\text{反应物}) \quad (4-2)$$

$$\Delta_r G_m^{\ominus}(T) = -2.303RT\lg K^{\ominus} \quad (4-3)$$

表 4－4　石煤酸浸提钒目标反应各温度下的 $\Delta_r G_m^{\ominus}$ 和 $K^{\ominus}$

温度/K	298.15	323.15	348.15	373.15
$\Delta_r G_m^{\ominus}/(\text{kJ}\cdot\text{mol}^{-1})$	－102.26	－87.17	－74.58	－59.34
$K^{\ominus}$	8.18×10^{17}	1.23×10^{14}	1.54×10^{11}	2.02×10^{9}

由表4－4的计算结果可见，在298.15～373.15 K的温度范围内，伊利石与酸反应的吉布斯自由能变化，在各个温度的标准状态下，均为负值。这就说明，式(4－1)的反应是可以自发发生的。随着反应温度的升高，$\Delta_r G_m^{\ominus}$的数值增大，而$K^{\ominus}$则相应减小，尽管如此，式(4－1)所示反应的平衡向右移动的趋势仍然很大。由表4－4的数据可以看出，式(4－1)反应的$K^{\ominus}$最小也有2.02×10^{9}，因此可以认为，即使是在浸出温度较高的情况下，伊利石的溶解反应趋势依然很大，这便为石煤的酸浸提钒提供了一定的理论依据。

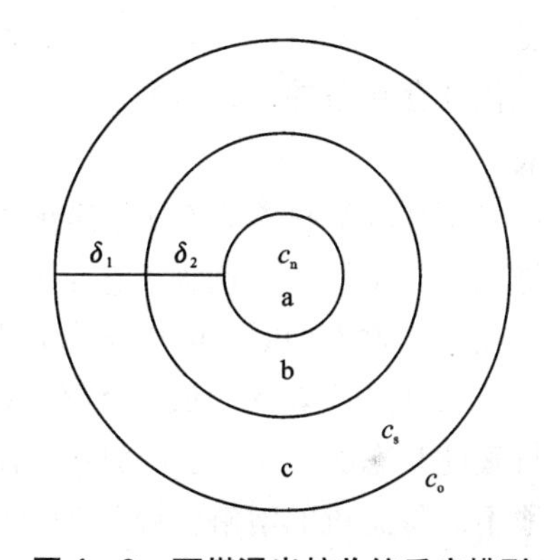

图 4－2　石煤浸出核收缩反应模型

a—未反应的矿粒核；b—反应生成的固体膜或浸出固残留物；c—扩散层；c_o—浸出剂在水中的浓度；c_s—浸出剂在固体表面处的浓度；c_n—浸出剂在反应区的浓度；δ_1—浸出剂扩散层的有效厚度；δ_2—固休膜厚度

石煤中钒浸出的动力学机理：含钒石煤的直接酸浸过程，是一个涉及多相反应的复杂过程，一般可用未反应核心模型(收缩模型)来描述，反应过程如图4－2所示。

可以认为，石煤中钒的浸出过程由以下步骤构成，如图4－3所示。

4.2.3　钒在石煤中的赋存状态与钒提取的关系

李旻廷等人对钒在石煤各物相中的分配与钒浸出率的关系进行过研究[8]，表明对原生石煤矿来说，钒浸出率与钒在各物相中的分配率有直接的关系。当石煤中难溶硅酸盐相(如电气石、石榴石等)中钒的分配率较高时，则很难获得较高的浸出率，反之，则可得到较高的浸出率。亦即钒浸出率与难溶硅酸盐相中钒的分配率呈现消长关系。钒浸出率与钒在石煤矿中的价态分布两者之间没有明显的规律。当硅酸盐矿物被破坏后，以类质同象形式存在的三价钒能够被释放出来，在

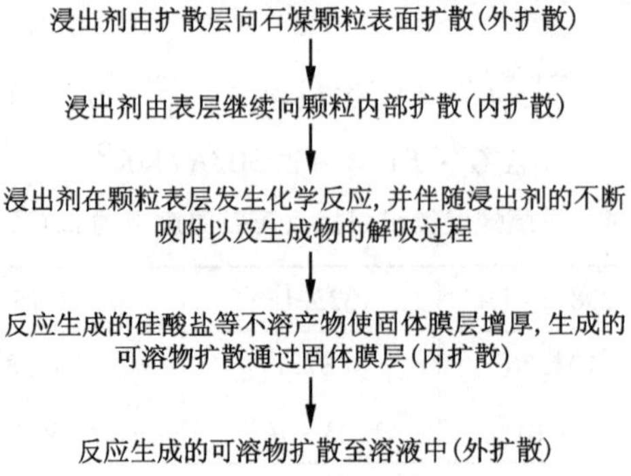

浸出剂由扩散层向石煤颗粒表面扩散(外扩散)

↓

浸出剂由表层继续向颗粒内部扩散(内扩散)

↓

浸出剂在颗粒表层发生化学反应,并伴随浸出剂的不断吸附以及生成物的解吸过程

↓

反应生成的硅酸盐等不溶产物使固体膜层增厚,生成的可溶物扩散通过固体膜层(内扩散)

↓

反应生成的可溶物扩散至溶液中(外扩散)

图 4-3　石煤中钒的浸出过程

有氧化剂存在条件下，不溶于酸的三价钒能被氧化至高价态的可溶性钒从而进入溶液。

朱军和郭继科[9]在《石煤提钒工艺及回收率的研究》一文中对石煤提钒工艺选择机理作了描述。认为工艺的选择应基于钒在石煤中的赋存状态，当钒呈吸附态存在于矿物表面时，可用全湿法提钒工艺；当钒呈嵌布态存在于矿物内部时，因“传质、传热”效率太低，全湿法提钒率无法满足工业化要求，需采用焙烧等方法打破此状态的钒矿，以释放钒，使其有效地转化为可溶性钒，再进行下一步处理。不同价态钒的溶解性及处理办法见表 4-5。

表 4-5　不同价态钒的溶解性及处理办法

价态	溶解性	处理办法
V^{3+}	存在于黏土矿物二八面体夹心层中，以类质同象形式取代 Al^{3+}，难以被水、酸或者碱溶解	破坏黏土矿物晶体结构，释放出钒后浸出，或者直接氧化钒至高价钒后生成易溶的钒酸盐再浸出
V^{4+}	以 VO_2，VO^{2+} 及亚钒酸盐等形式存在，VO_2 在伊利石类黏土矿物二八面体晶体中取代 Al^{3+}，很难浸出，VO^{2+} 不溶于水	VO_2 处理方法同 V^{3+}，VO^{2+} 易溶于酸，生成物稳定，可以酸浸
V^{5+}	主要以游离态 V_2O_5 或结晶态($xM_2O \cdot yV_2O_5$)钒酸盐形式存在，易溶于酸	一般采取酸浸或直接碱浸

注：研究分析表明，石煤中以 V^{2+} 及 V^{5+} 形式存在的钒很少[10]。

朱军和郭继科认为，石煤钒矿高温下焙烧的主要目的：①破坏钒矿的结构，释放出钒；②使低价钒氧化成高价钒氧化物(主要是 V_2O_5)；③在有添加剂存在的情况下，使 V_2O_5 与添加剂或矿石本身分解出来的氧化物反应，生成可溶于水或酸的钒酸盐，进一步提取 V_2O_5；④含钒石煤中的碳含量决定焙烧的温度及时间，若含碳量过高，在焙烧过程中会超过理想的温度，影响焙烧效果，且焙烧时间较长，所以，一般当含碳量大于8%时，需要在焙烧前脱碳，采取两段焙烧工艺。

石煤提钒工艺主要有钠盐焙烧浸出、钙化焙烧浸出、无盐氧化焙烧浸出、直接酸浸、直接碱浸工艺，此外，还有 Na_2SO_4 焙烧—浸出工艺、NaCl 焙烧—水浸工艺等，也得到了广泛的研究与应用。石煤提钒主要工艺对比情况见表4-6。

表4-6 石煤提钒主要工艺对比

工艺	基本原理	常见工艺流程	特点
钠盐焙烧浸出工艺	应用最广泛的石煤提钒传统工艺。 $V_2O_3 + O_2 = V_2O_5$， $V_2O_4 + 1/2O_2 = V_2O_5$， $2NaCl + V_2O_5 + 1/2O_2 = 2NaVO_3 + Cl_2$	石煤—制球—钠盐焙烧—浸出—沉粗钒—碱浸—精制钒酸铵—煅烧—V_2O_5 产品	设备要求低，技术成熟、简单，适用性强且整体投资较低，生产成本一般只需(4～5)万元/t[11]，但存在提取率低，连续生产性差，劳动强度大，环境压力大(产生大量 Cl_2，HCl，SO_2 等有毒气体，浸出液含不易除去的 Na^+ 和 Cl^-)等缺点
钙化焙烧浸出工艺	为了解决钠盐焙烧的环境污染等问题，以石灰或石灰石等作为添加剂的钙化焙烧工艺出现。 $CaO + O_2 + V_2O_3 = Ca(VO_3)_2$ $Ca(VO_3)_2 + 2NH_4HCO_3 = 2NH_4VO_3 + CaCO_3\downarrow + H_2O + CO_2\uparrow$	石煤—石灰磨矿—造球—焙烧—酸浸—离子交换—脱附—铵盐沉淀—偏钒酸铵热解—V_2O_5 产品	无有害气体产生，一般无废液外排。浸出渣可用于建材，属环境友好型工艺，且生产连续性强，周期短，回收率较高，生产成本为(5.5～6.8)万元/t[11]，但对原矿有一定的选择性，对一般矿石而言，转化率低，成本稍高

续表

工艺	基本原理	常见工艺流程	特点
无盐氧化(空白)焙烧浸出工艺	焙烧时不添加添加剂或只添加少量添加剂，直接高温焙烧，将低价钒氧化为四价或五价钒氧化物，反应生成的钒酸盐可直接酸浸	石煤—部分脱碳—焙烧—稀硫酸浸出—离子交换或萃取—富液—氯化铵沉钒—煅烧—V_2O_5 产品	无或仅有少量添加剂应用，极大地避免了添加剂的副作用，浸出剂耗量低，生产成本相对较低，一般可以控制在 5.8 ~ 7 万元，环境污染问题少，但是气—固反应时，焙烧转化率低，热利用效率低，对原矿选择性强，适用性差，提钒率是此工艺的限制性因素
直接酸浸工艺	硫酸可以破坏特定云母结构而溶出 V^{3+}，V^{4+} 可被硫酸直接浸出。 $(V_2O)\cdot X+2H_2SO_4+3/2O_2=V_2O_2(SO_4)_2+2H_2O+X$ $V_2O_2(OH)_4+2H_2SO_4=V_2O_2(SO_4)_2+4H_2O$	石煤—磨矿—酸浸—六级逆流洗涤—萃取—氧化沉钒—过滤脱水—脱氨熔化铸片—产品	无须焙烧，彻底避免了焙烧废气问题，设备投资少，生产成本一般在 5.5 ~6.8 万元/t[11]，回收率高，但浸出周期长，废水、废渣难处理，设备防腐要求高，酸耗量大
直接碱浸工艺	当钒以五价存在时，直接碱浸；或者大部分以四价存在时，经氧化焙烧，也可直接碱浸。 $2V_2O_3+O_2=4VO_2$， $4VO_2+O_2=2V_2O_5$， $2VO_2+2NaOH=Na_2V_2O_5+H_2O$， $V_2O_5+2NaOH=2NaVO_3+H_2O$	石煤—磨矿—稀碱浸出—$AlCl_3$ 净化—水解沉钒—热解制精钒—V_2O_5 产品	流程简单，易操作，浸出率略高，避免了废气污染，可实现废水零排放。浸出渣易处理，相对于酸浸而言，设备简单，成本低，但适用性差，碱耗高且难处理浸出杂质，只有 H_2SO_4 价格昂贵或处理特殊价态钒矿时，才会考虑此工艺

4.3　从石煤中提钒的传统工艺

由于石煤中钒主要赋存于粘土矿物中，通过氧化焙烧易将其转化为可溶态。20 世纪 80 年代末，我国的石煤提钒厂多数采用图 4－4 流程。

该工艺的主要技术指标为：平窑焙烧转化率低于 53%，水浸回收率 88% ~ 93%，水解沉粗 V_2O_5 回收率 92% ~96%，精制回收率 90% ~93%，冶炼总回收率低于 45%。

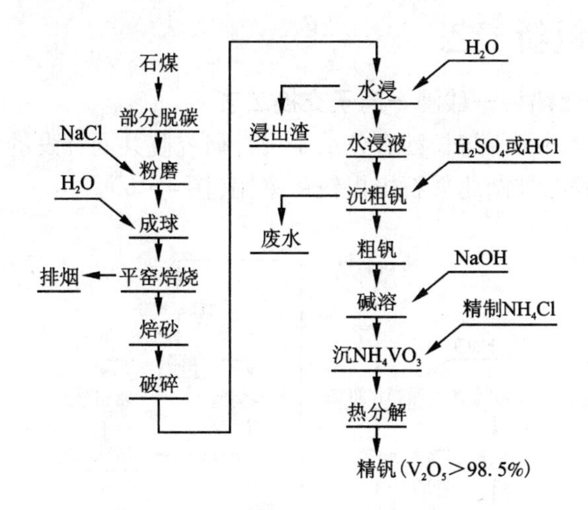

图 4-4　石煤提钒的传统工艺流程[12]

钠盐焙烧转化率低是传统工艺的主要缺点之一。影响转化率的因素很多，诸如焙烧温度、时间、添加剂种类、配料比、焙烧气氛、配料粒度等。表 4-7 列出了某些石煤钒厂的最佳焙烧条件及转化率[7]。可以看出，焙烧添加剂大多采用食盐，用芒硝或食盐加芒硝亦可取得较好效果。

传统工艺的优点在于：工艺流程简单，工艺条件不苛刻，设备较简单，投资少，基建较快等。但其缺点除回收率低外，平窑焙烧排出的大量含氯化氢、氯气和二氧化硫的烟气以及粗 V_2O_5 沉淀后的废液都是严重的污染源。平窑占地面积大及资源综合利用率低也是不容忽视的。

表 4-7　某些石煤钒矿提钒最佳焙烧条件

矿区	添加剂种类及配比量	焙烧时间 /h	焙烧温度 /℃	焙烧转化率 /%
浙江诸暨矿	矿(带碳)∶NaCl = 100∶(16～18)	>3.2	830°±20 (流态化焙烧)	72.8～78
湖南益阳矿	矿(脱碳)∶NaCl = 100∶10	1	800	71.1～74.1
四川巫山矿	矿(脱碳)∶NaCl = 100∶(14～18)	2	750～800	64～68
四川巫溪矿	矿(带碳 + 脱碳)∶NaCl = 100∶(16～20)	3～4	750～850	56.89～62.72
湖南岳阳新开塘矿	矿(脱碳)∶NaCl = 100∶10	1	750 以下	71.7
甘肃方山口矿	NaCl Na_2SO_4, $NaCl + Na_2SO_4$		800～850 800～850	78.0～82 60～70

4.4 石煤提钒新工艺

4.4.1 石煤流态化焙烧—酸浸—离子交换工艺

由湖南省煤炭科研所与长沙有色冶金设计研究院共同开发的流态化焙烧—酸浸—离子交换流程已被湖北某石煤提钒厂采用(图 4 -5)。

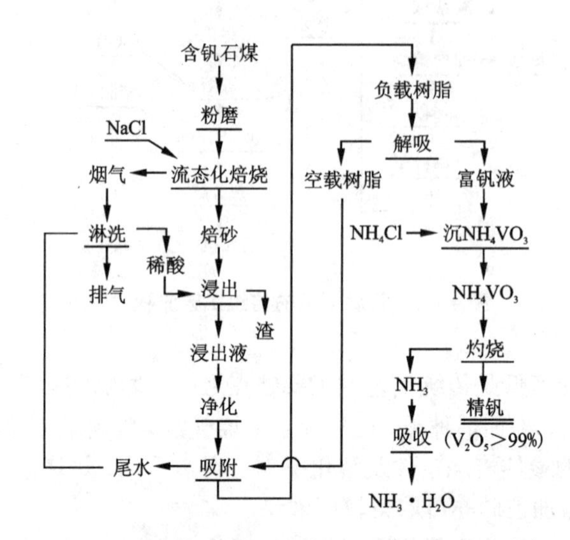

图 4 -5 流态化焙烧—酸浸—离子交换法提钒流程

这一新工艺半工业试验获得的主要技术经济指标为：焙烧酸浸转化率 67.03%，酸浸回收率大于 98%，离子交换吸附率 99% 以上，淋洗解吸率 99% 以上，沉淀偏钒酸铵回收率 99% 以上，从原料到产品五氧化二钒回收率约 65%，离子交换树脂的工作吸附容量高达 420 mg/g(湿树脂)，淋洗液 V_2O_5 平均浓度约 100 g/L，产品质量符合 GB 3283—87 中冶金 99 级要求。

说到石煤酸浸，值得提一提谢桂文在 2009 年申请的“一种常温常压下石煤加硫酸湿堆氧化转化浸出钒的方法”的中国专利[13]。这是一种常温常压下石煤加硫酸湿堆氧化转化浸出钒的方法，其包括以下步骤：①将石煤干磨成粒径为 0.5 ~ 1.5 mm 的石煤粉；②按照质量比石煤粉∶硫酸∶水 = 100∶(10 ~ 25)∶(5 ~ 12) 的比例加入硫酸和水，搅拌均匀，在常温常压下湿堆 3 ~ 15 天，堆高≥2 m，所述硫酸可为工业硫酸；③在常温常压下，按照固液质量比为 1∶(0.7 ~ 1.5) 的比例加水，搅拌浸出 30 ~ 120 min，调 pH 至 2 ~ 3，过滤去渣，即得到蓝色硫酸钒酰溶液。本发明投资少、能耗低、金属回收率高(钒的尾矿品位可低至 0.1% 以下，浸出率最高可达 90% 以上)、生产成本低、对环境污染少。得到的浸出液可用离子交换法或溶剂萃取法回收钒。

4.4.2　石煤直接酸浸—离子交换工艺

吉首大学颜文斌等人申请了“一种含钒矿石氧化酸浸湿法提钒方法”的专利[14]。公开了一种含钒矿石氧化酸浸湿法提钒方法，它是将含钒矿石经破碎、球磨过筛、加入氧化剂氧化酸浸、氯酸钠深度氧化、离子交换、沉钒和煅烧等工序生产 V_2O_5 产品。用该方法生产 V_2O_5，钒的浸出率达到96%以上，回收率大于80%，和现有提钒工艺相比，钒的浸出率提高了15% ~30%。这种方法省去矿石焙烧过程，减少了 Cl_2、HCl 气体对环境的污染，简化了工艺流程，降低了生产成本，大大提高了钒的回收率。其实施例1称：①粉碎球磨过筛：石煤矿经破碎、球磨至过80目筛。②氧化酸浸：在浸取池中加入浓度为10% ~30%的硫酸，按氧化剂的用量为含钒矿粉重量的0.5% ~10%配量比值加入 $Ca(NO_3)_2$ 并拌和均匀。按固液比1∶(0.5 ~5)控制水的加入量。不时搅拌，在加热条件下(温度10 ~100℃)浸出1 ~12 h，过滤分离。③深度氧化：在氧化酸浸的钒溶液中加入一定量的氯酸钠溶液，使四价钒完全氧化为五价钒。④离子交换：将深度氧化后的含钒液用强碱性大孔阴离子交换树脂吸附，吸附后的树脂用10%的 NaOH 和5% NaCl 混合液进行解吸。⑤沉钒：将离子交换富集后的含钒洗脱液用氯化铵沉钒生成偏钒酸铵沉淀。将沉淀出的偏钒酸铵再用1% ~2%氯化铵水溶液浸洗三次除去杂质，液体经处理后循环使用。⑥煅烧分解：将偏钒酸铵滤饼烘干后，送入煅烧炉，在400 ~600℃煅烧分解为五氧化二钒产品。尾气用盐酸回收，生成氯化铵返回沉钒工序使用。用 $Ca(NO_3)_2$ 作为氧化剂，石煤中钒的浸出率为95%。

华骏[26]列出的流程可用来说明上述专利的工艺过程，见图4 -6。

通过对不同氧化剂的筛选，发现氧化剂硝酸钠可明显提高钒的浸出率，通过单因素实验和正交试验优化后，得出最佳实验条件为：酸浓度20%、硝酸钠用量为1.5%、固液比为1∶1、浸出温度为95℃和浸出时间为11 h，浸出率为98.4%，比直接酸浸工艺的浸出率提高20%以上。

硝酸铝、硝酸铵、硝酸铜、硝酸钙和硝酸钾等硝酸盐能显著提高钒的浸出率，在酸浓度20%、氧化剂用量为1.5%、固液比为1∶1、浸出温度为95℃和浸出时间为11 h的条件下浸出率都超过90%，较直接酸浸工艺提高15%以上。

浸出过程中生成的少量 NO 气体，可用氢氧化钠溶液吸收生成硝酸盐和亚硝酸盐。

改用亚硝酸盐作氧化剂，结果表明，亚硝酸盐也能显著提高钒的浸出率，通过单因素实验和正交试验优化后，得出最佳实验条件为：酸用量30%、亚硝酸盐用量1%、固液比1∶0.6、浸出温度100℃、浸出时间12 h，浸出率为94.9%。

氧化酸浸体系中氧化剂硝酸盐和亚硝酸盐使用量较少，浸出过程产生的气体可用氢氧化钠溶液吸收循环利用，对环境的影响较小，同时酸用量较直接酸浸工艺降低了60%，具有明显的经济价值。

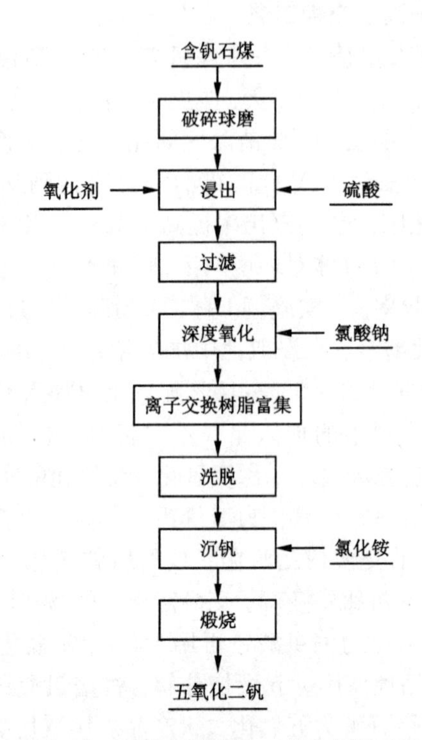

图 4－6　石煤直接酸浸—离子交换工艺

4.4.3　石煤无盐焙烧—酸浸—溶剂萃取法

湖南省煤炭科研所与湘西双溪煤矿钒厂共同开发出的无盐焙烧—酸浸—溶剂萃取流程见图 4－7。这一工艺已成功用于双溪煤矿钒厂的工业生产。

萃取的技术条件为：有机相 N263 15% + 仲辛醇 3% + 磺化煤油 82%，萃取原液 pH 约为 7，相比 O/A = 1∶2，混合时间 3 min，级数为 1。

反萃的技术条件为：反萃水相 $NH_3 \cdot H_2O + NH_4Cl$，相比 O/A = 2∶1，混合时间 3 min，级数为 1。

这一工艺获得的主要技术指标为：焙烧转浸率大于 55%，酸浸回收率约 98%，萃取率 99% 以上，反萃率约 95%，沉偏钒酸铵回收率约 99%，灼烧回收率约 98%，总回收率约 50%。

由于在焙烧时不加任何添加剂，该工艺的生产成本较传统工艺降低 20% ~ 25%。同时，避免了加盐焙烧时烟气的污染，含钒废水量也大大减少。

厦门紫金矿冶技术有限公司陈庆根[15]对无盐焙烧酸法提取五氧化二钒的新工艺也进行了研究。他对江西某石煤钒矿进行了无盐焙烧—酸浸—萃取提取五氧化二钒工艺研究。结果表明：该钒矿在 －0.074 mm 占 80%、焙烧温度 800℃，焙

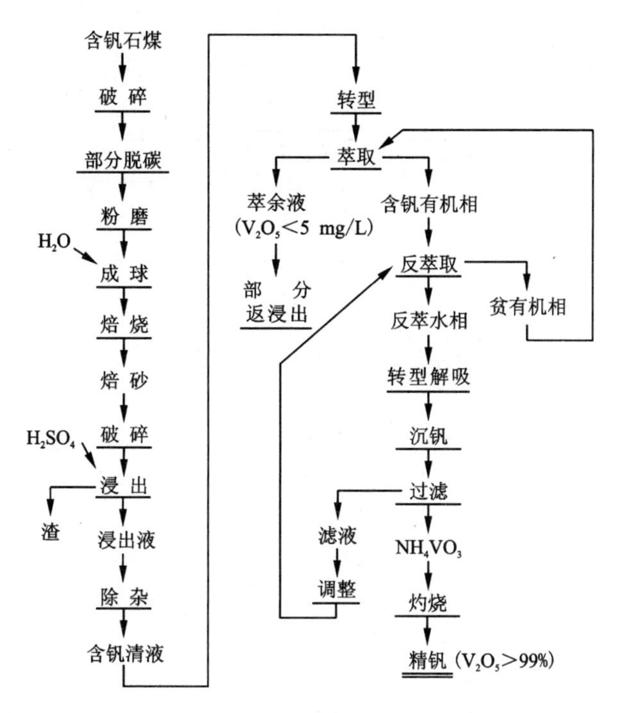

图4-7 无盐焙烧—萃取法提钒工艺流程

烧3 h，12%硫酸浸出，五氧化二钒的浸出率超过90%；浸出液溶剂萃取，反萃液硫酸铵沉钒，最终得到纯度超过98%的五氧化二钒产品，综合回收率超过80%。

邴桔等人[16]根据陕西某石煤矿的特点，采用“氧化焙烧—硫酸浸出—P204萃取—硫酸反萃—氨水沉钒—煅烧”的工艺流程，进行了从石煤中提取 V_2O_5 的试验研究，结果表明，石煤矿样于850℃焙烧2 h后，在液固比1∶1，浸出温度103℃的条件下，采用二段浸出方式，焙烧矿样用二次浸出的溶液补加少量硫酸进行一次浸出，一次浸出渣用在较高酸度下二次浸出，钒的总浸出率可达84%。浸出液经预处理后用氨水调节pH至2.0左右，用P204萃取，经水洗后硫酸反萃，可得到较为纯净的钒溶液，再将其氧化后，经氨水沉钒、煅烧得到纯度大于98%的 V_2O_5 产品，全流程钒总回收率可达80%以上。其工艺流程图见图4-8。

邹晓勇等人[17]早期用湖南省古丈县排口矿区石煤系统地研究了石煤无盐焙烧酸浸生产五氧化二钒的工艺技术。工艺工业化生产的技术经济指标为：焙烧转化率57%，酸浸回收率90%，红钒沉淀率97%，偏钒酸铵沉淀率99%，煅烧回收率98%，考虑两次沉淀过程母液的循环利用，总收率47%～50%。硫酸单耗3.2～3.5 t，氯化铵单耗1 t，烧碱单耗0.5 t。空气污染问题得到了有效的改善，具有较好的经济效益。

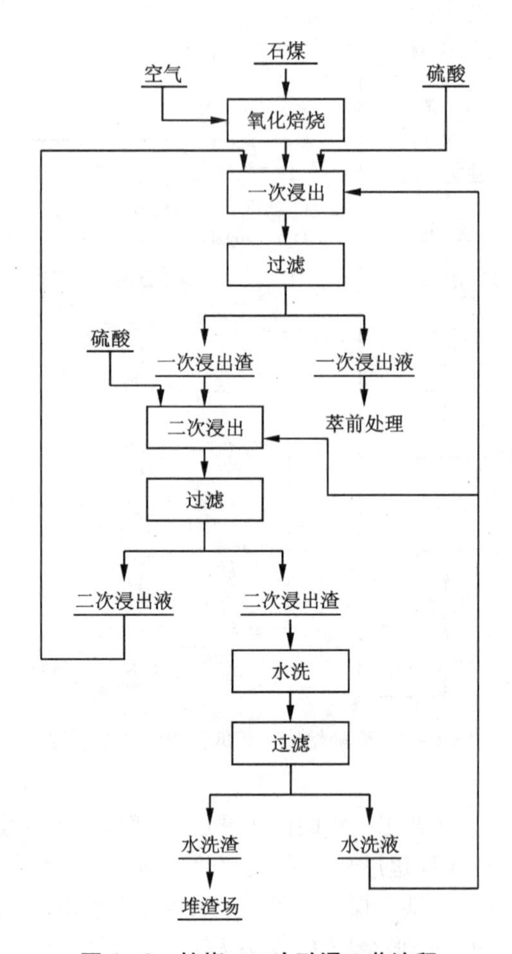

图 4-8　焙烧—二次酸浸工艺流程

同为无盐焙烧—酸浸—溶剂萃取流程，上面介绍的不同作者的石煤提钒总收率却波动在 47% ~80% 之间，其差别主要在于无盐焙烧后的酸浸率，酸浸率的不同取决于钒在原料石煤各物相中的分配率，当石煤中难溶硅酸盐相中钒的分配率较高时，则很难获得较高的浸出率，反之，则可得到较高的浸出率[8]。

4.4.4　原矿直接酸浸—溶剂萃取法

石煤无盐焙烧—酸浸—溶剂萃取法工艺处理含钒含碳页岩虽能获得满意的提钒效果，但无盐焙烧是一个有二氧化碳排放和产生烟尘的有环境污染的作业。因此，当含钒含碳页岩中钒主要以较易提取的物相如氧化铁和黏土、钒云母类矿物存在的情况下，采用原矿直接酸浸—溶剂萃取法来处理石煤是一种不错的选择。

杨绍文等[18]根据河南淅川钒矿中主要造岩矿物是石英和胶状硅质物，钒几乎全部赋存于含钒云母和伊利石中、极少量分散在褐铁矿中的特点，首先采用分级擦洗工艺进行选矿富集，得到五氧化二钒品位为 2.50% 的钒精矿；然后采用两段逆流酸浸—中和—还原—溶剂萃取—铵盐沉钒的纯湿法工艺提取 V_2O_5。

杨绍文等从钒精矿中提取五氧化二钒的工艺流程如图 4－9 所示。

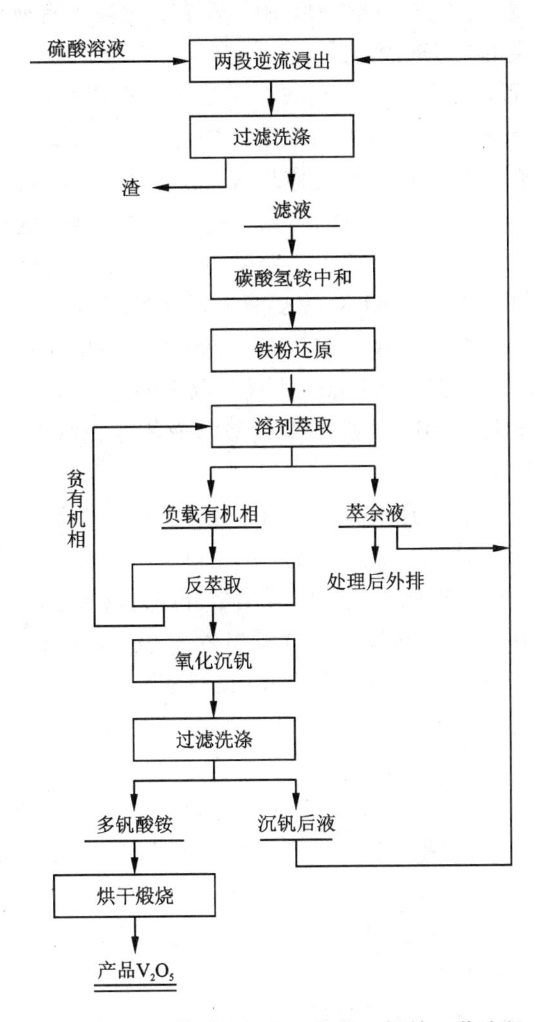

图 4－9　从钒精矿中提取五氧化二钒的工艺流程

在矿石 V_2O_5 含量为 2.50%、粒度 －500 目、硫酸用量为矿石质量的 50%、浸出液与固体的体积质量比为 1.3∶1、浸出温度 95℃ 条件下，五氧化二钒浸出率大于 75%；浸出液中的钒以 15% P204 ＋10% TBP ＋75% 磺化煤油溶液为有机相，在常温下 5 级逆流萃取。有机相与水相的流量比为 1∶1，钒萃取率在 98% 以上；负载有机相中的钒用1.5 mol/L硫酸溶液在常温下5级逆流反萃取，有机相与水相流量比为5∶1，钒反萃取率在99%以上；反萃取液中的钒氧化后用铵盐沉淀多钒酸铵，然后在氧化气氛中热解2 h，获得五氧化二钒产品。五氧化二钒总回收率大于70%，产品纯度大于99%。此工艺钒回收率高。与传统的钠化焙烧工艺相比，采用两段逆流浸出，硫酸用量降低10%左右，能耗也有所降低，工艺过程符合环保要求，有一定的推广应用前景。

对于钒有相当部分存在于难溶硅酸盐矿物的石煤或其他难分解的石煤来说，单一的硫酸酸浸效果不佳。在这种情况下，强化浸出过程的方法一是在酸浸时必须加入能使难溶石煤矿物晶格破坏的添加剂，二是添加使三价钒转化为四价钒和五价钒的氧化剂，三是同时添加添加剂和氧化剂。通常常见的使晶格破坏的添加剂为各种含氟化合物，而常用的氧化剂为氯酸钠、次氯酸钠和二氧化锰。

王一等人[19]提出，用Na_2SO_3对酸浸液进行预处理可以高效排除Fe^{3+}对V^{4+}萃取的影响，提高相同萃取级数下的萃取率；萃取适宜的萃原液pH=2，水相与有机相相比为3∶1，萃取时间为8 min，5级萃取下的总萃取率为99.29%；反萃适宜的有机相与水相相比为10∶1，反萃剂硫酸溶液的体积浓度为8%，8级反萃下的总反萃取率为99.70%。

能使晶格破坏的添加剂还有氢氧化钠。杨用龙等建议[20]用NaOH溶液对陕西某含钒黏土矿进行预处理，使含钒黏土矿中部分Si、Al矿物溶解，从而破坏含钒矿物晶体结构，为酸浸提钒时提高钒浸出率并降低酸耗创造条件。实验结果表明，在95℃温度下用20% NaOH对矿样浸出24 h后，酸浸工序中硫酸用量30%，温度95℃，液固比1.5∶1，浸出时间12 h，钒浸取率达到了80%以上。

罗小兵等[21]在从淅川含钒黏土矿中用硫酸直接浸出五氧化二钒的研究中，以二氧化锰为氧化剂。试验结果表明，在MnO_2用量3%、温度90℃、液固比2∶1、反应时间9 h、硫酸的浓度为20%、搅拌速度为1500 r/min的优化条件下，五氧化二钒浸出率为92%，比钠盐焙烧工艺高出10%以上。在上述优化条件下进行了4次浸出综合实验，浸出液中V_2O_5的含量及浸出率见表4-8。酸浸工艺因为采用原矿直接浸取，比较传统的钠化焙烧工艺，没有HCl、Cl_2、CO_2气体排出造成的环境污染，对环境危害较小，能源消耗也得到有效控制。

樊刚等[22]加入氢氟酸破坏矿物结构后用高锰酸钾氧化溶解提钒尾渣中的钒可视为同时使用晶格破坏添加剂和氧化剂的例子。处理的原料取自攀枝花钢铁公司的钒渣提钒尾渣，为黑色粒状和粉状，矿物经研磨至-250 μm，含钒0.993%。获得较佳工艺条件：在初始硫酸浓度150 g/L、HF浓度30 g/L、氧化剂$KMnO_4$为3.33%、液固比=5∶1、浸出时间4 h、温度为85℃。此条件下浸出率可达82.86%。这一研究的原料虽说是钒渣提钒尾渣，但工艺所运用的原理却完全适用于处理含钒页岩。

表4-8 浸出液中 V_2O_5 的浓度及浸出率

实验编号	浸出液中 $\rho(V_2O_5)/(g \cdot L^{-1})$	V_2O_5 浸出率/%
1	7.8	91.7
2	7.3	91.1
3	7.9	92
4	6.8	90.2
平均	7.4	91.5

李青刚等[23]针对现行石煤提钒萃取工艺及研究现状，提出采用新型萃取剂HBL101从石煤高酸浸出料液中直接萃取钒的方案，考察料液的酸度、料液电位、萃取时间、相比以及温度对萃取率的影响。结果表明：在料液酸度为1.458 mol/L，萃取温度为35～45℃，萃取时间为10 min，相比O/A=1∶1(油相与水相体积比)的条件下，钒的单级萃取率达到95%以上。三级逆流萃取实验结果显示，钒的萃取率达到99.7%以上。采用NaOH对负载有机相进行反萃，反萃液经调节pH后直接加入 NH_4Cl 沉钒，得到的五氧化二钒纯度达到98.68%以上。

新型萃取剂HBL101萃取钒(V)的萃取等温曲线示于图4-10。

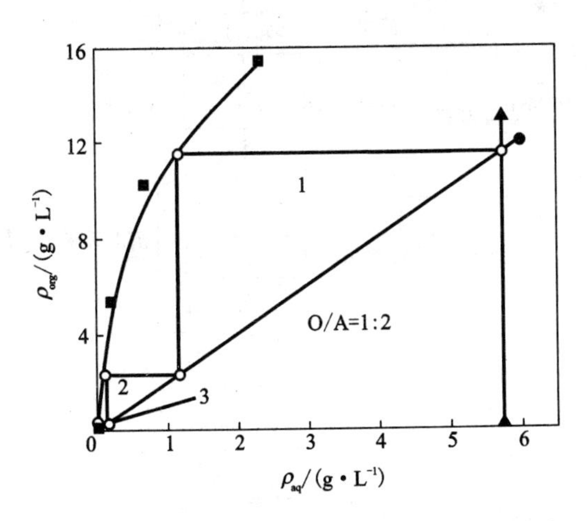

图4-10 用新型萃取剂HBL101萃取钒(V)的萃取等温曲线

从图4-10可以看出，在有机组成为10% HBL 101 +90%磺化煤油的饱和萃钒量(V_2O_5)为15.28 g/L左右。钒(V)的萃取等温线的斜率较大，说明钒(V)在该萃取体系中萃取性能较好。由图4-10可知，通过三级逆流萃取，水相中的钒

(V)浓度可以降低至0.03 g/L。因此，该萃取体系需经过三级逆流萃取提取钒(V)。

HBL101不需要调节酸度，可直接萃取料液，节约了生产成本，降低了环境污染。其萃取饱和量比P204大，达到15.28 g/L，该萃取剂应用于工业生产能有效地避免P204萃取工艺中的中和调酸、还原等步骤，且该萃取剂对VO_2^+具有较高的选择性，避免了湿法冶金中Fe^{3+}的干扰。负载有机相反萃后，反萃液经调节pH，可直接用氯化铵沉钒，同样也避免了P204萃取工艺中反萃液需氧化后沉钒的麻烦。

王成彦等的专利[24]对石煤提钒的产品质量进行了改进，其特点在于其制备过程的步骤依次包括：①将硫酸浸出石煤钒矿所得的浸出液进行萃取除杂；②硫酸反萃负载有机相；③反萃液氧化；④水解沉钒；⑤沉钒渣煅烧制备五氧化二钒。与传统工艺相比，由于氧化过程采用双氧水、过硫酸等为氧化剂，可避免其他杂质阳离子的引入，保证了五氧化二钒产品的纯度。与传统铵盐沉钒工艺相比，节省了中和所要消耗的碱。制备的五氧化二钒的纯度可达99.9%，钒的回收率可达98%以上，同时实现无污染、反萃剂循环利用。

该专利所建议的制备高纯五氧化二钒的生产工艺见图4-11。

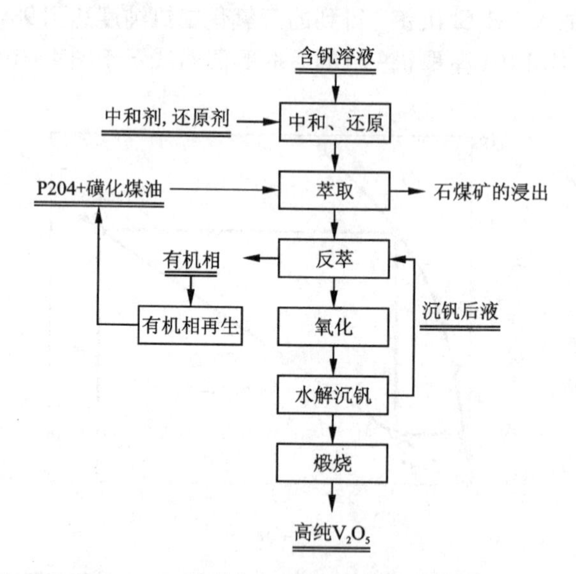

图4-11　硫酸浸出液制备高纯五氧化二钒的流程

该专利的实施例2称，某硫酸直接酸浸石煤钒矿得到的浸出液含钒6.2 g/L。经过中和还原处理的溶液含钒6.1 g/L，pH为2.3，溶液电位为310 mV，采用25% P204+75%磺化煤油(体积比)为萃取有机相，在35℃恒温条件下，相比

O/A 1∶1 逆流 6 级萃取，萃余液含钒低于 0.05 g/L。负载有机相采用氧化水解后液再补酸至 150 g/L 进行反萃，反萃条件为相比 8∶1，5 级逆流反萃，得到的反萃液含钒 52 g/L，H_2SO_4 40.29 g/L。反萃液中加入双氧水，在 100℃下边氧化边水解，持续水解沉钒 3 h，得到沉钒中间产物与沉钒后液，经分析沉钒后液含 H_2SO_4 140.03 g/L，含钒 9.28 g/L，返回萃取，水解沉钒得到的钒渣经洗涤干燥，再煅烧，煅烧温度 600℃，煅烧时间 2 h，得到品位为 99.95% 的五氧化二钒产品。

鲁兆伶等[25]开展了用酸浸法从石煤中提取五氧化二钒的试验研究与工业实践。

由于焙烧过程存在对焙烧炉要求苛刻、设备投资大以及环境污染严重等问题，一些学者针对这些问题，提出了直接硫酸浸出从石煤中提钒的工艺方法。直接硫酸浸出工艺即为矿物物料无须经过高温焙烧过程，直接在高温下用适宜浓度的硫酸进行浸出，从而得到含钒浸出液。

我国西北部地区 1996 年建成的一座 V_2O_5 的生产厂，年产量可达 660 t，是由核工业北京化工冶金研究院开发的，为典型的直接硫酸浸出提钒工艺。此工艺流程为原煤经破碎后进行两段逆流酸浸，酸浸液采用两段萃取法进行净化富集，反萃液加入氨水沉钒，沉钒渣进行热解制备精钒产品，具体工艺流程图如图 4－12 所示。主要的技术指标与工艺参数为：硫酸用量 11%，浸出温度 85℃，液固比 1.1∶1～1.2∶1，采用两段逆流酸浸；萃取体系：10% P204＋5% TBP＋85% 磺化煤油，萃前液用铁屑还原，继用氨水调节 pH 至 2.0～2.5，6 段逆流萃取，萃取时间 7 min，萃取率大于 98%，萃余水相中 V_2O_5 的浓度低于 50 mg/L；反萃剂为 1.5 mol/L的硫酸溶液，接触时间 15 min，$V_O:V_A=10:1$，五级逆流反萃，反萃率大于 99%；碳酸氢钠作为贫有机相再生剂；反萃液用氯酸钠氧化，氧化还原电位控制在 900 mV，保持 pH 在 1.9～2.2，加氨水 3.6% 在 92℃反应 3 h，沉淀率达 99.2%；沉淀所得红钒经洗涤后于 500～550℃热解 2 h，继而在 690℃下热解 2 h，得到精钒产品片状 V_2O_5。整个工艺的钒浸出率达 81%，回收率超过 76%；产品纯度可达国家级钒产品 98 级标准，且生产过程实现自动化，无环境污染。

目前，直接酸浸工艺被多家石煤提钒企业采用，具有工艺参数容易控制、指标稳定的优点，但也存在矿物分解速度慢、浸出时间长等缺点。因此，有人提出在浸出过程中采用超声、高压、微波等外力手段加快矿石的分解。吉首大学华骏在其硕士论文中对此问题进行了评述[26]。陈惠等[27]对石煤进行微波预处理，不仅可提高其钒的浸出率，而且缩短了硫酸浸出反应时间，节省了能量。司士辉等[28]通过扫描电镜图及比表面分析发现微波作用下石煤内部出现能量吸收不均衡而发生破裂产生了新的表面，由此样品的比表面积较原样增大了，微波升温比普通加热速度要快很多，提取时间仅为普通湿法提钒工艺的 1/6。魏旭等[29]采用石煤氧压酸浸提钒，最佳工艺参数为浸出时间 3～4 h、浸出温度 150℃、液固质量

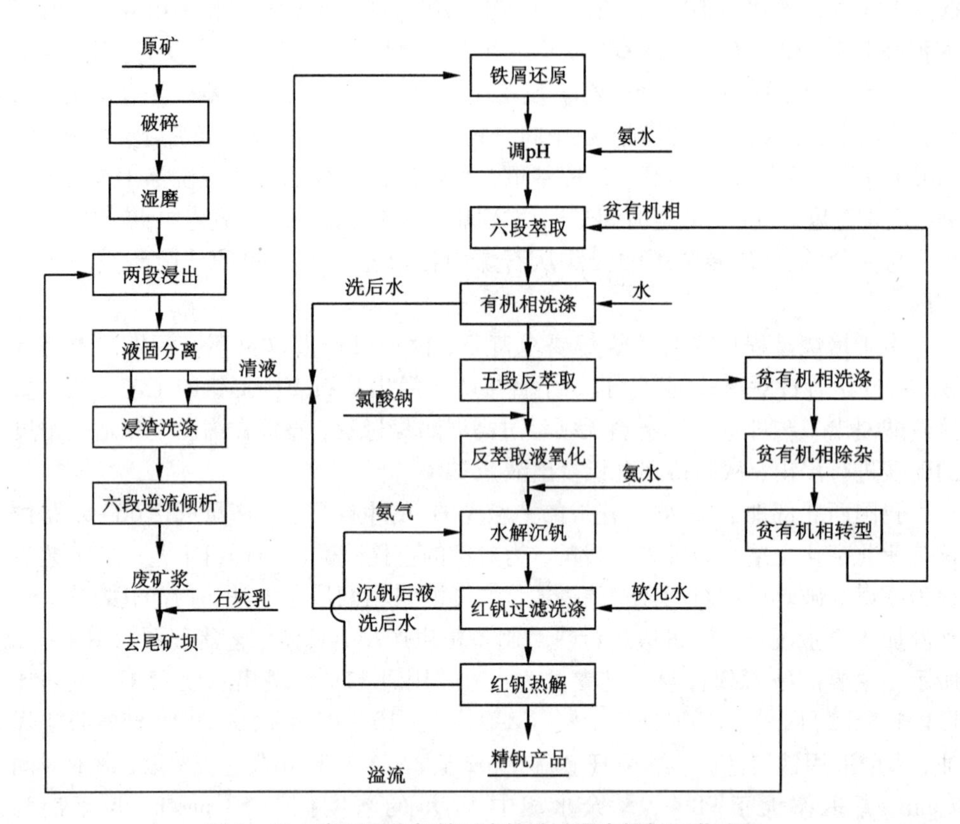

图 4-12　我国西北部某厂直接硫酸浸出提钒工艺流程

比 1.2∶1、硫酸用量 25% ~35%、矿石粒度 -74 μm。经两段通氧加压硫酸浸出，钒浸出率可达 90% 以上。石爱华等[30]采用超声浸取法提取石煤中的钒，不仅能够改变钒的聚集状态，而且能够增加钒的扩散和溶解速度，抑制其他金属离子的水解沉淀，提高钒浸取率。实验结果表明，10 g 含钒矿粉，磷酸水溶液作浸取介质，pH = 2.0，液固比 2∶1 mL/g，磺原酸钾作浸取助剂，在 50℃ 下超声浸取 30 min，钒浸取率达 68.3%，比无助剂超声浸取的钒浸取率增加 54.6%，比无助剂非超声浸取的钒浸取率增加 67.7%。氧压浸出、微波助浸和超声助浸等方法只宜小规模生产，不适合大规模生产，尚无工业化实例。

4.4.5　硫酸熟化石煤钒矿浸出法

蒋训雄等[31]公开了一种石煤钒矿硫酸熟化浸钒法。他们用破碎机将石煤钒矿干式破碎至粒径小于 8 mm，按钒矿质量的 20% ~50% 加入浓硫酸拌匀，在 150 ~300℃ 的温度下熟化 1 ~ 8 h，然后加水搅拌浸出 1 ~ 8 h，浸出温度为 50 ~ 100℃，浸出液固比 8∶1 ~ 1∶1，然后固液分离，得到含钒浸出液和浸出渣。该方法矿石只需破碎，无须高耗能的细磨工序，且采用干矿拌酸熟化，避免酸雾产生，具有钒矿分解和提取的能耗低、回收率高、清洁环保等优点。

该发明的实施例称，用颚式破碎机将石煤钒矿干式破碎至 8 mm，然后按钒矿质量的 30% 加入浓度为 95% 的浓硫酸拌匀，加热至 250℃ 条件下熟化 2 h，然后用水调浆至液固比 8∶1，在 60℃ 下搅拌浸出 2 h，过滤，得到含钒浸出液和浸出渣。钒浸出率 85%。

刘景槐等[32]的发明与上述发明有共同之处。他们在“一种石煤钒矿拌酸堆矿提取五氧化二钒的方法”中公开了一种石煤钒矿拌酸堆矿提取五氧化二钒的方法，该方法将含钒石煤钒矿经过破碎、粗碎后粒度小于 5 mm，在破碎矿中加入酸及水混合均匀后堆存，堆存矿用清水常温浸出，矿浆过滤产出浸出液和浸出渣，浸出渣经过浆化洗涤后，用作建材，生产水泥或制砖。浸出液经过石灰和纯碱中和后用萃取剂萃取，硫酸反萃，反萃液经双氧水氧化、氨水中和、酸性沉钒，产出红钒经煅烧后产出五氧化二钒。钒浸出率大幅提高，达到 90% 以上，综合回收率达到 85% 以上。

该发明的实施例如下：

含钒石煤的原矿组成为 V_2O_5 1.4%，K 0.66%，$Fe_{总}$ 1.04%，Al_2O_3 3.75%，SiO_2 81%，C 8.75%，余量为杂质。其堆密度为 0.95 g/cm^3，真密度为 1.12 g/cm^3。

将原矿用颚式破碎机处理，处理后原矿粒径最大为 5 mm。取 500 kg 原矿加入 100 kg 质量浓度为 93% 的硫酸及 50 L 自来水用混凝土搅拌机搅拌混合均匀后，将混合物料堆存在保温材料上，矿堆表面覆盖保温材料，堆存 80 h。

堆存矿人工敲碎，确保矿最大粒径小于 10 cm。取 200 kg 混合矿加入 200 L 水，在浸出槽中机械搅拌 1.0 h，过滤产出滤液 152.5 L，含五氧化二钒 11.5 g/L，钒浸出率为 89.5%。

将所述浸出液在中和槽中加入石灰粉末调整 pH 为 1.5，过滤除去产出的硫酸钙渣，钒损失 0.05%。滤液中加入纯碱中和至 pH 2.5 ~ 2.8，并加入 600 g/L 还原铁粉还原 2.0 h，过滤除去残留的铁粉。

用 P204 萃取剂(P204 15% + TBP 5% + 80% 煤油)，按照相比有机相∶水相 = 2∶1 萃取，混合时间 8 min，分相时间 10 ~ 15 min，8 级萃取，萃取后料液含五氧化二钒 0.15 g/L，萃取率 98.7%。负载有机相用 200 g/L 硫酸进行 6 级反萃，钒反萃率 99.5%，得到反萃液 25.5 L，含五氧化二钒 67.5 g/L。

反萃液用氨水中和至 pH 2.0，再加入质量浓度为 30% 的双氧水氧化，加入量按照 100 份反萃液加入 40 份双氧水，氧化过程不断加入氨水控制 pH 为 2.0，氧化过程温度控制不超过 60℃，氧化后加温至 90 ~ 95℃，维持 1.5 h，过滤产出红钒。用纯净水淋洗三次，每次洗水用量与红钒体积相同。

红钒进入马弗炉煅烧，煅烧条件：350℃入炉—550℃煅烧2.0 h—350℃出炉。焙烧后产出纯度为98.5%的五氧化二钒，回收率85.3%。

用类似的方法可以提高石煤提钒水浸残渣堆浸提钒的回收率。由于提钒水浸残渣中五氧化二钒含量较低，为降低生产成本，熟化时硫酸的用量应适当降低。

基于硫酸熟化原理，哈萨克斯坦专利[33]推出了一种含钒低品位矿堆浸法。

在浸出之前，先将被浸原料堆成堆，同时将矿石与浓硫酸混合，硫酸耗量不低于30 kg/t。第一阶段浸出使用的浸出液为离子交换吸附返回的母液，喷淋密度为3.5~4.5 $L/m^2 \cdot h$，喷淋循环不少于3次。加硫酸补充吸附循环母液的硫酸含量为8.0%~8.5%，送至堆顶作第二阶段浸出。

第二阶段浸出用补酸到8.0%~8.5%的硫酸是必要的，它可保证每吨矿石最佳的耗酸量不小于50 kg/t，这能确保从第一阶段浸出贫化了的石煤中进一步提取钒，保持浸出液有足够的酸度，pH不大于1.3~1.5，使供给到吸附的溶液含钒的浓度在1.0~1.3 g/L，同时控制产品液中硫酸盐含量不致过高。

在第二阶段中吸附母液的酸度若不到8.0%，将不能保证提钒所需要的酸量，不能达到该发明声称的回收率。补加硫酸超过8.5%，会导致硫酸盐在成品液中的过度积累，并使pH低于1.3，不利于吸附作业。

喷淋密度3.5~4.5 $L/m^2 \cdot h$可获得吸附母液对矿堆足够令人满意的渗透，有利于钒的浸出。

第一阶段喷淋循环小于3时，将不能保证钒的提取率和送去进行吸附的成品液中所需的钒浓度。喷淋循环次数大于3时，会导致成品液中硫酸盐的过度累积，降低钒的提取率。

作为实施例将30 kg粒度为150 mm含五氧化二钒1.0%的矿石，装填在渗滤器中，并与900 g浓硫酸相混合。酸耗为30 kg/t。在第一阶段浸出中，向渗滤器供给78 L吸附后液，喷淋密度为3.5 $L/m^2 \cdot h$，令通过渗滤器所得溶液三次通过矿石层。成品液含有2.0 g/L钒，pH 1.5，硫酸盐浓度100 g/L，送按恒定负荷运行的吸附作业。钒回收率为52%。

第二阶段浸出作业中，将75 L吸附循环母液补充600 g浓硫酸，得到8.0%的硫酸浓度。硫酸耗量20 kg/t。成品液钒含量为1.0~0.9 g/L，硫酸盐含量为80 g/L，这可确保吸附柱的稳定运行。钒回收率为23%。两个阶段钒的总收率为75%，而比较例为59%。硫酸单耗为50 kg/t，比较例为250 kg/t。

4.4.6 石煤钒矿焙烧—份水溶液反复浸出—化学沉淀法

黄样萍等[34]在“一种五氧化二钒的提取方法”的专利中提供了一种从石煤焙烧料中用同一份水溶液反复浸出多批石煤焙烧料的工艺，大幅度提高了浸出液中钒的含量。另外，该工艺的特点还在于溶液的净化只采用化学沉淀法，未采用离子交换和溶剂萃取，且产品质量高。

其具体实施方案如下:

(1)浸出:将焙烧好的含1.3%五氧化二钒矿石熟料100 t和60 t水投入浸泡池混合,在常温、常压、中性的条件下搅拌浸出4 h,矿浆中的五氧化二钒溶解到浸泡液中。

(2)初步除杂:检测浸泡池中浸泡液,五氧化二钒浓度为17 g/L,五氧化二钒的质量为1.02 t。在常温、常压的条件下,再向浸泡池中加入102 kg氯化镁搅拌浸泡1 h。

(3)浓度富集:将浸泡池中矿浆打入陶瓷过滤机进行过滤,用60 t工业水洗涤得滤液102 t,五氧化二钒浓度为9.9 g/L,五氧化二钒的质量为1.01 t。滤渣含水18%,将滤液继续按照以上步骤重复浸出新焙烧料6次、一共投入700 t焙烧好的熟料,直至检测出滤液中五氧化二钒浓度富集至50 g/L以上。

(4)二次除杂:将过滤后得到的高浓度五氧化二钒液100 t打入除杂池,检测出液体中五氧化二钒浓度70.3 g/L,五氧化二钒的质量为7.03 t,加入1.48 t氯化镁和70 kg氯化铵,加入0.6 t固态氢氧化钠调节pH至9,搅拌4 h;加入70 kg氯化钙,搅拌2 h,再加入0.5 t固态氢氧化钠调节pH至10,再沉降12 h。

(5)板框过滤:将除杂后的五氧化二钒液体打入板框压滤机进行过滤并用10 t工业水清洗,得到清液99 t,检测出液体中五氧化二钒浓度69.5 g/L,五氧化二钒的质量为6.88 t,投入1.376 t氯化铵,搅拌4 h,静置12 h得到偏钒酸铵。

(6)离心甩钒:将偏钒酸铵通过离心机脱水,离心脱水后用偏钒酸铵等质量的水进行洗涤,得到偏钒酸铵10.11 t。

(7)煅烧精钒:洗涤脱水后的偏钒酸铵在550℃煅烧4 h,冷却后得合格粉状五氧化二钒6.85 t,经检测五氧化二钒的纯度为99.15%。

4.4.7　石煤钒矿流化床焙烧—与硫酸铵粉磨低温焙烧—稀硫酸浸出—浸出液提钒—提钒后液提铝法

陈爱良、蔡晋强[35]申请了“从石煤钒矿流化床燃烧灰渣中提取钒的方法”的专利,工艺过程主要包括:将石煤钒矿流化床燃烧灰渣与硫酸铵一起粉磨,将粉磨料进行低温焙烧,焙烧产物采用稀硫酸浸出,其浸出液可以采用常规方法依次制取V_2O_5及铝化合物,提铝后溶液制备硫酸铵,得到的硫酸铵再返回粉磨工序循环利用。该发明提供一种低温焙烧石煤钒矿流化床燃烧灰渣,再用稀硫酸浸出以提取钒的方法。该方法的焙烧温度只有300～500℃,是已有的钠化、钙化、低钠焙烧温度的1/2,不仅能耗明显降低,而且容易在工业生产中实现,解决了石煤提钒大型化生产线缺乏合适焙烧设备的大问题。该方法用已有技术较容易地从浸出液中提取钒和铝,其浸出率分别在88%、91%以上,均高于已有方法。从提取钒、铝的废水中回收硫酸铵,再返回配料,辅助材料消耗少,加工费用低,环境友好。该方法的简单工艺流程如图4－13所示。

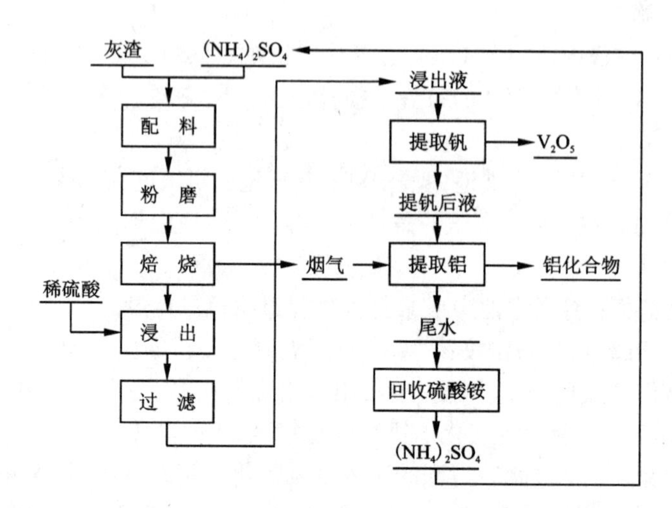

图4-13 石煤钒矿流化床燃烧灰渣低温硫酸铵焙烧提钒流程

此项发明基本原理在于：钒的原子半径为132 pm，铝的原子半径为143 pm，两者十分接近。在石煤钒矿中，钒以类质同象存在于硅铝酸盐—云母类、高岭石中。硫酸铵加热到100℃以上便开始分解放出氨气，有利于硫酸铵与铝硅酸盐矿物的反应，生成硫酸铝铵。硫酸铝铵在280℃以上即可分解成硫酸铝和氨。硫酸铵在热分解时，有SO_3产生，SO_3是强氧化剂，能在低温下（300～500 ℃）将三价钒氧化到四价，在用稀硫酸浸出时，四价钒与酸作用产生$VOSO_4$进入溶液，铝以硫酸铝形态进入溶液。

该发明的实施例介绍说，湖南湘中矿业公司流化床燃烧灰渣含V_2O_5 1.25%、Al_2O_3 8.23%，将该灰渣与硫酸铵按质量比为1∶1.1混合粉磨至69%的粒度小于0.043 mm后，在380℃下焙烧2 h，在80℃下用2倍焙烧料重量的3%的H_2SO_4溶液浸出3 h，钒的浸出率为90.1 %，铝的浸出率达91.8%。

4.4.8 酸浸—中间盐法[36]

浙江化工研究院提出的石煤流态化燃烧灰（或石煤）酸浸—中间盐法提钒新工艺见图4-14。

半工业试验获得的主要技术经济指标为V_2O_5浸出率93.69%，中间盐回收率99.07%，萃取率98.10%，反萃率98.16%，偏钒酸铵沉淀率99.0%，V_2O_5总回收率大于80%。产品质量符合冶金98级要求，每吨产品耗硫酸30.46 t，P204 7.5 kg，TBP 60 kg，煤油60 kg，氨水9.09 t，蒸汽20 t，电8000 kW·h，副产铵明矾48 t。

浙江大学热能工程研究所[37]成功开发了中间盐法石煤灰渣直接酸浸提钒工

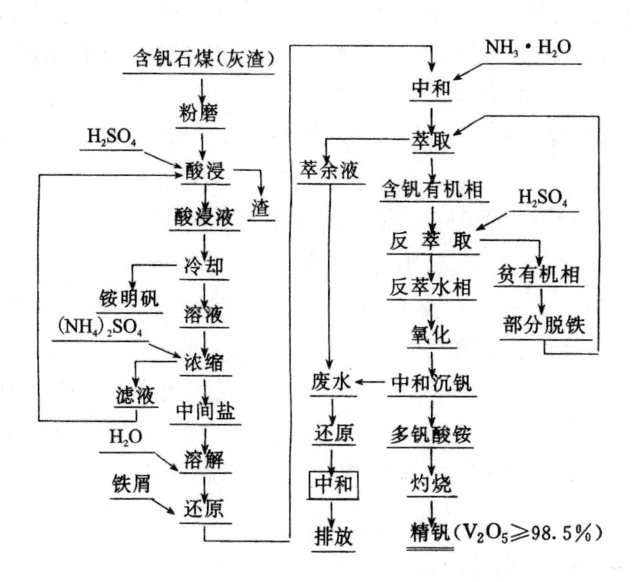

图4-14　酸浸—中间盐法提钒工艺流程

艺。其工艺流程为：石煤循环流化床锅炉燃烧发电—灰渣直接酸浸—酸浸液结晶铵明矾—结晶中间盐—中间盐溶解—溶剂萃取反萃取—铵法沉钒—热解脱氨—五氧化二钒。

石煤灰渣浸取阶段使用硫酸作为浸出剂，合理的酸浸工艺条件为：硫酸浓度6 mol/L、酸浸温度115℃、浸取时间4 h、液固比3∶1条件下，V_2O_5酸浸效率达到85.52%。对浸出动力学分析表明，灰渣中V_2O_5浸出过程处于固膜扩散控制过程，酸浸温度对提高V_2O_5酸浸效率有显著的作用。本工艺提出用强酸溶液结晶铵明矾的技术方法来除去溶液中绝大部分的Al^{3+}离子。合理的铵明矾结晶工艺条件为：在硫酸铝浓度150~200 g/L，铵/铝摩尔比1.2左右，冷却速度15 ℃/h左右，结晶温度5℃左右条件下，铵明矾结晶率达到89.52%，酸浸液中的Al_2O_3浓度下降至5 g/L左右。

中南大学王学文等[38]申请的"一种石煤酸浸液提钒铁综合回收方法"的国家专利与酸浸—中间盐法提钒工艺有些类似。该工艺过程包括以下步骤：以V_2O_5计含钒1.5~25 g/L的石煤硫酸浸出液先结晶硫酸铝铵矾，结晶后液室温下添加pH调节剂调节溶液酸度到pH 1.0~3.5，调酸后液加入晶种氧化析出含钒黄钾铁矾和黄铵铁矾沉淀混合物，将沉淀混合物碱浸过滤，得含钒的碱浸液和含铁的碱浸渣，碱浸液加硫酸酸化沉红饼，红饼煅烧后水洗烘干得精五氧化二钒产品；碱浸渣加硫酸溶解制取聚合硫酸铁，或煅烧得氧化铁；沉钒后液和洗水先按溶液中硫酸氢钠转化成碳酸氢钠化学反应计量数的1.5倍加入碳酸钙，室温下搅拌2 h，过滤得碳酸氢钠溶液和石膏，碳酸氢钠溶液再加石灰 90℃苛化至 pH 13.5，过滤得到氢氧化钠和碳酸钠的混合溶液循环使用；硫酸铝铵矾晶体则通过加水溶解后，加入石灰调 pH 至3.5～8.5，使其中的 Al 转化成 $Al(OH)_3$过滤，所得硫酸铵滤液返回石煤硫酸浸出液结晶析出硫酸铝铵矾工序循环使用，滤渣堆存回收 $Al(OH)_3$。

4.4.9 加苛化泥焙烧—酸浸—萃取法提钒工艺

庄树新[39]针对河南省某公司的硅质岩钒矿作了加苛化泥焙烧—酸浸—萃取法提钒的工艺研究。表明硅质岩钒矿不焙烧直接酸浸的浸出率比较低，不超过25%，而通过氧化焙烧后矿样中钒的浸出率有很大的提高。在硅质岩钒矿中添加质量比为6%的苛化泥，在850℃下，焙烧3 h，然后用质量浓度为10%的 H_2SO_4，液固比为2∶1，在70～80℃温度下，搅拌浸取2～3 h，钒的浸出率可以达到75%以上。与传统的钠化焙烧相比，采用苛化泥作焙烧添加剂，既解决了生产中的废气污染问题，又能综合利用资源，具有成本低、无污染等优点，有良好的经济效益、环保效益和社会效益。

萃取试验研究表明：TOA 体系比 P204 体系对萃取氧化焙烧—酸浸液中的钒具有更好的效果，并且可以简化工艺。采用 TOA 体系萃取时，浸出清液在萃取之前只要加入氨水将 pH 调到2.7～2.82，然后用配比2.5% TOA + 1.5% TBP + 96%磺化煤油的萃取剂，在相比(O/A) = 1∶4；接触时间为2 min，静置时间5 min 条件下进行1级萃取，萃取率高达95%。反萃取时，用0.5～0.7 mol/L 的Na_2CO_3在反萃相比(O/A) 2∶1，进行2级反萃，反萃率可达98%以上，反萃液可直接用于沉钒。沉钒试验研究表明：可以通过在反萃液中加入氯化铵直接沉淀出多钒酸铵，对于含钒在18～21 g/L 的溶液，使用铵盐在酸性条件下沉钒的最佳工艺条件是：pH = 5，K(加铵系数)：2.5，温度为90℃，时间120 min。沉钒率大于97%，钒总回收率在70%以上，煅烧后产品纯度大于98%，达到国家标准(GB 3283—87)。

4.4.10 氧压酸浸提钒

昆明理工大学提出了氧压酸浸萃取提钒新工艺。石煤氧压酸浸提钒基本流程为矿石破碎—磨矿—氧压酸浸—溶剂萃取—沉钒—热解制备五氧化二钒。氧压酸浸过程为往反应釜中充入含氧气的混合气体，并保持反应釜内总压约1.2 MPa，这样不仅将矿浆加热温度提高到150～180℃，还大大增加了矿浆中氧气的溶解量，从而强化钒矿物硫酸分解过程。相关反应可表示如下：

$$(V_2O_3)_C + H_2SO_4 + O_2 \longrightarrow V_2O_2(SO_4)_2 + H_2O$$

在氧气作用下，矿浆中的 Fe^{2+} 可被氧化为 Fe^{3+}：

$$FeSO_4 + H_2SO_4 + O_2 \longrightarrow Fe_2(SO_4)_3 + H_2O$$

在酸性体系中，V(Ⅲ)被 Fe^{3+} 氧化为 V(Ⅳ)，并与硫酸反应生成水溶性的硫

酸钒酰而进入溶液:

$$(V_2O_3)_C + Fe_2(SO_4)_3 + H_2SO_4 \longrightarrow V_2O_2(SO_4)_2 + H_2O + FeSO_4$$

上面的$(V_2O_3)_C$表示结合态的三价氧化钒。Fe^{2+}作为传递O_2的电子的载体,起到氧化V(Ⅲ)为V(Ⅳ)的作用。故实验发现添加$FeSO_4$可较大幅度提高钒的浸出率,但$FeSO_4$添加量也较大。由于石煤氧压酸浸提钒是在矿浆中溶有较高浓度氧化剂O_2和较高反应温度下进行,故而具有较高的钒浸出率(77%)和浸出时间短(4 h)的突出优势。此外氧压酸浸的浸出流程短、无烟气污染问题,但该工艺对设备材质防腐要求高,投资成本大。

邓志敢[41]在其硕士论文中对石煤氧压酸浸设备作了介绍。压力浸出反应装置主要包括WHF-ZT小型永磁旋转搅拌高压釜和FDK型高压釜控制器两部分。其中WHF-ZT小型永磁旋转搅拌高压釜为反应发生器。WHF-ZT小型永磁旋转搅拌高压釜由加热炉、容器部分、搅拌和传动系统以及安全附件和阀门等组成,结构如图4-15所示。

石煤氧压酸浸的流程如图4-16所示。

4.4.11 低温硫酸化焙烧—水浸提钒

中南大学叶普洪等人[40]经过研究,提出了一种新型的石煤提钒用强化矿石分解工艺:石煤低温硫酸化焙烧—水浸。水浸的浸出液可以用溶剂萃取或直接沉钒—钒沉淀转溶的方法制备五氧化二钒产品。

低温硫酸化焙烧—水浸提钒实验工艺流程见图4-17。

在相同的酸矿配比下,与石煤常压直接硫酸浸出或无盐氧化焙烧—硫酸浸出提钒工艺相比,石煤低温硫酸化焙烧—水浸技术可在较短的时间内获得较高的钒浸出率,而且其浸出液的酸度更低。优点概括如下:①在焙烧温度范围内,硫酸(沸点338℃)几乎不分解、不挥发,焙烧产生的烟气用水喷淋净化后即可达标排放;②浸出液pH一般在1.0~1.5,可直接用于溶剂萃取分离富集其中的钒;③石煤低温硫酸化焙烧是个放热过程,对于铁、铝含量较高的石煤,只要提供启动温度即能维持自热,属低碳节能的矿石分解工艺;④矿石分解周期短。

实验得出:石煤两段低温硫酸化焙烧—水浸工艺的适宜工艺条件为:石煤与硫酸按照100 g石煤矿粉加入22 g H_2SO_4的比例混合拌匀(必要时加入适量水),先经240℃焙烧2 h,再加入30 mL水润湿一段焙烧得到的焙砂,然后在210℃条件下再进行二段焙烧1 h,二段焙烧得到的焙砂按液固比1.5:1加水,室温搅拌浸出1.5 h。浸出率为74.12%。

4.4.12 焙烧—加压碱浸—萃取法提钒

中南大学肖超等人[4]以怀化地区某地难处理石煤钒矿为原料,试验了焙烧—加压碱浸—萃取法提钒工艺。该工艺过程包括空白焙烧—加压碱浸—脱硅—萃取—沉钒—煅烧等工序。采用该工艺最终钒的回收率为82.14%,产品V_2O_5纯度

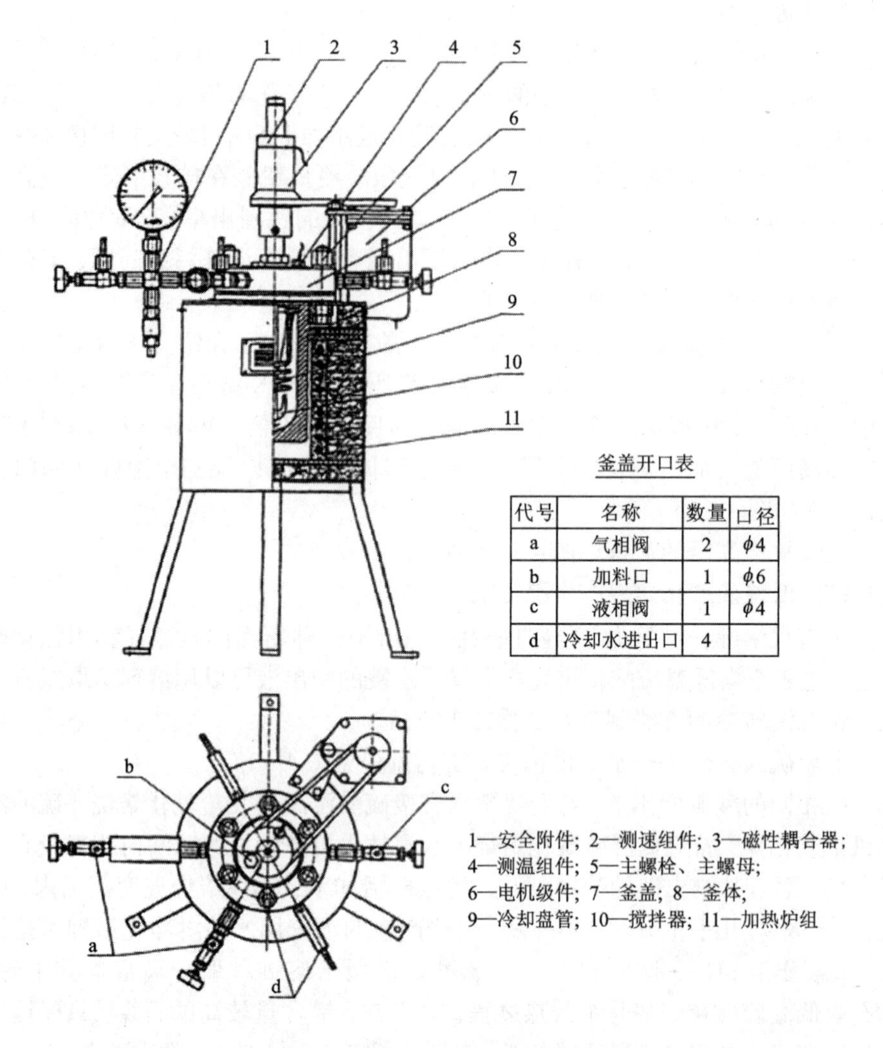

釜盖开口表

代号	名称	数量	口径
a	气相阀	2	$\phi4$
b	加料口	1	$\phi6$
c	液相阀	1	$\phi4$
d	冷却水进出口	4	

图 4－15　WHF－ZT 型高压釜结构图

达 98.5%。试验证明该工艺提钒试剂消耗低、钒收率高、反应速度快、“三废”排放少，生产的产品合格。

石煤经空白焙烧后，采用矿重 3.5% 的 NaOH，液固比为 1.5∶1，180℃保温 2 h，钒的浸出率达到 86%，浸出液中钒硅质量浓度比为 0.65，浸出液 pH 约为 11.4，萃余液补碱循环返回浸出后 SO_4^{2-}、Cl^- 积累浓度分别不会超过 10 g/L、7 g/L，不影响浸出效果。加压碱性浸出法钒浸出率高，杂质浸出率低。

根据硅的性质，首先将溶液 pH 调整至 8.5～9.0，使大部分的硅以固态 H_4SiO_4 沉淀析出，残余部分胶态 H_4SiO_4 采用混凝沉淀除去，最终达到高效分离

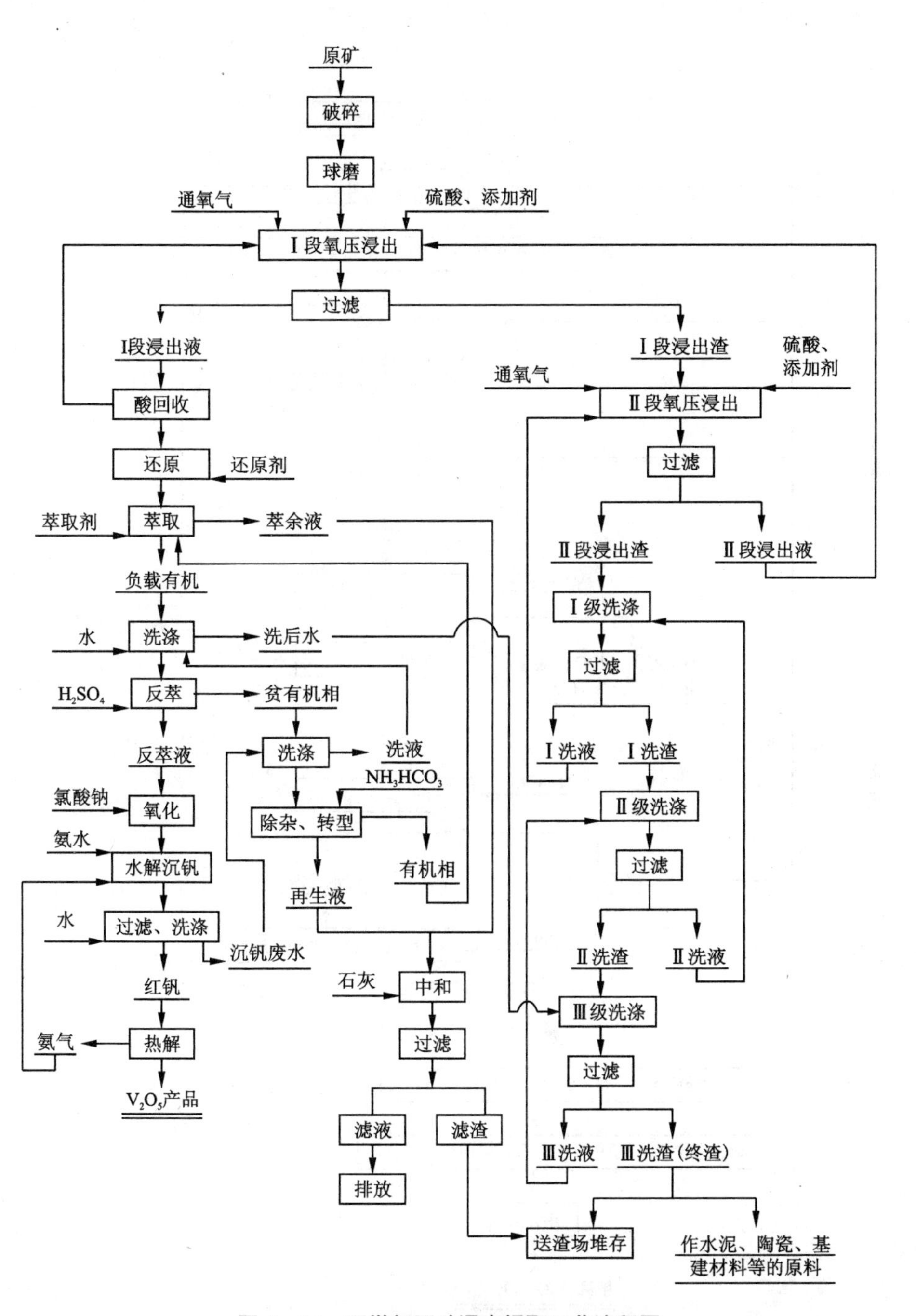

图 4－16　石煤氧压酸浸出提取工艺流程图

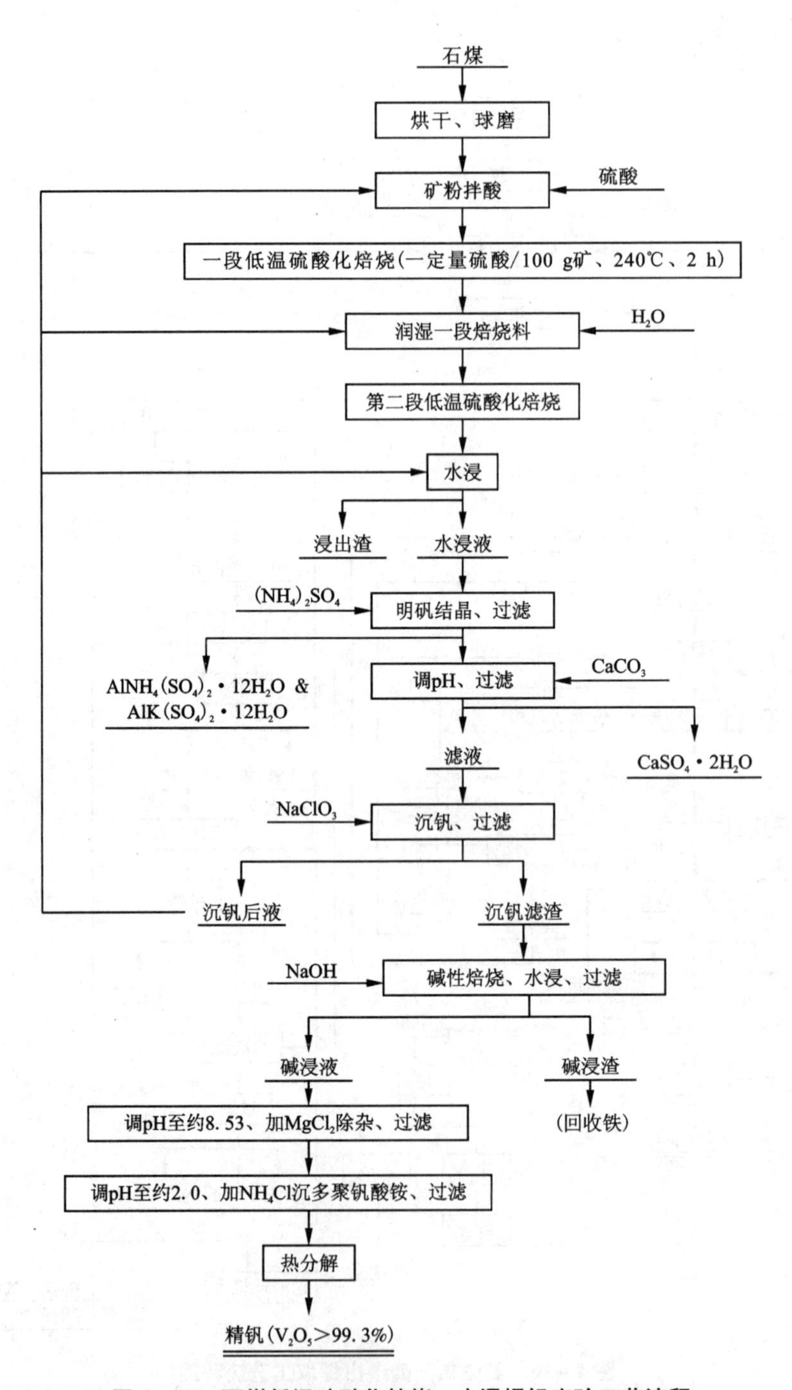

图 4-17　石煤低温硫酸化焙烧—水浸提钒实验工艺流程

钒硅的目的。具体工艺：首先在常温下，采用H_2SO_4将石煤浸出液pH调整至8.5~9.0，加热至90~95℃，保温1~2 min，至料液无色透明；然后投入溶液质量0.1%的$Al_2(SO_4)_3 \cdot 18H_2O$，50℃保温30 min，过滤，即完成整个除硅过程。最终钒收率达到98.16%，除硅率达到97.48%，钒硅得到很好的分离。

根据碱性条件下硅钒离子性质，当溶液7.0 < pH < 9.0时，钒易于被萃取，且钒硅离子性质差异大，分离容易。选择有机相组成为：15% N263 + 10% TBP + 75%磺化煤油，按照萃取有机相工作容量($\rho_{V_2O_5}$ = 24 g/L)计算选择萃取相比，采用3级逆流萃取，萃余液V_2O_5浓度低于0.01 g/L，有机相V_2O_5浓度约为24 g/L，SiO_2浓度约为0.1 g/L，负载有机相采用纯水洗涤1次，即可用于反萃。萃取的机理为：

$$3(R_4N)Cl + V_3O_9^{3-} = (R_4N)_3V_3O_9 + 3Cl^-$$

反萃采用NaOH + NaCl体系，浓度分别为0.7、2.5 mol/L，反萃相比O/A = 5∶1，试验采用负载有机相V_2O_5浓度为25.401 g/L。通过三级逆流反萃，钒的反萃率达到99.34%，反萃液中V_2O_5浓度为126.16 g/L，反萃液pH为10.2，有机相中残余V_2O_5浓度为0.167 g/L。反萃时，同时发生下述两个反应：

$$2(R_4N)_3V_3O_9 + 6OH^- + 6Cl^- = 6R_4NCl + 3V_2O_7^{4-} + 3H_2O$$

$$(R_4N)_3V_3O_9 + 3Cl^- = 3R_4NCl + V_3O_9^{3-}$$

采用NH_4Cl沉钒。工艺为：首先加酸将反萃液pH调整至9.0，然后取$K_{铵}$ = 1.47，加入固体NH_4Cl，于45℃搅拌1 h，最后于室温(25℃)静置4 h，母液含V_2O_5为0.321 g/L，沉钒率达到99.73% 得到的NH_4VO_3通过干燥、煅烧得到V_2O_5，质量符合国标98.5%品级。

焙烧—加压碱浸—萃取法提钒工艺的流程图见图4-18。

该工艺的优势在于："水""盐""萃取有机相"可以循环使用，水、试剂消耗以及"三废"排放量均低；工艺流程短，钒收率高；整个工艺采用碱性体系，设备防腐要求低。试验结论表明该工艺技术可靠，经济技术指标好，工业应用前景好。

4.4.13 空白焙烧-碱浸提钒

孙德四等[42]在《硅质石煤钒矿提钒新工艺研究》一文中介绍了空白焙烧—碱浸提钒工艺的最佳工艺条件：矿物粒度0.074 mm、焙烧温度800℃、焙烧时间3 h、氧分压10~400 Pa、浸出温度90℃、浸出时间3 h、浸出液浓度40 g/L NaOH、液固比1.5∶1.0，在此条件下钒浸出率可达83.8%，比传统的钠化焙烧—酸(碱)浸工艺提高20%以上。

该文还对空白焙烧—碱浸提钒工艺与氧化剂氧化—酸浸法作了对比。由于氧化剂氧化—酸浸法最适宜的工艺条件为：矿物粒度为0.074 mm、MnO_2用量5%、硫酸用量40%、浸出温度90℃、浸出时间9 h、液固比2.5∶1，浸出率可达

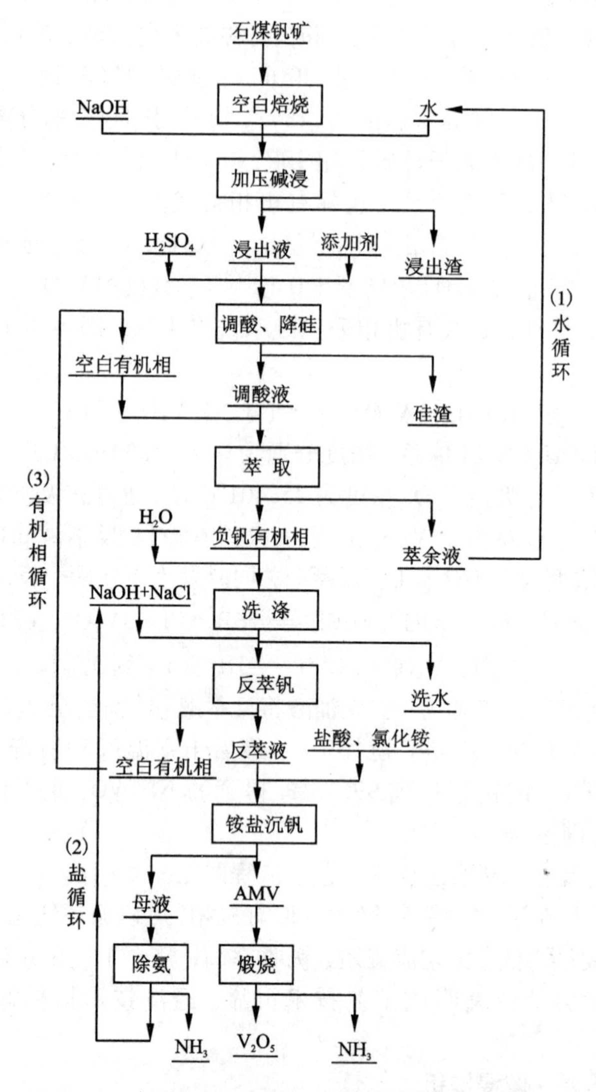

图 4-18 焙烧—加压碱浸—萃取法提钒工艺的流程

72.4%，只比传统的钠化焙烧—碱浸工艺高出 10%，故认为前者优于后者。两种方法均明显优于目前使用的钠化焙烧—碱浸提钒工艺。

空白焙烧—碱浸提钒工艺流程见图 4-19。

郑琍玉[59]在硕士论文《安徽池州地区石煤提钒工艺研究》中推荐的是石煤空白焙烧—NaOH 溶液浸取工艺。实验确定了石煤空白焙烧提钒工艺的最佳条件为：焙烧温度 800℃、焙烧时间 2 h、NaOH 溶液浸出反应温度 90～100℃、反应时

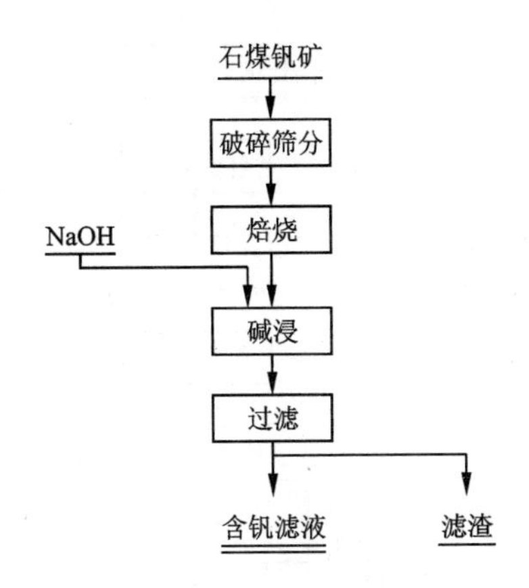

图 4－19　空白焙烧—碱浸提钒工艺流程

间为 3～3.5 h、NaOH 溶液浓度 2～2.5 mol/L、液固比对浸出效果影响不大(取 3∶1 较为合适)、搅拌速率大于 500 r/min、矿石粒径小于 100 μm，在此条件下五氧化二钒浸出率可以达到 85% 以上，通过离子交换、沉钒、焙烧，最后得到合格五氧化二钒产品，整个工艺回收率大于 80%。

石煤空焙—碱浸试验的流程图示于图 4－20。

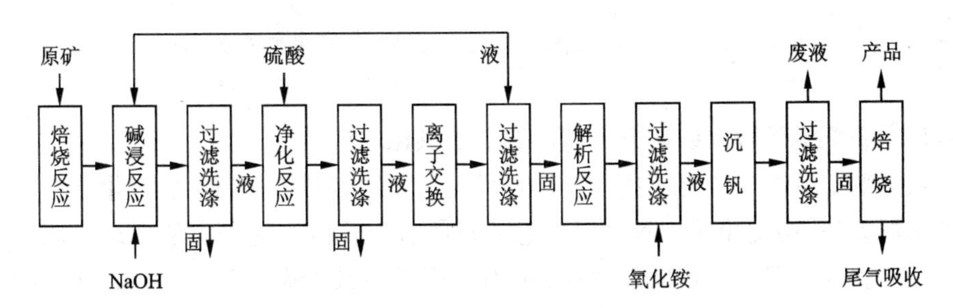

图 4－20　石煤空焙一碱浸试验的流程

4.4.14　氧化焙烧碱浸离子交换提钒工艺[37]

该工艺流程如图 4－21 所示，主要工艺参数：焙烧温度 800℃，焙烧时间 2 h。氢氧化钠加入量为焙烧矿量的 4%，浸出温度 90℃，浸出时间 1.5 h，液固比 2.5∶1。焙烧、浸取阶段钒回收率平均达到 70%，树脂吸附、解吸、沉钒、焙烧过程回收率均高于 99%，全流程直收率达到 65%。与传统的钠法工艺相比，该工艺产出的废气中不含对环境污染严重的 HCl、Cl_2 等腐蚀性气体，钒的回收率更高，属于有前途的清洁生产工艺。

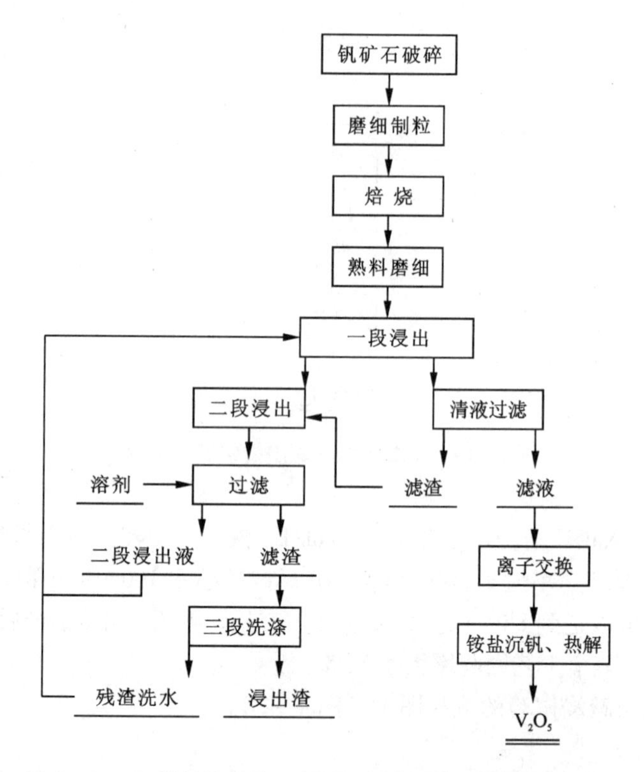

图 4-21 石煤氧化焙烧—碱浸—离子交换提钒工艺流程图

4.4.15 石煤钒矿和软锰矿联合酸浸制取五氧化二钒

最近颜文斌等人[43]在中国专利"石煤钒矿和软锰矿联合制取五氧化二钒副产硫酸锰的方法"中提出了一种颇具新意的石煤钒矿直接氧化浸出的方法。该方法基于钒在石煤中多以三价状态存在，其酸浸必须将其价态升高到四价以上，而软锰矿中的锰主要以四价状态存在，其酸浸必须将其价态降低到二价，两者同时酸浸时发生还原—氧化反应，使钒以硫酸氧钒状态和锰以硫酸锰状态进入硫酸酸性溶液中。

这种石煤钒矿和软锰矿联合制取五氧化二钒副产品硫酸锰的方法的特征在于以下步骤：

步骤一，分别将石煤钒矿和软锰矿烘干至含水量在10%以下，破碎、球磨至过100目筛，按石煤钒矿中所含钒的物质的量与软锰矿中所含二氧化锰的物质的量之比为1:(0.5~0.6)配料并混合均匀。

步骤二，在浸取池中按固液比1:(0.5~5)加入浓度为5%~50%的硫酸，将配料后的矿粉投入浸取池中，在20~100℃温度下搅拌浸出1~15 h，再进行过滤分离。

步骤三，在酸浸后的含钒滤液中加入约为四价钒的三分之一的氯酸钠溶液，使四价钒完全氧化为五价钒，将五价含钒液用阴离子交换树脂吸附。

步骤四，吸附后离子交换树脂用10%的NaOH和5% NaCl混合液进行解吸，将解吸富集后的含钒洗脱液用氯化铵沉钒生成偏钒酸铵沉淀，将偏钒酸铵沉淀烘干后，送入煅烧炉，在400～600℃煅烧分解为橘红色的五氧化二钒产品。

步骤五，采用化学方法除去离子交换后的尾水中少量的铁、铝杂质离子、重金属离子、Ca^{2+}离子、Mg^{2+}离子，溶液经过静置过滤得到硫酸锰净化液，净化液经浓缩、结晶得到一水硫酸锰产品。

石煤钒矿和软锰矿联合制取五氧化二钒副产硫酸锰的流程见图4－22。

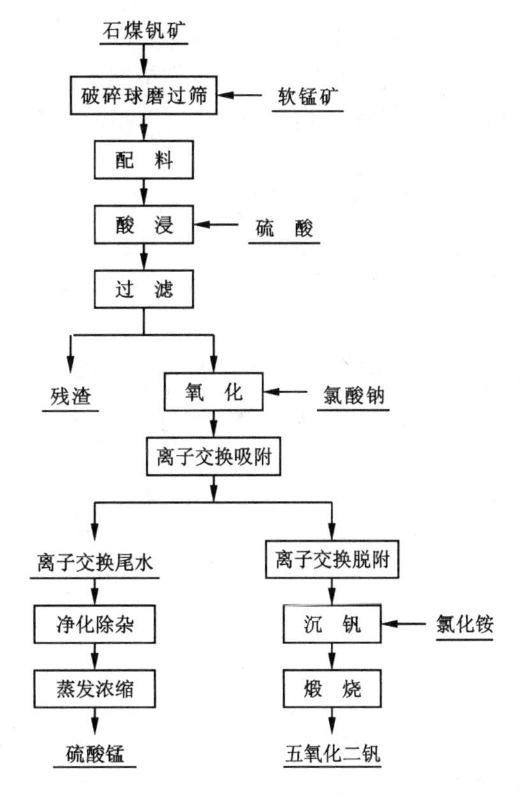

图4－22　石煤钒矿和软锰矿联合制取五氧化二钒副产硫酸锰的流程图

时间稍后，冯雅丽等[44]在专利“一种石煤与低品位软锰矿共同利用回收钒锰的方法”中公开了一种石煤与低品位软锰矿共同利用回收钒锰的方法。其步骤如下：①取质量比为(1～10)∶1的石煤与低品位软锰矿进行流态化焙烧，产生的水煤气用于低品位软锰矿的还原焙烧；②将石煤流态化氧化焙烧样加入硫酸继续进行低温硫酸化无添加剂焙烧；③将石煤硫酸化焙烧样与软锰矿流态化还原焙烧样共同浸出提取钒锰；④对含钒锰浸出液进行异步萃取分离回收钒锰，钒萃取率大于98%，钒反萃率为100%，锰萃取率大于95%，锰反萃率可达100%，并得到纯净的硫酸氧钒与硫酸锰溶液。该发明能够将石煤与低品位软锰矿中的钒锰资源充分有效地回收，且工艺简单，适用范围广，酸耗、能耗低，钒锰回收效率高，对环境没有污染。

该发明的实施例如下：

(1)取粒度为 -0.074 mm +0.045 mm 含 V_2O_5 品位为0.5%的石煤与粒度为 -0.074 mm +0.045 mm 含 Mn 品位为13%的低品位软锰矿，控制气体流量为0.2 m^3/h，按照石煤与软锰矿质量比为1:1，石煤焙烧温度为1100℃，软锰矿焙烧温度为750℃，焙烧时间为1 h，分别进行流态化焙烧。

(2)将步骤(1)所得的石煤流态化氧化焙烧样按照酸矿比0.5:1 (mL/g)，硫酸质量分数60%，焙烧温度150℃，焙烧时间为1 h，继续进行低温硫酸化无添加剂焙烧。

(3)将步骤(2)所得的石煤硫酸化焙烧样与步骤(1)所得的软锰矿流态化还原焙烧样按照矿浆液固比为5:1 mL/g，浸出温度为100℃，浸出时间为1 h，进行共同浸出提取钒锰，共同浸出体系中钒浸出率为96.23%，锰浸出率为98.67%。

(4)对含钒锰的浸出液进行异步萃取分离回收钒锰：钒的萃取回收包括用硫酸或氨水调节溶液pH为2，萃取钒有机相中P507体积浓度为2.5%(*V/V*)，萃取相比O/A=5:1，萃取时间5 min，反萃剂硫酸浓度为0.5 mol/L，反萃相比O/A=5:1，反萃时间20 min，钒萃取率为99.07%，钒反萃率为100%；锰的萃取回收包括用硫酸或氨水调节溶液pH为3，萃取锰有机相中P204体积浓度为35%(V/V)，P204的皂化率为55%，萃取相比O/A=1，萃取时间25 min，反萃剂硫酸浓度为1 mol/L，反萃相比O/A=5:1，反萃时间20 min，锰萃取率为95.53%，锰反萃率可达100%。

该专利的工艺流程见图4-23。

比较图4-22与图4-23可知，前者是将石煤矿粉与软锰矿粉一道进行酸浸，然后用离子交换法分离钒与锰；而后者是对经流态化和硫酸化焙烧后的钒矿和流态化焙烧后的锰矿进行共同水浸，再利用萃取分离法分离钒和锰。两种方法提取钒和锰的收率都很高。

4.4.16 石煤钒矿分级处理法

何东升等[45]在专利"从含钒石煤焙烧渣中浸取钒的方法"中提供了从含钒石煤中浸取五氧化二钒的工艺，包括以下步骤：①对含钒石煤焙烧渣进行破碎、球磨、分级，得到细粒级产品和粗粒级产品；②用稀硫酸溶液对细粒级产品进行浸

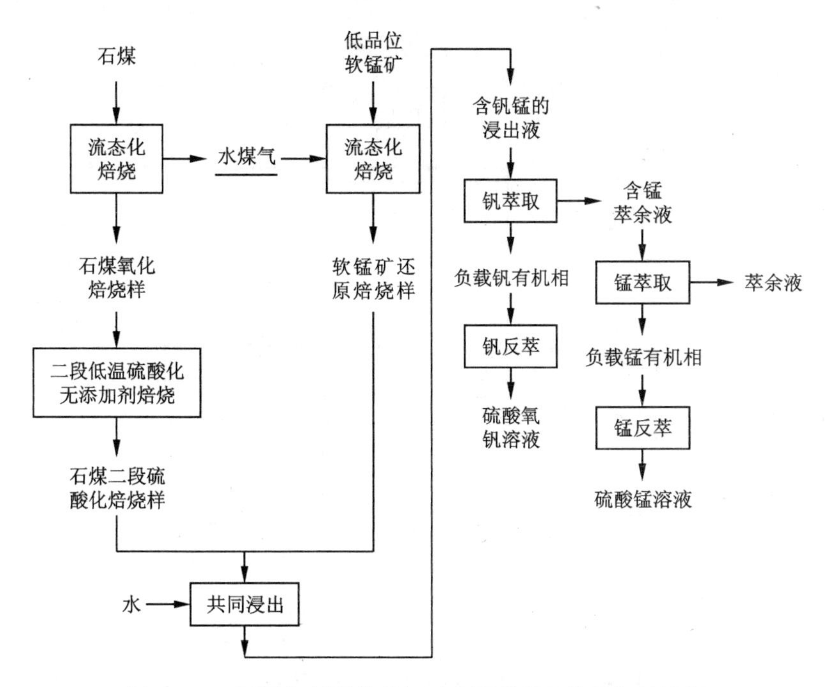

图4-23 石煤与低品位软锰矿共同利用回收钒锰的流程

出，得到稀酸浸出液；③对粗粒级产品进行浮选，得到浮选精矿；④用硫酸溶液对浮选精矿进行浸出，得到强酸浸出液；⑤稀酸浸出液和强酸浸出液经除杂、萃取、沉钒、煅烧工序后，得到产品。本发明具有以下效果：①对细粒级采用稀硫酸浸出，酸耗小，浸出率高。②对分级的粗粒级产品进行浮选，提高了钒品位，减少了进入浸出工序的物料量。③对细粒级采用稀酸浸出，对难浸的浮选精矿采用强酸浸出，杂质浸出少，降低了后续净化除杂难度和试剂消耗。④可提高钒回收率4%～8%。

从含钒石煤焙烧渣中分级浸取钒的流程如图4-24所示。

该专利举例称，湖北某地含钒石煤焙烧渣的五氧化二钒含量1.05%，对烧渣进行破碎、球磨，球磨产品中-200目含量为88.41%，然后分级，分出-400目细粒级产品和+400目粗粒级产品。-400目细粒级产品采用2%硫酸在85℃下浸出3 h，液固比为4∶1，浸出率为90.51%。对+400目粗粒级产品进行浮选，捕收剂为十二胺和油胺混合物，十二胺和油胺质量配比为3∶1，捕收剂用量为180 g/t，抑制剂为水玻璃，用量150 g/L。经一次粗选，浮选精矿五氧化二钒品位为1.65%，浮选回收率89.24%。浮选精矿采用25%硫酸进行浸出，浸出温度95℃，浸出时间5 h，液固比4∶1，浸出率为88.85%。将细粒级产品浸出液与浮

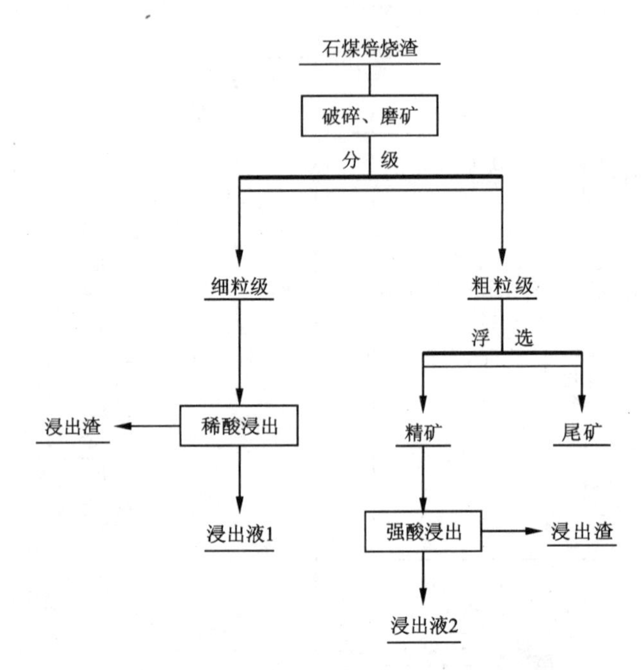

图 4 - 24　从含钒石煤焙烧渣中分级浸取钒的流程

选精矿浸出液合并，净化除杂、树脂吸附、解吸、沉钒、煅烧得到五氧化二钒产品。全流程钒总回收率 76.11%，与对焙烧渣直接进行酸浸相比，钒回收率提高 5.62%。

4.4.17　石煤加盐焙烧—水浸—酸浸提钒工艺

张一敏等[46]在专利“一种含钒页岩提钒方法”中提供了一种含钒页岩提钒方法。其技术方案是：先将含钒页岩磨至细粉，将所述细粉与添加剂按质量比为 1∶(0.04～0.12)混合，再将混合料以 5～9℃/min 速率升温至 850～950℃，焙烧 30～90 min。将焙烧所得焙砂进行水浸作业，得水浸液和水浸渣，水浸渣经酸浸作业得酸浸液和尾渣；再将水浸液和酸浸液合并，采用苯乙烯—二乙烯苯大孔型阴离子树脂进行离子交换吸附。吸附饱和后进行解吸作业，得解吸液；将解吸液进行除杂作业，得含钒净化液，将含钒净化液进行酸性铵盐沉钒作业，得多聚钒酸铵；然后将多聚钒酸铵在 450～530℃条件下煅烧 20～50 min，得到 V_2O_5 产品。本发明具有工艺简单和易实现工业化的特点，能显著提高钒浸出率和回收率。

所述的添加剂是 K_2SO_4、Na_2SO_4 和 NaCl 的混合药剂，混合药剂中 K_2SO_4∶Na_2SO_4∶NaCl的质量比为 1∶(0.2～0.5)∶(0.1～0.2)。

石煤加盐焙烧—水浸—酸浸提钒工艺示于图 4 - 25。

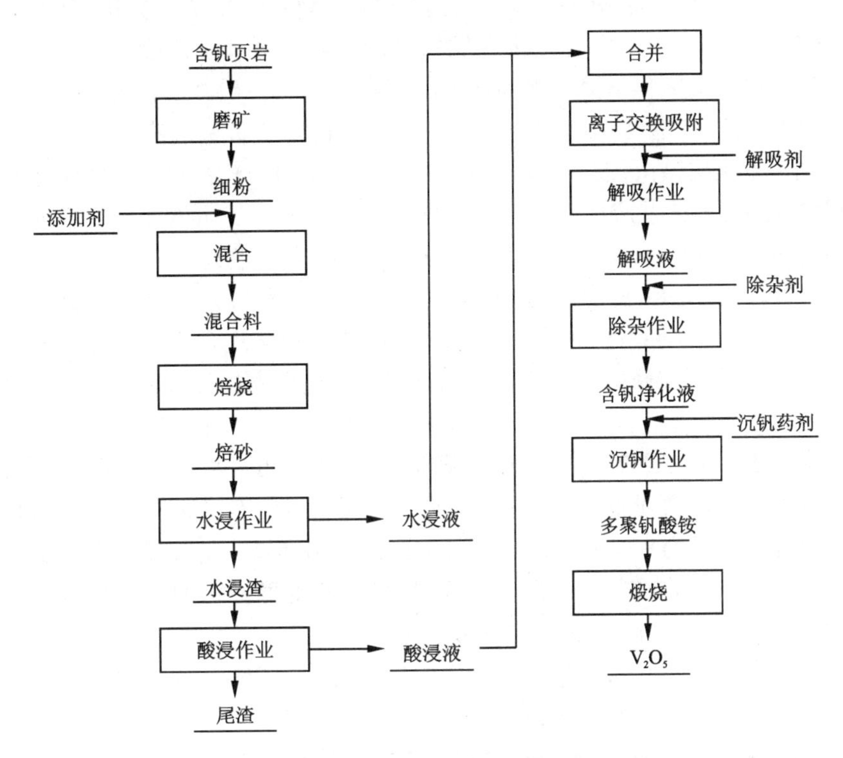

图 4－25　石煤加盐焙烧—水浸—酸浸提钒工艺流程

具体实施方法是先将含钒页岩磨至细粉，将所述细粉与添加剂按质量比为 1∶(0.04～0.06)混匀，再将混匀后的混合料以 5～9℃/min 的速率升温至 920～950℃，焙烧 30～50 min。将焙烧所得的焙砂进行水浸作业，得到水浸液和水浸渣，水浸渣经酸浸作业得到酸浸液和尾渣；再将水浸液和酸浸液合并，采用苯乙烯—二乙烯苯大孔型阴离子树脂进行离子交换吸附。将经离子交换吸附饱和的苯乙烯—二乙烯苯大孔型阴离子树脂进行解吸作业，得到解吸液；将解吸液进行除杂作业，得到含钒净化液，将含钒净化液进行酸性铵盐沉钒作业，得到多聚钒酸铵；然后将多聚钒酸铵在 450～500℃ 条件下煅烧 20～40 min，得到 V_2O_5 产品。钒浸出率为 75%～77%，钒吸附率为 98%～99%，钒解吸率为 98%～99%，沉钒率为 99%～99.6%，V_2O_5 纯度为 99.12%～99.43%。

4.4.18　氯化挥发从含钒页岩中提取 V_2O_5 的方法

张一敏等人[47]在专利“一种利用氯化挥发从含钒页岩中提取 V_2O_5 的方法”中提出的工艺也不乏新意。其技术方案是：先将含钒页岩原矿破碎，在 660～700℃条件下脱碳 40～60 min。所得的脱碳页岩磨至粒度小于 0.178 mm；在含干燥氯气的混合气体气氛中将脱碳页岩在800～1000℃条件下氯化焙烧40～90 min；再将氯化焙烧中产生的氯化挥发物进行一段冷凝和二段冷凝，得到含钒氯化物；然后将含钒氯化物溶于水中或稀酸溶液（pH=4～6）中，直至水溶液中或稀酸溶液中的钒浓度达到0.8～1.4 g/L。最后将得到的富钒溶液进行酸性铵盐沉钒，得到多聚钒酸铵沉淀；经烘干后煅烧，得到 V_2O_5 产品。该发明具有成本低廉、操作简单、工艺适应性强、产品 V_2O_5 纯度高、对含钒页岩原矿要求低以及钒的回收率较高的特点。据称，该工艺利用不同氯化物的物理性质，例如，$VOCl_3$ 的沸点为127.2℃，$FeCl_3$ 的沸点为315℃，采用分段冷凝的方式对挥发出来的钒进行回收。同时伴生的其他氯化产物也能得到回收，可实现多种有色金属的综合回收利用。该发明所涉及的工艺避免了以往提钒工艺中先将含钒页岩中的钒通过浸出转化成液相，再通过萃取或离子交换来富集钒的复杂工序。在以往的提钒工艺中，大量的添加剂和酸耗造成的成本很高，大约为7万～8万元/t V_2O_5。而该发明对含钒页岩原矿要求低，工艺适应性强，直接通过气态产物实现了钒和原料的分离，钒挥发率达到90%以上，且不需要经过浸出和富集等复杂工序，工艺操作简单，五氧化二钒的成本为3万～4万元/t，比较低廉。钒的回收率较高，达到80%以上，同时 V_2O_5 的纯度达到99%以上。

氯化挥发从含钒页岩中提取 V_2O_5 的流程见图4－26。

4.4.19 硫酸—助浸剂联合浸出法

湘潭大学朱茜[48]针对传统石煤提钒工艺的流程复杂、操作过程要求苛刻以及溶液中铁等杂质对净化过程产生严重干扰等缺点，提出了采用硫酸—助浸剂联合浸出—结晶除杂— 一步沉钒—含钒沉渣碱式焙烧—水浸—终沉钒的提钒工艺。

试验流程图如图4－27所示，主要工艺流程包括：硫酸—助浸剂联合浸出工序、浸出液净化与富集工序（一步沉钒）、铵盐沉钒工序（终沉钒）与热分解产品制备工序。

浸出阶段实验结果表明：石煤钒矿直接采用硫酸浸出的钒浸出率比较低，不超过55%，而通过添加一种助浸剂后，钒的浸出率得到较大的提高。通过添加质量比为8%的助浸剂，在硫酸用量为40%，浸出液固比1∶1，浸出温度90℃，连续搅拌浸出12 h的最佳实验条件下，钒的浸出率可从53.5%提高至88.4%。

钒的分离与富集阶段实验结果表明：采用结晶除杂— 一步沉钒—沉钒渣碱式焙烧—焙砂水浸的工艺流程分离富集钒的方法具有可行性。按30 g/L于酸浸液中加入 K_2SO_4，采用石灰乳调节溶液pH至2，结晶除杂，能有效去除酸浸液中以铝、铁为主的大部分金属离子。除杂后溶液按摩尔比 H_2O_2∶V=2的比例加入 H_2O_2，氧化后的溶液采用 Na_2CO_3 调节pH至4，在95℃反应2 h，过滤后的沉淀钒渣，钒品位达26.5% V_2O_5，钒沉淀率高达99.7%。选择含钒沉淀渣碱式焙烧—水浸的方法分离富集钒，优化后的实验条件为：按质量比加入60% NaOH混匀，

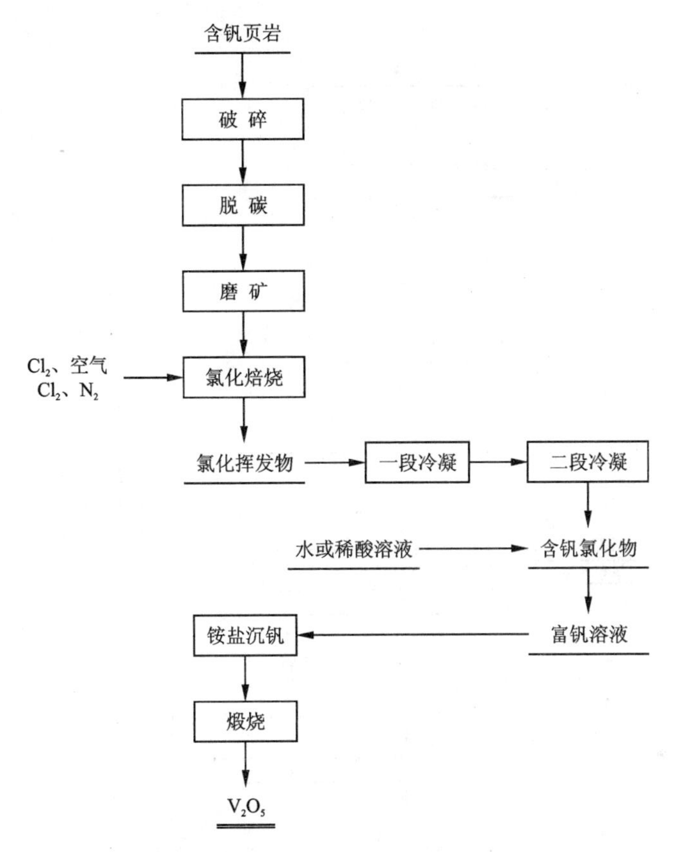

图4-26 氯化挥发从含钒页岩中提取 V_2O_5 的流程

于600℃焙烧2 h，碱性焙砂按液固比5∶1 于95℃浸出4 h，钒浸出率可达97.5%。

沉钒与钒产品的制备阶段实验结果表明：碱浸液可通过加入铵盐直接沉淀出偏钒酸铵，对于含钒在31 g/L 的溶液，在加铵系数 $K=4.0$，沉钒反应温度为95℃，沉钒时间为2 h 的最佳工艺条件下，沉钒率可达98.2%，经沉钒、洗涤、热解后的钒产品符合国家钒产品98 级 V_2O_5 标准。

该工艺的优点在于：操作过程简单；药剂消耗少；能实现钒的高效回收，且在整个实验过程中无有毒有害气体排放；实验过程所产生的废水亦可进行相互中和处理，净化后部分回用、部分达标排放，对环境基本无污染；具有良好的适用性。

4.4.20 石煤循环流化床燃烧—含钒灰渣直接酸浸提钒

李龙涛[49]在“甘肃石煤循环流化床燃烧特性及灰渣提钒试验研究”中，对难燃石煤的循环流化床燃烧—含钒灰渣直接酸浸提钒进行了研究。

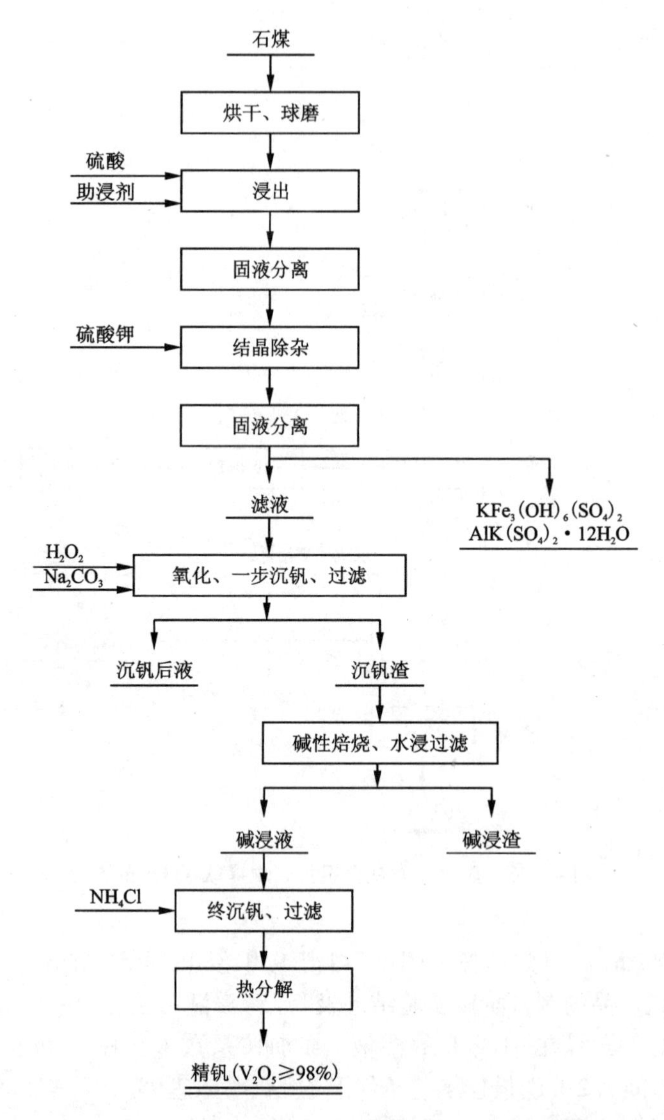

图 4-27　硫酸-助浸剂，联合浸出法提钒试验流程

1. *石煤循环流化床燃烧试验研究*

甘肃肃北石煤是一种非常难着火和燃尽的煤种。在 1 MW 循环流化床燃烧试验台上，从密相区至炉膛出口沿炉高温度均匀，燃烧状况良好，各工况燃烧后，底渣和飞灰中的含碳基本上都可以控制在 5% 左右，燃烧效率均在 70% 左右。这表明石煤利用循环流化床燃烧利用其热能是可行的；石煤在循环流化床燃烧过程中飞灰及底渣均具有一定程度的钒富集作用，在原矿含五氧化二钒 0.73% 的情况下，其飞灰含五氧化二钒达1.5%左右，而底渣含钒平均在0.8%以上，同时，试验各工况钒平衡显示，燃烧过程中不会造成钒的损失，这对于后续提钒是有利的。

2. 含钒灰渣直接酸浸提钒酸浸特性的试验研究

1)利用硫酸作为浸取剂对含钒灰渣进行浸出试验，钒浸出率可达88.61%，酸浸残渣中 V_2O_5 含量下降至0.14%，这表明在高酸、高温条件下浸取灰渣中的钒是可行的。浸出过程中，硫酸浓度和酸浸温度对钒浸出率的影响最为显著。较适宜的酸浸条件为：硫酸浓度6 mol/L，酸浸温度110℃，酸浸时间2 h，液固比2.5:1。

2)浸出过程中，不同含钒矿物中的钒浸取顺序不同，不同价态含钒矿物中的钒可浸出性不同。游离氧化物中的钒最先浸出，次之为铁铝氧化物等矿物中的钒浸出，云母类矿物中的钒最难以浸出，而云母类矿物中的钒往往是以低价态的形式存在，而游离氧化物、铁铝氧化物中的钒则以高价态存在，在高温、高酸条件下低价态含钒矿物中的钒才可以浸出。

3. 含钒灰渣空白焙烧提钒试验研究

1)细磨机械活化预处理可以降低钒云母晶格的稳定性，增强钒云母晶格的活性。含钒灰渣中的钒主要赋存于云母晶格中，钒云母晶格致密且稳定，难以打破，通过机械活化预处理可以降低钒云母晶格的稳定性，使得钒云母在较低温度下发生分解，释放出来低价钒。

2)焙烧温度对钒转化率的提高有显著影响。焙烧过程中，较低的焙烧温度不能有效破坏钒云母晶格结构，当焙烧温度足以有效破坏云母晶格结构时，若低价钒不能被氧化成高价态含钒化合物，钒也难以浸出。

3)探究了焙烧过程中氧化性气氛对钒转化率的作用，发现了一些新的规律，为空白焙烧氧化机理的研究提供了借鉴。在无氧化性气氛存在条件下，钒云母晶格依然遭到破坏，小部分钒得以释放，在无氧化性助浸剂存在下，这部分低价钒难以浸出；氧化性气氛的存在一方面将释放出来的低价钒氧化成高价态含钒化合物，同时有助于促进钒云母矿物的分解，使得赋存于其中的钒得到进一步释放。

4)含钒灰渣进行高温空白焙烧过程中，灰渣粒度、焙烧温度、焙烧时间、空气流量等焙烧因素对钒的转化率均有重要影响作用。较适宜的焙烧条件下即使在低酸、常温等低强度酸浸条件下，钒转化率仍可达83.81%。

5)孔结构的变化会影响钒云母分解释放出来的低价钒的氧化。焙烧过程中，随着焙烧温度的升高，物料比表面积、总孔容积不断减小，平均孔径出现先增大后减小的现象；同时，随着焙烧温度的升高，物料烧结现象越来越严重，物料对氮气的吸附能力不断下降，封闭性孔逐渐增多，开放性的孔减少，大量封闭性孔的产生造成钒云母分解释放出来的低价钒无法与氧化性气体接触被氧化成高价态含钒化合物，进而也难以被溶解浸出。

经过连续中试试验，钒总回收率>80%，V_2O_5 纯度可达到99.2%，吨钒副产铵明钒 89 t。该工艺在提钒的同时，得到副产品铵明矾，渣中的铝资源也得到了回收利用；与传统的钠盐或钙盐焙烧提钒工艺相比，具有以下优势：环境好、机械自动化程度高、技术指标优、操作环境好、资源综合利用率高等优点。

4.4.21 微波冶金石煤提钒工艺[50]

1. 微波简介

微波是一种频率在 300 ~ 300000 MHz 的电磁辐射，该技术的应用起始于 20 世纪20 年代，当时主要用于军事目的。微波应用于工业部门，近几十年有较大发展。微波技术在冶金领域中的应用研究始于 20 世纪 80 年代，美国、英国、澳大利亚、加拿大和日本以及我国进行了许多微波技术应用于矿物处理等方面的试验研究，对微波的应用基础理论和应用技术方面进行了较广泛的研究。结果表明，微波能在诸如加热、干燥、氧化物的还原、难浸金矿的预处理、废弃物的处理等矿物处理和金属回收方面显示很大潜力。

微波加热是依靠物体吸收微波能并将其转化为热能而提升物体温度。根据在单位时间、单位体积的电介质受微波辐射所产生的热量 Q 与电场强度 E、频率 f、电介质的介电损耗系数 $\tan\delta$ 之间的关系：

$$Q = f \cdot E^2 \cdot \varepsilon \cdot \tan\delta \tag{4-4}$$

可以看出(其中 ε 代表物质的介电常数)，物质在微波场中所产生的热量与物质种类及其介电损耗关系密切。因各种介质的介电损耗 $\tan\delta$ 皆处于 0.001 ~0.5 较大范围，故各种物质吸收微波能力具有很大差异，$\tan\delta$ 大的物质易于吸收微波，容易被微波加热，例如水的 $\tan\delta$ 为 0.3，吸收微波强烈，很容易被加热；反之，$\tan\delta$ 小的物质则难于被加热。因此微波加热具有选择性加热特点。微波与物质的作用在产生热效应的同时，还表现出化学效应、极化效应、磁效应等。与传统加热方式相比，微波辐射的内部加热、快速加热、选择性加热、加热装置的可控制性、高频振动无搅拌装置等特性在湿法冶金领域具有广阔的前景。根据文献报道，微波加热作用机理逐渐为试验所证实，微波作用矿物的机理主要特点有：①微波对矿物具有选择性加热的功能，能促使被作用矿物固体颗粒破裂，暴露出新鲜表面，有利于液固反应进行；②微波加热物质升温极快，传统的传热理论与规律在微波加热中已不完全适用了；③微波加热为内外部同时进行，对被加热物质具有一定的穿透作用，与传统加热方式相比，物质在微波场中是吸波物质的分子直接放热，可避免固体颗粒中存在的内外温度梯度，被加热物质表现为受热非常均匀；④微波同时有电场作用，使浸出体系中极性分子迅速改变原排列方向，进行高速振动，增加物质间相互碰撞，在带电颗粒周围形成较大的热对流液流，在各个颗粒间形成微小的搅拌效应，使不利于反应进行的沉淀物不易沉积在反应物颗粒上。

2. 微波对不同矿物的作用

微波在矿物处理(含黑色和有色金属)中的应用：微波对矿物具有选择性加热的功能和升温极为迅速的特点，矿物经微波低温处理后，使矿物变得易磨、易分离，易通过常规选矿富集，易进行难处理金矿的脱硫脱砷等。微波在矿物处理上主要有以下应用：

(1)硫化矿脱硫并直接制取元素硫。微波对硫化矿脱硫具有特殊作用。采用微波加热技术，将硫化矿中的硫直接转化为元素硫回收，从根本上消除了硫化矿传统冶炼法脱硫过程中 SO_2 有害气体逸出，使大气免受污染，保护了人类赖以生存的自然生态环境。因此，微波脱硫(砷)技术具有重大意义。

(2)硫化。对于不能用常规选矿进行选矿富集的难选氧化矿，利用微波选择性加热的特性，在低温下(表观温度)将不具可选性的金属氧化物硫化，即可转入常规选矿法浮选富集，抛弃绝大部分脉石，实现下步工艺目的。这方面对于难选氧化镍矿、氧化铜矿的利用开发特别重要。

(3)氧化。在微波加热下的氧化速度是常规加热下的数十乃至数百倍，而且是在较低温度下实现的，不易烧结。如金精矿的脱碳等，对以实现氧化为目的的生产工艺有重要意义。

(4)强化。对吸波物质的化学反应具有强烈的催化作用是微波加热的重要特点之一。因此，在湿法冶金和化工中，一些需加压加温才能实现的化学反应，“流体处理专用工业微波炉”则可以替代高压釜，使化学反应在微波场及常压低温下实现，从而使工艺设备大为简化并易于控制，提高效率和节省能耗。

3. 微波浸出矿物的过程

浸出是矿物处理中重要的初始工序。然而，在传统加热的浸出反应过程中，当浸出进行到一定时间后，常由于浸出的化学反应产生较为致密的物质包裹未反应的矿核，使浸出反应受阻，浸出速率变慢，浸出时间延长，浸出液有效浓度降低，增加了处理工作量和能耗。Kingston 等人把微波技术应用于用碱法浸出工艺处理电弧熔炼炉粉尘提取 Zn 的过程中，对浸出时间、微波功率、碱液浓度和固液质量比等进行了研究，试验表明，Zn 回收率随固液质量比降低和微波功率的增加而增加，碱液浓度在 8 mol/L 时达到最大回收率。与常规相比，在微波作用的条件下，Zn 的回收率是相当高的。

综上所述，微波在选矿和冶金中的应用具有高效、节能、无环境污染、使有限且不可再生的矿产资源节约化利用(提高有价元素综合回收率)等效果。微波技术在矿物处理和金属回收方面显示了很大潜力，进一步加强工艺革新，对整个矿冶业(含黑色和有色)具有广泛意义。随着该技术的工程化产业化进程，将推动一场矿冶技术革命。

王娜[51]对利用微波烧结从石煤矿提钒的绿色工艺进行了基础研究。

微波加热的前提是微波能可以透过材料并被其吸收，这需要材料必须具备以下两种特性：一是被加热材料的表面不能反射微波能，即材料的标准阻抗为

$$Z_N = Z_L/Z_O = 1,\ Z_L = Z_O \tag{4-5}$$

式中：Z_N，Z_L和Z_O分别为材料的标准阻抗、载荷阻抗和透射线阻抗。二是被加热材料能不可逆地将入射的电磁能转化为自身的热能，单位体积材料吸收的微波能为

$$P = \sigma |E|^2 = 2\pi f\varepsilon_0\varepsilon''_{eff}|E|^2 = 2\pi f\varepsilon_0\varepsilon'_r\tan\delta|E|^2 \tag{4-6}$$

式中：E 为腔体中的电场强度；ε_{eff}为介质在微波场中的有效损因子；ε_0 为无外电场时材料的介电常数；f 为微波频率；σ 为整个材料体系的有效电导率；ε_r 为相对介电常数；$\tan\delta$ 为介质损耗角正切；反映了介质吸收微波的能力。可见，材料的介电性质（ε_{eff}、ε_r 和 $\tan\delta$）在很大程度上反映了其对波的吸收能力。对高磁敏感性材料，必须考虑磁场的影响，式(4-6)需校正为

$$P = 2\pi f\varepsilon_0\varepsilon_{eff} + 2\pi\mu_0\mu_{eff}H_2 \tag{4-7}$$

式中：μ_0 为自由空间中的磁损耗因子，μ_{eff}有效磁损耗因子，H 为磁场强度。而材料吸收微波能转化成热能后的升温速率为

$$\Delta T/\Delta t = 2\pi f\varepsilon_0\varepsilon_{eff}|E|^2/\rho C_p \tag{4-8}$$

式中：T、ρ、C_p 和 t 分别为材料的温度、密度、恒压质量热容和升温时间，可见，随着混合物的密度增加，升温速率反而下降。

材料的介电性质对微波在其内部的穿透深度有重要影响，即：

$$D = 3\lambda_0 8.686\pi t\tan\delta(\varepsilon_r/\varepsilon_0)^{1/2} \tag{4-9}$$

式中：λ_0 为入射微波的波长；D 为入射微波能减少一半时的材料深度，其大小将决定材料加热和熟化的均匀性。可见，低频率微波能和低介电损耗材料将导致体加热，而高频率微波能和高介电损耗材料只能加热材料表面。

根据材料和微波间的相互作用情况可以将其分为微波透过体、微波反射体、微波吸收体和两种以上介电性质不同的材料组成的混合体四大类。一般矿物都属于第四类，而矿物中所含的 CaO、$CaCO_3$和 SiO_2等物质都是微波透过体，属于惰性材料，不能被微波加热；V_2O_5、Fe_3O_4、FeS_2、$CuCl$、MnO_2和木炭等物质均为微波吸收体，属于高活性材料，在微波场中的升温速率非常快。所以对微波焙烧来分离钒矿物是非常有利的。

利用微波选择性加热矿物组分的特性，向矿石中添加适当的组分，可以有效地实现有用组分从矿物中的分离。例如黑钨精矿中加入 30% 的苏打后混合物能强烈地吸收微波能，800 ~ 850℃ 恒温处理 20 ~ 30 min 就可以获得高质量的烧结块，烧结料水浸时钨的浸出率高达 99%。

根据以上微波特性，本试验采用微波焙烧石煤矿样来分离钒矿物，取得了较

为理想的试验结果。

王娜[51]采用单因素条件实验，依次考察了焙烧方式、焙烧温度、焙烧时间、添加剂种类和比例对钒浸出率的影响，并通过对焙烧前后矿物的 SEM 图和 XRD 图，从矿物表面形态和化学成分变化上对反应机理加以分析，得出以下结论：

(1)马弗炉最佳焙烧时间为 5 h，焙烧温度 850℃，而微波焙烧温度比传统焙烧低，且焙烧时间比常规焙烧时间短，焙烧温度为 750℃，焙烧 3 h；碳酸钠 - 碳酸钾为添加剂，在碳酸钠 - 碳酸钾质量比为 7∶3 的情况下，钒浸出率达到 90.2%。

(2)微波焙烧提钒机理表明：利用微波对钒矿样辐射处理 3 h，小于0.074 mm 粒级的比例明显增大；钒矿物在吸收微波后膨胀，能使矿物中钒更充分地解离出来。

(3)在焙烧过程中，温度过高、焙烧时间过长都会严重影响钒的浸出率。因此在焙烧过程中应严格控制时间、温度等工艺条件。

利用微波烧结从石煤矿提钒的工艺流程见图 4 - 28。

王明玉、王学文[52]在中国专利“一种微波加热含钒石煤提钒的方法”中将含钒石煤颗粒用硫酸溶液均匀润湿，润湿后进行微波加热，加热的温度为 100 ~ 180℃，加热的时间为 3 ~ 30 min，再将加热后的含钒石煤加入水中，在 25 ~ 100℃的条件下搅拌浸出后固液分离，得到含钒浸出液。与现有微波加热浸出技术相比，该发明显著的降低了微波加热时间，节约了能源和生产成本；该发明与石煤微波氧化焙烧提钒相比，加热温度大大降低；与石煤微波加热硫酸浸出相比，加热时间显著缩短，且钒的浸出率更高。该发明制备工艺简单，所需设备均为常用设备，制备周期短，便于实现工业化生产。

实施例中取 1000 g 粒度为 0.125 mm 以下的含 V_2O_5 0.74% 的石煤，用 160 g 硫酸(石煤质量的 16%)和 65 mL 水混合得到的溶液均匀润湿，然后将润湿的含钒石煤置于微波炉中进行微波加热，控制温度为 180℃，微波加热时间为 3 min，再将加热后的含钒石煤按固液比 1∶1.5 (g/mL)加入水，80℃搅拌浸出 2 h 后过滤，得到含钒浸出液；V_2O_5 的浸出率为 87.1%。

4.4.22　生物浸出技术

蒋凯琦等[53]在《中国钒矿资源的区域分布与石煤中钒的提取工艺》中对石煤的生物浸出技术做了介绍。

生物浸出技术对环境友好、工艺简单，近年来发展比较迅速，已尝试用于从石煤中提取钒。

难浸石煤中的钒以硅酸盐形式存在。研究表明，硅酸盐在生物浸出过程中的溶解会增大反应体系的 pH，从而影响生物浸出效果；钒对细菌的毒害效应在某种程度上也主要受 pH 的影响而不是受金属元素本身毒害作用的影响，说明在生物

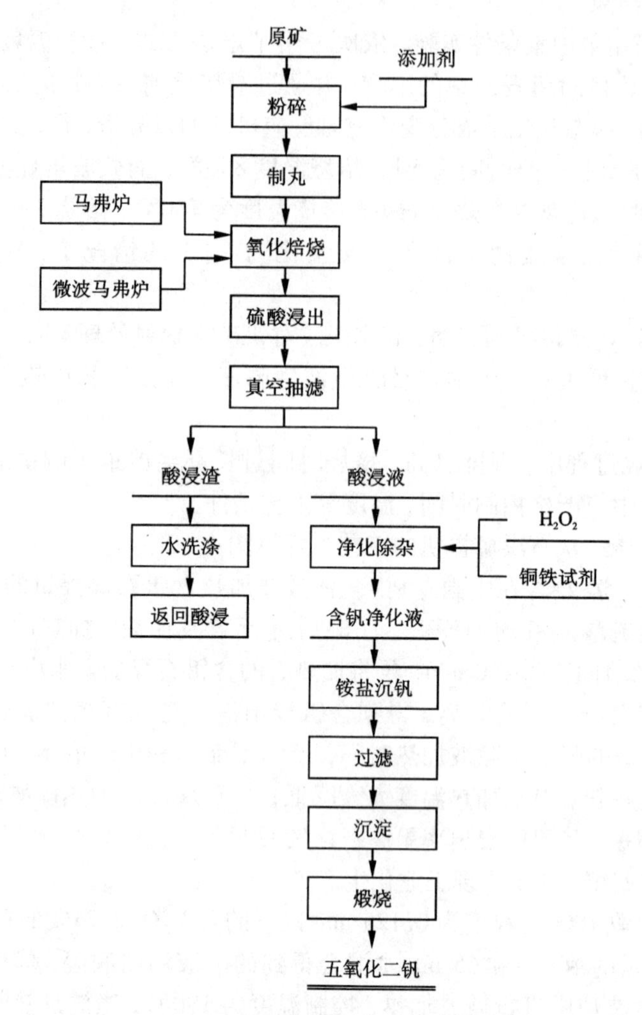

图 4-28　利用微波烧结从石煤矿提钒的流程

浸出时控制 pH 十分重要。培养耐钒菌种时，在加入有机物的培养基中，以 V_2O_5、$VOSO_4$、Na_3VO_4和 $NaVO_3$为驯化物，以磷酸缓冲液缓冲，控制 pH 在 8.0～8.9 范围内，温度维持 24～37℃，最终可得到比较好的驯化效果。

Katarina 等研究了采用 *Acidithiobacillusferrooxidans* 和 *Acidithiobacillusthiooxidans* 菌株将废催化剂和石油飞灰中的五价钒还原成四价钒进行废料解毒并回收钒，在 30℃下，培养基中加入 $FeSO_4 \cdot 7H_2O$ 和单质 S，两菌株对 V_2O_5 和 $NaVO_3$的耐受限度分别为 0.003 mol/L 和 0.01 mol/L，其对生成的四价钒最高钒耐受浓度可达 4 mol/L。Pradhan 等人研究了采用硫氧化细菌和铁氧化细菌两段浸出法浸出石油精炼过程中的废催化剂。第1阶段，pH控制在2～3，催化剂质量浓度15 g/L，V、Mo、Ni浸出率分别为32.3%、58.0%和88.3%；第2阶段，pH控制在0.9～1.0，催化剂质量浓度50 g/L，金属最终浸出率分别为94.8% V、46.3% Mo和88.3% Ni[54-56]。在生物浸出过程中并不仅限于采用传统细菌，利用真菌—黑曲霉也可以浸出废裂化催化剂中的重金属V、Ni、Fe、Al、Sb。嗜热培养基中加入蔗糖，在30℃水浴中，搅拌速度120 r/min，V、Ni、Fe、Al、Sb浸出率分别为36%、9%、23%、30%、64%。虽然浸出率并不高，但相比化学方法浸出效果要好得多。可见，将生物浸出法用于从石煤中浸出钒是可行的，但这一技术尚处于初步探索阶段，还需要深入研究和开发。

4.5　提钒新工艺的对比

李小健[57]针对某硅质碳质页岩钒矿的原矿直接酸浸提钒和空白氧化焙烧—酸浸提钒两种提钒新工艺作了技术经济对比。

矿样含碳为1.12%，发热值为333.69 kJ/kg。根据价态分析，该矿样中的钒以多种价态存在，其中V^{5+}占2.31%，V^{4+}占7.5%，V^{3+}占90.16%。

原矿的化学分析结果见表4-9。

表4-9　原矿化学成分分析结果 *w*/%

V_2O_5	Fe_2O_3	Mn	SiO_2	Al_2O_3	MgO	CaO	Mo	P	S
0.93	4.4	0.01	70.91	5.74	1.10	1.65	0.003	0.27	0.56

原矿直接酸浸提钒的试验采用硫酸与混合助浸剂联合浸出工艺。通过对硫酸和助浸剂用量、磨矿粒度、浸出温度、浸出液固比、浸出时间进行系统的条件试验，最终确定200 kg级扩大最佳浸出参数为：磨矿粒度<0.180 mm达95%，硫酸用量25%和助浸剂用量4.0%，浸出温度90℃，浸出液固比1∶1，浸出时间24 h，浸出率达到80.11%。

空白氧化焙烧—酸浸提钒工艺由焙烧和浸出两大步骤组成。

(1)焙烧：钒矿含V_2O_5：0.98%～0.99%，原矿磨矿粒度<0.074 mm达77%～79%，加水制粒粒径d 6～15 mm，湿粒料含H_2O 13%～14.5%，焙烧扩大试验采用规格为D 320 mm×L 6000 mm回转窑一次焙烧。控制焙烧温度880～930℃，停留时间7～7.5 h，粒料在窑内填充率11.9%，则焙烧矿产率为95%，钒回收率为99.5%。

(2)浸出：焙烧矿湿式再磨粒度<0.074 mm达69%，浸出液固比1.8∶1，浸出温度为室温(>25℃)，硫酸用量4.58%，浸出时间2 h，浸出率达80.68%。

根据上述扩大试验结果确定两个工艺流程方案，并按选冶厂设计规模处理原矿石量2000 t/d，V_2O_5 原矿品位0.936%，总回收率为70%，年产98% V_2O_5 精钒4455.5 t，对原矿直接酸浸提钒和空白氧化焙烧—酸浸提钒这两个均能满足环保要求的提钒工艺进行综合技术经济比较。

1. 工艺方案Ⅰ

方案Ⅰ的基本工艺流程为：

原矿粗碎—半自磨、球磨—助浸剂酸浸—中和还原—萃取—沉钒—煅烧。

(1)破碎、磨矿。原矿物的含水量为6.33%～14.81%，原矿粒度≤500 mm，破碎采用一段破碎+半自磨+球磨流程。由于原矿含泥、含水偏高，尤其是雨季将影响常规的三段—闭路破碎流程的畅通和作业效果，因此原矿粗碎后采用半自磨+球磨分级设备磨矿，磨矿粒度<0.180 mm 达95%，磨矿浓度60%。

(2)浸出、固液分离。浸出液固比1∶1、温度为90℃，加入原矿量4%的助浸剂和25%的浓硫酸，浸出时间24 h，产出浸出液和浸出渣。浸出矿浆通过浓密机6次逆流洗涤后，渣含 V_2O_5 约0.21%，采用石灰乳液中和至pH=6.5后用泵输送到尾矿库。浸出液含 V_2O_5 约3.36 g/L，pH≈0.8。浸出作业回收率约78.26%，固液分离作业回收率97%。

2. 工艺方案Ⅱ

方案Ⅱ的基本工艺流程为：原矿干燥—破碎—磨矿—制粒—空白焙烧—湿磨—酸浸—净化—树脂吸附—解吸—沉钒—煅烧。

(1)破碎、干燥、干磨、制粒。破碎采用常规三段—闭路破碎流程，由于原矿含水偏高，尤其是雨季将影响干式磨矿作业效果，因此粗碎后采用圆筒烘干机将矿物干燥至含水≤5%，破碎粒度<15 mm。磨矿采用长筒型磨矿机开路磨矿，磨矿粒度<0.074 mm 达58%；制粒采用圆盘制粒机添加7%的无烟煤，制粒含水11.5%～12.0%，粒度 d 6～15 mm。

(2)焙烧。生球团进入回转窑进行干燥、脱水、预热、焙烧，回转窑斜度1.5%，充填率15%，调速范围2.0～0.3 r/min。球团在回转窑内停留330～390 min，经过880～930℃高温焙烧，高温段焙烧时间120～180 min，矿物烧损约5%。球团焙烧后由排料口排入圆筒冷却机。冷却后球团矿温度100～150℃，排入链板运输机。回转窑燃料以冷煤气为主，制粒过程则以添加7%～8%无烟煤为辅。

(3)浸出、固液分离。焙烧矿湿磨采用一段开路磨矿，磨矿浓度60%，磨矿粒度<0.074 mm 达50%，浸出液固比1.5∶1，浸出温度为室温，加入焙烧矿量4.58%的硫酸原液，浸出时间2 h。浸出矿浆通过浓密、过滤6次洗涤，产出浸出液和浸出渣，浸出渣含 V_2O_5 约0.31%，用泵输送到尾矿库。浸出作业回收率约72.65%，洗涤作业回收率约97%。浸出液含 V_2O_5 约5 g/L，同时还含 SiO_2 约

2 g/L，$Fe_{总}$约0.2 g/L，pH≈2。

两工艺方案的技术经济比较与讨论如下。

两工艺方案的主要技术经济数据列于表4－10，并进行对应比较(参见表4－10中“Ⅰ－Ⅱ项”)。

表4－10 两选冶工艺技术经济数据比较

序号	指标项目	方案Ⅰ	方案Ⅱ	Ⅰ－Ⅱ
1	工艺指标			
1－1	原矿处理量/($t \cdot d^{-1}$)	2000	2000	0
1－2	原矿品位 $w(V_2O_5)$/%	0.936	0.936	0
1－3	精钒品位 $w(V_2O_5)$/%	98	98	0
1－4	总回收率/%	70	70	0
1－5	产品产量/$t \cdot a^{-1}$	4455.5	4455.5	0
2	单位成本/(元·t^{-1})	445.78	430.81	14.97
2－1	采矿生产成本/(元·t^{-1})	67.29	67.29	0
2－2	选冶生产成本/(元·t^{-1})	325.88	310.81	15.07
2－3	管理费用/(元·t^{-1})	40.06	40.74	－0.68
2－4	财务费用/(元·t^{-1})	3.78	3.31	0.47
2－5	销售费用/(元·t^{-1})	8.65	8.65	0
3	利润及利润分配			
3－1	销售收入/(万元·a^{-1})	38081	38081	0
3－2	销售税金及附加/(万元·a^{-1})	204	244	－40
3－3	资源税/(万元·a^{-1})	792	792	0

序号	指标项目	方案Ⅰ	方案Ⅱ	Ⅰ－Ⅱ
3－4	总成本费用/(万元·a^{-1})	29421	28433	988
3－5	利润总额/(万元·a^{-1})	7663	8612	－949
3－6	所得税/(万元·a^{-1})	1916	2153	－237
3－7	净利润/(万元·a^{-1})	5748	6459	－711
4	项目总投资/万元	54859	68687	－13828
4－1	建设投资/万元	48446	62989	－14543
4－2	建设期利息/万元	691	719	－28
4－3	流动资金/万元	5722	4979	743
5	盈利能力指标			
5－1	项目投资财务内部收益率/%			
	所得税后	13.82	12.36	46
	所得税前	17.35	15.50	85
5－2	项目投资回收期/a			
	所得税后	7.51	7.79	0.28
	所得税前	6.73	6.99	－0.26

注：产品销售价格10万元/t，表中计算成本和收入均为不含增值税价。

对两个方案进行综合分析，可归纳如下：

(1)从两方案的工艺技术实现工业化的难度比较可知，在方案Ⅱ中因空白焙烧从预热到出窑在窑内停留时间长达 7～7.5 h，880～930℃温度范围内需焙烧 120～180 min，大工业生产实现难度相当大，若满足不了此条件则焙烧转化率将大幅度降低；而方案Ⅰ工艺过程中，加温搅拌酸浸的时间和温度相对容易控制。因此，方案Ⅰ比方案Ⅱ流程短，工艺简单成熟，节能环保，更容易实现工业化。

(2)表 4－9 数据表明，方案Ⅰ与方案Ⅱ相比虽然原矿处理的单位成本高 15.07 元(即高出 4.8%)，但投资省 13828 万元(即节省 20.1%)、项目投资财务内部收益率(所得税前)高 1.85%、项目投资回收期缩短 0.28 年。方案Ⅰ的技术经济指标优势明显。

付自碧[58]在“石煤空焙—低酸浸出提钒的试验研究”中，针对湖北某矿区的石煤，采用 5 种不同的提钒工艺进行了探索，确定了空焙—低酸浸出的提钒工艺路线。

4.6 钒酸钠溶液除磷[60]

钒酸钠溶液来自湖南怀化某钒厂，该厂以石煤矿为原料，经空白焙烧后用 3‰硫酸浸出[61]，浸出液(含 V_2O_5 2～3 g/L，pH 2～4)再进行离子交换吸附[62]，后用氢氧化钠解析得到 pH 为 10 左右的钒酸钠溶液。净化剂为质量分数为 20% 的镁盐溶液。

解析液的化学成分见表 4－11。

表 4－11 湖南怀化解析液的主要化学成分分析结果

分析物	V_2O_5	Na	Si	P	S	Al
含量/$(g \cdot L^{-1})$	117.76	53.86	1.16	1.02	6.50	0.22
分析物	K	Ca	Fe	As	Cu	Cl
含量/$(g \cdot L^{-1})$	0.06	0.04	0.078	0.06	0.007	3.41

脱磷的原理在于磷在碱性钒酸钠溶液中主要以 PO_4^{3-} 的形态存在，但 PO_4^{3-} 随着溶液碱性的减弱而水解生成酸式盐。除磷的方法是基于使其生成溶解度极小的盐[63, 64]。酸式磷酸镁的溶解度较小，在加入镁盐时，即能产生沉淀而除去：

$$3Mg^{2+} + 2PO_4^{3-} = Mg_3(PO_4)_2 \downarrow$$

在 25℃时磷酸镁的溶度积为 1.04×10^{-24}[65]，而 $K_{sp} = [Mg^{2+}]^3[PO_4^{3-}]^2$，那么在 25℃净化后溶液中的 Mg^{2+} 的平衡浓度若为 1×10^{-4} mol/L，则 $[PO_4^{3-}] = 4.02 \times 10^{-6}$ mol/L，可见在净化后磷酸根的浓度已经很低了。

同时，硅和砷也会生成溶解度极小的硅酸盐和砷酸盐而除去：

$$Mg^{2+} + SiO_3^{2-} = MgSiO_3 \downarrow$$

$$3Mg^{2+} + 2AsO_4^{3-} = Mg_3(AsO_4)_2 \downarrow$$

镁的钒酸盐与碱金属的钒酸盐相似，都易溶于水，在磷沉淀的同时，钒不会大量沉淀损失。

试验表明，工业含钒离子交换解析液在最佳的净化条件下(净化温度 45℃，净化时间 50 min，镁盐加入量为原料液 12%，pH = 10.0)，净化后不需要静置直接过滤。除杂后得到的含钒净化液分别在 50℃时加入氯化铵，待 NH_4VO_3 晶体析出后，静置一段时间再过滤、洗涤、烘干，然后将 NH_4VO_3 晶体放入马弗炉内 500℃左右煅烧热解得 V_2O_5。

经净化后制取的 V_2O_5 与未净化的钒酸钠溶液中制取的 V_2O_5 相比，P 元素从 0.114% 降到了 0.017%。另外，Si、Fe、As 等元素含量也下降，品位从 99.120% 提高到 99.917%。

4.7　含钒(Ⅴ)铬(Ⅵ)混合液中分离钒、铬的方法

尹丹凤、余乐等人[66]在中国专利 CN102424913 A 中提供了一种从含钒(Ⅴ)铬(Ⅵ)混合液中分离钒、铬的方法。所述方法包括如下步骤：调节混合液的 pH 至 10.4～10.5；向混合液中加入钙盐；然后，调节混合液的 pH 至 10.4～10.5；过滤混合液，得到第一含钒滤饼和含铬滤液；将含钒滤饼用 pH 为 11～11.1 的碱溶液浸泡后过滤，得到第二含钒滤饼；用水清洗第二含钒滤饼，烘干后得到钒酸钙；处理所述含铬滤液，得到铬产品。该发明的方法能够从含钒(Ⅴ)铬(Ⅵ)混合液中有效地分离并回收钒、铬，有利于钒铬资源的回收利用。并且该发明的方法还具有简单、易操作的优点。

在示范例中将 200 mL 的含五价钒(3.8 g/L)和六价铬(4.6 g/L)的混合液用氢氧化钠溶液调节 pH 至 10.4。搅拌并计量加入无水氯化钙，使溶液中的钙离子质量浓度为钒离子质量浓度的 2.2 倍。然后，用氢氧化钠溶液调节反应液的 pH 至 10.4，搅拌 10 min 后过滤，得到含钒滤饼和含铬溶液。接下来，将含钒滤饼用 pH 为 11 的碱溶液浸泡后过滤，再次得到含钒滤饼(第二含钒滤饼)，清洗所得的第二含钒滤饼经烘干得到钒酸钙。这里，钒酸钙的全钒含量为 28.31%，钒收率为 92.15%。将含铬滤液还原沉淀后在 1000℃煅烧 1 h，煅烧产品再经洗涤烘干得到含量大于 97% 的三氧化二铬。

4.8　分离富集石煤浸出液中钒的方法

高峰等[67]发明人在题为："一种分离富集石煤浸出液中钒的方法"中提供了分离富集石煤浸出液中钒的方法，它是用沉淀剂将浸出液中的钒沉淀下来，过

滤，再用碳酸铵溶液转化溶出滤渣中的钒，溶出后的含钒溶液用铵盐沉钒生成偏钒酸铵沉淀，过滤，将偏钒酸铵滤饼烘干后，送入煅烧炉，在400～600℃煅烧分解为V_2O_5产品。其特征在于所说的沉淀剂为水溶性钙盐、镁盐、铁盐等，沉淀剂的用量为沉淀剂与五氧化二钒摩尔比(1～10):1，碳酸铵用量为铵盐与五氧化二钒摩尔比(1～15):1，浸出液中钒的回收率大于95%，和现有分离富集钒的方法相比，整个过程简单易于操作，无须用到特殊设备，所用原料廉价易得，工艺条件容易达到，而且过程中无废水废气产生，干净环保。

该专利的特点是使用沉淀剂沉石煤浸出液中的钒。沉淀剂可使用钙、镁、铁的氯化物。在使用氯化钙作沉淀剂时，在浸出液中按沉淀剂与五氧化二钒摩尔比(1～10):1加入氯化钙，在10～100℃下反应10～120 min，将浸出液中的钒沉淀下来，过滤分离。再按碳酸铵与五氧化二钒摩尔比(1～15):1加入碳酸铵溶液，在10～100℃下反应1～10 h转化溶出滤渣中的钒，过滤。再铵盐沉钒：将滤液用NH_4Cl沉钒生成偏钒酸铵沉淀，过滤。将偏钒酸铵滤饼烘干后送入煅烧炉，在400～600℃下煅烧分解为五氧化二钒产品。尾气用盐酸回收，生成氯化铵返回沉钒工序使用。用氯化钙作为沉淀剂，浸出液中钒的回收率为95.1%。

4.9 石煤提钒中的综合利用[1]

石煤是一种重要的多金属矿物资源，具有较高的综合利用价值。过去，我国的石煤资源主要用于石煤发电、石煤提钒及建材行业，而对其中赋存的其他有价组分并未充分地予以回收利用，因而造成了资源的极大浪费。目前，随着有色金属资源的日渐紧俏，以往在石煤中未得到有效回收利用的铝资源已被提上了开发日程。另外，考虑到国际钒价的持续低迷，在利用目前较为成熟的提钒技术对石煤中的钒进行回收的同时，对其中赋存的其他有价元素进行充分合理地回收利用，一方面既提高了生产利润，另一方面也符合资源的可持续利用要求[5]。

石煤中赋存的金属和非金属元素多达五六十种，所以石煤不仅是一种含碳氢少、发热量低、灰分高的劣质煤，同时又是一种低品位的多金属矿石，具有颇高的综合利用价值。按石煤中主要有价元素不同，石煤可分为含钒、钒钼、钒镍、钒镓、钒铀、钒硒、钒银等类型。

文献[5]的作者研究了钒钼矿石的综合利用工艺，矿石取自陕西省略阳县沙坝坪含钒钼石煤矿1号矿体，是一种以钒为主、同时还含有一定品位钼的石煤矿，具有较高的综合利用价值。由于矿石中耗酸性的铁、钙氧化物含量较高，若采用直接酸浸工艺，这部分矿物将会加大浸出过程的酸耗，并对有价金属的浸出与回收造成十分不利的影响。因此，作者针对这一地区石煤矿石的特点，采用强磁选对矿石中的含铁矿物进行富集，同时初步回收一部分钒和钼，磁选得到的铁粗精矿，通过还原焙烧，使酸溶性赤铁矿转化为酸不溶性的四氧化三铁；对磁选尾矿进行浮选脱除方解石，并回收大部分钒和钼，所得浮选精矿先加入硫酸和氯酸钠进行浮选精矿中钒、钼的浸出；浸出完成后，于矿浆中加入磁选精矿焙烧产物进行其中钒、钼的浸出；固液分离后，对滤液进行萃前预处理，然后采用钒钼共萃取—分步反萃的方法对钒钼进行分离回收；对浸出渣采取进一步细磨后，通过弱磁选回收矿样中的铁。

工艺流程图见图4－29。

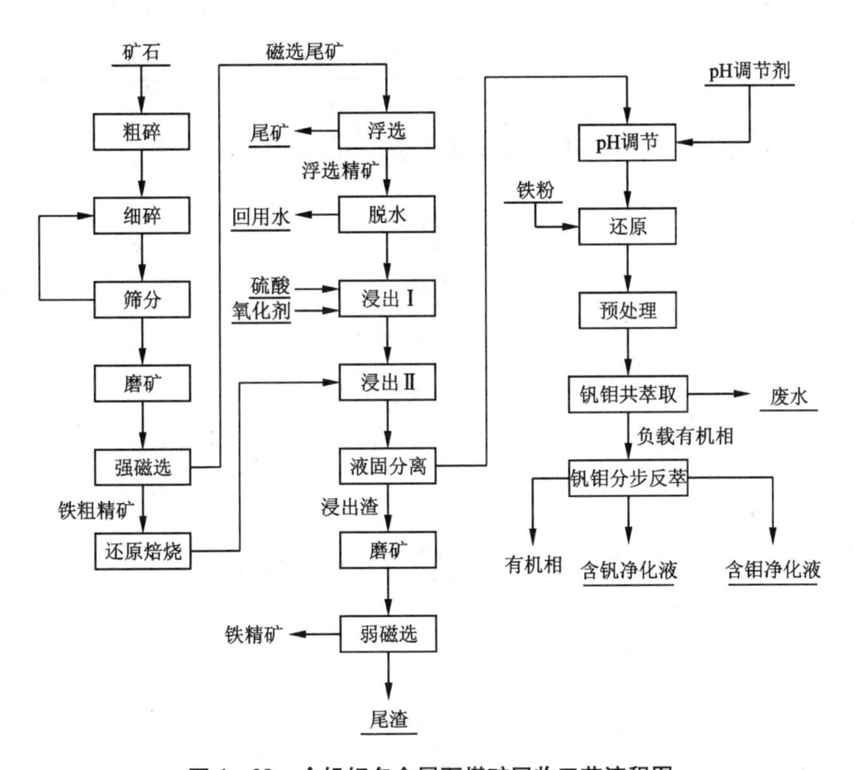

图4－29 含钒钼多金属石煤矿回收工艺流程图

针对我国某地某煤矿的石煤(其成分见表4－12)含硒高的特点，上海冶炼厂采用石煤粉碎制团—氧化钠化焙烧—从烟气中回收硒—焙烧料酸浸钒—酸性铵盐沉钒工艺，得到了较好的综合提硒、钒的技术指标：硒挥发率大于90%，SeO_2水液吸收率大于80%；硒析出率大于95%；以粗硒精矿计硒总收率大于65%；V_2O_5转浸率80%以上，沉钒率大于98%，以含V_2O_5 95%以上的粗品计钒总收率大于75%。

表 4－12　某含硒石煤化学成分

取样编号	化学成分/%								900℃烧损率/%
	Se	V_2O_5	SiO_2	CaO	MgO	Fe_2O_3	S	C	
石－1	0.21	0.50	70.45	1.03	0.21	2.36			19.57
石－5	0.29	0.56	50.64	1.44	0.31	10.58	0.70	16.37	21.25
石－7	0.25	0.75	68.08				0.56	14.74	
平均	0.25	0.60	63.05	1.22	0.26	6.47	0.63	15.55	20.41

从石煤综合提取硒和钒的工艺流程见图 4－30。

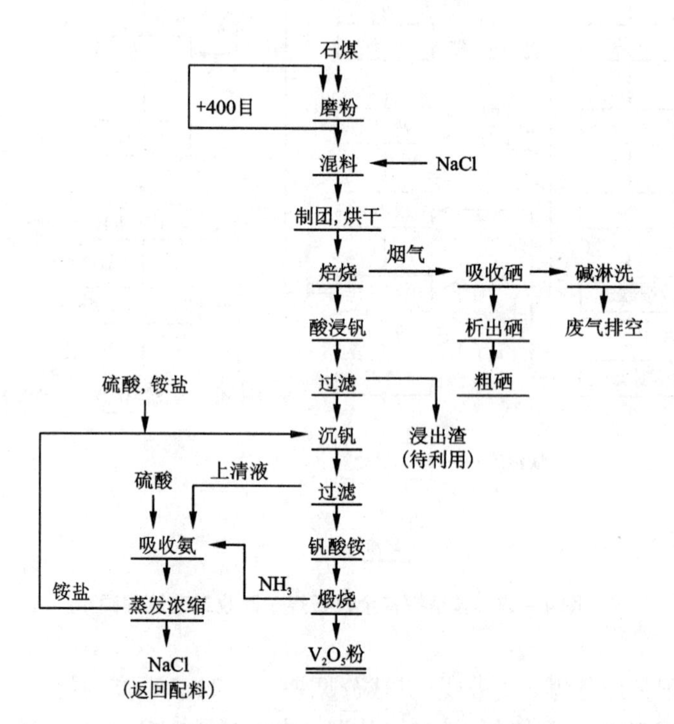

图 4－30　从石煤综合提取硒和钒的工艺流程

王学文、王明玉[68]在中国专利 CN 102121914 A 中介绍了一种在石煤提钒过程中综合回收铝、钾的方法，工艺过程主要包括：石煤硫酸浸出液结晶硫酸铝钾矾，硫酸铝钾矾重结晶提纯，或加水溶解后再加入含钾的酸度调节剂使铝沉淀析出，过滤得氢氧化铝和硫酸钾或硫酸氢钾溶液，硫酸钾或硫酸氢钾溶液再经石灰转型得碳酸钾或氢氧化钾，以实现铝、钾高效分离和回收，具有铝和钾的回收率高、产品多样化、铝和钾回收工艺过程不引入对石煤提钒水循环利用有害的杂质、试剂用量少、生产成本低、环境友好等优点。

取含 V_2O_5 4.86 g/L，Al 13.46 g/L，K 4.31 g/L 的石煤酸浸溶液 2000 mL，先加碳酸钙调 pH 至 1.5，再加入 60 g K_2CO_3 使溶液中的铝和钾以明矾的形式结晶析出，过滤；结晶母液加入双氧水使其中的二价铁氧化成三价铁及三价钒和四价钒氧化成五价钒，85℃搅拌 0.5 h，使溶液中的钒和铁共沉淀析出，过滤得含钒氧化铁和沉钒后液；含钒氧化铁碱浸回收钒，沉钒后液返回石煤酸浸工序循环使用；结晶得到的明矾按固液比 1∶3 (g/mL) 加水升温溶解后，搅拌加入氢氧化钾调溶液 pH 6.5，过滤洗涤，得氢氧化铝和硫酸钾溶液；氢氧化铝经 950℃煅烧 2 h 得氧化铝产品；硫酸钾溶液浓缩结晶得硫酸钾产品。

刘廷军等[69]在专利“一种从石煤中同时提取钒、铝、钾的方法”中提供了一种用过氧化钠代替氯化钠作催化剂，中温焙烧，采用 1 号、2 号、3 号萃取剂分步低温浸取钒、铝、钾的新工艺方法。不产生废水、氯气和氯化氢等废气，改传统的二次焙烧制 V_2O_5 为一次焙烧，去掉了由钒酸铵或偏钒酸铵制取 V_2O_5 的工艺过程，简化了工艺流程，提高了回收率和纯度，降低了成本，保护了环境。母液综合利用，提取了 Al_2O_3 和 K_2SO_4 资源，工艺简单易行，具有较好的经济和社会效益，值得推广应用。

从石煤中同时提取钒、铝、钾的流程见图 4-31。

该专利使用的 1 号萃取剂为复合酸：85% ~95% 的浓硝酸，加 8% ~10% 浓硫酸，再加 1% 过氧化钠，配制成 10% 水溶液。2 号萃取剂配制为双氧水 18% ~22% 和 75% ~85% 三乙醇铵混合液，配制成 10% 水溶液。3 号萃取剂的配制为 85% ~92% 三乙醇铵和 8% ~12% 双氧水混合液，配制成 10% 水溶液。

该工艺 1000 kg 矿粉的处理操作如下：

(1)原料为含钒页岩，各成分主要含量为 V_2O_5 0.82%（V：0.46%），Al_2O_3：17.08%，K：1.98%，Fe：4%，将原料矿球磨粉碎为 60 ~80 目矿粉。

(2)加入过氧化钠催化剂和水拌和成球。过氧化钠与水(质量比 1∶10)配制成水溶液，按每吨矿石加入 2.5 kg(2.5 L)此水溶液。

(3)在平窑或旋转炉焙烧 6 h，保温 600 ~720℃。

(4)加入 1 号萃取剂，控制温度 80 ~110℃，时间 24 h，加入量 500 kg(500 L)。

(5)用压滤机过滤，固体渣用清水清洗 1 ~2 次，洗液回收利用，渣加入石灰

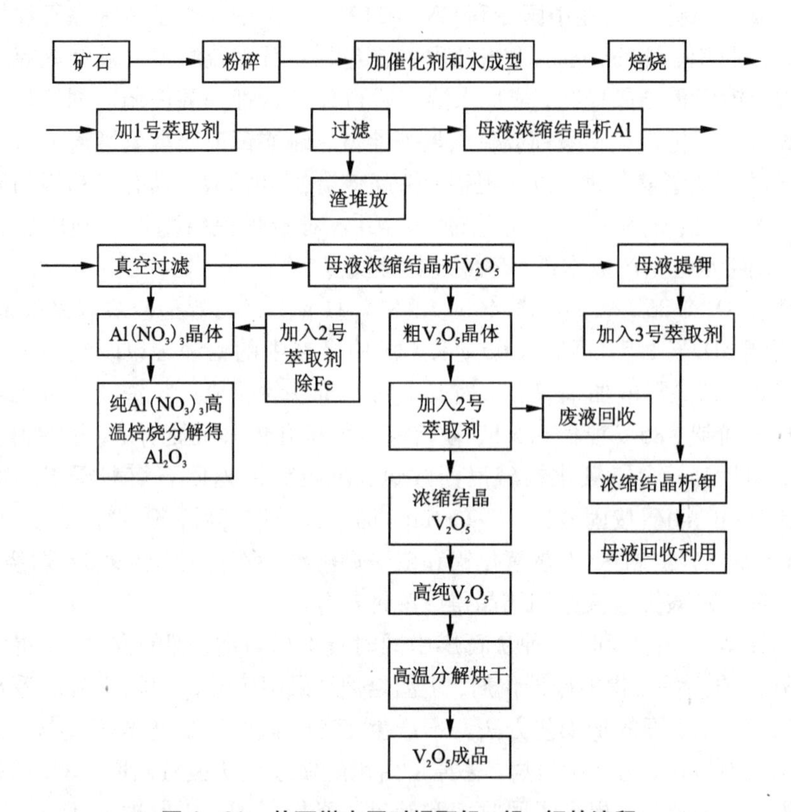

图 4-31 从石煤中同时提取钒、铝、钾的流程

中和后堆放。

(6) 母液浓缩结晶析出 $Al(NO_3)_3$，粗 $Al(NO_3)_3$ 除 Fe 得纯 $Al(NO_3)_3$，$Al(NO_3)_3$ 经 500 ~ 600℃ 分解得 Al_2O_3，NO_2 经吸收进入水溶液中制成硝酸回收利用。

(7) 真空过滤，固液分离，含钒的母液浓缩析 V_2O_5。

(8) 含钒的粗 V_2O_5 晶体加入 2 号萃取剂 100 kg 二次浸取提纯 V_2O_5，母液进入下一工序用于继续提钾。

(9) 二次浸取制得的含钒溶液浓缩结晶物，固液分离后结晶物为含水 V_2O_5（含水量为 50% ~ 60%），经过 500 ~ 600℃ 的高温烘干，得 99% 的高纯 V_2O_5 成品。

(10) 真空过滤后的母液加入 3 号萃取剂 100 kg 继续浓缩结晶析钾盐，得 K_2SO_4 成品，母液回收利用。

参考文献

[1] 赵天从，傅崇说，何福煦等. 有色金属提取冶金手册：稀有高熔点金属(下)[M]. 北京：冶金工业出版社，1999.
[2] 李龙涛. 甘肃石煤循环流化床燃烧特性及灰渣提钒实验研究[D]. 浙江大学，2014.
[3] 蔡晋强，巴陵. 石煤提钒的几种新工艺[J]. 矿产保护与利用，1993(5)：30.
[4] 肖超. 石煤提钒新工艺及其机理研究[D]. 中南大学，2010.
[5] 谷雨. 含钒钼石煤矿中有价金属的综合回收新工艺[D]. 湘潭大学，2012.
[6] 林海玲，范必威. 方山口石煤提钒焙烧相变机理的研究[J]. 稀有金属，2001，25(4)：273－277.
[7] 符迈群. 石煤提钒[J]. 钒钛，1992(5)：12－14.
[8] 李旻廷，吴惠玲等. 钒在石煤各物相中的分配与钒浸出率的关系[J]. 中国稀土学报，2008，26：556.
[9] 朱军，郭继科. 石煤提钒工艺及回收率的研究[J]. 现代矿业，2011(3)：24.
[10] 邓志敢，李存兄，魏昶等. 含钒石煤氧压酸浸提钒新工艺研究[J]. 金属矿山，2008(7)：30－34.
[11] 米玺学，兰玮锋. 从石煤钒矿石中提取五氧化二钒工艺综述[J]. 湿法冶金，2008，27(4)：208，210.
[12] 蔡晋强，巴陵. 石煤提钒新工艺及市场动向[J]. 钒钛，1993(5)：30－39.
[13] 谢桂文. 一种常温常压下石煤加硫酸湿堆氧化转化浸出钒的方法[P]. 中国专利 CN 101476036A.
[14] 颜文斌等. 一种含钒矿石氧化酸浸湿法提钒方法[P]. 中国专利 CN102146513A.
[15] 陈庆根. 溶剂萃取法从石煤酸浸液中提取 V_2O_5 的新工艺研究[J]. 矿产综合利用，2010(5)：23.
[16] 邴桔等. 从石煤中提取五氧化二钒的工艺研究[J]. 稀有金属，2007(5)：670.
[17] 邹晓勇，欧阳玉祝，彭清静，田仁国. 含钒石煤无盐焙烧酸浸生产五氧化二钒工艺的研究[J]. 化学世界，2001(3)：117.
[18] 杨绍文，李琦，高照国，曹耀华，刘红召. 从钒精矿中湿法提取五氧化二钒新工艺研究[J]. 湿法冶金，2011(1)：33.
[19] 王一. 石煤酸浸提钒浸出液萃取试验研究[J]. 金属矿山. 2013(3).
[20] 杨用龙等. 含钒黏土矿两段浸出提钒工艺[J]. 矿冶工程，2009(6)：61.
[21] 罗小兵等. 湿法浸出黏土钒矿中钒的研究[J]. 矿冶工程，2007(6)：48.
[22] 樊刚等. 提钒尾渣常压酸浸提钒[J]. 有色金属，2010(4)：65.
[23] 李青刚等. 采用 HBL101 萃取石煤高酸浸出液中的钒[J]. 中国有色金属学报，2013，23(4)：1107－1113.
[24] 王成彦等. 一种石煤钒矿硫酸浸出液制备五氧化二钒的方法[P]. 中国专利 CN 102181635 A.

[25] 鲁兆伶. 用酸浸法从石煤中提取五氧化二钒的试验研究与工业实践[J]. 湿法冶金, 2002, 21(4): 175 - 183.
[26] 华骏. 石煤氧化酸浸提钒及钒渣的综合利用[D]. 吉首大学, 2012.
[27] 陈惠, 张岩岩, 李建文, 司士辉. 石煤微波辅助提钒及浸出液除杂研究[J]. 稀有金属与硬质合金, 2011, 39(2): 1 - 4.
[28] 司士辉, 戚斌斌. 微波场对石煤湿法提钒过程的影响[J]. 常熟理工学院学报(自然科学), 2009, 23, (2): 50 - 54.
[29] 魏旭, 邓志敢, 李旻廷等. 石煤直接氧压酸浸提钒新工艺[J]. 有色金属, 2009, 61(3): 94 - 97.
[30] 石爱华, 李志平, 李辉等. 石煤中钒的超声浸取研究[J]. 无机盐工业, 2007, 39(8): 25 - 27.
[31] 蒋训雄等. 一种石煤钒矿硫酸熟化浸出钒的方法[P]. 中国专利 CN 103555972 A.
[32] 刘景槐等. 一种石煤钒矿拌酸堆矿提取五氧化二钒的方法[P]. 中国专利 CN 103695643 A.
[33] Кузнецов А. Ю. Способ переработки ванадийсодержащего сырья [P]. Номер предварительного патента Казахстана: 19176, Опубликовано: 2008.
[34] 黄祥萍等. 一种五氧化二钒的提取方法[P]. 中国专利 CN 103193269 A.
[35] 陈爱良, 蔡晋强. 从石煤钒矿流化床燃烧灰渣中提取钒的方法[P]. 中国专利 CN102732736A.
[36] 中国矿权网(www. mine168. com). 2013 - 02 - 03.
[37] 徐耀兵. 中间盐法石煤灰渣酸浸提钒新工艺的试验研究[D]. 浙江大学, 2009.
[38] 王学文等. 一种石煤酸浸液提钒铁综合回收方法[P]. 中国专利 CN102127657 A.
[39] 庄树新. 硅质岩钒矿中无污染提取五氧化二钒的新工艺[D]. 中南大学, 2007.
[40] 叶普洪. 石煤酸法提钒新工艺研究[D]. 中南大学, 2012.
[41] 邓志敢. 石煤氧压酸浸萃取提钒新工艺研究[D]. 昆明理工大学, 2008.
[42] 孙德四, 张立明等. 硅质石煤钒矿提钒新工艺研究[J]. 稀有金属与硬质合金, 2010, 38(2): 5 - 10.
[43] 颜文斌等. 石煤钒矿和软锰矿联合制取五氧化二钒副产硫酸锰的方法[P]. 中国专利 CN 103205570 A.
[44] 冯雅丽等. 一种石煤与低品位软锰矿共同利用回收钒锰的方法[P]. 中国专利 CN 103436714 A.
[45] 何东升等. 从含钒石煤焙烧渣中浸取钒的方法[P]. 中国专利 CN102936660 A.
[46] 张一敏等. 一种含钒页岩提钒方法[P]. 中国专利 CN 102925720 A.
[47] 张一敏等. 一种利用氯化挥发从含钒页岩中提取 V_2O_5 的方法[P]. 中国专利 CN 102732739 A.
[48] 朱茜. 从含钒石煤酸浸液中分离制备钒产品的新工艺[D]. 湘潭大学, 2013.
[49] 李龙涛. 甘肃石煤循环流化床燃烧特性及灰渣提钒试验研究[D]. 浙江大学, 2014.
[50] 陈向阳. 石煤提钒工艺实验研究[D]. 西安建筑科技大学, 2008.

[51] 王娜. 石煤矿提钒绿色工艺的基础研究[D]. 重庆大学, 2010.
[52] 王明玉, 王学文. 一种微波加热含钒石煤提钒的方法[P]. 中国专利 CN103160696B, 20140618.
[53] 蒋凯琦, 郭朝晖, 肖细元. 中国钒矿资源的区域分布与石煤中钒的提取工艺[J]. 湿法冶金, 2010(4).
[54] Pradhan D, Mishra D, Kim D J, et al. Bioleaching Kinetics and Multivariate Analysis of Spent Petroleum Catalyst Dissolution Using Two Acidophiles[J]. Journal of Hazardous Materials, 2010, 175(1/3): 267 - 273.
[55] Mishra D, Kim D J, Ralph D E, et al. Bioleaching of Vanadium Rich Spent Refinery Catalysts Using Sulfur Oxidizing Lithotrophs[J]. Hydrometallurgy, 2007, 88(1): 202 - 209.
[56] Mishra D, Kim D J, Chaudhury C R, et al. Dissolution Kinetics of Spent Petroleum Catalyst Using Two Different Acidophiles[J]. Hydrometallurgy, 2009, 99(3/4): 157.
[57] 李小健. 某炭硅质钒矿提钒工艺的选取[J]. 稀有金属与硬质合金, 2011, 39(4): 1 - 3.
[58] 付自碧. 石煤空焙—低酸浸出提钒的试验研究[J]. 金属矿山, 2009(9): 78 - 80.
[59] 郑琍玉. 安徽池州地区石煤提钒工艺研究[D]. 合肥工业大学, 2010(3).
[60] 段冉, 李青刚. 从钒酸钠溶液中深度除磷制备高纯 V_2O_5 的研究[J]. 稀有金属, 2011, 35(4): 543 - 547.
[61] 王明玉, 王学文. 石煤提钒浸出过程研究现状与展望[J]. 稀有金属, 2010, 34(1): 90.
[62] 曾理, 李青刚, 肖连生. 离子交换法从石煤含钒浸出液中提钒的研究[J]. 稀有金属, 2007, 31(3): 362.
[63] 李洪桂. 稀有金属冶金学[M]. 北京: 冶金工业出版社, 1990.
[64] 和晓才. 钨酸钠溶液中除硅、磷、砷工艺[J]. 云南冶金, 2005, 34(1): 30.
[65] David R Lide. Handbook of Chemistry and Physics[M]. Florida: CRC Press, 1997—1998.
[66] 尹丹凤, 余乐等. 从含钒(V)铬(Ⅵ)混合液中分离钒、铬的方法[P]. 中国专利 CN102424913B, 20130814.
[67] 高峰等. 一种分离富集石煤浸出液中钒的方法[P]. 中国专利 CN 102912130 A, 20130206.
[68] 王学文, 王明玉. 一种在石煤提钒过程中综合回收铝、钾的方法[P]. 中国专利 CN 102121914 A, 20111129.
[69] 刘廷军等. 一种从石煤中同时提取钒、铝、钾的方法[P]. 中国专利 CN103112897 A.

第5章　从其他含钒原料提取钒

5.1　从钒铀矿中提取钒[1,2]

美国科罗拉多高原以产出钒铀矿而名闻世界。美国处理钒铀矿的主要工厂现用的工业过程是用热的氧化性酸浸出钒和铀，然后用离子交换或萃取法分离钒和铀(见图5-1)。

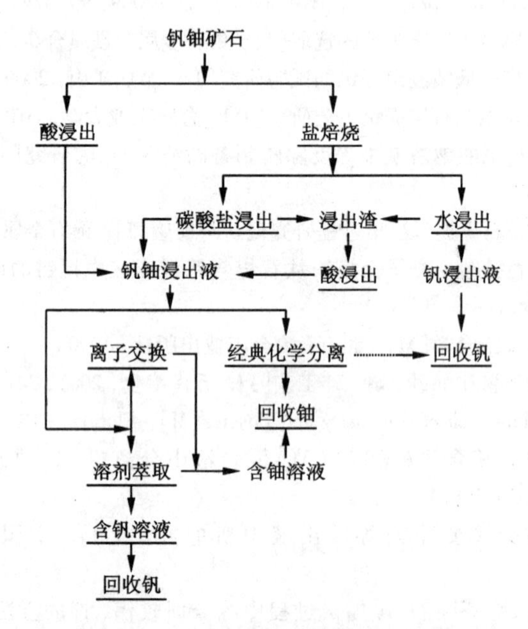

图5-1　从钒铀矿提取钒的流程图

如用酸同时浸出矿石中的钒和铀，则浸出条件要比单独浸出铀要剧烈得多，要求在有氧化剂存在下用硫酸浸出。在剧烈的酸浸条件下，浸出无选择性，矿石中的许多其他组分也被浸出。

酸浸后的下一步是浸出液中的钒铀分离。图5-2和图5-3示出两种基于化学沉淀法的分离过程。图5-2是用苛性钠或氨将酸浸液中和至pH=6左右，得到含U、V、Fe、Al、Si及其他酸溶性水合物的绿色沉淀。此滤饼用体积不大的硫酸和氯酸钠热溶液处理，得到富钒和铀的酸浸液，再用碱调节pH到2.5~3，这时钒以钒酸铁沉淀，而铀留在溶液中。钒酸铁沉淀返回盐焙烧。

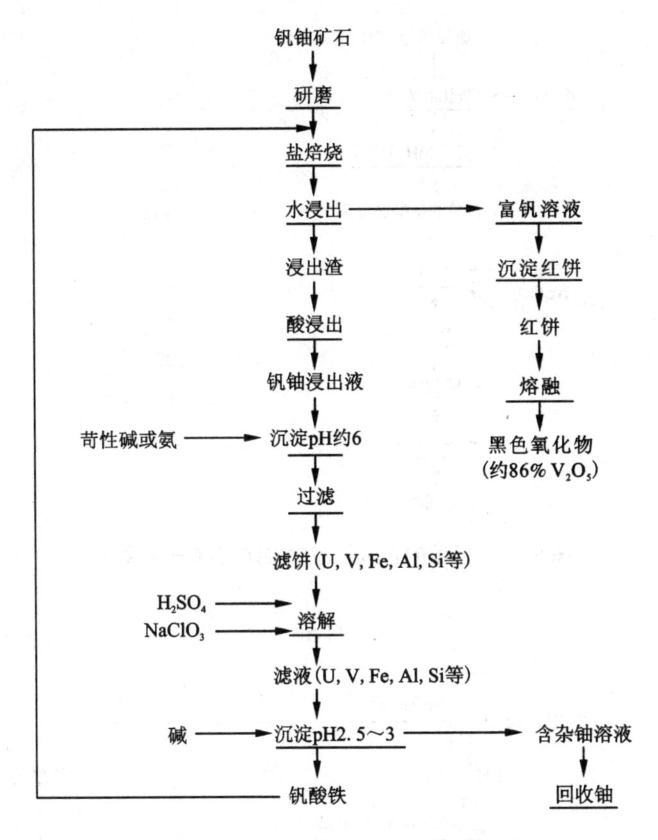

图 5－2　钒铀的选择性沉降分离过程

图 5－3 为用碳酸盐浸出盐焙烧矿石回收钒的工艺。当用碳酸盐溶液浸出盐焙烧矿时，钒和铀的溶解具有选择性，所以得到的钒和铀溶液是比较纯净的。加硫酸调节 pH 至 6 左右，煮沸除 CO_2，得钒酸铀醯钠沉淀。由于有钒过剩，过滤液中的钒以沉红饼形式回收。钒酸铀醯钠用钠盐还原熔炼得到熔合物，水浸后得含钒溶液和黑色的铀氧化物。

在溶剂萃取和离子交换法中，溶剂萃取法得到更多运用。关于用二(2－乙基己基)磷酸溶剂萃取分离钒和铀和用叔胺同时萃取铀和钼并分离钒的流程，详见第 3 章。

图 5－4 示出美国联合碳化物公司来复厂采用的流程图。

阿特拉斯(Atlas)股份有限公司莫阿贝(Moab)厂的提钒工艺见图 5－5。当处理高钙(>10% $CaCO_3$)低钒(<0.5% V_2O_5)矿时，用碱浸工艺。在碱浸工艺中不回收钒。高钒低钙矿用酸浸。

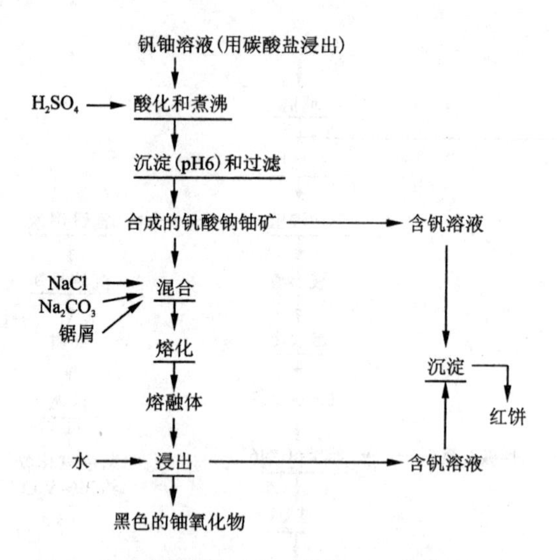

图5-3 钒铀的合成钒酸钠铀矿沉降分离过程

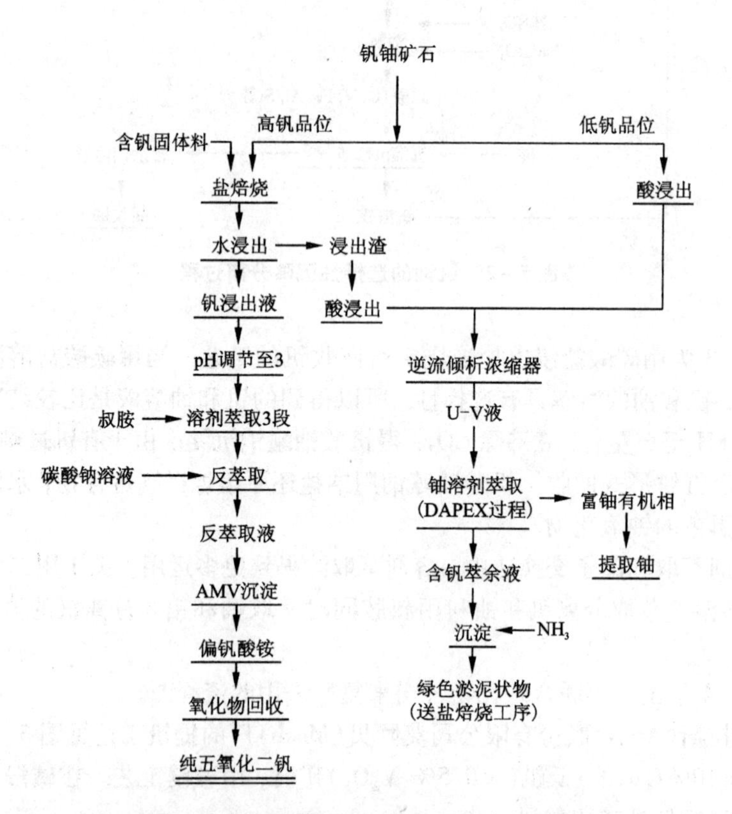

图5-4 联合碳化物公司来复厂钒生产流程图

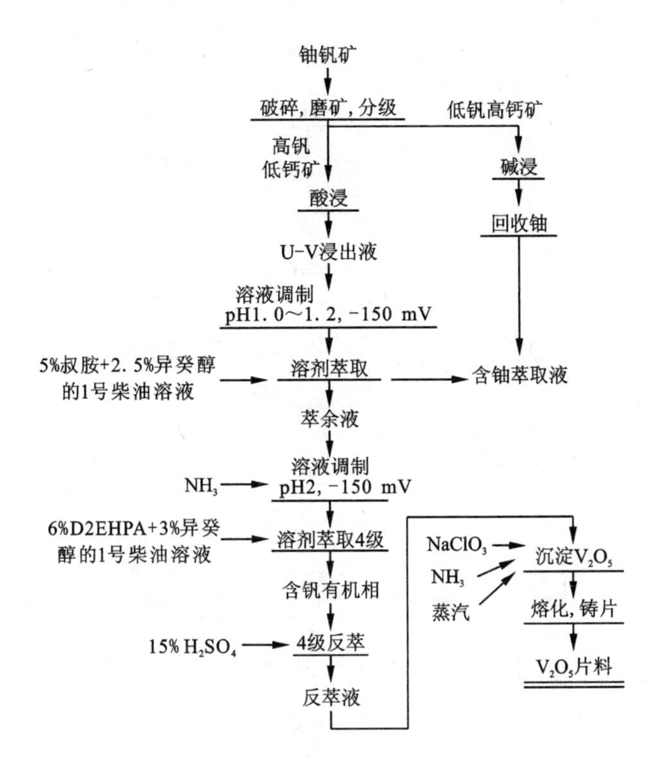

图 5-5　阿特拉斯股份有限公司莫阿贝厂提钒流程图

矿山发展(Mines Development)公司埃吉蒙特(Edgemont)厂提取钒的流程见图 5-6。该厂所处理的铀钒矿为低钒矿、含 0.25% V_2O_5 和 0.20% U_3O_8。

5.2　从含钒磷铁中提取钒[1]

磷灰石中常含有一定量的钒、铀、铬等，所以可视为这些金属的具有潜力的资源。

从磷灰石中通过磷铁来回收钒的流程示于图 5-7。这一流程可使磷铁中 95% 的钒和 96% 的磷得以回收。

5.3　从含钒铅锌矿中提取钒

含钒的铅锌矿是一种很好的钒资源。这种资源中的钒可以得到相当完全的回收。赞比亚的布罗肯希尔(Broken Hill)地区的钒铅锌矿和钒铅矿是很好的例子。

矿石经碾磨后进行重选，得到含 16.5% V_2O_5 的高品位精矿以及含 8.5% V_2O_5 的中矿和矿泥精矿。高品位精矿直接出售，而中矿和矿泥精矿磨至 -200 目后用 H_2SO_4浸出。浸出操作在机械搅拌槽中进行，添加一定量的 MnO_2，以防止二

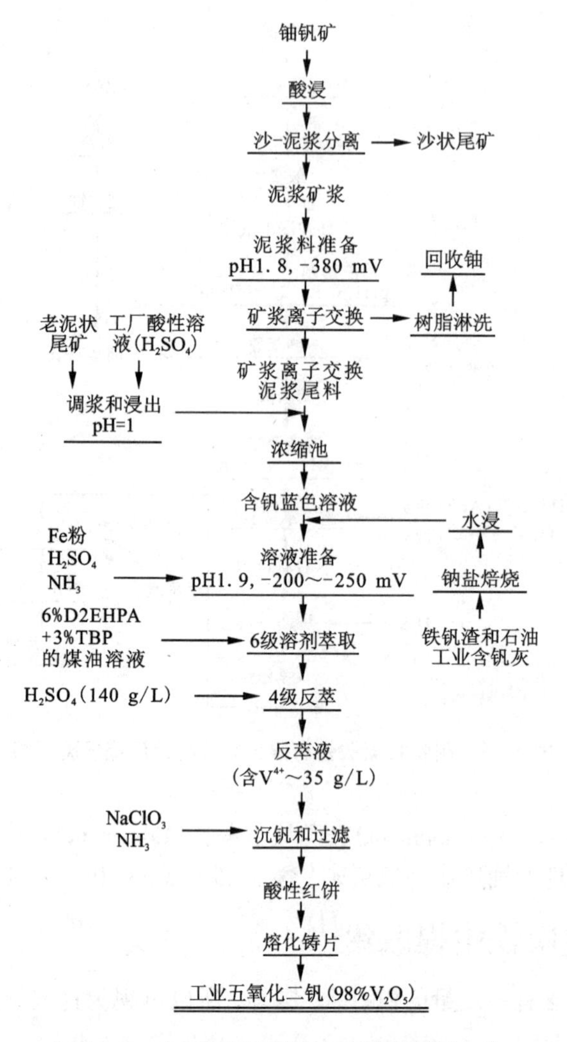

图5-6 矿山发展公司埃吉蒙特厂提钒工艺

价铁对 V^{5+} 的还原，并使 V^{4+} 氧化为 V^{5+}。浸出槽中有冷却管，使溶液温度低于40℃，以避免钒的析出。浸出进行到钒不再溶出时为止，此时溶液中游离酸与 V_2O_5 之比大约为1:2。用澄清后倾析的办法分离出清液。槽中的固体料再次用后段的倾析液造浆并再次倾析。这一作业反复数次，直到再造浆浸出液中含钒量已无价值为止。前几次的倾析液合并，得到含15 g/L V_2O_5 和7 g/L H_2SO_4 的合并倾析液。这一合并倾析液的后续处理见图5-8。

黄迎红等人[3]研究了用硫化钠—氢氧化钠复合浸出剂从钒钼铅矿中浸出并分离钒、钼的方法，试验结果表明：钒钼铅矿用碱浸出后钼、钒进入溶液而Pb、

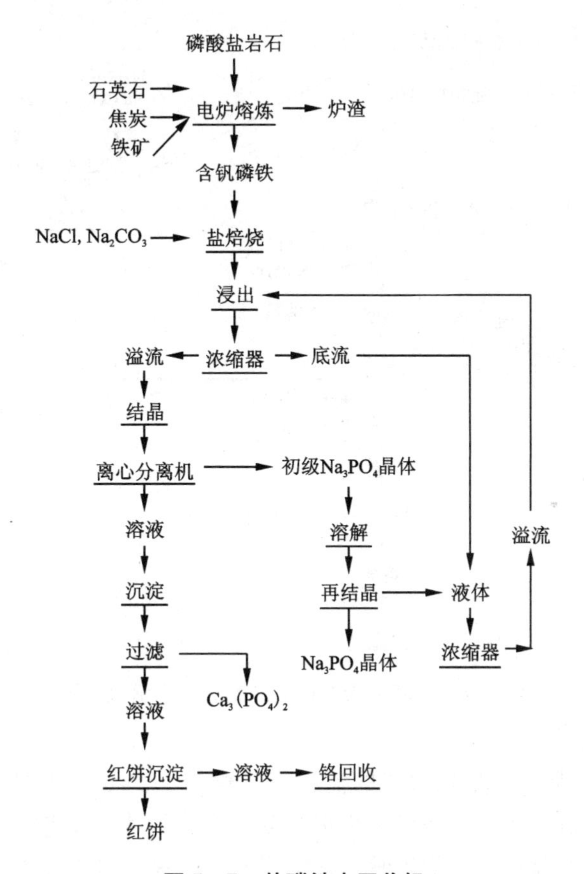

图 5－7　从磷铁中回收钒

Ag 等留在渣中。最佳浸出条件为：硫化钠用量为理论量的 1.1 倍，液固体积质量比 4∶1，浓度约 1.5 mol/L，反应温度 95～100℃，反应时间 3 h，浸出液用镁盐除硅后再用氯化铵沉淀钒，钒沉淀率大于 95%，用盐酸与氯化钙沉淀钼，钼沉淀率大于 99%。

5.4　从氧化铝生产中回收钒

铝土矿常含有少量钒。在用拜耳法处理铝土矿时，在压煮器中苛性钠的作用下，约有 30% 的钒也随铝进入浸出液。当氢氧化铝从铝酸钠溶液中沉淀时，钒留在母液中，返回铝土矿的浸出作业，从而使钒在溶液中富集。钒在溶液中富集过多是有害的，所以必须用缓慢冷却或用通空气的办法使钒以含钒淤泥形式沉淀除去。此淤泥含 6%～20% V_2O_5[4]，同时也含有 P_2O_5、氧化铝和碱金属氟化物。因此，此淤泥可看成是提钒的原料。

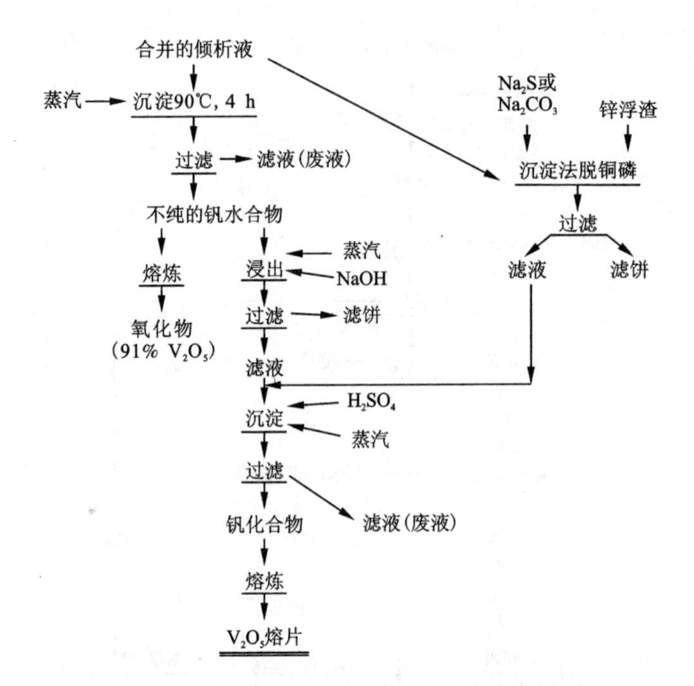

图 5-8　布罗肯希尔矿石浸出液回收钒流程图

图 5-9 示出从铝土矿回收钒的流程。流程的上部分为淤泥的沉淀过程，下部分为从淤泥提钒过程。含钒淤泥用水溶解，过滤后得到含钒溶液。可用钒酸铁或钒酸钙沉淀法回收钒。在加硫酸亚铁沉钒时，亚铁盐的加入量按下式计算：

$$2NaVO_3 + nFeSO_4 + 2(n-1)NaOH \xlongequal{} nFeO \cdot V_2O_5 + nNa_2SO_4 + (n-1)H_2O$$

沉淀所需的 pH 由加稀酸或稀碱来维持。沉淀物过滤之前在 pH 为 2 时搅拌 2 h，将沉淀洗涤后，煅烧得到组成为 1.864 $FeO \cdot V_2O_5$ 的产品。此法可回收溶液中 95% 的钒。

中南大学宋超[5]报道，铝土矿中通常含钒约 0.1%，在拜耳法溶出铝土矿过程中，30% ~40% 的钒溶于铝酸钠溶液中。随着氧化铝生产的周期循环，钒在母液中不断积累，当超过一定浓度后，不仅降低氧化铝的产品质量，而且对生产的稳定造成严重影响，因此，常采用冷却结晶的方法使其析出。析出物的成分因矿石的种类和处理方法的不同而相异，一般含钒 2% ~7%，是较好的钒资源。德、法、意、俄等国都有采用此种原料提炼金属钒的实践。

另有报道说(在一些铝钒土和霞石中含有 0.01% ~0.18% V_2O_5。在用拜耳法处理铝钒土过程中，约 65% 的 V_2O_5 进入浸出渣中，其余部分进入溶液。钒的五价形态有助于增加钒进入铝酸钠溶液的份额。当 Na_2O 在铝酸钠溶液中的浓度

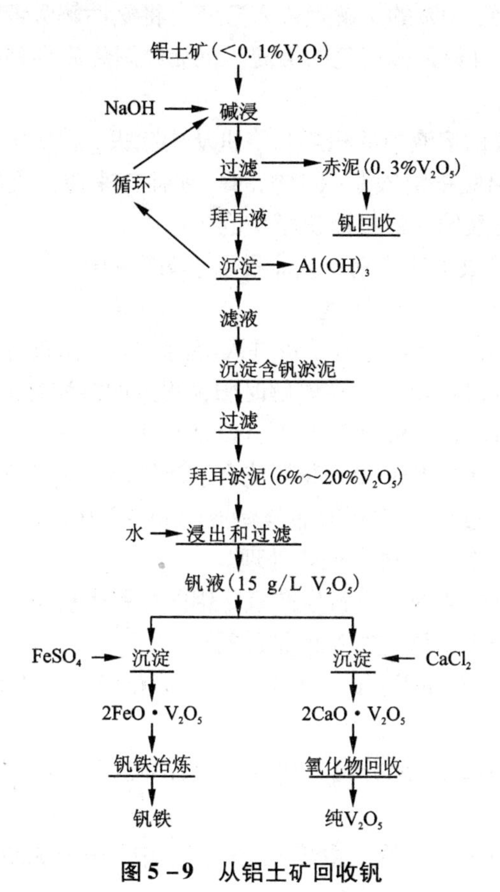

图5-9　从铝土矿回收钒

为100~300 g/L时，添加NaF到V_2O_5:NaF=1:2可大大降低钒盐在溶液中的溶解度。钒此时以$2Na_3VO_4 \cdot NaF \cdot 19H_2O$的形式发生沉淀。

为了沉淀$2CaO \cdot V_2O_5$，将含钒溶液加热至90℃，并加入氯化钙。氯化钙加入量为理论量的150%。加稀酸或碱保持pH=1。沉淀过滤前在pH=2的条件下搅拌2 h。沉淀过滤后洗涤和干燥。此法比加亚铁盐法好。进一步加工时可用酸将钒酸钙溶解，得到浓度很高的钒溶液，然后以偏钒酸铵的形式沉钒，再煅烧成非常纯的五氧化二钒。此法在工业上应用十分成功。

另一个从含钒淤泥中提取钒的新方法[6]基于活性炭吸附原理。用热水浸出含钒淤泥(V_2O_5 18%~20%)得到的溶液(V 10 g/L)，与活性炭粉末(100 g/L)混合调浆，并令浆液在82~85℃和pH=2~3保持4 h。溶液中90%以上的钒被炭吸附。在上述pH范围内，钒在溶液中的存在形式为$H_2V_{10}O_{28}^{4-}$，可被炭很好地吸附。过滤后得到的负载活性炭用水洗涤，再用1.34 mol/L NH_4OH在85℃下与负载活性炭调浆1 h，约80%的钒解吸进入溶液。将氨性解吸液酸化至pH 2.8，并在85℃下加热1 h，可得到棕黄色的沉淀。沉淀经煅烧后得到纯度大于99.9%的氧化钒。

然而，钒在铝酸钠溶液中的积累和将钒从中除去，在一定程度上是一种被强迫的过程。但同时铝酸钠溶液是获取钒的一种补充来源。在第二次世界大战期间，德国组织了从铝酸钠溶液提取钒精矿的生产[7]。

从铝酸钠溶液提取钒的原则工艺流程示于图5－10。

从铝酸钠溶液析出钒有三种建议：

(1)在用汞阴极电解沉积镓时使钒进入沉淀。该法由匈牙利开发并在艾卡市实施(匈牙利专利No.145729)。在电解时阳极附近的溶液被酸化，引起钒离子的复杂聚合过程，使钒以六钒酸钠(钾)形式沉淀析出。

(2)将铝酸钠溶液冷却到20～28℃使含钒渣结晶析出的方法。俄罗斯一家铝厂从湿法处理铝矾土过程中分流出部分碱液(180～200 g/L Na_2O)，当溶液冷却到25～28℃时析出含钒渣，送进一步处理。

与此类似，钒也能从处理霞石生产氧化铝的过程中析出。在这种情况下将部分分离硫酸盐后的蒸缩溶液进行钒的结晶析出。

析出的钒精矿组成如下：15%～18% V_2O_5，1.8%～2.5% Al_2O_3，10%～13% P_2O_5，49%～57% Na_2O。

(3)由苏联科学院乌拉尔分院[8]研发的用石灰从蒸缩的铝酸钠溶液中以钒酸钙形式沉淀钒的工业方法。

将从铝酸钠溶液中析出的产物转入碱性溶液中，用浓硫酸将碱性溶液部分中和，然后借助于石膏脱磷。溶液酸化到含H_2SO_4 1.5 g/L，使含80% V_2O_5的多钒酸盐沉淀，该多钒酸盐可转化为五氧化二钒(见图5－11)。

此五氧化二钒含90% V_2O_5和10% Na_2O。为了得到较纯的产品，将多钒酸盐溶解在苛性钠溶液中，添加氯化铵结晶出偏钒酸铵。

某些铝矾土和霞石除含有许多其他杂质外，还含有可观数量的钒。在氧化铝生产过程中钒在碱性铝酸钠溶液中积累，其浓度可达2.5～3 kg/m^3。在铝酸钠溶液冷却时有各种碱金属的盐类析出，其中包括钒酸盐。在当代的实践中常用石灰乳使钒沉淀，在这种情况下从铝酸钠溶液析出的有钙的钒酸盐和磷酸盐。析出物的五氧化二钒的含量可达12%～15%，与原铝酸钠溶液的组成和析出条件相关。

析出渣用无机酸或碱进行浸出。在pH＝1.7～3.0和95℃的温度下从溶液中沉淀出多钒酸钠。从碱性溶液中可用氯化铵沉淀出偏钒酸铵。在多钒酸钠热处理时得到含V_2O_5的熔片，而在偏钒酸铵热分解时得到纯的五氧化二钒。

另一种方法是将钒渣用碱金属硫酸盐的饱和循环液洗涤。得到的溶液蒸煮到悬浮液状态，然后过滤。沉淀再次用上述饱和溶液洗涤，得到的溶液进行蒸煮。

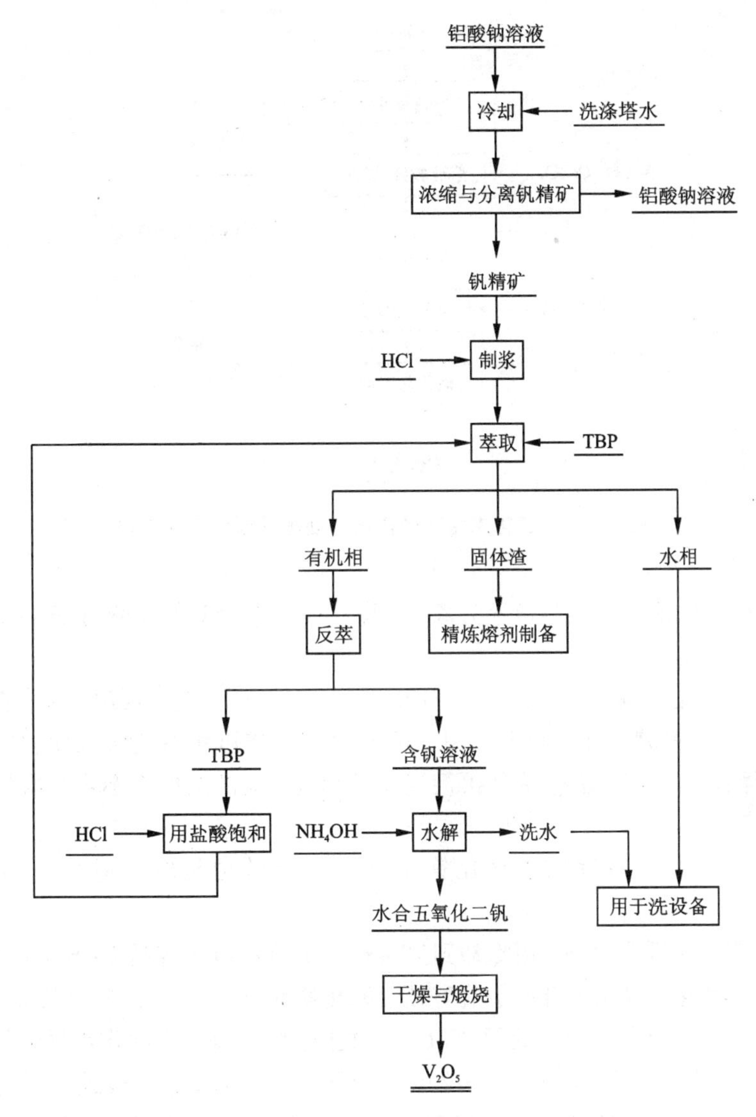

图 5－10　从铝酸钠溶液提取钒的原则工艺流程

蒸煮、过滤和洗涤重复到获得五氧化二钒含量为 35 ~ 36 g/L 的溶液。然后将含钒的浓溶液用双氧水处理，使低价硫、有机物和钒完全氧化，然后用浓硫酸将 pH 调整到 8，再加硫酸钙沉淀磷。

产生的沉淀过滤与溶液分离后送废弃场。滤液用 3 倍于五氧化二钒含量化学当量的硫酸铵处理。向溶液添加 25% 的氨水，然后在 20 ~ 30℃的温度下搅拌 3 h 后，分离出生成的偏钒酸铵。将该偏钒酸铵溶解在热水中，冷却后添加 25% 的氨

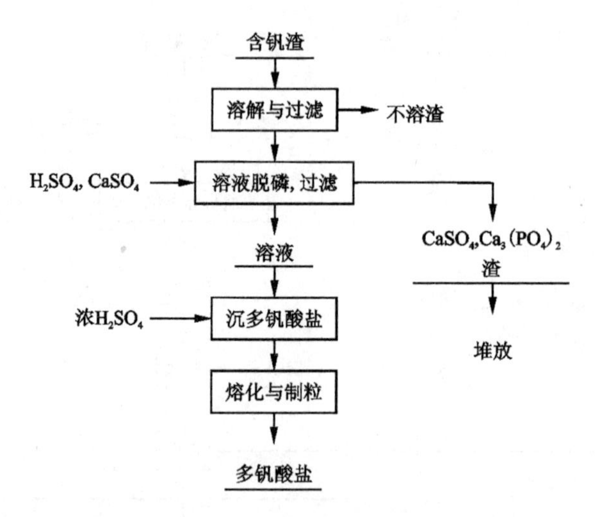

图 5-11　氧化铝生产中含钒渣处理的原则工艺流程

水，将再结晶的偏钒酸铵与母液分离，干燥后在470～510℃下热分解3 h，得到纯的五氧化二钒。

当中间产品含磷高时，建议用NaOH溶液(140 g/L)进行浸出，因为在此情况下80%～90%的磷会留在浸出渣中。进入溶液的磷可用氯化镁沉淀。应对多钒酸盐的沉淀作业给予关注，为使沉淀过程顺利进行，溶液中应不含有机物成分和负二价的硫。

苏联进行了一些旨在从氧化铝生产中更有效地提取五氧化二钒的研究工作[9, 10]。

循环溶液在混合之前，用冷却到70～80℃并在搅拌下保持4～6 h的办法，对溶液进行预净化，以除去苏打、硫酸盐、氟化物和部分磷酸盐和有机物等杂质。在此情况下上述化合物以沉淀形式析出。往上述溶液添加上次作业得到的含钒渣做晶种，其数量为沉淀物的20%～25%，令钒化合物的析出过程进行顺利。

添加晶种能使钒化合物的析出率从78%～80%提高到85%～88%。得到的钒精矿含17%～18% V_2O_5，送溶解作业。溶解得到的含钒溶液经过滤后用硫酸调整到pH =7～8。此时由于产生难溶化合物磷酸铝使溶液脱磷净化。未发现有钒酸铝生成。脱磷率为99.5%。经净化的溶液中和到pH =2.5～3，并历时5～7 h令多钒酸钠析出。五氧化二钒在最终产品中的总收率较前面叙述的工艺要高出8%～10%。

在处理含铝原料过程中顺便回收钒的数量不大，原因在于从铝酸钠溶液中析出钒的方法不够完善，以及含钒渣的处理方法过于复杂。

氧化铝生产在有色冶金中是规模最大的，同时也是原料综合利用较差的。从铝酸钠溶液中顺便回收钒，每吨氧化铝可副产0.5 kg五氧化二钒。

在文献[11]中建议用水在80℃下浸出钒精矿，固液比为1∶6，浸出时间15 min。在上述条件下，从精矿进入溶液的钒约为95%。

用下列成分的萃取剂处理含钒溶液：甲基氯化铵三辛酸甘油酯7%，二乙基己醇2%，煤油91%。有机/水相比=1∶1。用含10%～14%氯化铵和氢氧化铵的水溶液反萃钒。析出的钒酸铵沉淀在550℃煅烧，得到五氧化二钒。在连续四级萃取提钒过程中，钒的回收率为99%。

在文献[12]中对从氧化铝生产得到的钒精矿用萃取法在工业条件下提取钒的尝试结果进行了描述。按工艺用稀硫酸浸出含钒物料得到的溶液中，在次氯酸钙存在的情况下用三正辛胺(TAA)和$C_{12}-C_{16}$高异醇组分混合物萃取钒。混合萃取剂事先用硫酸饱和。钒萃入有机相的提取率为98.9%。负载有机相在用硫酸铵溶液洗涤后，用6%的氨水反萃钒，并添加双氧水防止钒被还原。反萃过程在50～60℃下进行，有机/水相比=3∶5，即在所谓的固相反萃条件下进行。得到的矿浆冷却到室温，使钒酸铵沉淀完全。

5.5 从哈萨克斯坦碳质黏土硅质页岩中提取钒[7]

哈萨克斯坦的硅质岩(6.5%～0.7% V_2O_5)也属于有前途的钒矿，为了处理这种矿建议在电热法生产黄磷时用它作熔剂。在磷钙石与钒矿一起还原熔炼时得到黄磷、铁磷合金(24%～27%P和4%～5% V)和弃渣。

第二阶段在转炉中用氧气吹炼合金。由于熔体组分氧化形成由氧化钒(达22% V_2O_5)和磷(达30% P_2O_5)的炉渣和磷铁。炉渣经破碎和脱除金属相之后加苏打进行氧化焙烧。

焙烧产物用水进行浸出。这时磷与钒一道进入溶液。除磷之后将溶液酸化可析出五氧化二钒化学精矿。

在固体氧化剂(铁矿、氧化铁皮等)存在下对含钒磷铁进行真空热精炼。在加入30%～40%氧化物的情况下得到最富的钒渣(29%～35% V_2O_5)。从磷铁回收钒的收率为90%～98%。

5.6 从锅炉灰中回收钒[1]

发电站燃烧燃油和石油焦产生两种类型的灰尘。一是直接产生在炉子中，并降落在火焰区下的灰坑中或者锅炉管外面的，称之为锅炉灰。另一种是用静电收尘器捕集的飞灰。燃油及其添加剂中所含的金属氧化物和硫酸盐，在燃烧时均沉积成灰烬。发电站通常产生的锅炉灰较少，飞灰较多。锅炉灰中含钒(4.4%～19.2%)和镍(0.2%～0.5%)较飞灰多，而飞灰中含碳较多。

将碾碎至 -100 目的锅炉灰(V 10.41%)用苛性钠浸出。碾碎的灰与浸出剂在112℃下回流浸出4 h。浸出剂为 NaOH(8 mol/L)溶液，矿浆密度为380 g/L。浸出后将矿浆过滤，浸出渣用新鲜的氢氧化钠溶液再浸出一次。此过程再重复一次。三次碱浸中钒的浸出率分别为43%、16%和8%。经三次浸出后，灰中67%的钒进入溶液，尚有33%的钒在浸出渣中。然后用8 mol/L HCl浸出，使灰中的钒得到完全浸出。用 NaOH 从灰中浸出钒有很高的选择性。NaOH 溶液不溶解灰中的镍和铁，所以得到的钒溶液是非常纯的，溶液中金属总含量的99%为钒，不需要净化就可直接沉钒。而盐酸是一种无选择性的浸出剂，因此灰中用酸浸出的33%的钒被 Ni、Fe 和 Mg 等金属污染。首先用25% TBP 的煤油溶液将浸出液中的铁萃取分离。萃余液用氨水调节 pH 至6。再用25%(体积)的 LIX64N 的煤油溶液从萃余液中萃取镍和钒。用稀盐酸(0.3 mol/L)从有机相中选择性地反萃镍，然后用浓盐酸(6 mol/L)反萃钒。原始酸浸液中80%的钒进入反萃液，未能回收的部分是分离铁和镍时的损失。

上述过程从灰中以纯溶液形式回收的钒占其总量的94%。

5.7 从废催化剂中回收钒[1]

5.7.1 从石油工业废催化剂回收钒

铝基催化剂是一种以氧化铝为载体，钼、镍、钴等金属或其氧化物为活性成分的催化剂，广泛应用于石化行业原油加氢和脱硫的精炼过程。这类催化剂中含有三氧化钼和用作促进剂的氧化钙，而载体为三氧化二铝。在脱硫过程中，原油中的钒(10 ~ 30 mg/L)以 V_3S_4 形式沉积在催化剂上，逐渐积累达到高钒含量(5% ~30%)。因此，报废了的催化剂便成了提取钒的工业原料[13]。失活后的催化剂一般都作为废催化剂而排放，据统计，全世界每年产生的废催化剂有50万~70万 t，其中，仅石油加氢处理单元就产生废催化剂15万~17万 t。为制造这些催化剂，耗用了大量贵金属、有色金属或其氧化物，催化剂中有用金属的含量并不低于矿石中相应金属的含量，甚至远远高于矿石中金属的含量。因此，废催化剂可看作为铝、钒、钼、镍、钴等有色金属及贵金属的重要二次资源。废催化剂的排放，不仅造成有价金属的大量流失，而且还对环境造成很大的污染。从资源综合利用和环境保护角度考虑，都必须对废催化剂进行处理以回收有价金属元素，并减轻对周边环境的污染。日本、德国、美国和俄罗斯都曾对重油脱硫报废的催化剂提钒作过广泛研究。已经有一些工厂以工业规模从废催化剂中回收钒。

美国得克萨斯州自由港的海湾化学公司的废催化剂提钒流程如下。废催化剂与碳酸钠一道于650 ~850℃下在多膛炉中焙烧2 h。焙烧在氧化气氛下进行，使废催化剂中的钒和钼均与 Na_2CO_3 反应形成水溶性的钒酸钠和钼酸钠。焙烧熟料用水淬火、碾磨和浸出。含钒和钼的浸出液在逆流倾析回路中与浸出残渣分离。首先加氯化铵使钒以偏钒酸铵的形式从浸出液中沉淀，经煅烧、熔化和铸片得到 V_2O_5 熔片。加酸酸化沉钒母液并加热至 80～85℃ 使钼以钼酸形式沉淀，煅烧 $H_2MoO_4 \cdot H_2O$ 得到 MoO_3。

美国阿马克斯(AMAX)和克里(CR1)投资公司联合开发的处理废催化剂的流程示于图 5-12。此流程不同于海湾化学公司的是采用 NaOH 压煮分解废催化剂，从第一次压煮浸出液中回收钼和钒，同时还从第二次更浓碱液的高压浸出液中回收氧化铝，再将浸出渣熔炼成镍—钴铜锍，从中回收镍和钴。

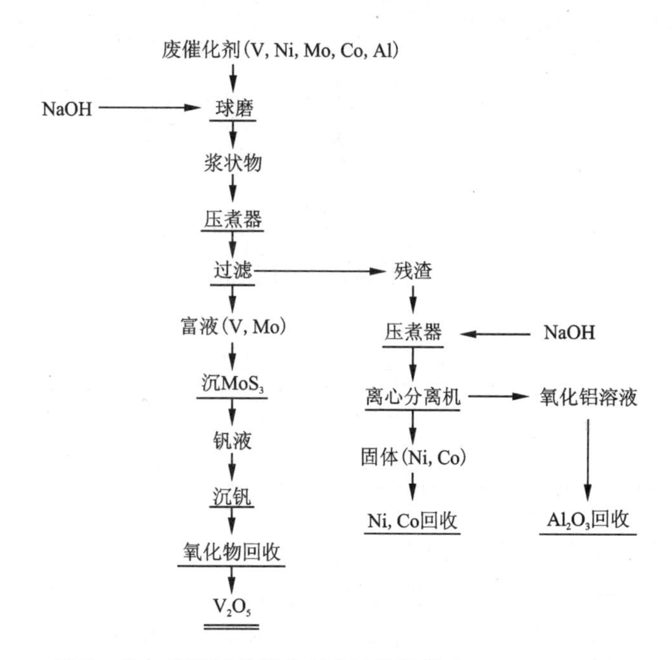

图 5-12　从用过的催化剂中回收钒的 CR1-MET 过程

日本住友金属工业公司处理重油脱硫废催化剂的流程见图 5-13。其特点是经碾磨后的废催化剂先在 630℃ 煅烧 18 h 以脱除碳和硫，再在湿氮气氛中用氯化钠在 850℃ 下焙烧 2 h。用沸水浸出可溶解焙烧料中约 82% 的钒和 82% 的钼。在沉偏钒酸铵回收钒后，再用三正辛胺萃取回收钼，并从萃余液中回收部分钒。

刘勇等人[14]在《含油废催化剂资源化清洁生产新工艺》一文中介绍了一种清洁处理含油废催化剂的工艺。

废催化剂的化学成分如表 5-1 所示。

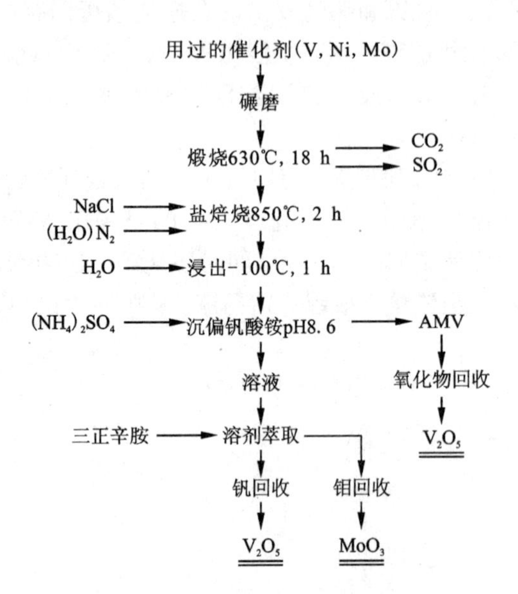

图 5-13　从用过的催化剂中回收钼和钒

表 5-1　废催化剂的化学成分

成分	Al_2O_3	V_2O_3	Mo	Ni	Si	C	S
含量 w/%	19.78	12.75	0.77	2.82	0.82	29.23	11.12

处理该废催化剂的资源化生产工艺流程如图 5-14 所示。

首先采用低压脱油工艺先将含油废催化剂中夹带的油质脱除。在加热终温 550℃、升温速率为 9.0℃/min、添加剂 NaOH 用量为物料质量的 30%，在 2×10^4 Pa 下保温 1 h 后，再在 9×10^4 Pa 下保温 1 h 的条件下，出油率为 23.36%，气体产率 6.39%，产出的油精炼后可实现综合利用。再采用湿法浸出、分离工艺将脱油残渣中的钼和钒分离、回收。废催化剂中的硫大部分被固定在脱油渣中。以气体排放的硫采用两级石灰水中和 + 水洗的方法进行脱硫处理，实现了清洁生产。

经多次条件试验确定了对脱油残渣用水浸出的最佳工艺条件为：矿浆液固比为 6∶1，温度 90℃，反应时间 8 h，在此条件下的浸出结果列于表 5-2。当溶液 pH = 8，NH_4Cl 用量为 100 g/L 时，钒的沉淀率为 98.6%，而钼的沉淀率相对较低，只有 7.86%，钒钼得到了有效分离。当 NH_4HS 溶液用量为理论用量的 1.2 倍，沉钼滤液的 pH≤0.5 时，钼酸的沉淀率可达 98.5%。在优化工艺条件下，废催化剂的脱油率为 109%，钒的回收率为 94.06%，钼的回收率为 80.05%，取得了良好的经济与社会效益。

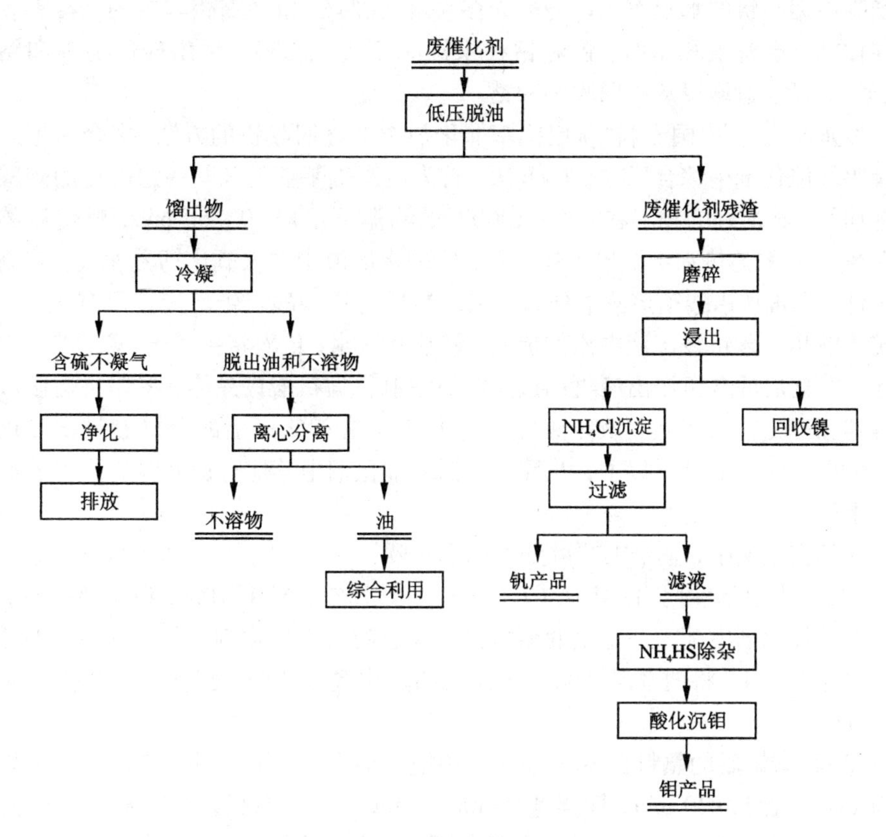

图5-14　废催化剂的资源化生产工艺流程

表5-2　最佳工艺条件下各金属的浸出指标

元素	Mo	V	Ni
含量/$(g\cdot L^{-1})$	1.16	11.7	0.024
浸出率/%	88.2	95.4	0.5

友田勝博等[15]人在日本专利“钼与钒的回收方法”(2011—168835)中介绍了一种用于回收含有钼和钒的废催化剂的方法。该方法包括：在回转窑中对添加有碱金属化合物的废催化剂进行焙烧，并从焙烧工序得到的焙烧物中回收钼和钒的作业，其中所述添加剂经制粒后加入回转窑。由于废催化剂和添加剂均以颗粒状加入，所以可得到很好的混合，而且也避免了它们在炉中的飞散，提高了焙烧效果。此发明所用的回转窑，在苏打化焙烧区与冷却区之间设有挡板，使物料在焙烧区的停留时间延长，有利于碳和硫的氧化，促进了焙烧过程的完成，提高了焙

烧产物中钼与钒的水浸率。焙烧产物在水浸前破碎，以提高钼与钒的水浸率。当废催化剂中含有镍和钴时，镍和钴在水浸时不进入溶液，浸出残渣为镍和钴的“精矿”，可通过酸浸从中回收镍和钴。

邵延海[16]在中国专利“从废铝基催化剂中综合回收钒的方法”中介绍了一种从废铝基催化剂中综合回收钒的方法，首先将废铝基催化剂与一定配比的碳酸钠混合均匀，将配好的物料在 800 ~ 1200℃ 的高温下焙烧 30 ~ 60 min，焙烧后的熟料在 80 ~ 90℃ 的热水中溶出。在含铝、钒的水溶液中加入氧化钙乳浊液，控制反应条件，将钒从铝酸钠溶液中分离出来。然后再用碳酸氢钠溶液浸出沉钒渣，使钒转入液相。含钒浸出液中添加硫酸、镁盐和氨水，依次将铝、硅、磷、砷等杂质脱除。净化后的含钒浸出液再用铵盐沉钒法制得偏钒酸铵晶体，将偏钒酸铵煅烧后得到五氧化二钒产品。该方法可制备出纯度在 98% 以上的合格五氧化二钒产品，钒的回收率在 85% 以上，并且为废铝基催化剂中其他有价金属的回收创造了有利条件。

在其实施例中，整个工艺可分为如下步骤：

(1)某废铝基催化剂(Al_2O_3 67.36%，V 1.73%，Ni 4.61%，Co 0.54%)，在该废铝基催化剂中配入一定量的碳酸钠，碳酸钠与废催化剂中(Al_2O_3 + V_2O_5)的摩尔比为 1.1∶1，将两者混合均匀后在马弗炉中高温焙烧，温度为 1000℃，时间为 30 min。

(2)将焙烧后的熟料在 80℃ 的热水中搅拌溶出，焙烧熟料与热水的质量体积比为 1∶4，时间为 30 min，搅拌速度 400 r/min，溶出结束后立即进行固液分离，固体样品烘干、称重、取样、分析，液体样品取样进行化验分析，氧化铝、钒的提取率分别为 94.78% 和 95.06%，而水浸渣中镍、钴富集比为 4∶1。水浸渣中的镍、钴可通过酸浸来回收。

(3)在含钒的铝酸钠溶液中加入氧化钙饱和乳浊液，将溶液温度控制在 85℃，氧化钙用量为 15 g/L，反应 180 min 后过滤，可将溶液中 97.75% 的钒转入沉钒渣中，铝在沉钒渣中的损失为 11.66%。

(4)沉钒渣(V 4.23%，Al_2O_3 24.87%)中配入一定量的碳酸氢钠，两者反应后生成溶解度更低的碳酸钙而使钒转入液相，碳酸氢钠与沉钒渣中 $Ca_3(VO_4)_2$ 的摩尔比为 11∶1，按液体体积与沉钒渣固体质量比 4∶1 加入水，在浸出温度为 80℃，800 r/min 下搅拌反应 45 min。反应结束后固液分离，固体样品烘干、称重、取样、分析，液体样品取样进行化验分析；钒的浸出率为 97.45%，浸出液中五氧化二钒浓度在 20 g/L 以上，浸出渣中钒含量低于 0.1%。

(5)将含钒浸出液加热至 80℃，用体积百分比浓度为 30% 的硫酸调节浸出液 pH 至 9.5，搅拌反应 30 min，自然冷却至 60℃ 后过滤，浸出液中铝和硅的脱除率分别为 99.28% 和 97.10%；再在浸出液中加入 5 g/L 硝酸镁，用氨水调节浸出液

pH 至 10 ~ 10.5，在温度60℃下搅拌反应60 min，过滤后除去浸出液中的磷和砷，两者的脱除率分别为93.75%和95.0%。净化过程浸出液钒的损失率为4.13%。

(6)向净化浸出液中加入 50 g/L 硝酸铵，并用30%硫酸调节浸出液 pH 至 8 ~ 8.2，在室温下搅拌反应120 min，固液分离后得到偏钒酸铵晶体。对沉钒前后浸出液中钒浓度进行化验分析，得出铵盐沉钒过程中钒的沉淀率为99.8%。

(7)将偏钒酸铵晶体在500℃下煅烧 120 min，得到砖红色五氧化二钒，经分析，五氧化二钒产品纯度为98.72%，达到冶金98级产品质量要求。

(8)钒回收工艺流程中，废铝基催化剂中钒的综合回收率为86.64%。

文献的工艺流程图见图5 - 15。

P. J. 马尔坎托尼奥[17]在中国专利“从废催化剂中回收金属的方法”中介绍了一种从非负载型的废催化剂中提取金属钒、镍和钼的方法。该发明首先用有机溶剂法脱除废催化剂中的油脂。该方法除去石油烃而不除去焦炭。通过在有机溶剂例如甲苯、二甲苯或煤油的存在下对含油的废催化剂进行除油可实现大于98%的深度除油。然后用水将除油后的废非负载型催化剂浆化。浆化的废催化剂被泵送到以氨充压的浸取高压釜中，该高压釜为多室、带搅拌的容器，同时通入氧气以引发氧化氨化浸取反应。浸出反应可在90 ~ 200℃的温度下进行，高压釜的容器压力优选2.0 ~ 4.8 MPa，该压力足以抑制容器内的闪蒸。过程的 pH 最优选 9 ~ 10。发生以如下公式所表示的浸取反应：

$$MoS_2 + 4.5O_2 + 6NH_3 + 3H_2O = (NH_4)_2MoO_4 + 2(NH_4)_2SO_4$$

$$V_2S_3 + 7O_2 + 8NH_3 + 4H_2O = 2NH_4VO_3 + 3(NH_4)_2SO_4$$

$$NiS + 2O_2 + 6NH_3 = Ni(NH_3)_6SO_4$$

浸出的结果是钼和镍以钼酸铵和硫酸氨镍的形式留在溶液中，而钒转变为偏钒酸铵留在浸出渣中。浸取后的浆料从高压釜中泵出并输送到压滤机过滤。含不纯偏钒酸铵的固体滤饼进入钒溶解罐。向溶解罐中添加额外的氨和水用来调节 pH 以溶解偏钒酸铵。溶解罐温度优选为25 ~ 45℃，过程的 pH 优选为4 ~ 6。

氨浸浆料被泵送到残渣压滤机过滤以除去焦炭杂质，焦炭杂质形成固体滤饼，被输送到相关处理流程或与石油焦炭混合用做燃料。压滤机滤液被泵送到酸化容器，在那里加入硫酸与滤液混合，直至达到预期的 pH 6 ~ 8。调节 pH 后的滤液输送到3个间歇操作的钒结晶容器，在那里提纯的偏钒酸铵以固体形式结晶。钒结晶器温度优选为15 ~ 35℃。结晶器流出物送压滤机过滤，在那里得到工业纯的偏钒酸铵晶体。含10% ~ 20%残留偏钒酸铵的滤液与硫酸铵一起再循环返回至钒结晶器，以回收更多的偏钒酸铵。偏钒酸铵经在热空气中干燥后，送煅烧炉分解成五氧化二钒。

含有价金属镍和钼的氨浸取液输送到混合—澄清溶剂萃取回路的第一阶段 Ni 萃取。Ni 溶剂萃取回路温度为35 ~ 40℃，pH 优选为8.5 ~ 10。

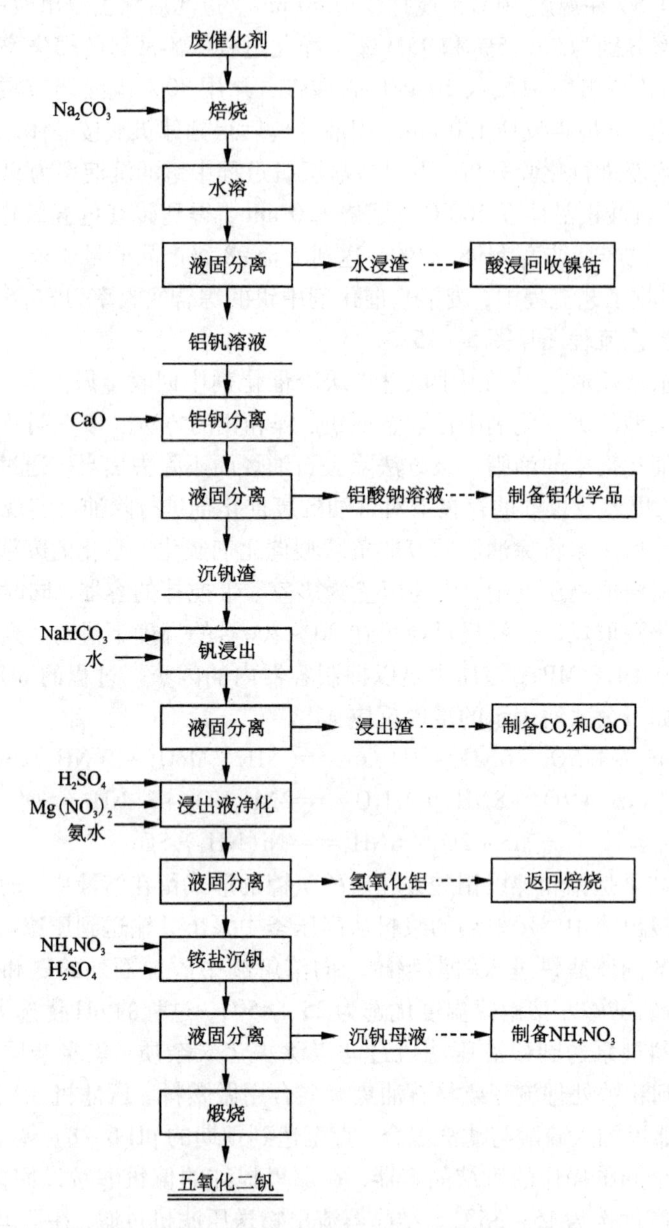

图 5－15　从废铝基催化剂中综合回收钒的流程

在镍萃取区中，所述液体与含有肟和煤油的贫有机溶液逆流接触。所述肟优选为 LIX－84－1。溶液中的镍被吸收到有机相中，而钼留在水相中。

来自 Ni 萃取区的有机相进入洗涤区，在那里它与 10% 硫酸溶液逆流接触。

洗涤区流出的有机相进入 Ni 反萃取区，并再次与 10% 的硫酸溶液逆流接触。硫酸起到再生有机溶剂和将镍转移至水相的双重作用。

回收再生的贫有机溶剂，在将其再循环至萃取混合—沉降器之前，将其送到中间储罐作所需的补充后重复使用。

含硫酸镍溶液的水相是预期回收的镍产物，可进一步使用本领域中众所周知的硫酸镍精炼方法将镍还原至其他想要的价态。

留在水相中的钼在回收 Mo 之前，将含钼的液体泵送到除杂罐中。通过调节 pH 至 8.5 和使含水液体与 $MgSO_4$ 接触以除去砷和磷，其中砷以砷酸铵镁形式沉淀，磷以磷酸铵镁的形式沉淀。

将除杂后含水性钼的液体泵送至酸化容器中，在那里硫酸与含水性钼的液体混合直至得到预期的 pH 3 ~5。调节 pH 后的液体被输送到三个间歇操作的钼结晶器，在那里提纯的钼酸铵以固体形式结晶。钼结晶器温度优选为 20 ~30℃。

来自 Mo 结晶器的含钼液体进入钼混合—沉降器溶剂萃取回路的第一阶段，在这里它与混有异癸醇和煤油的水溶性的、饱和的、直链氨溶剂的贫溶液逆流接触。所述直链氨溶剂优选工业上制备的 Alamine336。所述溶剂的直链烷基组为 C8 和 C10 氨的混合物，而 C8 碳链以 2∶1 的比例占主导。钼被萃取到有机相中，而未吸收的组分留在水相中。萃取区的水性萃余液被送到装置外的废水处理装置。

Mo 溶剂萃取回路温度优选为 35 ~40℃，pH 优选为 8.5 ~10。

将含 Alamine336 溶剂和钼的有机溶液输送到反萃取混合沉降器的第一阶段。有机溶液与浓氨溶液逆流接触，将钼有效地反萃取到纯的浓的钼酸铵水溶液中。反萃取过的有机物再循环返回至第一阶段萃取，在那里通过酸化的钼进料得以再生。含钼酸铵的反萃液是预期回收的钼产物。

该专利的工艺流程见图 5 -16。

该发明的方法可简要概述如下：在水中浆态化的废催化剂（管线 10），与氨（管线 20）和含有额外氧气的富氧空气（管线 30）一起进入高压釜 40。在高压釜 40 中发生浸取反应生成钼酸铵和硫酸铵镍，它们保留在溶液中并通过管线 45 进入浸取残渣压滤机 50。偏钒酸铵在浸取浆中以固体形式沉淀出来。在浸取残渣压滤机 50 中发生固液分离。固体由管线 55 进入钒回收段 60，60 包括数个步骤，包括煅烧。最后回收 V_2O_5，它穿过管线 70 送销售。含钼酸铵和硫酸铵镍的溶液穿过管线 75 进入镍回收段 80，在管线 90 中除去硫酸镍。含钼酸铵的液体穿过管线 85 进入钼回收段 95。通过使用有机萃取技术，在管线 100 中回收纯化的钼酸铵。含水物质在管线 105 中送到硫酸铵回收。在本发明中，使用混合器/沉降器萃取技术回收了镍和钼。

王成彦等[18]在中国专利“一种废催化剂多金属综合回收的方法”中公开了一

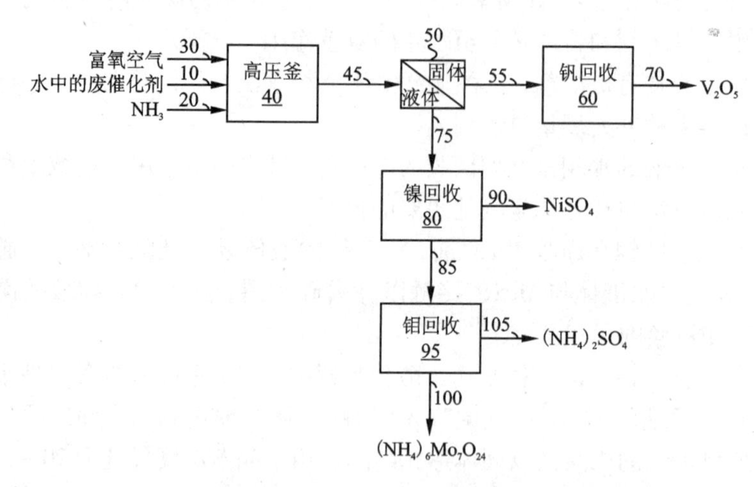

图 5-16 从非负载型的废催化剂中提取金属钒、镍和钼的流程

种废催化剂多金属综合回收的方法。首先对废催化剂进行稀硫酸预浸、磨细，预浸渣采用浓硫酸熟化，熟化料用水或者预浸液浸出，整个选择性提钒过程中，钒的浸出率大于85%，而铝的浸出率低于10%。提钒后渣通过配入合适的熔剂进行火法熔炼，实现了镍、钴、钼等有价金属与铝、硅等杂质的分离。通过加压酸浸可以进一步分离火法熔炼锍相中的镍钴与钼，钼可以通过氨浸回收。该工艺首先采用选择性浸出法回收了钒，避免了钒、铝分离，火法熔炼过程中充分利用了废催化剂中残留的有机物的热值，节约了能源消耗，并避免了传统工艺中对铝的浸出，节省了浸出剂消耗。

该专利的流程见图 5-17。

该发明的实施例如下：

取来自某石化厂的高镍催化剂1000 g，在搅拌磨中采用液固比5:1，100 g/L的硫酸预浸，预浸渣加入浓硫酸进行熟化，渣酸质量比4:1，熟化温度106℃，熟化时间48 h，熟化渣用预浸液浸出，浸出温度为80℃，浸出时间4 h。预浸、熟化水浸后，钒的浸出率为88.0%，铝的浸出率为9.3%。得到的浸出渣配入二氧化硅与还原铁粉，在1350℃下熔炼2 h，得到锍相与渣相，镍、钴、钼的入锍率分别为90%，89%，82%，锍相按照常规冶金手段获得镍、钴、钼产品。

5.7.2 从 SCR 废催化剂回收钒

钟秦等[19]在中国专利 CN 104451152 A 中公开了一种从 SCR 废旧催化剂中钒、钼、钛的连续回收装置及回收工艺。

选择性催化还原法(SCR)烟气脱硝技术因其具有脱硝效率高、价格低廉、稳定性好等优点成为燃煤烟气氮氧化物(NO_x)脱除的主流技术。目前，V_2O_5 -

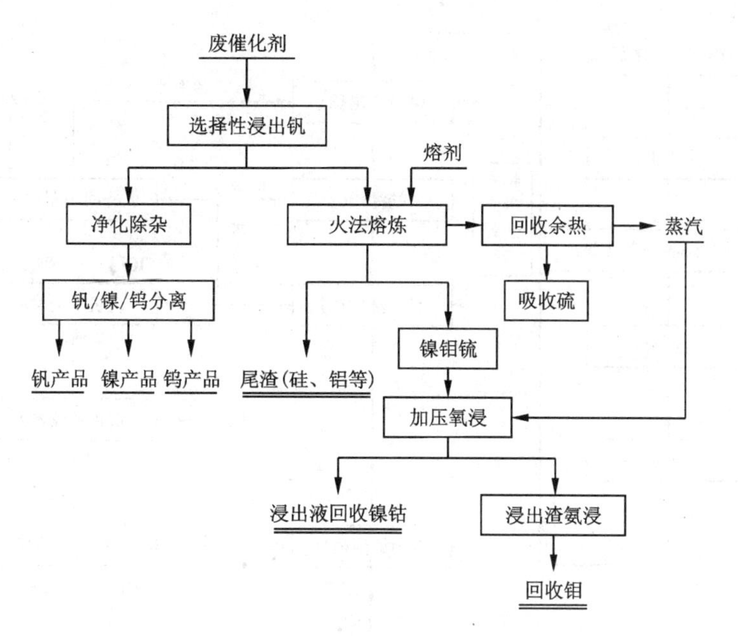

图5-17　废催化剂多金属综合回收流程

MoO_3-TiO_2型整体式催化剂是应用最为广泛的SCR烟气脱硝催化剂之一，该催化剂以TiO_2为载体，V_2O_5和MoO_3为活性组分。烟气脱硝催化剂中TiO_2所占质量分数为80%～90%，V_2O_5所占质量分数为1%～5%，MoO_3所占质量分数为5%～10%。

由于此类SCR催化剂的最佳活性温度在350～400℃，目前工业上一般将SCR脱硝系统置于省煤器与空气预热器之间。脱硝催化剂易受到砷、碱金属(主要是K、Na)等影响导致中毒，受到烟尘等影响引起堵塞，受到高温影响导致烧结、活性组分挥发、机械磨损等。由于上述问题，目前工业应用的SCR烟气脱硝催化剂的使用寿命只有3～4年，逾期需要及时更换。失效的催化剂属于危险固体废弃物，倘若不加处置而随意堆置的话，会占用大量的土地资源，增加企业成本，而且催化剂中的重金属成分会由于各种作用进入到自然环境，给环境带来严重危害。而对SCR废旧脱硝催化剂进行回收利用不仅可以节约成本，而且有利于自然环境的保护，符合我国可持续发展的战略。

图5-18为SCR废旧催化剂中钒、钼、钛的连续回收装置的示意图，包括破碎机1，二级磁分离装置2，隧道窑3，粉碎机4，碱液浸出釜5，抽滤槽6，真空蒸发槽7，沉钒反应槽8，沉钒抽滤槽9，沉钼反应槽10，沉钼抽滤槽11；所述破碎机与二级磁分离装置相连，二级磁分离装置与隧道窑相连，隧道窑与粉碎机相

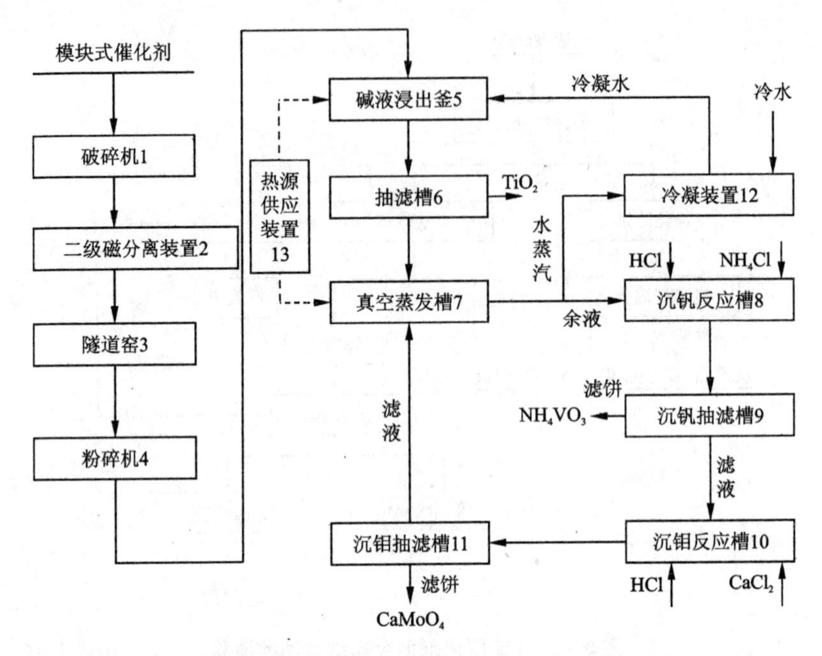

图 5－18　SCR 废旧催化剂中钒、钼、钛的连续回收装置的示意图

连，粉碎机与碱性浸出釜相连，碱性反应釜与抽滤槽相连，抽滤槽与真空蒸发槽相连，真空蒸发槽与沉钒反应槽相连，沉钒反应槽与沉钒抽滤槽相连，沉钒抽滤槽与沉钼反应槽相连，沉钼反应槽与沉钼抽滤槽相连；所述的碱液浸出釜 5 结构如图 5－19 所示，由反应釜主体 51、夹套 52、加料口 53、加液口 54、底部曝气 55、顶部溢流口 56、搅拌装置 57 组成，夹套在反应釜外侧，顶部溢流口位于夹套上侧，以保证液位高度不超过夹套高度，使溶液能够充分受热，加料口和加液口

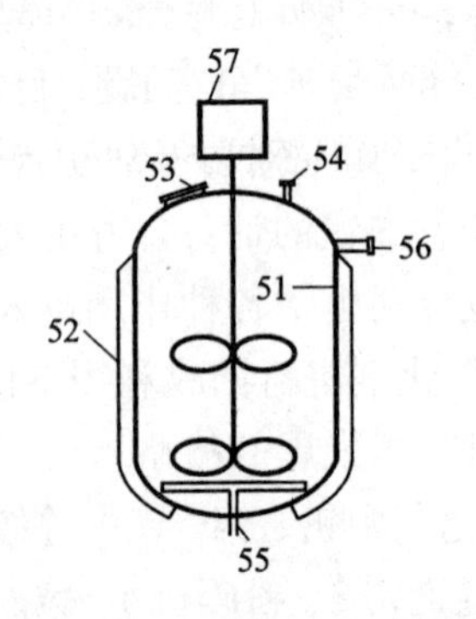

图 5－19　碱液浸出釜结构图

位于反应釜上部，加料口较粗，主要用于加固体物料，加液口由导流管引入反应釜中部，保证新鲜液体不会从溢流口直接流出。

碱性浸出回收 SCR 废旧催化剂中 V，Mo，Ti 的工艺如图 5－20 所示。

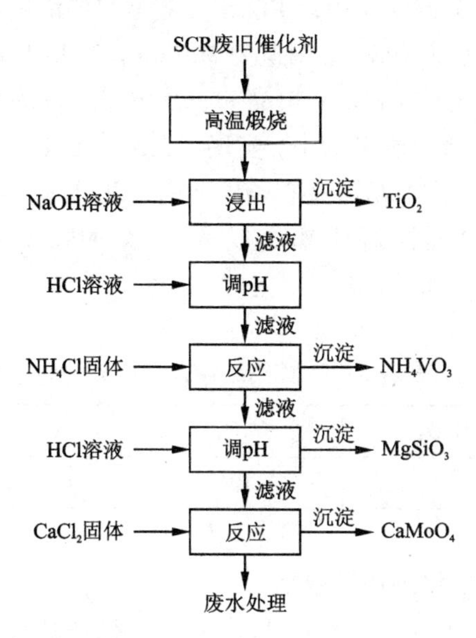

图 5－20　碱性浸出回收 SCR 废旧催化剂中 V、Mo、Ti 的工艺简图

实施例 1：

如图 5－18 和图 5－20 所示，该专利是一种碱性浸出回收 SCR 废旧催化剂中 V、Mo、Ti 的综合回收工艺及其装置，按以下步骤进行。

（1）平板式废烟气脱硝催化剂经破碎机物理破碎后得到钢网、铁屑和催化剂粉末，经传送带进入二级磁分离装置分离出钢网和铁屑，剩下的催化剂粉末进入隧道窑中 850℃持续煅烧 4 h，得到的烧结块经传送带进入粉碎机中粉碎至 100 目以上，然后粉末进入温度为 80～90℃浓度为 20%（相对于废催化剂质量）热 NaOH 溶液的反应釜中，反应釜底部设有曝气装置，使催化剂粉末始终悬浮于反应釜中，反应釜上部设有溢流口，反应充分的催化剂与溶液混合物从溢流口流出，控制加碱速度和加水速度，保持溶液 pH 不变，控制加料速度，使催化剂的停留时间保持在 6.5 h 左右，催化剂中的高价态金属氧化物与 NaOH 反应生成具有水溶性的盐类。液固比为 10∶1。充分反应后流入抽滤槽抽滤，得到 TiO_2 粗品滤饼和滤液，TiO_2 粗品经酸洗、过滤、水洗、干燥后即可得到 TiO_2 粉末。滤液流入真空蒸发槽，蒸发槽温度 75℃左右，蒸气冷凝成水后回流至碱液浸出釜中，实现了反应体系内水的循环，余下的滤液进入沉钒反应槽，在沉钒反应槽中加浓度为 10% 的

HCl溶液调节pH至8.0~9.0后，再加入NH_4Cl，用量为：$V:NH_4^+ = 1:2$(摩尔比)，反应15 min后，进入沉钒抽滤槽，得到NH_4VO_3粗品和二次滤液，NH_4VO_3粗品经洗涤过滤后得到成品。

(2)二次滤液流入沉钼反应槽，在沉钼反应槽中加浓度为10%的HCl溶液调节pH至5.0左右，再加入$CaCl_2$，用量为$Mo:CaCl_2 = 1:2$(摩尔比)，反应15 min后，进入沉钼抽滤槽，得到$CaMoO_4$粗品和三次滤液，$CaMoO_4$粗品经洗涤干燥后得到成品，三次滤液回流至蒸发槽中，实现了无废水排放。

(3)所得$CaMoO_4$成品在45℃左右条件下用HCl处理，再经酸沉、过滤得到固体H_2MoO_4，经洗涤干燥后得到H_2MoO_4成品。有效回收TiO_2，V_2O_5和MoO_3。得到的产品TiO_2如表5-3所示。

表5-3 回收产品TiO_2的成分分析

TiO_2	MoO_3	V_2O_5	Al_2O_3	SiO_2
94.51%	1.0%	1.10%	1.17%	1.5%

5.7.3 从硫酸生产废催化剂中回收钒[7]

有相当数量的工业五氧化二钒用于制造生产硫酸的催化剂。

全世界每年生产约1.7亿t硫酸，消耗约3.5万t含五氧化二钒6%~8%的钒催化剂。

报废的含钒催化剂在使用后装入金属容器中不再使用。

废弃的含钒废催化剂导致每年损失五氧化二钒2200~2500 t。这使钒的供应紧俏，令硫酸和五氧化二钒价格上升。

生产硫酸废催化剂的回收主要基于湿法冶金过程，即形成水溶性钒化合物及用硫酸和碱液在过氧化氢存在下将其浸出。选用何种浸出剂取决于后续含钒溶液的处理工艺。

一种从硫酸废催化剂提取钒的工艺是在还原剂二价钒离子存在的情况下湿法活化载体，然后用P204萃取钒，用1 mol/L硫酸溶液反萃，再沉淀水合五氧化二钒。为了还原钒使用了高效多室双极工业试验电解槽。该工艺使钒进入产品的回收率达到92.4%。

王新文等[20]简要介绍了几种从废钒催化剂中回收五氧化二钒的工艺流程及特点，对两段逆流碱浸—重结晶—煅烧新工艺进行研究，结果表明，采用新工艺制得的五氧化二钒产品质量达到国家标准。该工艺流程简单，原材料消耗少，对设备要求低。

两段逆流碱浸—重结晶—煅烧新工艺的作业如下：

(1)废钒催化剂经粉碎机破碎，粒度达到 <0.35 mm，称量后倒入1 L烧杯，加水加烧碱进行一段浸出(连续过程一段浸出时用二段浸出液)。

(2)将一段浸出渣加水加烧碱，加温进行二段浸出。二段浸出液返回一段浸出，二段浸出渣用水洗涤，以提高钒的回收率和烧碱的利用率。

(3)将一段浸出液倒入1 L烧杯，在室温下加入氯化铵沉钒，得到偏钒酸铵沉淀。再将沉淀溶于氨水，过滤除去硅及其他机械杂质，往溶液中加入氯化铵，得到精制偏钒酸铵沉淀，经过干燥煅烧，得到符合国家质量标准的五氧化二钒。

该工艺的流程图见图5-21。

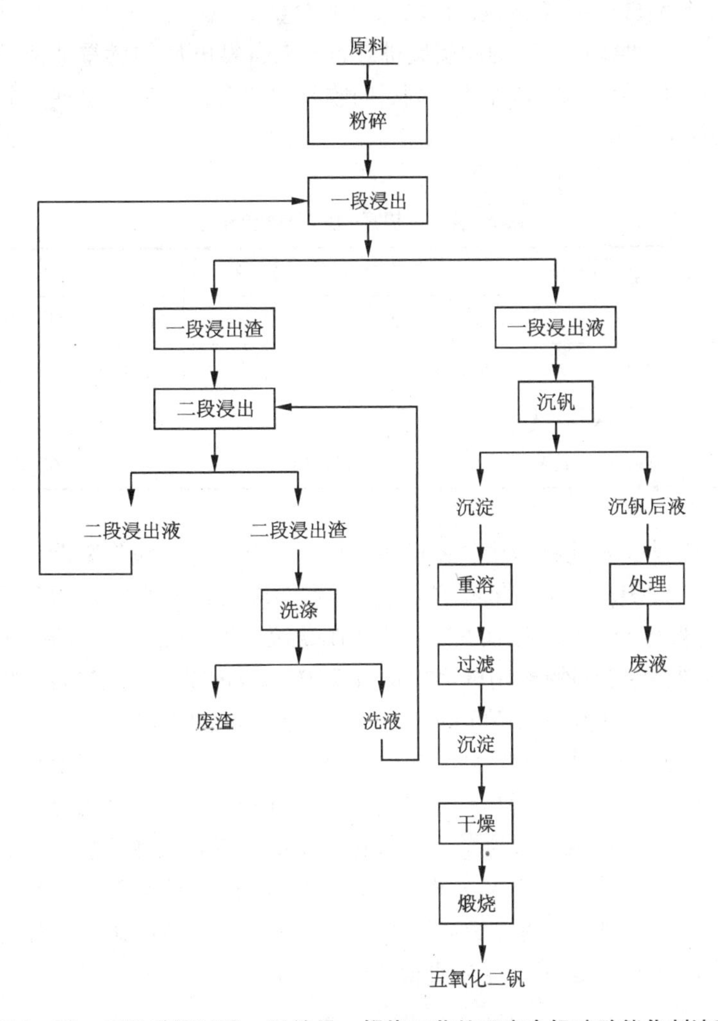

图5-21 两段逆流碱浸—重结晶—煅烧工艺处理废含钒硫酸催化剂流程

5.8 锅炉灰渣和石油废催化剂联合火法处理回收钒与其他有价金属[21]

日本专利 P2000 - 204420A 报道了从含钒废弃物回收钒的一种方法。该方法先将含钒废弃物在450 ~ 950℃下加热，以除去 S、N 和 C，然后将废弃物与含铁原料、还原剂混合，经破碎后制粒，再在 1150 ~ 1350℃下加热，对原料中的 Fe、Ni 和 Mo 进行固相还原，还原后的物料装入电炉中加热使形成 Fe - Ni - Mo 合金和富钒渣。对 Fe - Ni - Mo 合金进行脱 P 处理，得到低 P 合金。而富钒渣则在另一电炉中用还原剂进行搅拌还原，制取 Fe - V 合金。

例如，以石油裂解工厂的脱硫废催化剂、来自发电厂的燃重油锅炉排出的锅炉渣和烟灰三种类型的废料作为原料，回收其中的有价金属。这些废料的用量和成分如表 5 - 4 所示。

表 5 - 4 含钒废料的用量和成分

原料	用量/kg	成分/%							
		V	Mo	Ni	油分	S	Al_2O_3	$(NH_4)_2SO_4$	灰分
脱硫废催化剂	500	6.1	4.2	1.9	15.4	12.8	其余	—	—
锅炉渣	100	17.4	—	5.3	—	—	—	—	余量
烟灰	400	1.7	—	0.6	C：30.0	—	—	60.0	余量

将上述废料放入混料器中，轻轻地混料 10 min，为了脱除废催化剂中的硫和锅炉烟灰中的$(NH_4)_2SO_4$，将配料加到回转窑中，加热到 650 ~ 750℃，焙烧约 2 h。然后在自然冷却后，添加 68 kg 铁鳞作铁源、55 kg 焦炭作还原剂、15 kg 硅藻土作黏结剂，将全部物料用球磨机磨碎到 0.03 mm 以下。然后添加约 10% 的水分，用小型造粒机做成约 700 kg 直径为 5 ~ 10 mm 的生球粒。

将生球粒分成质量为 140 kg 一份的试料，进行 5 次试验。用回转窑在 1250 ~ 1280℃下对每批 140 kg 生球粒试料进行固相还原。实验结果如表 5 - 5 所示。

将在回转窑中固相还原的赤热状态的球粒直接装入高频感应炉 A，通电加热使其熔化。生成熔融的 Fe - Ni - Mo 合金，静置后将炉子倾斜，在不排出金属的情况下将炉渣尽量排出，将该炉渣以熔融状态倒入高频感应炉 B。合金则保留在原来的感应炉 A 中。这时合金的质量和成分如表 5 - 6 所示。

表 5-5　固相还原实验结果

试样批号	还原后球料质量/kg	成分/%					
		V_2O_5	Mo	Ni	Fe	C	脉石
1	103	14.40	3.10	2.54	7.02	2.91	余量
2	98	15.02	3.05	2.68	6.98	3.02	余量
3	102	14.68	3.64	2.95	7.12	2.95	余量
4	104	14.35	3.22	2.26	7.40	2.76	余量
5	99	14.29	3.48	3.02	6.67	2.88	余量

表 5-6　固相还原料熔化成 Fe-Ni-Mo 合金的质量和成分

试样批号	合金质量/kg	成分/%						
		C	Si	P	S	Mo	Ni	Fe
1	13.0	2.90	0.8	0.35	0.25	24.6	20.0	余量
2	12.8	1.80	0.7	0.41	0.16	22.7	20.3	余量
3	14.6	2.20	1.2	0.44	0.23	25.3	20.5	余量
4	13.9	2.50	1.1	0.29	0.18	23.7	17.3	余量
5	13.6	2.70	0.9	0.37	0.14	25.0	22.1	余量

向高频感应炉 A 内的 Fe-Ni-Mo 合金添加 1 kg 生石灰和 250 g 萤石，将鼓气管插入合金浴中，吹入氧气脱磷。结果得到如表 5-7 所示的低磷的 Fe-Ni-Mo 合金。

表 5-7　低磷的 Fe-Ni-Mo 合金的质量和成分

试样批号	合金质量/kg	成分/%						
		C	Si	P	S	Mo	Ni	Fe
1	12.4	0.25	0.12	0.041	0.10	25.9	21.1	余量
2	12.2	0.19	0.09	0.029	0.15	23.6	21.3	余量
3	14.0	0.38	0.15	0.031	0.09	26.9	22.1	余量
4	12.9	0.20	0.07	0.035	0.07	24.9	18.9	余量
5	12.5	0.17	0.05	0.024	0.09	26.0	23.0	余量

移至高频感应炉 B 的富钒炉渣质量在 80 ~90 kg，为确保其流动性通电加热，然后投入 14.0 kg 小颗粒的 50% 的硅铁，盖上炉盖以隔绝空气，向炉内通入氩气进行搅拌，使钒还原。为了使钒还原完全，在硅铁还原后向炉内投入 1.0 kg 铝粒。得到的 Fe - V 合金的质量和成分如表 5 - 8 所示。

表 5 - 8　Fe - V 合金的质量和成分

试样批号	合金质量/kg	成分/%							
		V	Si	P	S	Mo	Ni	Al	Fe
1	17.1	54.2	8.2	0.09	0.12	2.1	1.8	4.8	余量
2	17.4	53.9	7.9	0.12	0.15	1.8	1.3	6.2	余量
3	16.0	55.1	9.1	0.23	0.25	2.5	1.5	5.1	余量
4	18.1	55.6	10.0	0.17	0.24	1.9	1.6	7.5	余量
5	16.5	53.2	7.5	0.19	0.29	1.6	2.0	4.3	余量

5.9　从其他含钒原料中提钒

5.9.1　从碳质含钒原料中提钒[5]

许多碳质的原料中含有钒的化合物。如秘鲁、阿根廷的沥青矿石中含有少量钒，委内瑞拉、墨西哥原油中含有 0.02% ~0.04% 的钒，当这些物质作为燃料使用过后，钒残留在灰烬中，可作为有效的提钒原料。加拿大对从阿沙巴斯卡沥青矿中回收金属钒、镍、铁的方法进行过研究。

除上述的提钒资源外，还有钨合金废料及后述物料可作为提钒原料。

5.9.2　从铬盐生产过程的钒渣中提钒[5]

当今世界，社会和科学技术的不断发展及对环境保护的日益重视，给资源的综合回收利用提出了新的要求。无钙焙烧法解决了铬盐工业的清洁生产问题，消除了致癌物铬酸钙的生成，是铬盐发展的新趋势[21]，但生产流程中不可避免地造成了钒渣的排放。

经分析，铬盐工业生产中所得钒渣含钒量为 2% ~5%，远高于攀枝花地区钒钛磁铁矿 0.26% 的平均品位及具有经济开发价值的含钒量为 0.8% 的石煤。因此，从该钒渣中经济有效地提取钒是可行的。

钒渣中的钒主要以钒酸钙的形式存在，该化合物结构类似于经钙化焙烧后的产物，因此处理工艺也有相似之处。浸出的方式包括了常压下的碱法浸出、酸法浸出和加压高温酸浸，Rainer Weber 等[22]研究了采用碳酸钠的方法浸出钒渣，但浸出过程中浸出剂消耗量大，成本高，浸出液中残余过高浓度的碳酸钠对后续的钒富集过程造成影响。Zeller[23]将钒渣与添加剂混合焙烧再进行浸出回收钒，可有效提高钒浸出率，但焙烧过程中能耗高，对大气污染严重，已逐渐被湿法直接浸出所取代。Yang Kang[24]发现在有氧化剂 $KClO_3$ 存在的情况下，采用浓度为30%氢氧化钠处理钒渣，钒的浸出率可达 80%，但氧化剂 $KClO_3$ 需在酸性条件下加入，浸出过程需反复调节 pH，存在操作复杂、酸碱消耗量大的问题。而从浸出液中分离富集钒的方法也有多种，如化学沉淀法、萃取及离子交换法，还有采用电解的方式析出金属钒，如李国良[25]研究了采用酸性铵盐沉淀分离钒、铬的工艺流程；程正东[26]采用电解法处理回收了溶液中的有价金属钒、铬，但该方法仅适合于处理浓度较低的钒、铬溶液。不同的方法各有其优缺点，应根据实际情况确定最优的工艺。

宋超等人[5]采用湿法碳酸钠浸出，化学沉淀法分离钒、铬的技术路线处理钒渣。推荐使用如图 5－22 所示的钒、铬同时浸出方案。

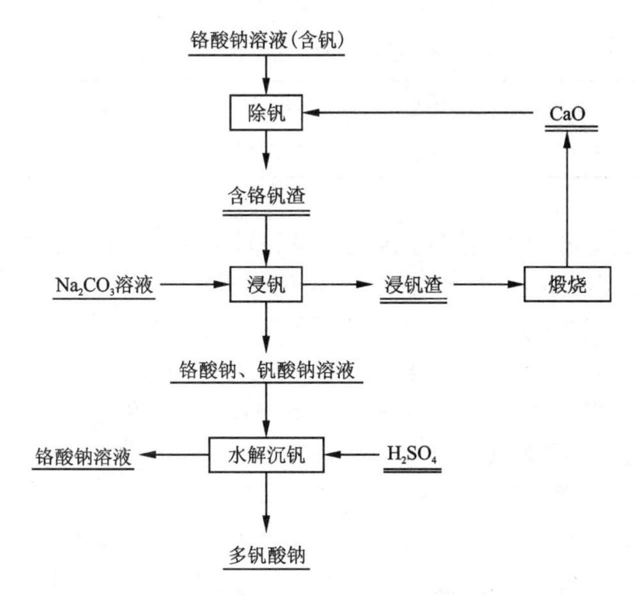

图 5－22　含铬钒渣用碳酸钠同时浸出钒、铬方案

钒、铬同时浸出研究结果表明，加入添加剂有利于钒渣的浸出，但添加剂的浓度对浸出渣中最终钒含量影响不大，只与溶液 pH 有关，当 pH 降低到不再改变时，反应即完成。提高温度、增强球磨、增加碳酸钠浓度以及降低浸出液中钒浓度均可有效提高钒的浸出率。适宜的浸出条件为：反应温度 90℃，pH 为 8.5，液固比 3.75∶1，碳酸钠浓度 66 g/L，此条件下钒、铬浸出率均高于 90%，浸出渣中铬含量低于0.2%，钒含量低于0.3%。

5.9.3 从含钒石油渣中提取钒

原油和石油渣都含钒。全球不同地域开采的石油中钒的含量变化很大，委内瑞拉、墨西哥、加拿大和美国原油含钒为0.02%～0.04%，是全球石油含钒量较高的少数几个国家。从石油渣、石油灰中提钒，提钒的最终产品主要是V_2O_5，也可以直接炼成钒铁。从含钒石油渣提取钒的方法很多，主要根据原料成分和性质上的差异，选择酸浸法和加盐焙烧法等不同的工艺提钒。

5.9.4 从四氯化钛精制车间氯化物泥浆提钒新工艺

柳云龙等人[27]从海绵钛生产的副产品氯化物泥浆中通过熟石灰处理、水洗、氧化焙烧等工艺，使钒能够顺利通过湿法冶金的方法进行提取，钒的有效回收率达到90%。试验选用的原料为经熟石灰处理过的含钒氯化物废渣(石灰饼)，对其进行光谱分析，其主要化学成分如表5－9所示。其中97.5%的钒以V^{4+}的形式存在且不溶于水。

表5－9 石灰饼的主要化学成分/%

V_2O_4	Al_2O_3	TiO_2	Fe_2O_3	CaO	$CaCl_2$
13.4	35.4	11.5	0.5	17.2	22.0

经过水洗、氧化焙烧工序将石灰饼中的钒转化为能够以湿法冶金方法提取的状态，再经过浸出、沉淀、脱水等工序，最终提取出V_2O_5。产品可以直接作为钢铁冶金的原料。工艺流程图和设备流程图如图5－23和图5－24所示。

通过熟石灰处理、水洗、氧化焙烧等工艺，可以使含钒泥浆中的钒能够顺利通过湿法冶金的方法进行提取。且钒的有效回收率达到90%。

5.9.5 从磷钙石中提取钒

美国在利用磷钙石和磷灰石生产过磷酸钙过程中获取了大量钒。将矿石(0.25% V_2O_5)破碎到0.1 mm，在900～910℃下于氧化气氛中焙烧。焙烧矿经破碎后用硫酸溶液处理，分离硫酸钙后将溶液浓缩，然后用次氯酸钠氧化钒，并将钒沉淀成磷酸钒。

在碳酸钙存在下用苏打溶液浸出沉淀，令生成的磷酸钙沉淀与钒酸钠溶液分离。从碱性浸出液中用硫酸中和法沉淀五氧化二钒化学精矿。

磷钙石中钒可以在铁矿石、焦炭和石英石存在下用还原熔炼法提取。大部分钒被还原进入磷铁。磷铁破碎至0.14 mm的粒度，与苏打和氯化钠混合后在750～800℃下焙烧，然后用水进行浸出。浸出液冷却到5℃，结晶析出磷酸三钠Na_3PO_4。然后溶液用磷酸处理，析出磷酸氢二钠Na_2HPO_4。在溶液进行第三次结

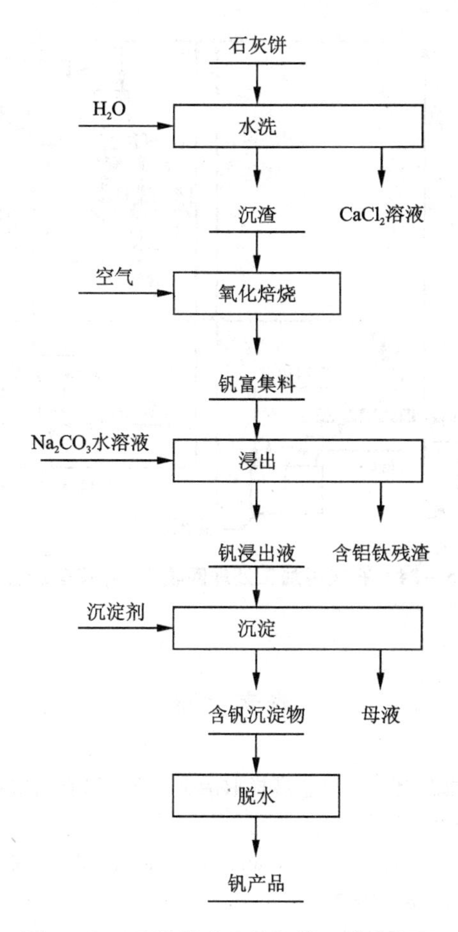

图 5－23　石灰饼中回收钒的工艺流程图

晶前，在 pH 8.8 下用 $CaCl_2$进行脱磷。含钒和铬的溶液与磷酸钙 $Ca_3(PO_4)_2$分离，并用硫酸将溶液中和到多钒酸钠沉淀的 pH。过滤分离后从溶液中沉淀铬的化合物。用此方法可以回收 85% 的钒、65% 的铬和 91% 的磷。

5.9.6　从硫化钒矿中提取钒

钒在沥青石中以硫化钒矿形式存在。为了提取钒先将沥青石与氯化钠一道进行氧化焙烧，然后将含 V_2O_5 19% ~25%（以钒酸钠形式存在）的烧渣用水进行浸出。

溶液用硫酸中和，沉淀出五氧化二钒化学精矿。当化学精矿被杂质污染时，将它与氢氧化钠熔合，熔合物用水浸出，再用氯化铵沉淀钒酸铵。当硫化钒矿中钒含量高时，可将它在氧化焙烧后用来冶炼钒铁。

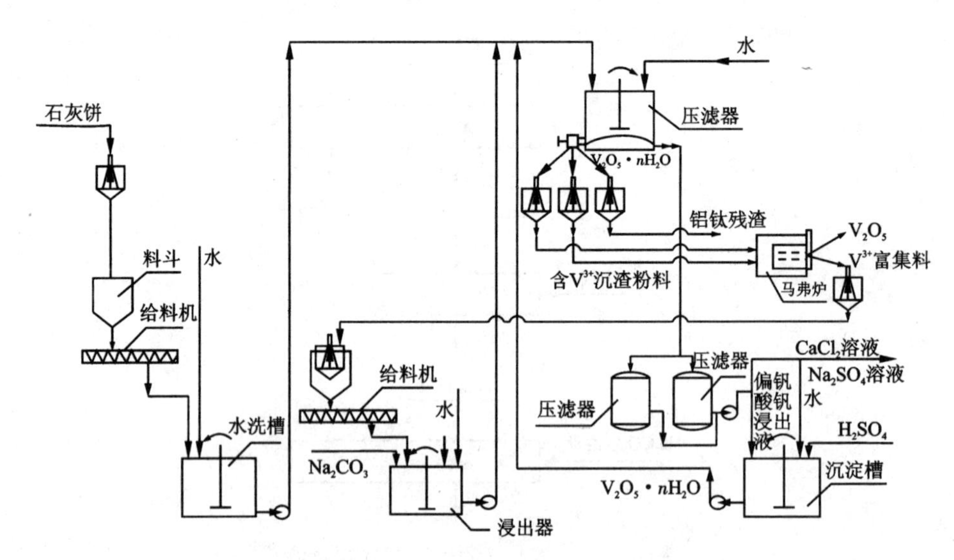

图 5-24　石灰饼加工处理回收 V_2O_5 设备流程图

参考文献

[1] 赵天从, 傅崇说, 何福煦等. 有色金属提取冶金手册: 稀有高熔点金属(下)[M]. 北京: 冶金工业出版社, 1999.

[2] Gupta C K, Krishnamurthy N. Extractive Metallurgy of Vanadium[M]. Amsterdam - London - New York - Tokyo: Elsevier, 1992.

[3] 黄迎红. 钒钼铅矿浸出与钒钼分离试验研究[J]. 湿法冶金, 2013.

[4] S. P. Pottnaik et al. Ferrovanadium from a secondary source of vanadium[J]. Metall. Trans. B, 14B(1983): 133 - 136.

[5] 宋超. 含铬钒渣的综合利用研究[D]. 中南大学, 2012.

[6] T. K. Mukherjee et al. Recovery of pure vanadium oxide from Bayer sludge[J]. Minerals Engineering, 3(1990), 3/4: 345.

[7] Кобжасов А. К. Металлурия Ванадия и Скандия[M]. Алматы: 2008.

[8] Шахно И. В., Шевцова З. Н., Федорова П. И. Коровин С. С., Химия и технология редких и рассеянных элементов[M]. Ч. 2/ Под ред. К. А. Большакова. - М.: Высшая школа, 1976. 360.

[9] Тарасенко В. З., Зазубин А. И. и др[J]. Тр ИМиО АН КазССР. 1968. - Т. 27.

[10] Зазубин А. И., Тарасенко В. З. и др[J]. Тр ИМиО АН КазССР. 1968. - Т. 27.

[11] Swanson R. R., Dunning H. N., House J. E. Commercial Recovery of Vanadium by the Liquid Ion Exchange Process[J]. Engng. Mining. J.. 1961. (162) - №10: 110 - 115.

[12] Кунаев А. М. О возможности электроосаждения сплавов ванадия с железом[J]. Изв АН КазССР Сер. метал, 1960, 2(8).

[13] H. H. Hilliard. Vanadium[M]. Minerals Yearbook 1986, Vol. 1, Bureau of Mines, U. S. Department of the Interior, 1986: 981.

[14] 刘勇等. 含油废催化剂资源化清洁生产新工艺[J]. 材料研究与应用, 2011, 5(2): 130-134.

[15] 友田勝博等. 钼与钒的回收方法[P]. 日本专利 2011—168835.

[16] 邵延海. 从废铝基催化剂中综合回收钒的方法[P]. 中国专利 CN 102367520 A, 20120307.

[17] P. J. 马尔坎托尼奥. 从废催化剂中回收金属的方法[P]. 中国专利 CN 101500944A, 20120425.

[18] 王成彦等. 一种废催化剂多金属综合回收的方法[P]. 中国专利 CN 103290223 A, 20150304.

[19] 钟秦, 于爱华, 江晓明, 王虎, 丁杰, 董岳. SCR 废旧催化剂中钒、钼、钛的连续回收装置及回收工艺[P]. 中国专利 CN 104451152 A, 20150325.

[20] 王新文等. 从废钒催化剂中回收精制五氧化二钒的试验研究[J]. 硫酸工业, 1998(2): 47-51.

[21] 内海健夫. バナジウム含有廃棄物からの有用金属の回収方法[P]. 日本专利 P2000—204420A, 2000-07-25.

[22] 李兆业. 铬盐行业的现状及发展建议[J]. 无机盐工业, 2006, 38(4): 1-5.

[23] Weber R, Block H D, Batz M, et al. Process for the utilization of vanadium from chromium ore as vanadium (Ⅴ) oxide[P]. US 7157063 B2 Jan. 2, 2007.

[24] Zeller R L, Morgan R J, Keller U L, et al. Vanadate removal in aqueous streams[P]. US 5279804, Jan. 18, 1994.

[25] Yang K, Zhang X, Tian X, et al. Leaching of vanadium from chromium residue[J]. Hydrometallurgy, 2010, 103(1): 7-11.

[26] 李国良. 用沉淀法自钒铬溶液中分离和回收钒铬[J]. 钢铁钒钛, 1981(3).

[27] 程正东. 电解处理含钒、铬废水研究[J]. 环境工程, 1990, 8(3): 4-8.

[28] 柳云龙等. 四氯化钛精制车间氯化物泥浆提钒新工艺[J]. 钛工业进展, 2013, 30(3).

第6章 钒化合物和化合物制品的生产

6.1 五氧化二钒的生产[1]

五氧化二钒通常是通过前驱物偏钒酸铵或多钒酸铵制得的。特别是在五氧化二钒用作催化剂时，对其纯度有更高的要求。

高纯度的五氧化二钒可以用从水溶液或碳酸钠溶液中沉淀钒酸铵及后续的钒酸铵再结晶和煅烧方法来制备。

经破碎至0.147 mm的工业五氧化二钒用50~55 g/L的氢氧化钠溶液在固液比1∶6下浸出。过滤后向浸出液添加氯化铵，冷却结晶出偏钒酸铵。为了提高偏钒酸铵和五氧化二钒的纯度可以将偏钒酸铵进行数次再结晶。

在上述作业中钒的回收率一般不大于95%，此制备方法的缺点是过程的多阶段性和烦琐的再结晶。

为获得纯度在99.98%以上的高纯五氧化二钒，可先将工业五氧化二钒粉末3.6 kg与60 L浓H_2SO_4以及80 L去离子水混合均匀，水浴加热20 min，然后将混合物用去离子水稀释到750 L。向混合液中不断通入新制的SO_2，直至酸性介质中的V_2O_5悬浊液完全被还原，溶液转化为澄清的宝蓝色$VOSO_4$酸溶液。添加分析纯氨水调整pH = 2.75，加入钒含量0.75%的抗坏血酸调整溶液电位值至170 mV，慢速搅拌溶解；用P204∶TBP∶磺化煤油质量比为30∶10∶60的萃取剂三级逆流萃取，相比O/A = 3∶1，时间7 min，两相分离后，用2 g/L的稀硫酸溶液洗涤载钒有机相，相比O/A = 5∶1，洗涤时间3 min。用100 g/L的硫酸溶液三级逆流反萃，相比O/A = 5∶1，时间6 min。制得硫酸氧钒溶液。将该硫酸氧钒溶液再进行一次上述萃取作业，即可获得高纯硫酸氧钒溶液。该高纯硫酸氧钒溶液经氧化、沉淀多钒酸铵和煅烧作业，可获得纯度高于99.98%的五氧化二钒。

6.2 二氧化钒的生产

钒(Ⅳ)氧化合物是一类公认重要的热致变色材料。随着环境温度的变化，钒氧化合物的晶体结构、电畴结构、磁结构会发生很大的变化，从而导致其光学特性上的巨大改变。在各种钒氧化合物当中，单斜相VO_2(M)由于合适的相变温度而一直受到科学界和工业界的广泛关注，即在68℃时，单斜相VO_2(M)(低温绝缘相)会转变成四方金红石相VO_2(R)(高温金属相)，同时电导率会发生10^5数量级的转变，红外透过性能也会从红外透光转变为红外不透光。这一特殊性质使得

VO_2(M)在光电转换、太阳能智能窗方面具有不可估量的应用价值。特别是如果通过在VO_2(M)中掺入适量的钨(W)、钼(Mo)、钛(Ti)等元素，可以将其相变温度由68℃降低到室温(20~30℃)，但是仍然保持其红外调控的特性，这就更加拓宽了其应用价值，特别是在建筑节能领域的实际应用。具有如此优异性能的VO_2具有广泛的应用前景，如建筑物的太阳能温控装置、光电开关材料、光色材料等等。但是，二氧化钒具有A相、B相、C相及水合物等10余种结晶相，其中制备M相二氧化钒首先成为一个技术难点。

VO_2通常为深蓝色晶体粉末，为单斜晶系结构。密度4.260 g/cm^3。熔点1545℃。不溶于水，易溶于酸和碱中。溶于酸时不能生成四价离子，而生成正二价的钒氧离子。

6.2.1 V_2O_5还原法制备VO_2

用V_2O_5与碳微热，V_2O_5与草酸熔合，或将V_2O_3在空气中缓慢加热的方式可制得二氧化钒。

有报道称，在真空中于560℃下将偏钒酸铵NH_4VO_3加热5 h可得到VO_2粉末。

文献[2]报道，用氢气仔细还原五氧化二钒可以得到V_2O_4。然而，该产品通常含有三氧化二钒或五氧化二钒。最好的办法是将五氧化二钒和三氧化二钒按比例混合后在一定温度下进行氧化—还原反应：

$$V_2O_5 + V_2O_3 = 2V_2O_4$$

先将这些氧化物按化学计量比混合，在研钵中研磨，直到磨得十分细。焙烧前最好将混合物压制成坯，以改善氧化物颗粒之间的接触。然后将混合物在真空炉中加热到800~900℃。也可以放在石英管中于真空下或在氮气气氛下加热。

另外，也可以先将放在坩埚中的三氧化二钒在300℃下氧化，得到的产物还不均匀，研磨后在真空中在约600℃下煅烧数小时。借助这种操作，可使物料单个颗粒中的氧含量变得均匀。

测试表明，即使用这种方法得到的氧化物仍不具有理论组成。

将六钒酸铵$(NH_4)_2V_6O_{16}$在静止的N_2气氛中于380℃下热分解(取高加热速度250℃/min)，可得到VO_2(B)粉末。

VO_2粉末已经由软化学法合成制备，即分别用甲醛和五氧化二钒作为还原剂和原料。此方法的最佳温度是500℃。

将$VO(OH)_2$的悬浊液在250℃下加热48 h，以及将V_2O_3和$VO(OH)_2$的悬浊液在220~330℃加热水热合成了VO_2(A)。与此类似，将V_2O_3和$VO(OH)_2$的悬浊液在150~220℃加热也水热合成了VO_2(B)。

将V_2O_3和V_2O_5的水浆料在150~220℃下在高压下(可放在高压不锈钢罐中)加热，可合成VO_2(B)。

用碳还原 V_2O_5 制取 VO_2 的理想工艺是：炭黑与五氧化二钒以 $C:V_2O_5=1:2$ 的比例混合研磨，其粉末在 N_2 或 Ar 的保护下加热到 600℃，保温 3 h，然后升温到 800 ~850℃，保温 5 h。

6.2.2 VO_2(B)粉体制备

主要是通过 V_2O_5(最常用)、钒的过氧酸、偏钒酸铵等 V^{5+} 钒的化合物，一般在低于 200℃，在具有聚四氟乙烯内衬的不锈钢高压反应釜内，通过水热法和溶剂法发生还原反应得到介稳相 VO_2(B)。通常所用的还原剂有甲醇、甲酸、异丙醇等，同时所用的还原剂还起引导 VO_2(B)结构和形貌的模板剂作用。

6.2.3 A 型 VO_2 制备

高彦峰等[3]在世界专利“一种二氧化钒粉体及其制备方法和应用”中，提出了一种制备 A 型 VO_2 的方法。

实施例 1：

将 1 g $VOSO_4$ 粉体溶解于 50 mL 去离子水中，用 1 mol/L 的 NaOH 溶液滴定，并不断搅拌。待滴定完全后将悬浊液装入盛有 45 mL 去离子水的 50 mL 水热釜中，250℃水热反应 12 h，离心干燥得到二氧化钒粉体，其化学式为 VO_2，收率 90%。X 光衍射谱图显示其晶相为纯 A 相。如透射电镜照片所示，制得的二氧化钒粉体为长棒状，每个二氧化钒长棒均为单晶，其长度达到数百纳米数十微米，宽度达数百纳米。长径比在 1∶1 ~50∶1 之间(如图 6 -1 所示)。单根 A 相 VO_2 纳米棒电镜照片和电子衍射花样分别见图 6 -2 和图 6 -3。图 6 -4 为实施例 1 所对应的二氧化钒粉体的 X 射线衍射图。

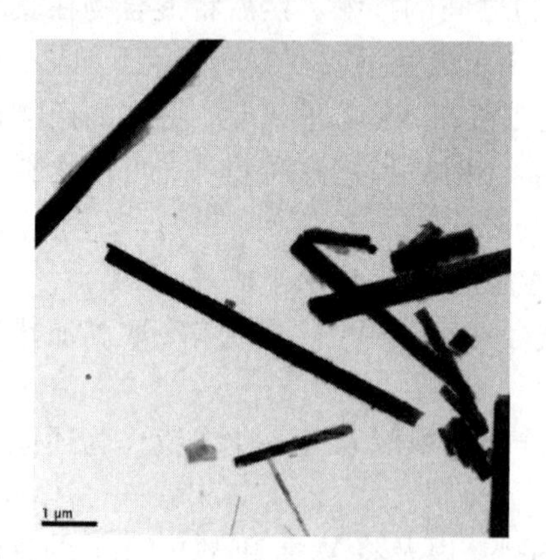

图 6 -1 实施例 1 所对应的二氧化钒粉体的透射电镜图

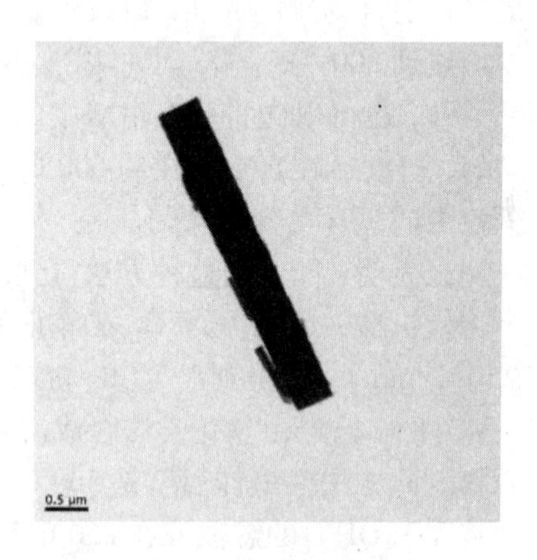

图 6 -2 实施例 1 中的单根棒状二氧化钒粉体的透射电镜图

图6-3　实施例1中的单根棒状氧化钒粉体的电子衍射花样

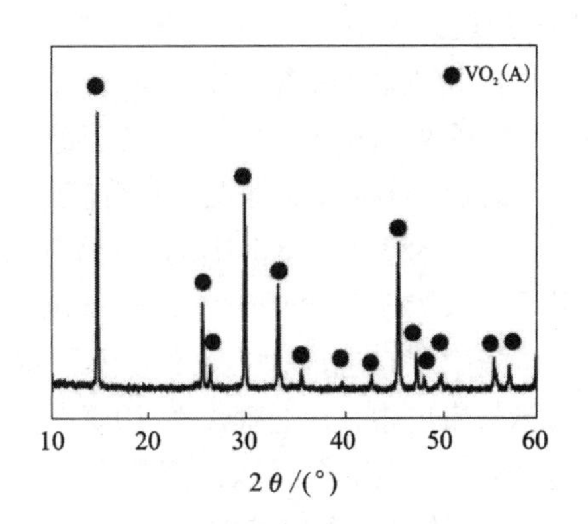

图6-4　实施例1所对应的二氧化钒粉体的X射线衍射图

实施例2：

用300℃替换实施例1中250℃重复实施例1的实验，最终得到的二氧化钒粉体，收率95%。其结晶型依然为纯的A相，每个二氧化钒长棒均为单晶，其长度达到数十微米，宽数百纳米，长径比在1∶1～100∶1。

6.2.4　VO_2粉体的简单制备方法

陕西师范大学安鑫鑫[4]在其硕士论文《二氧化钒的简便制备及其性质研究》中介绍了VO_2粉体的两种简单制备方法：

(1)在草酸还原法中，适当的草酸($H_2C_2O_4$，还原剂)含量对控制钒的价态至关重要。最佳制备条件为：$H_2C_2O_4$与V_2O_5的摩尔比为1∶1，将$H_2C_2O_4$与V_2O_5混合物封装于通有N_2气的石英管中，然后置于已预热至220～300℃的管式炉中，升温至600℃后保温2 h。

(2)在偏钒酸铵热解法中，利用无水$CaCl_2$吸收分解产生的氨气，形成$CaCl_2 \cdot 8NH_3$的方法控制反应体系中适当的还原剂量。$CaCl_2$质量为NH_4VO_3的三倍为最佳。最佳热解温度为600℃，保温时间2 h。热分解需在N_2气氛保护下进行。

按比例称取V_2O_5与草酸，机械研磨使其混合均匀。将混匀后的原料装入石英舟后，置于管状电炉中，通入氮气以除去管中的空气。氮气流速为1 L/min，时间约为30 min。以5℃/min的速率升温至550～650℃，保温2 h后，关闭电炉，使产物随炉温冷却至室温，即可获得产品。

将10 g偏钒酸铵NH_4VO_3放在石英烧舟，置于管状电炉中，用机械真空泵抽真空，开始电炉加热，至500℃保温5 h。停真空泵并令炉管与氮气袋连接，停炉使炉子降温。当温度低于100℃时，可将还原样品取出，分析样品的钒含量，看与VO_2的理论含钒量61.42%有多少差别。

称取适量偏钒酸铵，用玛瑙研钵研细后置于石英舟中，放入管式电炉。通入氮气以除去管中的空气。氮气流速为1 L/min，时间约为30 min。以10℃/min的速率升温至650℃，保温2 h后使随炉冷却至室温即可得产品。

称取388.52 mg NH_4VO_3，将其放在干净干燥的25 mL刚玉坩埚内，再将载料坩埚放入置于室温(298.15 K)下的特制不锈钢高压反应釜(容积为0.196 L)中，高压釜固定在老虎钳上，在室温下将高压釜封口螺母逐一拧紧，将高压釜放入电加热马弗炉中，升温速度为10 K/min，于1000 K恒温60 min，停止加热，原位自然冷却，冷至室温后取出产品。

6.2.5 从钒渣浸出液制备VO_2

杨冬梅、彭明福等[5]针对攀钢实际，首次采用钒渣浸出钒液为原料，经除杂、水解沉淀和高温煅烧后制得VO_2粉末。

转炉钒渣经氧化钠化焙烧和水浸后，得到浸出钒液。量取一定体积的浸出钒液，加入一定量的除铬剂、除硅剂，经加热搅拌和固液分离后获得稳定的四价钒净化液。量取一定体积的净化钒液，在搅拌下缓慢加入固体氢氧化钠调整溶液pH，并加热溶液至80℃以上使其发生水解。试验最佳条件为：除铬剂z加入量与溶液中总铬量之比为22.86∶1；除硅剂x加入量与溶液中总硅量之比为3.2∶1；水解沉钒时溶液pH控制在4.5～5.0；过滤后将钒沉淀物用去离子水循环洗涤5次除去可溶杂质，放入自制反应装置中，连同装置一起放入马弗炉，通入少量Ar气，待升温至300℃时，加大Ar气量，继续加热至设定的煅烧温度1000℃，恒温时间60 min，氩气流量4 L/min，保温一定时间即可断电，取出装置，待温度降至300℃以下时切断氩气，取出研磨后得产品。与已有制备方法相比，该方法原料来源广泛，成本较低，工艺简单、适用，易于实现产业化。

6.2.6 $VOSO_4$水解法制备VO_2

郭宁、徐彩玲等[6]介绍了一种新颖的、简单易行的二氧化钒粉末制备方法，以$VOSO_4$为原料，水解后获得$VO(OH)_2$沉淀，将沉淀清洗、干燥后，对其进行真空热处理，即获得VO_2粉末。该方法工艺控制简单，稳定性好，容易掌握。通过对试样的XRD、XPS分析表明，试样为较纯的VO_2粉末。试样的相变电、光开关性能测试表明，相变前后试样的电阻值变化了近两个数量级，中红外光学透过率变化了15%。

$VOSO_4$水解法制备VO_2的具体做法如下：

1)制取$VOSO_4$酸溶液

将3.6 g分析纯V_2O_5粉末、60 mL浓H_2SO_4以及80 mL去离子水混合均匀，水浴加热20 min，然后将混合物用去离子水稀释到750 mL。向混合液中不断通入新制的SO_2，直至酸性介质中的V_2O_5悬浊液完全被还原，溶液转化为澄清的宝蓝色$VOSO_4$酸溶液。

2）水解

缓慢将KOH溶液滴入到新制的$VOSO_4$酸溶性液中，用pH计监测反应液的pH，并用HCl调整反应液的pH，使其维持在4～6之间，可获得灰白色悬浊液，随后将该悬浊液过滤，即可得到灰白色$VO(OH)_2$沉淀。

3）真空热处理

首先将获得的$VO(OH)_2$沉淀进行反复清洗，然后对其进行1 h、100℃的真空干燥。最后对干燥的$VO(OH)_2$进行12 h、600℃真空（真空度约6.7 Pa）热处理，即可得到蓝黑色M相的VO_2粉末样品。

试样电阻随温度的变化关系见图6－5。

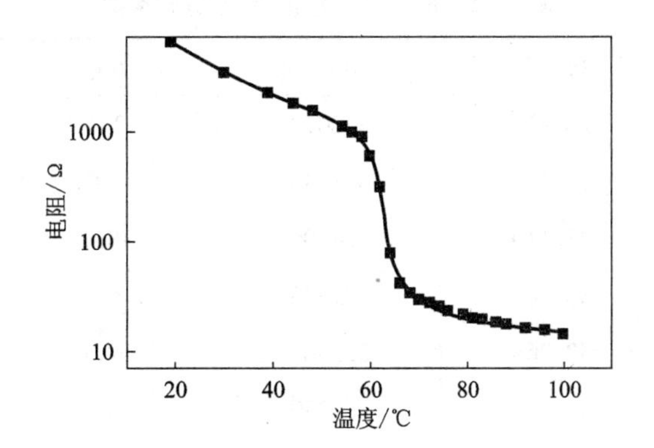

图6－5　M相的VO_2粉末试样电阻随温度的变化关系

6.2.7　高纯VO_2粉末的新制法

新制法基于下列反应：

$$2NH_4VO_3 = V_2O_4 + 2H_2O + N_2 + 2H_2$$

本书编者将盛有品位为99.9% NH_4VO_3的烧舟放进管状电炉中，利用NH_4VO_3热分解产生的氢气将NH_4VO_3还原，还原温度在400～450℃，加热1～2 h，即可得到蓝黑色的V_2O_4粉末。经X光物相分析证明，得到的产物为单一的M型的V_2O_4。化学分析表明，其钒含量为60.8%，十分接近于二氧化钒的理论含钒量61.42%，折合V_2O_4为98.99%。

M型V_2O_4的X光衍射图如图6－6所示。

图6－6的M型V_2O_4的X光衍射图由长沙亚光经贸有限公司提供，该公司根据本书编者提供的技术生产的高纯二氧化钒粉末的X光衍射参数如表6－1所示。

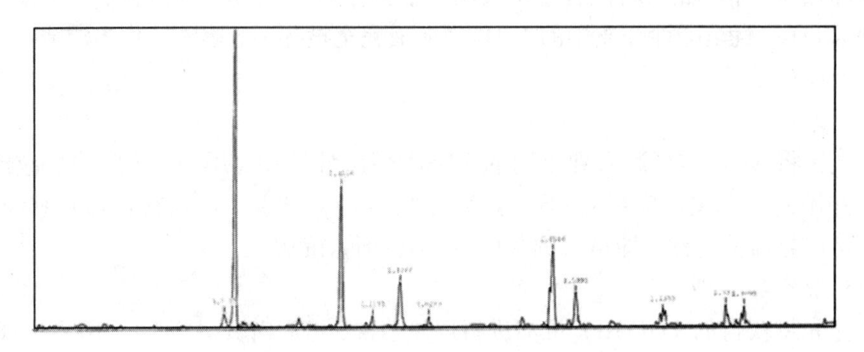

图 6－6　M 型 V_2O_4 的 X 光衍射图

表 6－1　M 型 V_2O_4 的 X 光衍射参数

衍射峰号码	$2\theta/(°)$	d	I/I_0	I. cps
1	26.974	3.3027	2.7	11
2	27.903	3.1948	100	387
3	37.110	2.4206	38.1	147
4	39.905	2.2573	3.0	12
5	42.264	2.1366	12.1	47
6	44.672	2.0230	2.7	11
7	55.601	1.6516	19.5	75
8	57.585	1.5993	7.7	30
9	65.033	1.4330	4.4	17
10	70.499	1.3347	5.5	21
11	72.035	1.3099	5.2	20

6.3　三氧化二钒的生产

三氧化二钒是冶炼钒铁合金或其他钒合金的新型原料。用其冶炼钒铁时可以降低生产成本，提高钒回收率。用其制备钒氮合金可以提高反应速度，提高钒氮合金产品质量。三氧化二钒的制取方法大致可归纳为两种：一种是不外加还原剂的钒酸铵热分解裂解法；另一种是外加还原剂的直接还原法。主要制取方法如下。

(1)不外加还原剂的钒酸铵热分解法。

不外加还原剂的钒酸铵热分解法通常以偏钒酸铵作为原料，在不外加任何还原剂的条件下，通过加热偏钒酸铵释放出的氨热裂解产生的初生氢来还原偏钒酸铵，从而可连续高效制取纯度极高的三氧化二钒。此方法的总反应式如下：

$$2NH_4VO_3 = V_2O_3 + 3H_2O + H_2 + N_2$$

(2)外加还原剂的直接还原法。

俄罗斯制取 V_2O_3 的原料几乎全部采用五氧化二钒。还原剂有 NH_3 和金属钒等。

苏联科学院乌克兰无机和普通化学研究所颜科列维奇等人[7]于 1974 年公布了他们用 NH_3 还原 V_2O_5 制取 V_2O_3 的方法。该工艺最佳条件为：温度 450℃，NH_3 流量 4 L/h，还原时间 3 h。在实施例中将五氧化二钒粉末装入管状炉(电炉)，反应炉空间的空气用气态氨置换，然后加热至 450℃。在此之后 3 h 内将氨气通到搅拌下的反应物上。之后将炉子冷却到略微低于 100℃，取出反应产物。五氧化二钒到三氧化二钒的还原率为 98% ~99%。与五氧化二钒的氢还原相比，氨还原可降低还原温度，并提高还原过程的安全性。

文献[2]对三氧化二钒的两种生产方法做了介绍。用氢气还原五氧化二钒或用水合肼与钒酸铵反应。

氢还原：五氧化二钒 V_2O_5 的氢还原在 700 ~ 800℃进行。所用的还原装置与通常金属氧化物还原成金属粉末相同。反应终点靠橙色的五氧化二钒变为黑色的三氧化二钒和质量变化来判断。

水合肼还原：将 1 份的偏钒酸铵 NH_4VO_3 与 10 ~ 15 份的水混合，向得到的浆料添加水合肼。每克钒酸铵消耗水合肼约 0.5 mL。

将混合物煮沸 20 ~ 30 min，过程中有部分氨蒸发，并有氮气释放。淡黄色钒酸铵的颜色逐渐消失，在烧瓶底部形成水合三氧化二钒的黑色沉淀，沉淀含一些水合肼。过量的水合肼不妨碍三氧化二钒的生成。将所得的沉淀滤出，用水洗涤沉淀，并在 200 ~ 250℃下进行干燥。然而，即使在该温度下，得到的三氧化二钒仍含有一定量的水。为了完全除去产物中的水分，将产物装在舟皿放置到瓷管中，并在干燥的氢气流中加热到 600 ~ 700℃。

张力等[8]在中国专利 CN 101717117 A 提出了三氧化二钒的生产方法旨在改进现有技术，实现提高反应速度、简化生产工艺、提高三氧化二钒纯度、减小用气量和节约成本等目的。其具体做法举例如下。

将多钒酸铵粉体、碳粉及糊精在混料筒中混合(糊精加入量为多钒酸铵质量的 2%，碳粉加入量为多钒酸铵质量的 1.5%)，然后造球。球团的粒度分布在 4 ~ 8 mm。生球干燥条件为：干燥温度 120 ~ 140℃，干燥时间 >6 h。将含碳多钒酸铵球团连续加入到外热式回转窑中，将工业煤气与球团运动方向逆向通入回转窑。通过外加热使回转窑内高温区达到500～650℃，在高温区保温并维持还原时间约15 min，球团分解并被还原为三氧化二钒。三氧化二钒球团在氮气保护下冷却到100℃以下出炉，得到三氧化二钒球团。

在众多的制取三氧化二钒工艺中，偏钒酸铵热分解法为最佳方法。该方法不需要外加还原剂，仅利用偏钒酸铵自身热分解产生的氨进一步裂解出来的初生氢即可将偏钒酸铵还原为V_2O_3，其工艺简单，V_2O_3产品的纯度高。由于不外加还原剂可显著降低生产成本。本书编者利用这一方法在长沙亚光经贸有限公司实现了工业生产。

6.4 硫酸氧钒的生产

李林德[9]认为钒电池用钒电解液是钒电池中起电化学反应的活性物质，电解液要求有较高的稳定性、较高的电导率。在钒电池中，电池能量是以电解液形式储存的，研究高浓度电解液是提高电池能量密度的有效途径，生产质优价廉的$VOSO_4$原料及钒电解液成了钒电池能否产业化的关键技术之一。

最初，Kyllas－Kazacos 所用电解液是将$VOSO_4$直接溶解于H_2SO_4中制得的。目前制备电解液的方法主要有两种：混合加热制备法和电解法。其中混合加热法适合于制取1 mol/L电解液，电解法可制取3～5 mol/L的电解液。

混合加热制备法的生产流程如图6－7所示。

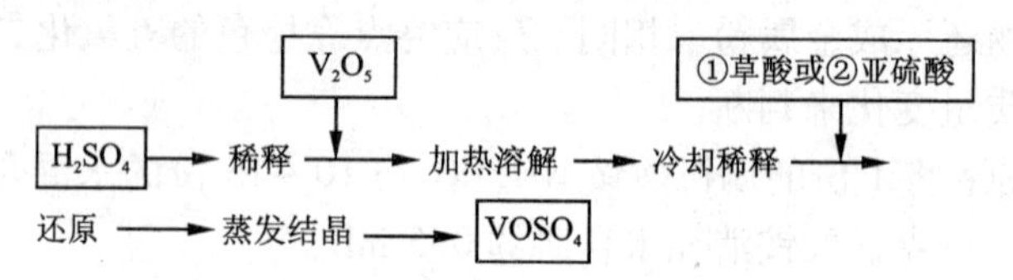

图6－7　混合加热制备法的生产流程

主要反应方程式为：

$$V_2O_5 + H_2SO_4 = (VO_2)_2SO_4 + H_2O \tag{6-1}$$

和①草酸还原：

$$(VO_2)_2SO_4 + H_2C_2O_4 + H_2SO_4 = 2VOSO_4 + 2CO_2 + 2H_2O \tag{6-2}$$

或②亚硫酸还原：

$$(VO_2)_2SO_4 + H_2SO_3 = 2VOSO_4 + H_2O \tag{6-3}$$

采用攀钢冶金级V_2O_3以及V_2O_5制备$VOSO_4$的工艺技术路线如图6－8所示。

主要反应方程式为：

$$V_2O_5 + V_2O_3 + 4H_2SO_4 = 4VOSO_4 + 4H_2O \tag{6-4}$$

采用攀钢钒厂中间产品—合格钒液制备$VOSO_4$的工艺技术路线如图6－9所示。

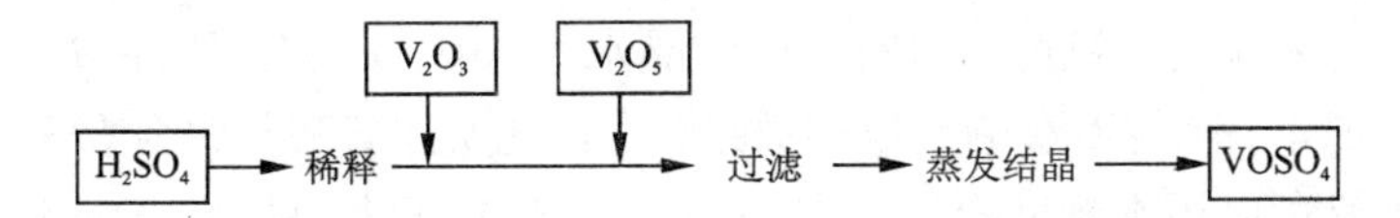

图6-8　采用攀钢冶金级 V_2O_3 以及 V_2O_5 制备 $VOSO_4$ 的工艺技术路线

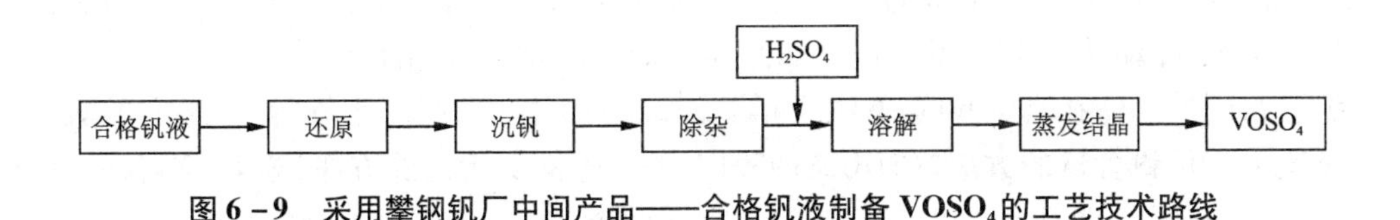

图6-9　采用攀钢钒厂中间产品——合格钒液制备 $VOSO_4$ 的工艺技术路线

6.5　硫酸钒(Ⅲ)的生产[10]

硫酸钒是全钒液流电池电解液的重要组成部分，钒电解液一般由等摩尔的硫酸钒(Ⅲ)与硫酸氧钒在硫酸溶液中构成。硫酸钒在全钒液流电池中消耗量大，具有很大的应用前景。

目前，制备硫酸钒有三种方法：第一种方法是在硫酸溶液中电解五氧化二钒，先得到硫酸氧钒，继续电解得到硫酸氧钒与硫酸钒的混合溶液；第二种方法是用五氧化二钒还原得到三氧化二钒，将三氧化二钒溶于硫酸中即得到硫酸钒溶液；第三种方法是用锌粉还原五氧化二钒得到低价钒的混合物，经分离后得到二价钒的氢氧化物，二价钒的氢氧化物在空气中氧化成三价钒的氢氧化物，将三价钒的氢氧化物溶于硫酸中即得到硫酸钒溶液。第一种方法是目前制备硫酸钒的主要方法，但该方法时间长且电耗大；第二种方法得到的溶液杂质多，混杂着硫酸氧钒；第三种方法操作复杂，产率低，而且反应中需要大量的锌粉，增加了反应成本。

中国专利 CN102394308B[11]描述了通过电解五氧化二钒的硫酸溶液得到硫酸钒的方法，该方法中多次将含有硫酸氧钒和硫酸钒的溶液经过隔膜电解工序，最终获得高浓度的硫酸氧钒溶液和硫酸钒溶液，但该方法制备工艺复杂。

中国专利 CN103199293A[12]描述了用锌粉还原五氧化二钒分离得到二氢氧化钒，后者经氧化得到三氢氧化钒，三氢氧化钒经过滤、多次洗涤后再溶于硫酸得到硫酸钒的方法，该方法中使用了大量的锌粉，使生产成本提高。

文献[10]提供了一种硫酸钒的制备方法。该方法包括：在浓硫酸存在下，将硫酸氧钒与丙酮进行氧化还原反应。

根据该发明，所述硫酸钒中，钒元素的化合价为3，所述硫酸钒的化学式为

$V_2(SO_4)_3$；所述硫酸氧钒中钒的化合价为 4，所述硫酸氧钒的化学式为 $VOSO_4 \cdot xH_2O$，即，所述硫酸氧钒可以含有 x 个结晶水，其中，x 可以为 1～9 的整数。为了降低生产成本，同时不影响反应的效果，优选地所述硫酸氧钒含有 3 个结晶水。所述硫酸氧钒可以用本领域常规的方法制得，例如，可以用甘油还原浓硫酸活化的五氧化二钒制得，也可以直接购买。

在该发明的实施例 1 中，取 217.05 g(1 mol) 硫酸氧钒，51.6 g(0.5 mol) 95% 的浓硫酸，200 mL(2.71 mol) 丙酮于 1.5 kPa 密闭恒压容器中，加热至 60℃ 恒温反应 1 h，冷却后用 400 mL 的 1∶1 的乙醇与乙酸乙酯混合溶液洗涤三遍，并将洗涤后得到的固体在真空 60℃ 下烘干得到浅绿色固体，参照郑小敏等[13]测定硫酸氧钒中三价钒含量的方法(CN102879391A 的实施例 1 所述的方法)进行检测并且通过分析得知，该固体为以三价钒形式存在的硫酸钒，其纯度为 99.95%。

6.6 全钒液流电池电解液的生产[16]

钒电池最早由澳大利亚新南威尔士大学的 Marria Kazacos 提出，日本从 1985 年起开发研究用于电站调峰储能钒电池系统，美国和澳大利亚都经过多年的研究，已完成了钒电池的实用化研究并已实现工业化应用。

由于钒电池活性物质贮存在电堆外部的储液罐中，钒电池与传统的固相蓄电池相比，具有浓差极化小，电池容量大且容易调整、寿命长、能耐受大电流充放、活性溶液可再生循环使用、不会产生污染环境的废弃物等优势。所以自问世以来在国际国内受到广泛关注并得到快速发展。

钒电池全称为全钒氧化还原液流电池(Vanadium redox battery，缩写为 VRB)，是一种活性物质呈循环流动液态的氧化还原电池。钒电池是一种非常具有发展前景的绿色环保储能电池，它在制造、使用和废弃过程中均不产生有害物质。具有特殊的电池结构，其活性物质贮存在电堆外部的储液罐中，钒电池与传统的固相蓄电池相比，有浓差极化小、电池容量大且容易调整、寿命长、能耐受大电流充放、活性溶液可再生循环使用、不会产生污染环境的废弃物等优势，生产制造成本低，与铅酸电池相近，它还可制备兆瓦级电池组，大功率长时间提供电能。因此钒电池在大规模储能领域具有锂离子电池、镍氢电池不可比拟的性价比优势。钒电池生产工艺简单，价格经济，电性能优异，与制造复杂、价格昂贵的燃料电池相比，无论是在大规模储能还是电动汽车动力电源的应用前景方面，都更具竞争实力。

钒电池是目前发展势头强劲的优秀绿色环保蓄电池之一。它的制造、使用及废弃过程均不产生有害物质，它具有特殊的电池结构，可深度大电流密度放电，充电迅速，比能量高，价格低廉，应用领域十分广阔，如可作为大厦、机场、程控交换站备用电源，可作为太阳能等清洁发电系统的配套储能装置，为潜艇、远洋轮船提供电力以及用于电网调峰等。

高效贮能钒电池主要采用全钒离子作为电解液，充放电时在正负极形成V(Ⅴ)/V(Ⅳ)，V(Ⅲ)/V(Ⅱ) 电对，提供1.26 V 的开路电压。平常，正负极电解液分别存放，电池工作时，用泵分别将正负极电解液泵进电堆，发生化学能—电能的转变或相反的过程。电池基本原理如图6－10所示[17]。

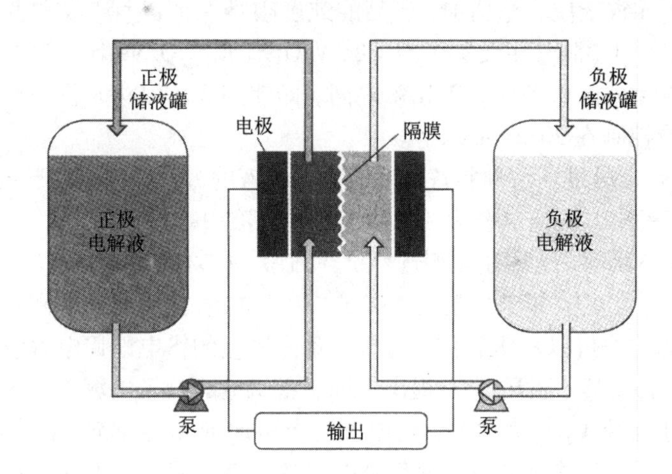

图6－10　全钒氧化还原液流电池原理图

电池工作时，电堆中发生如下反应：

正极：

$$VO_2^+ + 2H^+ + e^- = VO^{2+} + H_2O \quad E_0 = 1.00V \tag{6-5}$$

负极：

$$V^{2+} = V^{3+} + e^- \quad E_0 = -0.26\ V \tag{6-6}$$

在电堆运行良好的情况下，钒电解液的量和浓度决定着电池容量。电解液性能对电池性能有直接影响。尤其是钒电池充电后，负极电解液中V(Ⅱ)的氧化和正极电解液中V(Ⅴ)的析出，严重阻碍了钒电池充放电效率，是钒电池实用化研究中必须解决的问题。所以钒电解液的研究对钒电池的开发和提高性能有非常重要的意义。

钒电解液常用的制备方法主要分为化学法和电化学法两种。化学法是指用钒的氧化物或化合物在一定的硫酸溶液中通过加热或加入一定量的还原剂的方法生产出钒电池用的钒/硫酸混合电解液。电化学法是直接将稳定剂与五氧化二钒和硫酸加入电解槽中电解制备出性能相对稳定的各价态钒电解液，电解液中钒离子浓度也可以达到0.25～10 mol/L，满足不同浓度的钒电池需求。

为了保证钒电解液在钒电池中长期运行的稳定性，业界普遍认为需要制备高纯度的钒电解液，Fe、Cr、Si 和 Mn 等杂质含量均需要控制在 20 μg/g 以下。现有技术是采用高纯钒制备工艺制备 V_2O_5，再将 V_2O_5 溶解于高纯硫酸，用还原剂还原，反应完全后调整钒浓度，加入添加剂，置于隔膜电解池中电解，获得纯度较高的钒电池用电解液。

就目前的制备工艺而言，首先需要控制原料的杂质含量，而工艺过程用到多种原料，必然导致杂质含量增加，产品的纯度很难保证，生产成本也很高。目前市场上销售的 V_2O_5 牌号主要有 V_2O_5 98、$V_2O_5$99 和 V_2O_5 99.5，其中杂质 Fe、Cr、Si 和 Mn 等的含量在 0.02% ~0.10% 之间，即使用 V_2O_5 99.5 作原料，也很难将各种杂质含量控制在 20 μg/g 以下。

仲晓玲等[14]提供了一种制备钒电池用电解液的方法，包括以下步骤：

(1)将五氧化二钒或三氧化二钒溶于硫酸溶液中。

(2)加入还原剂，所述还原剂选自抗坏血酸、抗坏血酸酶、抗坏血酸衍生物、抗坏血酸盐、茶多酚、邻苯二酚、苯二酚、对苯二酚等化合物中的一种或多种。采用该发明的方法可以从钒氧化物直接制备高浓度的钒电池用电解液。

张群赞、孙爱玲、扈显琦[15]提出一种制备钒电池负极电解液的方法，其特征在于采用工业高纯 V_2O_5 为原料，并加入适当添加剂和还原剂，在高纯氮气的保护下，直接采用化学法制备钒电池负极电解液。该发明的优点在于原料易得、成本低廉、反应条件简单、操作简便、制得的电解液中总钒浓度高、稳定性好、在低温环境下的使用性能显著提高，适于工业化生产。

文献[16]涉及的钒电池电解液制备工艺，旨在获得高纯度的钒电池电解液，可将 Fe、Cr、Si 和 Mn 等杂质含量均控制在 10 μg/g 以下，并可同时用作钒电池的正极电解液和负极电解液，满足钒电池使用要求，同时降低生产成本。

该发明的技术方案如下，包括以下步骤：

(1)将五氧化二钒加入硫酸溶液中进行加热活化；

(2)向活化后的溶液中加入高纯还原剂进行还原得到硫酸氧钒溶液；

(3)将所得溶液电解还原，得到高纯度混合电解液。

该发明采用的五氧化二钒为市场已有产品，可以通过市购得到。五氧化二钒为橙黄色或红棕色结晶粉末，为强氧化剂，易被还原成各种低价氧化物。微溶于水，易形成稳定的胶体溶液。溶于碱，生成钒酸盐。溶于酸不生成五价钒离子，而生成 VO_2^+ 离子。广泛用作化学反应如接触法硫酸及有机氧化反应催化剂，陶瓷、玻璃、油漆的着色剂。目前市场上销售的 V_2O_5 主要有 V_2O_5 98、V_2O_5 99 和 V_2O_5 99.5，均可用于该发明。

该发明的制备流程见图 6－11。

作为实施例首先将 200 g 五氧化二钒溶解于 1000 mL 体积比为 1∶5 的硫酸溶液中，加热至 50℃进行活化；然后向活化后的溶液中通入气态二氧化硫还原剂进

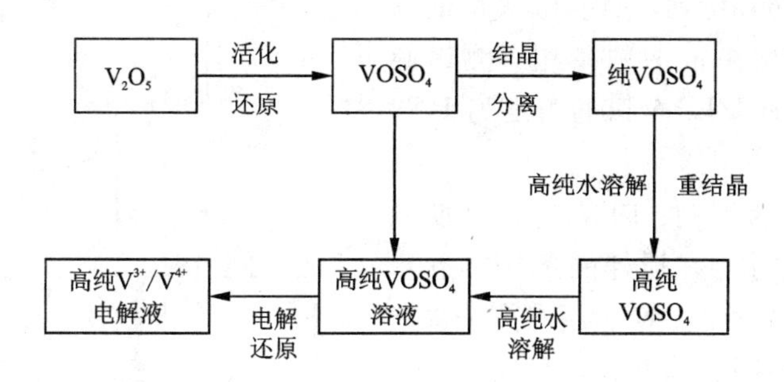

图 6－11　高纯度的钒电池电解液制备流程

行还原，得到硫酸氧钒溶液；将硫酸氧钒溶液置入结晶罐中进行结晶，再转移至离心分离设备进行离心分离得到硫酸氧钒晶体，并检测其纯度；若硫酸氧钒晶体纯度经检测不满足要求，可再将晶体溶于高纯水中，在重结晶罐内进行重结晶，得到高纯度的硫酸氧钒晶体。再将满足纯度要求的晶体溶于高纯水，用硫酸调节溶液中硫酸浓度至 2.5 mol/L。将所得溶液在隔膜电解池中电解还原，即可得到高纯度的 V^{3+}/V^{4+} 混合电解液。

现有技术是采用高纯钒原料制备 V_2O_5，再将 V_2O_5 溶解于高纯硫酸，用还原剂还原，反应完全后调整钒浓度，加入添加剂，置于电解槽中电解，制得钒电池用电解液，这很难将杂质控制在 20 μg/g 以下。上述发明制得的钒电池电解液将杂质含量控制在 10 μg/g 以下，并可同时用作钒电池的正极和负极电解液，满足钒电池的使用要求，同时降低了生产成本。

文献[17]提供了一种三价钒离子电解液的制备方法，由该方法可制备得到三价钒离子电解液。所述三价钒离子电解液的制备方法包括将含有硫酸氧钒的硫酸溶液作为阴极液，将硫酸溶液作为阳极液，且阳极液的硫酸与含有硫酸氧钒的硫酸溶液中的硫酸氧钒的摩尔量相等，并进行恒压电解，得到三价钒与全钒的摩尔比大于 0.98 的三价钒离子电解液。采用该发明提供的方法能够稳定地制得纯度较高的三价钒离子电解液。

图 6－12 为制备三价钒离子电解液过程中使用的电解槽的工作状态示意图。

电解槽的制作：采用重均分子量为 350 万的聚乙烯制作规格均为 170 mm × 170 mm × 170 mm 的阳极池和阴极池，将全氟磺酸离子交换膜置于阳极池和阴极池之间固定，然后将外接恒压电源正负极的两块铂板分别置于阳极池和阴极池中，其中，铂板的有效面积为 100 mm × 100 mm。

含有硫酸氧钒的硫酸溶液的制备：首先向反应器里加入 550 mL 去离子水，然后在搅拌的条件下向反应器里加入 259 mL 浓硫酸，待温度上升至 80℃时，将 62 g V_2O_3与 74.5 g V_2O_5 的混合物逐步加入反应器反应，反应 0.5 h 后用去离子水定容至900 mL得到含有硫酸氧钒的硫酸溶液，作为电解液原料备用。测试硫酸浓度为3.6 mol/L，全钒的浓度为1.79 mol/L。

硫酸溶液的配制：向反应器里加入200 mL去离子水，在搅拌的条件下逐步加入85.9 mL浓硫酸，最后用去离子水定容到900 mL备用。

三价钒离子电解液的制备：取900 mL的上述含有硫酸氧钒的硫酸溶液注入电解槽的阴极池7，取900 mL的上述硫酸溶液注入电解槽的阳极池4；采用恒压方式电解，其中，设定电极板间距为3 cm，电解电压为3 V，电解温度为20℃。同时通过电位仪2对电解液的电量和电位进行在线监测，当检测电量达到理论电量的1.1倍或者检测电位达到理论电位时，停止电解。此时电解时间为1.5 h。将得到的电解液进行离子色谱分析、极谱分析、ICP质谱和ICP光谱分析，可得所述电解液中三价钒离子的浓度为1.78 mol/L，即电解液中三价钒与全钒的摩尔比V(Ⅲ)/TV为99.6%。

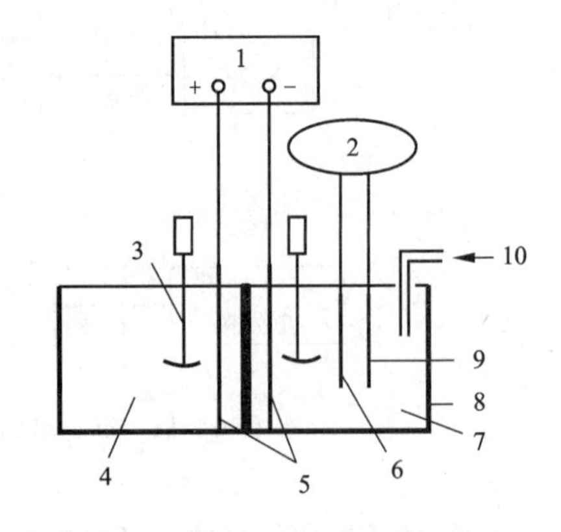

图6-12　制备三价钒离子电解液过程中使用的电解槽的工作状态示意图

1—恒压电源；2—电位仪；3—搅拌器；4—阳极池；5—铂电极；6—甘汞电极；7—阴极池；8—槽框板；9—铂电极；10—气体入口

6.7　钒酸盐的生产

6.7.1　偏钒酸钠

从含钒的钠化焙烧浸出液中提取偏钒酸钠，主要方法有三种。第一种方法是将提钒浸出液除杂后蒸发浓缩结晶，得到偏钒酸钠固体。该方法工艺简单，操作方便，但是通常由于提钒浸出液成分复杂，很难将杂质完全去除，所以产品纯度不高，使该方法很难得到广泛应用。第二种方法是从提钒浸出液先沉淀多钒酸铵，然后用氢氧化钠溶液与多钒酸铵反应制备偏钒酸钠。其做法是先在90～95℃下向提钒浸出液加铵盐使多钒酸铵沉淀，过滤得到湿的多钒酸铵固体，然后用氢氧化钠溶液溶解湿的多钒酸铵固体，生成偏钒酸钠和氨气，之后浓缩反应液得到偏钒酸钠固体。这种方法的缺点是在用氢氧化钠溶解粗偏钒酸铵过程中，需要使用与钒同等摩尔量的氢氧化钠，碱消耗量大，因此生产成本较高。此外，多钒酸铵通常呈现絮状或者以多晶聚合体的形式存在，含有硫酸钠等杂质不易洗涤，导致产品纯度不高。另外，该方法产生废气(氨气)。第三种方法是在加热的条件下用氢氧化钠溶液溶解V_2O_5，充分反应后得到偏钒酸钠。这种方法操作方便，产品纯度高，不产生污染废气（氨气），是目前使用最广泛的方法。但是该方法对 V_2O_5 纯度要求较高，原料 V_2O_5 价格较贵，因此生产成本高。

陈亮等人[18]在中国专利“制备偏钒酸钠的方法”中，提出了一种包括以下步骤的制备偏钒酸钠的方法：①用无机酸将钠化提钒浸出液的 pH 调节至1.1～1.6，然后将其加热到90℃至沸腾，保持60～90 min，生成多钒酸钠固体；②向所得的多钒酸钠固体添加氢氧化钠溶液，并搅拌所得的固液混合物，使得该溶液的 pH 为8～8.5；③将固液混合物加热到90℃至沸腾，生成偏钒酸钠固体。利用该方法能够制备高纯度的偏钒酸钠，并且该方法的碱消耗量小、成本低。

在实施例中发明人取500 mL 钠化提钒浸出液（V^{5+}浓度为29.23 g/L，Na^+浓度为16.2 g/L，Cr^{6+}浓度为1.1 g/L，Si 元素浓度为0.7 g/L，P 元素浓度为0.01 g/L），用浓度为98%的浓硫酸将钠化提钒浸出液的 pH 调至1.1，然后将其加热至90℃，充分搅拌，保温期间补加浓度为98%的浓硫酸使得 pH 保持在1.1，在90℃保持60 min 后过滤出水解所得的固体（多钒酸钠），快速洗涤，得到多钒酸钠结晶体。将所得的多钒酸钠结晶体置于反应器中，向其逐渐添加浓度为40%的氢氧化钠溶液并充分搅拌，使得固液混合物中溶液的 pH 为8（在逐渐加入氢氧化钠溶液的过程中，固液混合物中溶液的 pH 不断上升），然后在搅拌条件下加热至90℃并保持60 min，保温期间继续投加浓度为40%的氢氧化钠溶液保持固液混合物中溶液的 pH 为8。保温60 min 后，产生的白色固体已经不再增多，表明反应已经完全。停止加热，将反应混合物在搅拌条件下冷却至室温，过滤、洗涤、干燥滤饼，得到偏钒酸钠产品。偏钒酸钠产品中 $NaVO_3$的含量为99.7%，V 元素收率为95%。

陈亮等[19]的中国专利 CN101746822“从提钒浸出液制取偏钒酸钠的方法”。包括以下步骤：用无机酸将钠化提钒浸出液的 pH 调节至4～4.5，并将其加热到75～85℃，然后按照 NH_4^+ : V = 1.5～2 的质量比向溶液中加入可溶性铵盐，充分搅拌均匀，反应后得到含铵多钒酸钠固体；将所得含铵多钒酸钠固体置于密封反应器中，按照 Na : V = 0.8～0.9 的摩尔比加入氢氧化钠溶液，在90℃至沸腾温度的条件下搅拌，直至溶液中开始出现白色或淡黄色固体，然后将溶液在搅拌条件下冷却至室温，过滤、干燥，从而得到偏钒酸钠固体。

在实施例中发明人取500 mL 的钠化焙烧浸出液（钒浓度为29.23 g/L），用浓硫酸将溶液 pH 调节至4.2，将溶液加热至75℃，按照 NH_4^+ : V = 1.5 的质量比向溶液中加入 $(NH_4)_2SO_4$固体，充分搅拌，反应50 min 后将所得固体过滤，快速洗涤得到含铵多钒酸钠结晶。将所得含铵多钒酸钠置于密封反应器中，按照 Na : V 摩尔比0.8 投入100 mL 氢氧化钠溶液，在90℃条件下搅拌，直至溶液中开始出现白色固体，然后将溶液在搅拌条件下冷却至室温，过滤、干燥，即可得到偏钒酸钠固体33.3 g，产品纯度为99.6%，回收率为95%。发明人称此法有下列优点：①在沉淀含铵多钒酸钠的过程中，浸出液中部分的钠进入了产物，节省了氢氧化钠的用量，降低了生产成本；②沉淀含铵多钒酸钠所需 pH 为 4～4.5，较酸性铵盐节省了酸的用量；③沉淀含铵多钒酸钠所需温度为 75～85℃，反应速度快，能耗较低；④沉淀的含铵多钒酸钠结晶完整、晶粒粗大，呈片状结构，吸附的硫、磷、铬等杂质较少，最终的产品偏钒酸钠纯度高（达99%以上），杂质含量低；⑤反应操作简单，便于工业化生产；⑥对含铵多钒酸钠碱溶时产生的氨气进行了回收，实现了铵盐的循环利用，减少了氨气的污染。

图 6－13 示出了该发明从提钒浸出液中制取偏钒酸钠的方法的流程图。

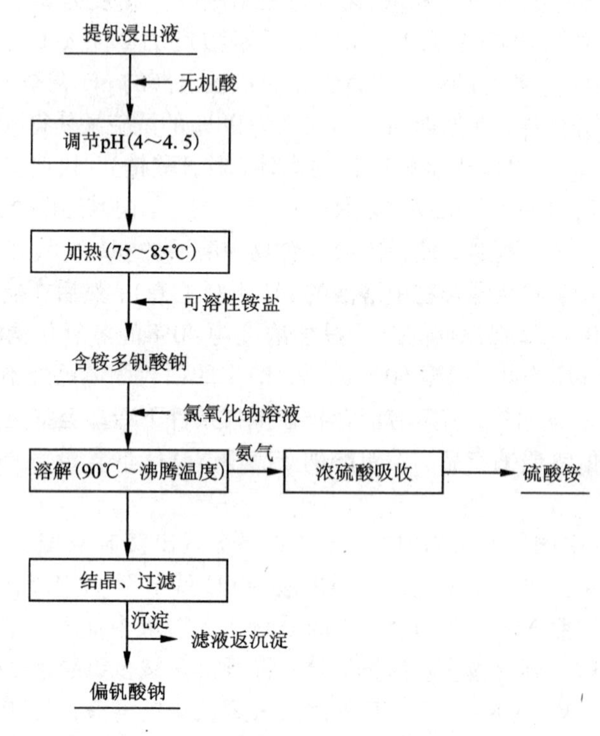

图 6－13　从提钒浸出液中制取偏钒酸钠流程图

6.7.2　偏钒酸钾

偏钒酸钾的制备遇到了与偏钒酸钠制备类似的问题，因此，目前急需能够以低成本来制备偏钒酸钾的方法。

彭一村等[20]在中国专利中“偏钒酸钠/偏钒酸钾的制备方法”提出将钠化提钒浸出液加热至 80～90℃，按照 Ca∶V＝1.5∶1～2∶1 的质量比向钠化提钒浸出液中加入氯化钙饱和溶液，保持 80～90℃温度条件的同时充分搅拌均匀，反应 30～40 min 后过滤得到钒酸钙固体；将所得的钒酸钙固体进行洗涤和过滤；将洗涤后的钒酸钙固体置于容器中，按照 $CO_3^{2-}:Ca^{2+}=(1\sim1.2):1$ 的摩尔比加入质量浓度为20%～30%的碳酸氢钠或碳酸氢钾溶液，在60～70℃条件下充分搅拌，反应30～40 min后过滤得到碳酸钙固体和偏钒酸钠或偏钒酸钾溶液；将所得到的偏钒酸钠或偏钒酸钾溶液蒸发浓缩、结晶，最后将所得晶体分离并在40℃以下干燥，从而得到偏钒酸钠或偏钒酸钾固体。

该方法中形成钒酸钙固体的反应原理为：

$$Na_4V_2O_7+2CaCl_2+2H_2O = Ca_2V_2O_7\cdot2H_2O\downarrow+4NaCl \tag{6-7}$$

$$2NaVO_3+CaCl_2 = Ca(VO_3)_2\downarrow+2NaCl \tag{6-8}$$

钒酸钙沉淀中主要为焦钒酸钙沉淀，偏钒酸钙有少量沉淀。

将焦钒酸钙沉淀转化为偏钒酸钾溶液步骤的反应原理为：

$$Ca_2V_2O_7\cdot2H_2O+2KHCO_3 = 2CaCO_3\downarrow+2KVO_3+3H_2O \tag{6-9}$$

$$Ca_2V_2O_7+2KHCO_3 = 2CaCO_3\downarrow+2KVO_3+H_2O \tag{6-10}$$

$$Ca(OH)_2+KHCO_3 = CaCO_3\downarrow+KOH+H_2O \tag{6-11}$$

在实施例中发明人取1000 mL钠化提钒浸出液(钒浓度为22.16 g/L)加热到80℃，然后按照Ca∶V质量比为1.5∶1加入氯化钙饱和溶液，之后再加入助沉剂，即固体浓度为100 g/L的石灰乳浆，控制钠化焙烧浸出液的pH为9，充分搅拌均匀，反应35 min后过滤得到钒酸钙固体。之后将得到的钒酸钙固体洗涤、过滤，将洗涤后的钒酸钙固体置于容器中，按照 $CO_3^{2-}:Ca^{2+}=1:1$ 的摩尔比加入质量浓度为35%的碳酸氢钾溶液，在70℃条件下充分搅拌，反应40 min后过滤，得到碳酸钙固体和偏钒酸钾溶液。最后，将偏钒酸钾溶液蒸发浓缩至 KVO_3 的质量浓度为40%，再将偏钒酸钾溶液冷却至室温结晶，分离结晶后使其在35℃下干燥，得到偏钒酸钾固体。偏钒酸钾产品中 KVO_3 的含量为99.02%，钒收率为94%。

6.7.3　钒酸铋

谭红艳等[21]介绍的钒酸铋颜料的制备方法主要有以下几种。

6.7.3.1　液相法

1.沉淀—回流法

此方法主要是将含铋(Ⅲ)盐和钒(Ⅴ)盐的高纯溶液，需要时可加入其他无机化合物，在严格限定的诸如温度和pH等条件下混合，使Bi(Ⅲ)－V(Ⅴ)－氧化物－氢氧化物－凝胶沉淀出来。随后，使所得凝胶在升高温度和pH条件下进行可控结晶过程，形成水相中的粗颜料。

例如，德国专利提出的一种制备方法为：将硝酸铋溶液加入到含可溶性磷酸盐、钒酸铵的溶液中，调节pH＝3～6.5，加热至373K，并加入更多的碱液使pH保持一定，经0.5～5 h后调节pH＝2～5并搅拌1 h，然后调节pH＝5～8，保持pH加热至回流温度，并继续加热0.5～5 h；法国Vermoortele等提出使酸性硝酸铋溶液与碱性偏钒酸铵(或偏钒酸钠)溶液反应，还可有其他盐参与，在pH＝1～

2 条件下生成沉淀，加碱调节 pH 至 7，在 30 min 内加热至 353K 以上，加碱以保持 pH 为 7，搅拌 0.5 h 以上至 pH = 6.5 左右。

2. 前驱体煅烧法

此方法主要是将沉淀法中制得的 Bi(Ⅲ) - V(Ⅴ) - 氧化物 - 氢氧化物 - 凝胶干燥后在不隔绝空气的条件下加热到 573 ~ 1173 K，得产物。

例如，Vermoortele 等[22]将 107.7 g 硝酸铋酸性溶液（密度为 1.607 g/cm^3）倒在 5 L 反应器。加热水将体积调节到 0.570 L 并将温度调节到 70℃。在搅拌条件下加入含 14.779 g 钒酸钠和 18.333 g 钼酸钠在 3.6 L 水中溶解得到的水溶液。添加在两个小时内完成。在此添加期间，反应混合物的 pH 逐渐上升到 0.5，然后通过滴加 63 mL 50% 苛性碱将 pH 调节至 4.5。在 70℃ 下进一步搅拌 1 h 后，pH 稳定在 3.8。然后将沉淀混合物过滤，用水洗涤并在 90℃ 下干燥 12 h，获得 85.5 g 原始产品，随后在 620℃ 下焙烧 1 h，对获得黄色颜料进行球磨。球磨料浆经过滤、干燥、粉碎，得到下列组成的颜料粉末：$Bi_{1.160}V_{0.520}Mo_{0.320}O_4$。

与上述制备方式类似，通过混合 102.240 g 的硝酸铋、28.700 g 钒酸钠和 3.750 g 偏硅酸钠，Vermoortele 等制备得到亮黄色的硅钒酸铋，其组成如下：$Bi_{1.023}Si_{0.070}V_{0.930}O_4$。

6.7.3.2 固相法

1. 固相煅烧法

此方法主要是按所需组成进行适当混合，煅烧氧化物或热分解生成相应氧化物的盐的混合物。煅烧温度为 573 ~ 1223 K。

例如，欧洲专利提出含钡和/或锌的着色力强的亮黄色颜料，通过煅烧由 Bi_2O_3、V_2O_5、$BaCO_3$ 组成的混合物而制得[23]。中南大学的李伟洲等首先将 Bi_2O_3 和 V_2O_5 以 1∶1（质量比）混合配料，然后研磨，再投入管式电阻炉中，于 903 ~ 923 K 第二次煅烧 15 h，再以约 20 K/h 的速率冷却至室温，研磨即得产物[24]。

2. 湿磨法

此方法主要是将铋（Ⅲ）化合物和钒（Ⅴ）化合物一起进行湿磨。例如，Bayer 公司提出将 $Bi_2O_3 - V_2O_5$ 混合物的硝酸盐悬浮液在温度低于 373K 时球磨 1 h，温度最好在 273 ~ 323K，于室温下放置 1 h，在 3 h 内从 363K 加热到 433K，球磨、洗涤并干燥[25]。美国专利提出，在 273 ~ 373K 范围内，把固体铋（Ⅲ）化合物和钒（Ⅴ）化合物按物质的量比为 1∶1 ~ 1∶0.8 在 pH 为 1 的水溶液中进行球磨[26]。

6.8 钒的卤化物生产

6.8.1 钒的氟化物生产

钒与氟生成的化合物有：VF_3、VF_4、VF_5 及水合物 $VF_3 \cdot 3H_2O$。

6.8.1.1　VF_5的制造

VF_5是唯一的 1 mol 钒与 5 mol 卤素元素形成的化合物。它极易水解，生成水合 V_2O_5。

2004 年古泽耶娃等[27]申请了“五氟化钒生产方法”的俄罗斯专利（RU2265578C1）。该方法以废金属钒（钒屑、碎料和低于标准规格的钒制品）为原料，用元素氟进行氟化，并通过蒸馏五氟化钒，得到冷凝的五氟化钒。氟化分两阶段进行。首先令氟气进入装有钒金属废料的容器中，令过剩压强为 1.5 ~ 2.0 kPa，并在 40 ~ 60℃的温度下保温 1 h。然后将反应器加热到 180 ~ 200℃的初始温度，开始用含氟（体积）92% ~ 94%、HF（体积）4% ~ 6%、余量为惰性气体混合物的工业氟进行氟化。生产的五氟化钒在 -25 ~ -30℃的温度下冷凝在冷凝瓶中。含五氟化钒的冷凝瓶在 2.0 ~ 3.0 kPa 的真空和 -25 ~ -30℃的温度下保持 2 h。该方法有利于降低五氟化钒的生产成本和提高产率。

2011 年张春芳等[28]申请了“五氟化钒的制备方法”的中国专利。

该发明的技术方案包括以下步骤：

1. 对反应器预处理

将钒置于反应器内，反应器预热到 150 ~ 300℃，对反应器抽真空至 -0.1 ~ -0.08 MPa。

2. 合成反应

向反应器内缓慢通入氟气，氟气与金属钒在反应器内接触发生合成反应生成五氟化钒，反应器温度范围控制在 200 ~ 450℃，反应式为：

$$2V + 5F_2 = 2VF_5 \tag{6-12}$$

3. 去除五氟化钒粗品中的杂质

从反应器出来的五氟化钒粗产品进入蒸馏塔，蒸馏塔的温度维持在 15 ~ 25℃，产品中的氧气、氮气和氟化氢等轻组分杂质进入尾气处理系统。

4. 提纯五氟化钒

蒸馏塔升温，温度控制在 50 ~ 90℃，五氟化钒液体开始气化，使五氟化钒产品收集在接收器中，接收器的温度维持在 -30 ~ -10℃。

该发明设备简单、操作方便、杂质含量少，可以有效提高中间副产物的转化率，产品纯度可达 95% 以上。该发明设备示意图如图 6 - 14 所示。

6.8.1.2　四氟化钒

四氟化钒由干燥的氟化氢与四氯化钒在 -28 ~ 0℃下相互作用而形成。产物为棕黄色粉末，易被水分解。高于 325℃时四氟化钒发生歧化：

$$2VF_4 = VF_5 + VF_3 \tag{6-13}$$

6.8.1.3　三氟化钒

三氟化钒除用上述四氟化钒发生歧化生产外，还可以用干燥的氟化氢与三氯

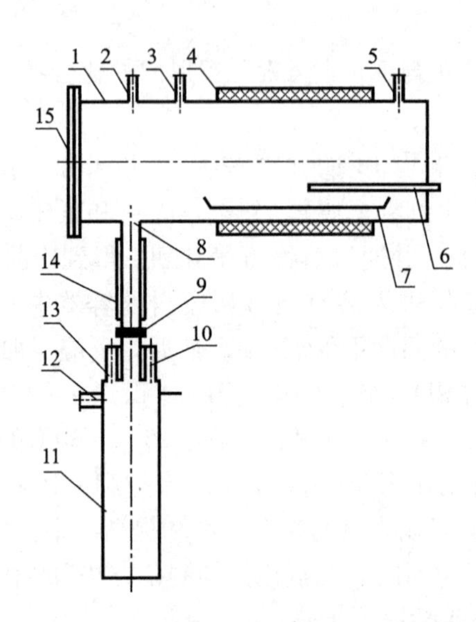

图6－14　制备五氟化钒设备结构的示意图

1—反应器；2—第一测压口；3—第一抽气口；4—反应器加热设备；5—氟气入口；6—测温计；7—料盘；8—产品收集口；9—法兰；10—第二抽气口；11—收集器；12—产品出口

化钒在暗红色热的温度下相互作用而形成。在三氧化二钒的氢氟酸溶液蒸发时，析出 $VF_3 \cdot 3H_2O$ 水合物。

6.8.1.4　**氧氟化钒 VOF_2**

氧氟化钒 VOF_2 为黄色物质。可由四氟化钒水解产生：

$$VF_4 + H_2O \longequal VOF_2 + 2HF \quad (6-14)$$

6.8.1.5　**氧氟化钒 VOF_3**

氧氟化钒 VOF_3 按下列反应生成：

$$VOCl_3 + 3HF \longequal VOF_3 + 3HCl \quad (6-15)$$

VOF_3 为淡黄色结晶物质，吸湿性很强，能形成诸如 $3KF \cdot 2VOF_3$ 和 $2KF \cdot VOF_3$ 之类的复盐。

6.8.2　钒的氯化物生产

6.8.2.1　**四氯化钒制法**[29]

四氯化钒是著名的钒氯化物，在工业中作为催化剂，用于诸如聚丙烯、合成橡胶等聚烯烃的生产。在制备三氯化钒、二氯化钒和有机钒化合物过程中也是中间产物。

然而，不论用何种方法，制备的四氯化钒在低于63℃的温度下都会缓慢地分解为三氯化钒和氯气。

人们发现，在低硫含量碳存在下氯化氯氧化钒制备四氯化钒时，添加三氯化磷能得到极端稳定的四氯化钒。

四氯化钒是在硫含量小于 1% 的活性炭的存在下由氯氧化钒的还原氯化制得的。

VCl_4的制备采用的流体床反应器如图 6－15 所示。

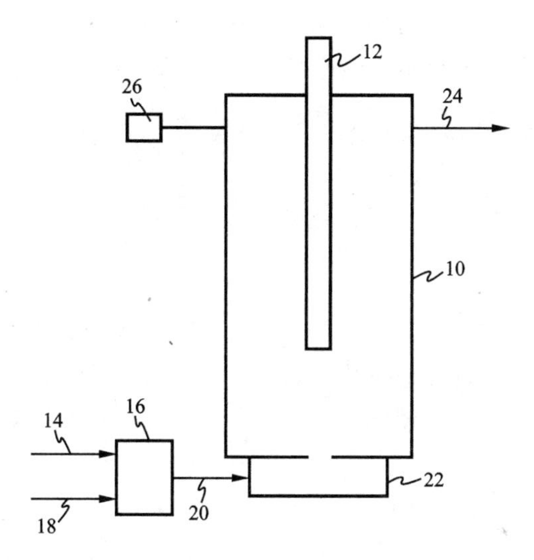

图 6－15　VCl_4制备流体床反应器示意图

参照图 6－15，10 表示含吸附催化剂的电热流化床反应器。反应器 10 是由石墨电极 12 加热，由一个变压器供电(未示出)。氯气通过管线 14 送入蒸发器 16，而 $VOCl_3$通过管线 18 进料到蒸发器 16，然后蒸发的混合物通过电热管线 20 进入反应器风箱 22，在送入反应器 10 之前在那里保持温度在 200～250℃。风箱 22 用于平衡反应器 10 的气体压力。在反应器中保持反应温度在 350～800℃。穿过反应器 10 后，产品气体通过管线 24 离开和被冷凝，得到所需的 VCl_4。用苛性碱洗涤器可以捕集未冷凝的副产物。反应失去的吸附催化剂可以通过进入口 26 得到补充。

VCl_4制得后添加 10～1000 μg/g 的三氯化磷即能得到极端稳定的四氯化钒。

文献[29]的作者将其实施例中得到的 VCl_3产品 20 g 装在耐热玻璃烧舟中，放置在一水平管状炉中。炉子被加热到 300℃，氮气保护。然后用氯气替换氮气。氯气的流速是 0.76 g/min。VCl_3即转变成 VCl_4，其转化速率是 0.65 g/min。按 VCl_3计算 VCl_4产率为 87.6%。

6.8.2.2 三氯化钒制法[30]

以五氧化二钒为原料，三氯甲苯为氯化剂，可以95%的收率得到三氯化钒。

此过程可在通常用的反应器中进行，不必用镍合金的设备。此过程的反应式如下：

$$\underset{\text{固体}}{V_2O_5}+\underset{\text{液体}}{5\phi CCl_3} \longrightarrow \underset{\text{固体}}{2VCl_3}+ \underset{\text{液体}}{5\phi \overset{\overset{O}{\|}}{C}Cl_3} +2Cl_2$$

这一方法得到的 VCl_3 呈不太致密的状态，在许多用途中十分有利。产品的物理和化学性质如下：

颜色	紫色结晶
分子量	157.3
熔点	600℃（歧化）
比重	3.00
颗粒尺寸	2～2.5 μm

V_2O_5 与 ϕCCl_3 之间通常是按化学计量进行反应。开始时需将反应料加热到85～100℃，然后因放热反应使温度上升到约130℃。为使反应完全再将反应物加热到185～200℃。

反应完成后用过滤法使固体 VCl_3 与反应混合物分离，并用一种合适的溶剂洗涤，以除去未反应的 ϕCCl_3 和 $\overset{\overset{O}{\|}}{\phi CCl_3}$。

由于 V_2O_5 已定量反应，所以不污染产品。用于洗涤 VCl_3 产品的合适溶剂有：烷烃如戊烷、己烷、庚烷或它们的混合物。此外，二氯甲烷和三氯乙烯均适用。这些溶剂的挥发性有助于随后 VCl_3 的干燥。二氯甲烷和三氯乙烯因能减少火灾隐患，具有一定的优势。在任何情况下，当溶剂加入反应器中时，应首先让反应器冷却至溶剂的沸点以下。

V_2O_5 与 ϕCCl_3 之间的反应应在无空气和干燥的条件下进行，否则一部分应得到的三氯化钒可能转变成三氯化钒的六水合物，同时可通过副产物苯甲酰氯的氧化形成苯甲酸，导致过滤困难。出于同样的原因，在过滤和洗涤设备设计时应考虑排除空气和水分。

下列实施例是对本方法具体实践的说明。

在实施例中，将 V_2O_5 和 ϕCCl_3 按0.1～0.5 g/mol的混合比加到一个500 mL的长颈瓶中。混合料被加热到大约90℃。反应是有气体放出的放热过程，把反应混合物加热到130℃，这时将长颈瓶加热到大约200℃。在长颈瓶中形成的固体被过滤并且用己烷洗涤，得到一种紫色的剩余物。分析显示这是 VCl_3，产率为95%。

接着将实验在大规模下重复。

为了减少空气污染的可能性，用2 L的树脂罐作反应器。反应器设有一个搅拌桨和一个冷凝器，并在下阶段反应时令作业在副产品 $\overset{\displaystyle O}{\underset{\displaystyle \phi CCl_3}{\|}}$ 的回流温度下进行。反应混合物从树脂罐底部的活塞通过2″管子放出，该管子底部有一个多孔渗水盘，令 VCl_3 留在上面。产品用干燥的己烷洗涤，然后通过加热管子和通氮气使 VCl_3 干燥。在这一过程中 V_2O_5 是以干燥的粉末加入到预热至90℃的 ϕCCl_3 中。按 V_2O_5 计算 VCl_3 产率是78%。V_2O_5 分小批量加入，每次加10～20 g。这有利于保持在放热反应时起的泡沫可以控制。

试产无水三氯化钒需要购置下列试剂：己烷、三氯甲苯、二氟二氯甲烷（氟利昂12），二氯化硫。还要购买一只 $\phi 100 \times 1200$ 的石英管。

6.9　碳化钒和碳化钒/铬的生产

据吴成义、张丽英[31]申请的中国专利"一种纳米级超细碳化钒粉末的制备技术"，近30年来，世界各国对超细晶粒硬质合金的研究十分重视，竞争相当激烈。研究结果表明：在制备超细晶粒WC平均晶粒 $<0.5\ \mu m$ 的硬质合金时，需具备三个基本条件。其一是原料（WC）碳化钨粉的粒径 <200 nm，其二是在硬质合金混合料中加入晶粒长大抑制剂碳化钒（VC），其三是采用高压低温的HIP（等静压）烧结技术。上述所谓的晶粒长大抑制剂，一般是指（VC）粉末，这是各国公认的事实。从近40年的生产经验可知，在细、中颗粒（WC平均晶粒1～5 μm）的YG类合金中，当加入（VC）粉末时，合金中的（WC）晶粒在烧结过程中，就不会明显长大。这对提高YG类合金的力学性能特别是抗弯强度是十分有利的，但是在生产超细晶粒硬质合金时，由于原料（WC）和（Co）粉的粒径均控制在 $<0.2\ \mu m$，因此作为抑制剂的（VC）粉的粒径，也必须 $<0.15\ \mu m$，否则在（VC）加入量仅为2%～6%的情况下，粒度过大是很难均匀分散的。遗憾的是通常世界各国生产的（VC）粉平均粒径均为1～3 μm，我国为 $>2\ \mu m$，显然是不能满足超细晶粒硬质合金的生产要求的。

由近30年的文献检索可知，现有的（VC）粉末生产方法，主要是（V_2O_5）粉末加炭黑在高温下（1500～1700℃）碳化制成，这种方法包括：中频感应碳化、碳管炉碳化、真空碳棒炉碳化等。各国的技术工艺大同小异，这种方法采用的（V_2O_5）粉的粒度一般较粗（40～150 μm），碳化温度过高，因此所得（VC）粉的粒度必然很粗。

文献[31]发明人在其专利中提供了一种纳米级超细（VC）粉末的制备技术。

其制备工艺为：

（1）制备（NH_4VO_3）偏钒酸铵水溶液：按 NH_4VO_3:H_2O = 1∶46（质量）比例，将偏钒酸铵溶于蒸馏水中，加热到 85～90℃不断搅拌直至偏钒酸铵全部溶解，得到偏钒酸铵的水溶液。

（2）超声喷雾热转换制备纳米级（V_2O_5）的前驱体粉末：在超声喷雾热转换塔内将上述配制的偏钒酸铵水溶液倒入保温温度为 85～90℃的储液罐内，进行超声喷雾热转换制粉。其雾化工艺参数为喷气压力为 2.0～2.5 MPa，空气，喷射角度 $\alpha = 30° \sim 45°$，液流量 195～205 mL/min，热风温度 120～130℃。所得粉末为 V_2O_5 前驱体粉末，平均粒径 <0.1 μm。这种粉末含有少量残余的氨和水分。

（3）焙烧：将（V_2O_5）前驱体粉末在 450～550℃空气中进行 40～50 min/kg 的焙烧，脱除前驱体中残余的氨和水分，即可得到干燥的平均粒径 <0.1 μm 的 V_2O_5 粉末。

（4）剪切机配碳：将焙烧后的 V_2O_5 粉末按下列反式：$V_2O_5 + 7C \longrightarrow 2VC + 5CO$ 计算碳量，得到简化式 V_2O_5∶C = 2.165∶1（质量比），加入纳米级超细（平均粒径 <0.02 μm）的炭黑粉（含烧损量 5%），然后按上述两种粉总重的 3 倍加入工业酒精，初混后加入到剪切机中，工艺参数为：剪切机转速 2960 r/min，按25～35 min/kg 剪切混合后出料。过孔径 44 μm 筛，得到碳化混合料料浆。采用剪切机进行配碳的目的，其一是将 V_2O_5 粉末中的桥接团粒破碎，其二是将上述两种纳米粉末进行强力剪切混合，这种方法的混合效果远比球磨混合或 V 形筒、锥形筒的混合效果好，其三是利用剪切粉碎机本身的特点，可使被破碎粉末中的杂质含量降到 0.001%～0.0001%。

（5）真空烘干回收酒精：将碳化混合料浆放入真空烘干箱中，于 65～75℃和 30 Pa 压力下按 40～50 min/kg 烘干，得到干燥的碳化混合料并回收酒精。

（6）混合料定碳：为了保证碳化过程中含碳量准确，在碳化前，需测定混合料中的含碳量应≥32.66%（含 5% 烧损碳量）。将干燥的碳化混合料粉末取样定碳，碳量合格后转入碳化炉，混合料的理论含碳量应≥32.66%（含烧损碳量 5%）。

（7）碳化：在管式炉中，850～980℃，60～80 min，H_2截面流量 30 mL/cm^2保护下碳化可得 VC 超细粉末，这种粉末含有较大的（0.3～2 μm）桥接团粒，需剪切破碎。

（8）剪切破碎桥接团粒：将碳化后的 VC 粉末按 VC∶酒精 = 1∶3（质量比）配以工业酒精在 ϕ300 mm，2960 r/min 的剪切机中剪切。由于半成品（VC）粉末在碳化时经历了高温作用，有较多的（VC）颗粒彼此通过烧结颈而形成桥接团粒，这种桥接团粒用一般的滚动球磨机和高能搅拌球磨机均不能将其破碎，只有剪切破碎机能够将其破碎。这种桥接团粒对粉末的成形性和烧结致密化有明显的影响，必须经剪切破碎机将其破碎。剪切时间按 40 ~ 60 min/kg，VC 料浆过 44 μm筛。

(9)真空烘干回收酒精：将剪切破碎后的 VC 料浆，放入真空烘干箱料盘内，在65 ~75℃、30 Pa 下按40 ~50 min/kg 烘干，得到平均粒径 <0.1 μm 的纳米级 VC 碳化钒粉末。

(10)产品检验：产品需进行 XRD(相组成、相结构)，TEM(颗粒形貌，粒度)，BET(比表面)，化学分析(总碳、游离碳)各项检验。

(11)产品包装。

该发明的工艺流程图如图 6 –16 所示。

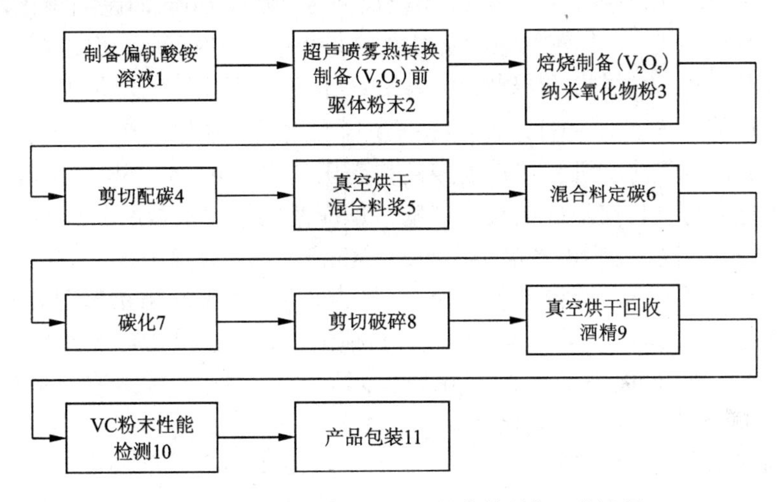

图 6 –16 纳米级超细(VC)粉末的制备工艺流程

相对于上述专利，发明人刘颖、赵志伟等[32]申请的“一种纳米级碳化钒粉末的制备方法”的中国专利提出的工艺比较简单。该发明提供的纳米级碳化钒粉末的制备方法的特征是：以粉状钒酸铵、碳质还原剂和微量稀土等催化剂为原料，按一定配比将它们溶于去离子水或蒸馏水中，并搅拌均匀，制得溶液。然后将该溶液加热、干燥，最后得到含有钒源和碳源的前驱体粉末。将前驱体粉末置于高温反应炉中，真空或气氛保护条件下，于 800 ~950℃、30 ~60 min 条件下碳化，得到平均粒径 <100 nm，粒度分布均匀的碳化钒粉末。该方法具有反应温度低、反应时间短、生产成本低、工艺简单等特点，适合工业化生产纳米级碳化钒粉末。该专利的工艺实施例之一如下：将 7.2 g 粉状偏钒酸铵、2.8 g 纳米炭黑和 0.01% ~2% 的催化剂(CaF_2，$LaCl_3$或 $CeCl_3$) 溶于 50 mL 去离子水(50 ~100℃)中，搅拌后得到混合均匀的溶液。将溶液置于干燥箱中，100 ~300℃条件下加热 1 ~2 h，50 ~100℃条件下干燥 1 ~5 h，最后得到含有钒源和碳源的前驱体粉末。将前驱

体粉末置于高温反应炉中，在真空条件下，在600℃时保温30 ~ 60 min，于800 ~ 950℃、30 ~ 60 min条件下，制得平均粒径 < 100 nm、粒度分布均匀的纳米碳化钒粉末。

2005年吴恩熙等[33]在专利CN1607175A中提出了碳化钒粉末的制备方法。该发明首先将V_2O_5溶解于有机酸溶液中，边加热边搅拌，在60 ~ 80℃时得到澄清透明的溶液，溶液浓度为10% ~ 40%。再将溶液在离心式喷雾干燥机中进行喷雾干燥，得到含有机络合物和游离有机物的混合粉末，粉末形状为多孔、疏松的空心球体；然后将此粉末在保护气氛中、500 ~ 600℃下进行焙烧，得到V_2O_3与原子级别游离C均匀混合的粉末；又于850 ~ 1000℃下，H_2或H_2/CH_4碳化40 ~ 90 min，制得粉末平均粒度为0.1 μm，晶粒尺寸为20 ~ 60 μm的超细碳化钒粉末。该方法具有很多优点，如较低的反应温度、较短的反应时间等；但也存在一些缺点，如采用V_2O_5为原料，价格较高，采用H_2或H_2/CH_4碳化，增加了生产成本。

马建华等[34]介绍了一种通过便捷的途径利用镁热还原生产纳米碳化钒的方法。作者利用五氧化二钒和碱式碳酸镁在高压釜中在650℃下与金属镁粉反应，得到了碳化钒与氧化镁组成的反应产物。反应产物经用稀盐酸和纯净水数次洗涤，以除去氧化镁，最后的产品用无水乙醇洗涤3次，以除去水。该最终产品在60℃下真空干燥12 h。获得黑色纳米VC粉末。X－射线粉末衍射图表明，产物是立方碳化钒，其晶格常数$a = 4.155°$。扫描电子显微镜(SEM)图像显示颗粒的平均大小约为60 nm。热重分析表明该产品具有良好的热稳定性和抗氧化性，在空气中低于350℃下不发生氧化。

超细碳化钒和碳化铬复合粉末也具有与超细碳化钒相类似的作用，也可用作硬质合金的晶粒成长抑制剂。

姜中涛、李力等[35]申请的"含稀土的超细碳化钒铬复合粉末及其制备方法"的中国专利提供了含稀土的超细碳化钒铬复合粉末的制备工艺。所述复合粉末是由碳化钒、碳化铬和稀土复合组成。其制备方法的特征是：以粉状钒酸盐、粉状铬酸盐、碳质还原剂和粉状稀土氧化物为原料，将原料置于球磨罐中，硬质合金球为磨球，有机溶剂作为球磨介质，球磨时间以混合均匀为限，制得料浆，然后将料浆加热干燥，同时回收有机溶剂，得到混合均匀的原料粉末，将该粉末于高温反应炉中，真空、中性气氛或氢气气氛保护条件下，于1000 ~ 1200℃，50 ~ 90 min条件下碳化得到平均粒径 < 200 nm、粒度分布均匀的含稀土的碳化钒铬复合粉末。

赵志伟、郑红娟等[36]的"微波法还原合成纳米碳化钒/铬复合粉末的制备方法"(中国专利CN102674844 A)提出了纳米碳化钒/铬复合粉末的微波合成法。该方法的特征包括以下步骤：①按质量比取纳米氧化钒5.60 ~ 7.35 g、纳米氧化铬5.40 ~ 7.10 g，碳质还原剂5.4 ~ 6.20 g，将它们置于球磨机中，以无水乙醇或丙酮作为球磨介质，充分混合后，制得混合料；②将步骤①所得混合料置于干燥箱中，在100～200℃条件下干燥1～3 h，将干燥后的混合料压制成块体，备用；③将步骤②所得块体置于微波烧结炉中，在真空、氩气或氢气气氛保护条件下，在700～1000℃、5～30 min的条件下进行碳化还原，制得平均粒径<100 nm、粒度分布均匀的纳米碳化钒/铬复合粉末。

秦明礼等[37]在"一种生产纳米碳化钒粉末的方法"的中国专利中介绍了一种生产纳米碳化钒粉末的方法。工艺过程为：①将钒源、碳源和辅助剂按照一定比例配成溶液；②将溶液加热，使溶液挥发、浓缩后分解，得到含有钒源和碳源前驱体粉末；③将前驱体粉末于700～1300℃温度范围内，在一定气氛下反应1～5 h。本发明工艺简单，成本低，易于产业化，得到的碳化钒粉末颗粒粒度小于50 nm，分散性较好。

该专利得到的纳米碳化钒粉末的X光衍射图见图6－17。

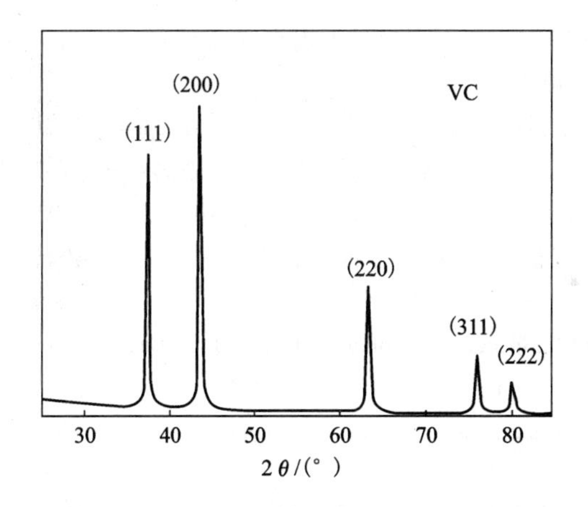

图6－17　纳米碳化钒粉末的X光衍射图

参考文献

[1] Кобжасов А. К. Металлурия Ванадия и Скандия[M]. Алматы, 2008.

[2] Н. Г. Ключников. Руководство по неорганическому синтезу[M]. Москва, Издательство: "Химия", 1965.

[3] 高彦峰等. 一种二氧化钒粉体及其制备方法和应用[P]. 中国专利CN102115167B, 20121003.

[4] 安鑫鑫. 二氧化钒的简便制备及其性质研究[D]. 陕西师范大学, 2010.

[5] 杨冬梅, 彭明福等. 采用钒渣浸出液制备二氧化钒粉末[J]. 钢铁钒钛, 2006(1).

[6] 郭宁，徐彩玲等. VO_2粉末的制备及其相变性能研究[J]. 钢铁钒钛，2004(3)：26－29.

[7] Р. Г. Янкелевич и др. Способ получения трехокиси ванадия [P]. 俄罗斯专利 RU 315412.

[8] 张力等. 三氧化二钒的生产方法[P]. 中国专利 CN101717117B，20110511.

[9] 李林德. 全钒液流电池钒电解液及电极材料研究[D]. 昆明理工大学，2006.

[10] 陈文龙. 一种硫酸钒的制备方法[P]. 中国专利 CN104058455A，20140924.

[11] 高村孝次. 氧化还原电池用电解质的制造方法[P]. 中国专利 CN102394308A，20130515.

[12] 胡国良. 用于钒电池的硫酸钒溶液制备方法[P]. 中国专利 CN103199293B，20130710.

[13] 郑小敏等. 测定硫酸氧钒中三价钒含量的方法[P]. 中国专利 CN102879391，20141203.

[14] 仲晓玲等. 一种制备钒电池用电解液的方法[P]. 中国专利 CN 101651221A，20111109.

[15] 张群赞，孙爱玲，扈显琦. 一种制备钒电池负极电解液的方法[P]. 中国专利 CN 101728560A，20120829.

[16] 张群赞等. 一种高纯度钒电池电解液的制备方法[P]. 中国专利 CN 102354762 A，20120215.

[17] 毛凤娇等. 一种三价钒离子电解液及其制备方法和一种钒电池[P]. 中国专利 CN 103515641 A，20140115.

[18] 陈亮等. 制备偏钒酸钠的方法[P]. 中国专利 CN1017233455B，20110921.

[19] 陈亮等. 从提钒浸出液制取偏钒酸钠的方法[P]. 中国专利 CN101746822B，20110511.

[20] 彭一村等. 偏钒酸钠/偏钒酸钾的制备方法[P]. 中国专利 CN102531055，20120704.

[21] 谭红艳等. 新型无机黄色颜料钒酸铋的研究进展[J]. 材料导报，2009，23(专辑 XⅢ)：172.

[22] Vermoortele Frank. Bismuth Phosphovanadate and/or Bismuth Silicovanadate Based Yellow Pigments and Processes of Manufacturing Thereof[P]. 美国专利 US5，399，197.

[23] Ciba－Geigy A G. Bismuth vanadate modified pigments in monoclinic crystalline form[P]. 欧洲专利 EP. 443981. 19910828.

[24] 李伟洲，李少波. 钒酸铋颜料的研制[J]. 贵州化工，2003，28(1)：21.

[25] Bayer A G. Yellow bismuth vanadate pigments[P]. 德国专利 DE4119668，19921217.

[26] Ciba－Geigy Corporation. Process for preparing bismuth vanadate pigments[P]. 美国专利 US5399335. 19950321.

[27] Гузеева Т. И. Способ получения пентафторида ванадия[P]. 俄国专利 RU2265578C1.

[28] 张春芳等. 五氟化钒的制备方法[P]. 中国专利 CN 102502830 A，20120620.

[29] Henry H. Feng et al. Production of Stable Vanadium Tetrachloride[P]. 美国专利 US4202866，19800513.

[30] R. W. Lerner et al. Process for the Production of Vanadium Trichloride[P]. 美国专利 US3，494，729，19700210.

[31] 吴成义，张丽英. 一种纳米级超细碳化钒粉末的制备技术[P]. 中国专利 CN 1569624A，20060125.

[32] 刘颖、赵志伟等. 一种纳米级碳化钒粉末的制备方法[P]. 中国专利 CN

1884063A, 20090422.

[33] 吴恩熙等. 碳化钒粉末的制备方法[P]. 中国专利 CN1607175A, 20050420.

[34] Ma Jianhua et al. Low temperature synthesis of vanadium carbide (VC)[J]. Materials Letters, 63(2009): 905 - 907.

[35] 姜中涛, 李力等. 含稀土的超细碳化钒铬复合粉末及其制备方法[P]. 中国专利 CN 102336405 A, 20150128.

[36]赵志伟, 郑红娟等. 微波法还原合成纳米碳化钒/铬复合粉末的制备方法[P]. 中国专利 CN102674844 A, 20120919.

[37] 秦明礼等. 一种生产纳米碳化钒粉末的方法[P]. 中国专利 CN104495846A, 20150401.

第7章　钒铁和钒合金剂生产

7.1　概述[1]

表7－1和表7－2分别列出了我国和国际标准的钒铁牌号和成分。

表7－1　我国钒铁牌号和成分(GB 4139—87)

牌号	化学成分/%						
	V	C	Si	P	S	Al	Mn
	不小于	不大于					
FeV40—A	40.0	0.75	2.0	0.10	0.06	1.0	
FeV40—B	40.0	1.00	3.0	0.20	0.10	1.5	
FeV50—A	50.0	0.40	2.0	0.07	0.04	0.5	0.50
FeV50—B	50.0	0.75	2.5	0.10	0.05	0.8	0.50
FeV75—A	75.0	0.20	1.0	0.05	0.04	2.0	0.50
FeV75—B	75.0	0.30	2.0	0.10	0.05	3.0	0.50

表7－2　国际钒铁牌号和成分[ISO 5457—1980(E)]

牌号	化学成分/%								
	V	Si	Al	C	P	S	As	Cu	Mn	Ni
		不大于								
FeV40	35.0～50.0	2.0	4.0	0.30	0.10	0.10				
FeV60	50.0～65.0	2.0	2.5	0.30	0.06	0.05	0.06	0.10		
FeV80	75.0～85.0	2.0	1.5	0.30	0.06	0.05	0.06	0.10	0.50	0.15
FeV80A12	75.0～85.0	1.5	2.0	0.20	0.06	0.05	0.06	0.10	0.50	0.15
FeV80A14	70.0～80.0	2.0	4.0	0.20	0.10	0.10	0.10	0.10	0.50	0.15

我国钒铝合金剂的牌号和成分列在表7－3中。

表7-3　钒铝合金剂的牌号和成分

牌号	化学成分/%					
	V	Al	Si	C	O	Al
		不大于				
AlV55	50.0~60.0	0.35	0.30	0.15	0.20	余量
AlV65	>60.0~70.0	0.30	0.30	0.20	0.20	余量
AlV75	>70.0~80.0	0.30	0.30	0.20		余量
AlV85	>80.0~90.0	0.30	0.30	0.30		余量

钒铁合金在钢铁工业中用作合金剂，以调整钢的成分，改善其组织结构、热锻性、强度、耐磨性、塑性和焊接性[3]。因此，世界上约85%的钒用于钢铁工业中。

生产钒铁主要以五氧化二钒为原料。我国五氧化二钒的牌号和成分见表7-4。

表7-4　五氧化二钒的牌号和化学成分(GB 3283—87)

适用范围	牌号	化学成分/%								物理状态
		V_2O_5	Si	Fe	P	S	As	Na_2O+K_2O	V_2O_4	
		不小于	不大于							
冶金	$V_2O_5$99	99.0	0.15	0.20	0.03	0.01	0.01	1.0		片状
	$V_2O_5$98	98.0	0.25	0.30	0.05	0.03	0.02	1.5		
化工	$V_2O_5$97	97.0	0.25	0.30	0.05	0.10	0.02	1.0	2.5	粉状

钒铁的生产方法有：电硅热还原法、电铝热还原法、铝热还原法、真空碳还原法。

近20年来，由于化工工业的发展，废五氧化二钒催化剂数量较多。为了从废催化剂回收钒，开发了用镁还原法生产钒铁合金。

用铝、硅和碳还原钒氧化物涉及的反应及其$\Delta G^\ominus$(kJ/mol)如下：

$$\frac{2}{5}V_2O_5+2C\xlongequal{}\frac{4}{5}V+2CO \qquad \Delta G^\ominus=348527-298.32T$$

$$\frac{1}{2}V_2O_4+2C\xlongequal{}V+2CO \qquad \Delta G^\ominus=395534-283.21T$$

$$\frac{2}{3}V_2O_3+2C=\!=\!=\frac{4}{3}V+2CO \qquad \Delta G^{\ominus}=576693-326.27T$$

$$2VO+2C=\!=\!=2V+2CO \qquad \Delta G^{\ominus}=589275-329.95T$$

$$\frac{2}{5}V_2O_5+Si=\!=\!=\frac{4}{5}V+SiO_2 \qquad \Delta G^{\ominus}=-363171+69.12T$$

$$\frac{1}{2}V_2O_4+Si=\!=\!=V+SiO_2 \qquad \Delta G^{\ominus}=-274324+84.22T$$

$$\frac{2}{3}V_2O_3+Si=\!=\!=\frac{4}{3}V+SiO_2 \qquad \Delta G^{\ominus}=-135005+41.17T$$

$$2VO+Si=\!=\!=2V+SiO_2 \qquad \Delta G^{\ominus}=-122424+37.49T$$

$$\frac{2}{5}V_2O_5+Si+CaO=\!=\!=\frac{4}{5}V+CaSiO_3 \qquad \Delta G^{\ominus}=-446433+65.77T$$

$$\frac{2}{5}V_2O_5+Si+2CaO=\!=\!=\frac{4}{5}V+Ca_2SiO_4 \qquad \Delta G^{\ominus}=-489528+64.10T$$

$$\frac{2}{3}V_2O_3+Si+CaO=\!=\!=\frac{4}{3}V+CaSiO_3 \qquad \Delta G^{\ominus}=-218267+37.74T$$

$$\frac{2}{3}V_2O_3+Si+2CaO=\!=\!=\frac{4}{3}V+Ca_2SiO_4 \qquad \Delta G^{\ominus}=-261362+36.15T$$

$$\frac{2}{5}V_2O_5+\frac{4}{3}Al=\!=\!=\frac{4}{5}V+\frac{2}{3}Al_2O_3 \qquad \Delta G^{\ominus}=-535414+84.89T$$

$$\frac{1}{2}V_2O_4+\frac{4}{3}Al=\!=\!=V+\frac{2}{3}Al_2O_3 \qquad \Delta G^{\ominus}=-488407+100.00T$$

$$\frac{2}{3}V_2O_3+\frac{4}{3}Al=\!=\!=\frac{4}{3}V+\frac{2}{3}Al_2O_3 \qquad \Delta G^{\ominus}=-307248+56.94T$$

$$2VO+\frac{4}{3}Al=\!=\!=2V+\frac{2}{3}Al_2O_3 \qquad \Delta G^{\ominus}=-294667+53.01T$$

用碳还原钒氧化物的反应必须在高温下才能发生。在高温下，碳的还原效果显著，还原效果不比铝差。

钒氧化物用碳还原既可以在固态下发生，也可以在真空、还原性气氛、保护性气氛、甚至在大气中进行。

硅还原五氧化二钒的能力较强，但还原低价钒氧化物的能力在高温下不如碳。生产中在还原初期实际上是用硅作还原剂，后期用铝作还原剂。硅还原产生二氧化硅，而低价钒氧化物是碱性化合物，二氧化硅对钒的还原产生不利影响。为此，需要加入石灰以提高炉渣的碱度，阻止钒生成硅酸盐。

铝是强还原剂，还原钒氧化物时放出大量的热，可以使还原反应持续进行，并使炉渣和合金保持熔融状态而得以分离，故常用作生产含钒高的低碳钒铁的还原剂。

7.2　电硅热还原法生产钒铁

钒铁是采用还原剂将含钒原料中的氧化钒（V_2O_5、VO_2和V_2O_3）在高温下还原为金属钒并使之溶解于铁水中而制成的。可用作冶炼钒铁的含钒原料有多种，如V_2O_5、V_2O_3、$Ca(VO_3)_2$、$Fe(VO_3)_3$和含钒炉渣等，但主要是V_2O_5。

由于钒与碳的亲和力很强，当在常压下用碳作还原剂还原五氧化二钒时，碳化钒的生成是不可避免的。因此只能得到含碳5%～8%的高碳钒铁。由于高碳钒铁在使用上受到限制，所以碳热还原法未得到发展。

冶炼钒铁最常用的还原剂是硅和铝。在用硅作还原剂时由于发热量不足，需使用外加热源。外加热源通常为电弧炉，故称为电硅热法。该法在冶炼普通钒铁上得到广泛应用，回收率高，生产成本低，但使用的设备比较复杂，很难炼出高钒钒铁。

用铝作还原剂有足够的发热量，可以实现炉外还原。这种方法应用于冶炼高钒钒铁，但它对原料的含钒品位要求高，钒的回收率低，成本也高。

7.2.1　电硅热三段还原法

电硅热还原法冶炼钒铁是在经过改进的三相电弧炉中进行的。电弧炉的变压器容量为1000～1800 kVA，石墨电极的直径为200 mm，冶炼时电炉工作电压为200 V或116 V，最大电流为3500～4500 A。电炉用镁砖作炉衬，炉盖用铬镁砖砌成。所用的原料如下：

氧化钒熔片，其特点见表7－5。

表7－5　氧化钒熔片性质

等级	V_2O_5/%	P/%	S/%	厚度/mm	块度/mm
一级	≥90	≤0.05	≤1.0	<5	≤200
二级	≥80	≤0.08	≤1.5	<5	≤200
三级	≥70	≤0.10	≤3.0	<5	≤200

硅铁：含硅75%，粒度20～40 mm。

石灰：煅烧良好，有效CaO>85%，P<0.015%，粒度30～40 mm。

铝：Al>92%，粒度20 mm。

钢屑：废钢应清洁、少锈，C≤0.50%，P≤0.035%，粒度20～50 mm。

电硅热法炼钒铁前两个阶段为还原阶段，第三阶段为精炼阶段。各阶段炉料分配比例见表7－6。

表7-6 各阶段炉料分配比例

炉 料	第一阶段还原期	第二阶段还原期	第三阶段精炼期
氧化钒熔片/%	15~18	47~50	35
硅铁/%	75~80	20~25	
铝/%	35	65	
石灰/%	20~25	45~50	25~30
废钢/%	100		

电硅热还原法冶炼含钒40%的钒铁时，钒的回收率按98%计算。其中80%的五氧化二钒用硅铁(72% Si)还原，另外20%的五氧化二钒用铝(98% Al)还原。

电硅热还原法冶炼钒铁的工艺流程见图7-1。

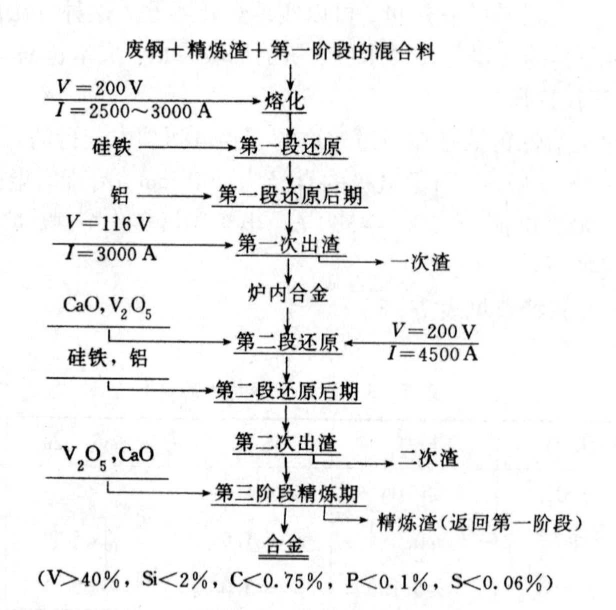

图7-1 电硅热三段还原法工艺流程图

7.2.2 电硅热二段还原法

电硅热二段还原法与三段还原法冶炼钒铁所用设备及炉料大致相同，区别在于二段还原法分两阶段进行，即还原阶段与精炼阶段。

电硅热二段还原法工艺流程见图7-2。

二段还原法生产1 t钒铁(V 40%)消耗789 kg V_2O_5熔片，425 kg硅铁(Si 75%)，75 kg二级铝，1350 kg CaO，300 kg钢屑，25 kg石墨电极和电1350 kW·h。

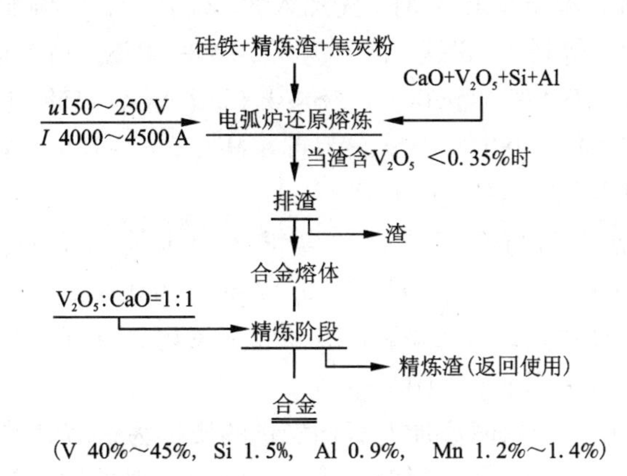

图7-2 电硅热二段还原工艺流程图

钒的回收率为99.5%。

7.2.3 铝热还原法生产钒铁

7.2.3.1 铝热还原氧化钒法

铝热还原法生产钒铁是在镁质炉衬的筒型炉中进行的。含钒高与含碳低的钒铁是用铝热法生产的。用铝还原钒氧化物的热化学反应为：

$$3V_2O_5 + 10Al = 6V + 5Al_2O_3 + 3723126J$$

$$V_2O_3 + 2Al = 2V + Al_2O_3 + 458128J$$

用铝还原五氧化二钒的单位炉料发热量约为7106 kJ/kg，不仅能使反应继续进行，而且还可以将反应产物钒和氧化铝以及调节成分用的废钢加热至熔点以上。钒回收率及合金中铝含量的关系见图7-3。

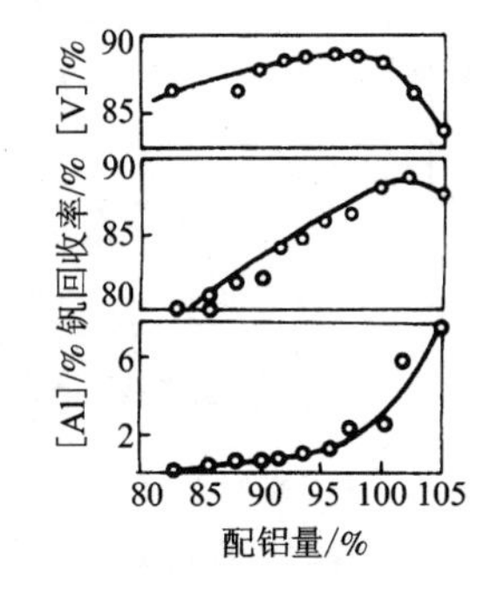

图7-3 炉料中铝的配加量与合金中钒含量、钒回收率及合金中铝含量的关系曲线

此法的缺点是渣含钒较高，有待进一步处理。

7.2.3.2 电铝热还原氧化钒法

电铝热还原法生产钒铁的炉料组成为：

氧化钒熔片(V_2O_5 99.5%)2400 kg，钢屑(C 0.3%)700 kg，铝粒或铝屑1000 kg，石灰(CaO 95%)600 kg，返回合金200 kg。

炉料经混合后分批加入用氧化镁作炉衬的单相电炉内。炉膛上口直径170 cm，下口直径155 cm，深65 cm，用下部点火法点燃反应料，熔炼时间约90 min，反应完后放下石墨电极通电90 min，电压130 V，电流9000 A，炉渣升温至1600℃时，先加入80 kg铝粒，后再加25 kg焦炭以还原炉渣中的氧化钒。得到2 t钒铁，成分为V 50%～60%，Fe 45%～35%、Si 1%～2%、Al <1%、C <0.5%、P <0.1%、S <0.1%、As <0.1%、Cu <0.3%。得到约3 t炉渣，成分为Al_2O_3 80%～85%，CaO + MgO 5%～10%，V 0.4%。

7.2.3.3 铝热还原钒酸钙法

钒酸钙是用氯化钙与石灰从碱性含钒液中沉淀出来的，其成分相当于$2CaO \cdot V_2O_5$和$4CaO \cdot V_2O_5$，用铝粒($d < 0.12$ mm)为还原剂在敞口的铝热还原炉中冶炼。若炉料不经预热，则需添加氯酸钾或五氧化二钒以补充反应热量，V_2O_5的加入量对结果有较大影响，见图7－4。

用$2CaO \cdot V_2O_5$作原料时添加五氧化二钒的质量为钒酸钙的20%，V回收率达90%，而用$4CaO \cdot V_2O_5$作原料时，添加五氧化二钒的质量为钒酸钙的35%，钒回收率达到78%，图7－5为加铝量对钒回收率与产品中铝含量的影响。

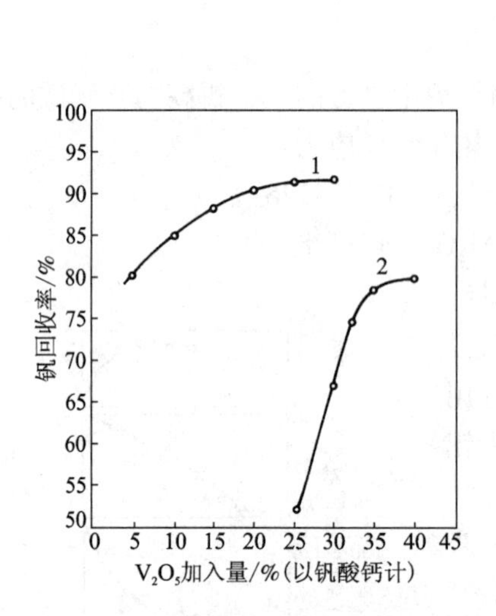

图7－4 添加五氧化二钒量对钒酸钙铝热还原的影响

1—$2CaO \cdot V_2O_5$；2—$4CaO \cdot V_2O_5$

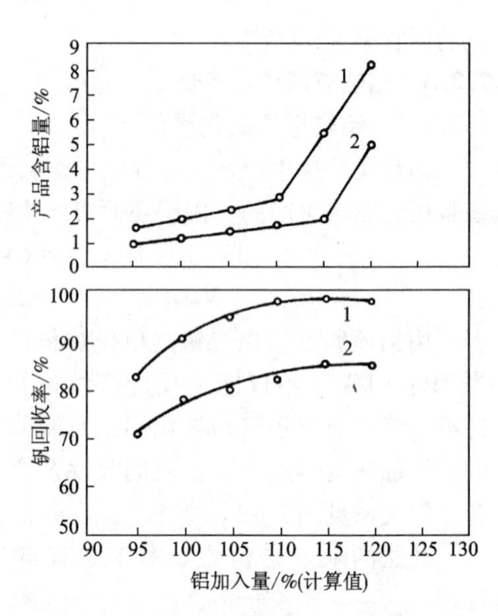

图7－5 加铝量对钒回收率与产品含铝量的影响

1—$2CaO \cdot V_2O_5$；2—$4CaO \cdot V_2O_5$

用两种钒酸钙来生产V 60%、Fe 40%与V 40%、Fe 60%钒铁的适当炉料组成与熔炼结果列于表7－7。

王永刚等[4]探讨了两步铝热法冶炼钒铁的工艺，研究了两步冶炼通电制度、炉料配比等对技术经济指标的影响，确定合金成分对钒铁结晶形态的影响，钒铁中铝含量对合金结晶形态影响很大，通过研究得出，采用“两步”冶炼法，钒回收率可达 98% 以上，产品质量控制能力较“一步”法大为增强。

表 7－7　炉料组成与钒的回收率

炉料/kg				钒回收率/%	
$2CaO\cdot V_2O_5$	$4CaO\cdot V_2O_5$	Fe_2O_3	Al	V60% －Fe40%	V40% －Fe60%
0.1		0.0316	0.0440	87	
0.1		0.0711	0.0586		91
	0.1	0.0235	0.0327	78	
	0.1	0.0528	0.0436		81

7.2.4　真空碳还原法

真空碳还原法是在一定真空度和温度下利用炭黑还原氧化铁与五氧化二钒压块，其反应速度见图 7－6。

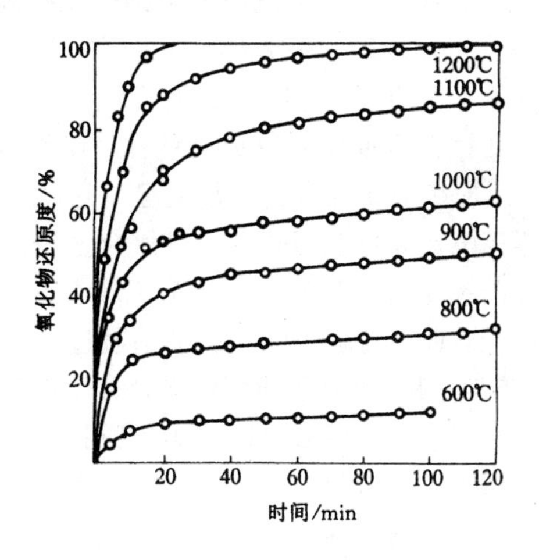

图 7－6　压力为 0.13～13.33 Pa 时由五氧化二钒、氧化铁和炭黑制成的料块的还原速度与温度的关系曲线

图 7－6 表明，在压力为 0.13～13.33 Pa 时，在 1200℃下，只需 20 min 就可使反应进行完全，而且产物回收率 98%～99%，劳动条件好，易实现机械化生产。该法不足之处在于：合金块气孔多、密度小、机械强度低。

7.2.5　镁还原法

以处理废五氧化二钒催化剂得到的钒酸铁为原料，其 V 与 Fe 之比为 3∶1，用镁屑在惰性气氛下进行还原，其反应式如下：

$$V_2O_5 + 5Mg \xlongequal{} 5MgO + 2V + 1465kJ \qquad (7-1)$$

$$Fe_2O_3 + 3Mg \xlongequal{} 3MgO + 2Fe + 1084kJ \qquad (7-2)$$

放热反应(7-1)、(7-2)足以使反应自热进行，并生成相应的合金。

7.3 钒铝合金剂的生产

应用最广泛的钛合金 Ti6Al4V 生产所用的钒是以钒铝中间合金形式加入的。钒铝合金还用来炼制不含铁的超合金。钒铝中间合金的杂质含量应能满足生产钛合金与超合金的要求，其气体含量应低。因此，生产钒铝合金使用的原料 V_2O_5 应具有相应的纯度，生产场地也应保持清洁。

生产钒铝中间合金常采用铝热法，其生产过程与生产钒铁类似。铝热法生产钒铝合金的详细情况请参考本书 8.3 节。

7.4 氮化钒的生产

氮化钒又称钒氮合金，主要组分为碳氮化钒，是一种新型合金添加剂，可以替代钒铁用于微合金化钢的生产。氮化钒添加于钢中能提高钢的强度、韧性、延展性及抗热疲劳性等综合机械性能，并使钢具有良好的可焊性。在达到相同强度下，添加氮化钒节约钒加入量 30% ~40%，进而降低了成本。目前，钒氮合金是由五氧化二钒、碳粉、活性剂等原材料制成的坯件，在常压、氮气氛保护下，经 1500 ~1800℃高温下，反应生成钒氮合金。其关键工艺设备通常为连续式气氛推板高温炉，采用硅钼棒等电热元件充当热源。钒氮合金研发难度大，属冶金行业的顶级尖端技术。目前全世界只有美国 VAMETCO 公司和攀钢能够生产，VAMETCO 公司采用非连续真空高温法生产。攀钢通过科研攻关，首创比国外更先进的“非真空连续生产”技术，填补了我国钒氮合金生产领域的空白。

在制备氮化钒过程中，通常使用氧化钒和碳为原料，先经碳热还原得到金属钒，然后金属钒与氮气作用形成氮化钒。其化学反应式如下：

$$VO_x + C \longrightarrow V + CO \qquad (1)$$

$$2V + N_2 \xlongequal{} 2VN \qquad (2)$$

冯良荣[5]在“一种制备氮化钒的方法”的专利中提供了一种制备氮化钒的方法，是将含钒和氧的化合物或这些化合物的混合物与有机碳或者无机碳混合形成原料，然后在反应炉中直接对原料自身通电使其发热并逐步升温到 1100℃以上，还原氮化生成氮化钒。该发明的优点是热效率高，电耗低，工艺稳定。

将 3000 kg 含量大于 98% 的片状五氧化二钒、900 kg 炭黑、200 kg 淀粉球磨，压块，然后装入立窑中。在立式反应炉的上部内壁圆周上设置三个直径 150 mm 的石墨电极作为电源正极，在立式反应炉的下部内壁圆周上设置三个石墨电极作为电源负极，上下电极之间堆满固体原料，这些电极都在径向穿过反应炉内壁的炉衬，立式反应炉内部与固体反应介质接触的地方内衬为碳化硅材质。正负电极之间施加200 V电压，立式反应炉内部温度在轴向上自上而下由室温到最高温度1500℃，然后降低到100℃左右。块状原料连续或者间歇自立窑顶部加入并连续从立式反应炉底部出料。立式反应炉底部通入氮气，反应尾气自立式反应炉顶部撤出立窑。根据产量要求，固体物料在立式反应炉内部停留3～200 h不等。所得产品含79.5% V，17.6% N，1.0% C。块状产品由原料压块缩小而成，块与块之间无进一步的结块现象。每吨氮化钒耗电约4000 kW·h。

冯良荣[6]发明了一种适用于制造氮化钒的电加热回转窑，该电加热回转窑包括回转管、保温隔热部分、带轮、承重轮、加热系统、窑头进料和窑尾出料部件。其特征在于：所述的回转管内壁或者保温隔热部分接触物料部分为绝缘材料；所述的加热系统由至少两个或者两组电极构成，其中一个或者一组电极为正极。另外一个或者一组电极为负极。在这两个或者两组电极上施加交流或者直流电压，电极穿过回转管到达回转窑内部与被加热的物料接触，电流经由正极到物料再到负极，使得物料自身作为电阻发热，以完成对物料的加热。与其他电加热回转窑相比，其优点是可以做成内加热电热回转窑，物料本身发热，受热均匀，电热效率高，能耗低，加热和保温措施简单方便。

图7－7是回转窑炉膛内具有一组电源正极和一组电源负极的原理图。

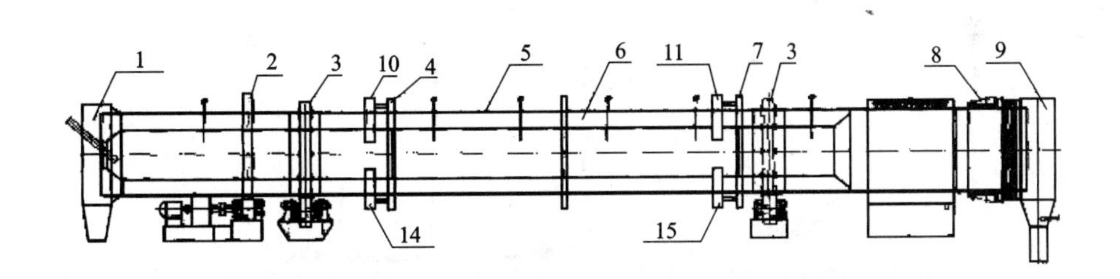

图7－7　回转窑炉膛内具有一组电源正极和一组电源负极的原理图

该电加热回转窑装置可用于干燥或者加热物料，包括回转管5，回转管保温隔热绝缘部分6、带轮2、承重轮3、加热系统、窑头进料1和窑尾出料9等部件，保温隔热部分内层接触物料部分为绝缘材料。电极由一组正极10和14、一组负极11和15构成，这两组电极都穿过回转管和保温隔热绝缘部分6，在工作的时候与回转窑炉膛内的物料接触。在回转管外壁圆周上固定有导电圆环4和7分别与电极组10和14，11和15导电连接，电流通过电刷与导电环4和7接通。工作的时候，电源电流依次流过电刷、导电环4，正极10和14，回转窑炉膛内被加热的物料、电极 11 和 15，导电环 7、再通过与导电环 7 接触的电刷回到电源。可以设置更多的正极和负极，并让其分别与导电环 4 和 7 接通，用以增加被加热的物料与电极之间的接触面积。电源可以是交流电，也可以是直流电。

黄太仲等[7]采用液相溶剂热法制备氮化钒，液相采用水溶液或醇类溶剂，钒源是钒的二价、三价或四价氯化物，硫酸盐，硝酸盐以及醋酸盐，氮源是氨气、尿素、肼、氯化铵、碳酸铵、醋酸铵、硫酸铵。本发明制备过程不需要采用碳或氢气作为还原剂，消除了制备过程中温室气体的排放，同时也消除了氮化钒中的杂质碳元素，本发明中合金合成温度低于 400℃；本方法合成的氮化钒氮含量最高可以达到 21% 的理论含量。

作为实施例称取三氯化钒 0.295 g，溶于 70 mL 水中，溶液搅拌至均匀澄清后，加入浓氨水 6 mL，搅拌均匀后放入反应釜中，200℃条件下保温 12 h，形成沉淀和澄清液体，过滤得到的固体即为氮化钒，滤液继续循环使用。图 7－8 为所制备氮化钒的 X 射线衍射图谱。由图 7－8 可以分析出所合成物质为 VN。图 7－9 为所合成材料的扫描电镜图像，图中可以看出，材料主要由钒和氮两种元素组成。所合成的材料氮含量达到 21.1%，钒含量为 78.8%。

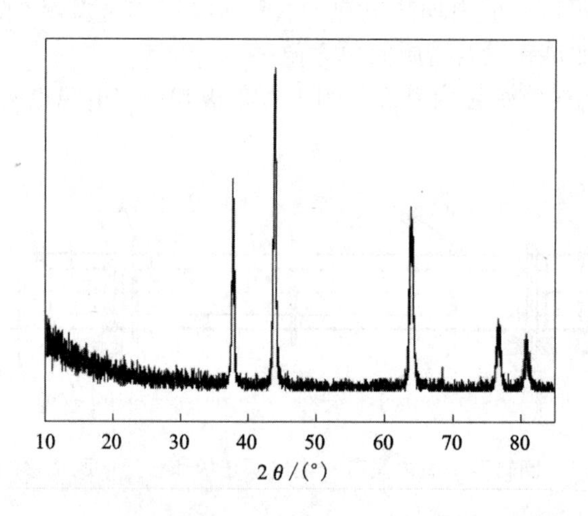

图 7－8　液相溶剂热法所制备氮化钒的 X 射线衍射图谱

朱福兴等[8]将钒氧化物和碳质还原剂混合作为阳极。碳钢棒为阴极，在含低价氯化钒的碱金属/碱土金属氯化物熔盐体系中实施电解，并在阴极下方通入氮气，阴极析出的钒金属与氮气反应生成氮化钒。本发明氮化钒的制备方法，通过电解方法获得氮化钒，可有效降低氮化制备的温度，降低生产成本，同时由于电解的精炼及保护作用使得其产品质量较好，氧和碳等杂质元素含量较低，此外，还能通过控制电流密度等参数调节产品粒径，其产品粒径可控，适合做粉末冶金

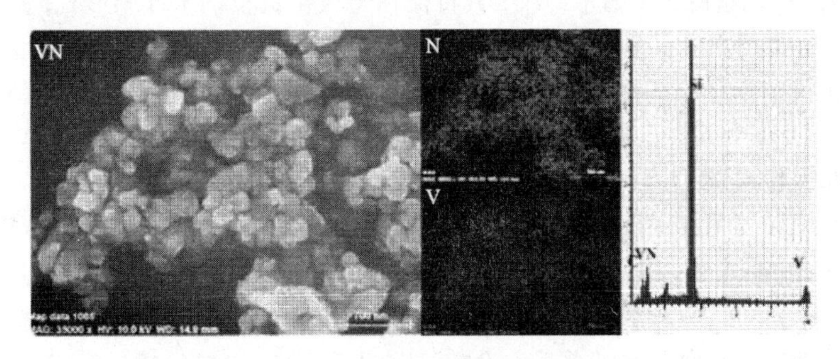

图7-9 液相溶剂热法所制备氮化钒的扫描电镜图像

添加剂，具备较强应用前景。

在实施例中称取100 g V_2O_5 粉末（V_2O_5 含量95%），-320目的石墨3~6 g（碳含量）99%，添加3%的PVA（聚乙烯醇）黏结剂混合，压制成ϕ25的料柱，在烘箱内120℃条件下干燥12 h以上，以其作为阳极，碳钢棒为阴极，在720℃的NaCl-KCl-VCl_2体系（NaCl和KCl摩尔比为1:1，VCl_2浓度为4.5%）中实施电解。电解条件为电压2.85 V，阳极电流密度为0.2 A/cm^2，阴极电流密度为0.1 A/cm^2，氮气流量为1.5 L/min，电解2 h后，移去阴阳极后冷却，取出沉至电解槽底部的氮化钒和电解质，水洗除去电解质，获得产品60 g，其粒径为45~75 μm，参照GB/T 20567—2006的分析方法，分析其主要成分为：V为78.2%，N为21.3%，C为0.002%，P为0.002%，S为0.002%，VN含量大于99.9%。

董相廷等[9]报道，氮化钒VN还可以用于锂离子电池和超级电容器中。纳米VN的研究已成为材料科学领域研究的热点之一。目前已有VN纳米粉体的报道，通常采用金属钒纳米粉体与氮气反应，或者采用 V_2O_5 纳米粉体与氨气反应来制备VN纳米粉体，但尚未见VN纳米纤维一维纳米结构的报道。

专利号为1975504的美国专利公开了一项有关静电纺丝方法（electrospinning）的技术方案，该方法是制备连续的、是生产宏观长度的微纳米纤维的一种有效方法，由Formhals于1934年首先提出。这一方法主要用来制备高分子纳米纤维，其特征是使带电的高分子溶液或熔体在静电场中受静电力的牵引而由喷嘴喷出，投向对面的接收屏，从而实现拉丝，然后，在常温下溶剂蒸发，或者熔体冷却到常温而固化，得到微纳米纤维。近10年来，在无机纤维制备技术领域出现了采用静电纺丝方法制备无机化合物如氧化物纳米纤维的技术方案，所述的氧化物包括TiO_2、ZrO_2、Y_2O_3、NiO、Co_3O_4、Mn_2O_3、Mn_3O_4、CuO、SiO_2、Al_2O_3、ZnO、Nb_2O_5、MoO_3、CeO_2、$LaMO_3$（M=Fe、Cr、Mn、Co、Ni、Al）、$Y_3Al_5O_{12}$、$La_2Zr_2O_7$等金属氧化物和金属复合氧化物。

文献[9]制备的 VN 纳米纤维，其特征在于氮化钒呈纳米纤维形貌，其有良好的结晶性，属于立方晶系，直径为 231.16 ±0.97 nm，长度大于 20 μm。

氮化钒纳米纤维的制备方法的特征在于，采用静电纺丝技术，以 N，N－二甲基甲酰胺 DMF 为溶剂，制备产物为 VN 纳米纤维，其步骤为：

1. 配制纺丝液

钒源使用偏钒酸铵 NH_4VO_3，高分子模板剂采用聚乙烯吡咯烷酮 PVP，分子量为 90000，采用 N，N－二甲基甲酰胺 DMF 为溶剂，将 1.0087 g 偏钒酸铵 NH_4VO_3 与 3.5967 g 柠檬酸 $C_6H_8O_7 \cdot H_2O$ 溶于适量去离子水中，加热搅拌至固体粉末全部溶解后蒸发形成凝胶，冷却至室温后，加入 11.4445 g N，N－二甲基甲酰胺 DMF 和 1.8740 g 聚乙烯吡咯烷酮 PVP，搅拌 12 h 后得到分散均匀的纺丝液。

2. 制备 $PVP/C_6H_8O_7/NH_4VO_3$ 复合纳米纤维

将纺丝液注入一支带有 1 mL 塑料喷枪头的 10 mL 注射器中，用石墨棒作为阳极插入纺丝液中，喷丝头与水平面的夹角为 30°，喷丝头与接收屏铁丝网的间距为 19 cm，纺丝电压为 15 kV，室内温度为 24℃，相对湿度为 25% ~30%，随着溶剂的挥发，在接收屏铁丝网上即可得到 $PVP/C_6H_8O_7/NH_4VO_3$ 复合纳米纤维。

3. 制备 V_2O_5 纳米纤维

将所述的 $PVP/C_6H_8O_7/NH_4VO_3$ 复合纳米纤维放入刚玉坩埚中，将坩埚放到程序控温炉中进行热处理，以 1℃/min 升温至 500℃保温 4 h，再以 1℃/min 降温至 200℃，之后自然冷却至室温，得到 V_2O_5 纳米纤维。

4. 制备 VN 纳米纤维

将所述的 V_2O_5 纳米纤维置于高纯石墨坩埚中，在真空管式炉中用流动的 NH_3 气进行氮化，以 1℃/min 升温至 600℃，保温 6 h 后，再以 1℃/min 升温到 900℃，保温 4 h，之后以 1℃/min 降温至 100℃，然后自然冷却至室温，得到 VN 纳米纤维，具有良好的结晶性，属于立方晶系直径为 231.16 ±0.97 nm，长度大于 20 μm。

图 7－10 是 VN 纳米纤维的 XRD 谱图。

图 7－11 是 VN 纳米纤维的 SEM 照片。

丁伟中等[10]在其中国专利中发明了一种氮化钒的制备方法及其装置，更具体的说是涉及采用流态化床技术制备氮化钒的工艺方法以及相应的制备专用装置。其特征在于通过射频感应，在流态化床反应区内产生等离子体，也即将反应气体氨、氮和氢气激发电离而生成活性氢和氮粒子，并使该活性粒子与悬浮在流态化区的氧化钒颗粒发生还原和氮化反应而生成氮化钒。射频电源的射频范围为 3 ~13.45 MHz；反应气体为氨、氢、氮的混合气体，氨的浓度范围为 66% ~100%。

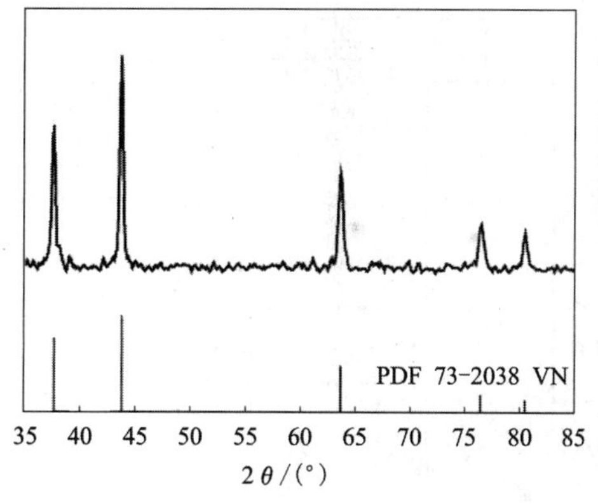

图 7-10　VN 纳米纤维的 XRD 谱图

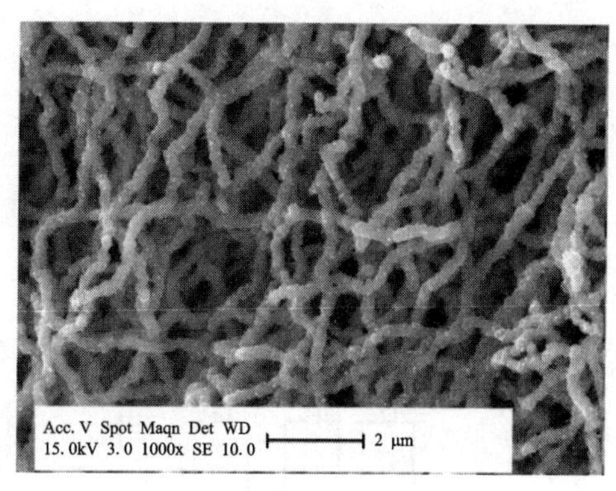

图 7-11　VN 纳米纤维的 SEM 照片

图 7-12 为该发明方法专用装置的结构示意图。

该发明方法的专用装置有一密闭反应容器构成的流态化床 1，在反应容器流态化区位置的外部装有射频感应线圈 2，在感应线圈 2 的旁侧设置有射频电源 3，通过感应线圈 2 在反应区内感应产生等离子体，活化反应气体；在流态化床 1 的另一侧，设置有氨、氢和氮的供气罐 5，各供气罐 5 的上部各设有调节气流的气阀 6；在供气罐线上还另设有控制调节进入流态化床 1 反应气体流量的总气阀 7；在流态化床 1 的下部设置有使反应气体均匀分布的分布器 8，在分布器 8 的上面放有粉末或颗粒状的原料氧化钒 4；在放置原料处的反应器外侧设置有预热原料并预热进入反应区气体的加热器 9，借此加热器 9 和输入的射频功率的相互配合，可以调节反应作用区的温度；该流态化床 1 的上部设有排气管，并与抽气装置 10 相连接。

将五氧化二钒粉末置于流态化床内，反应管的内径为 30.5 mm，向流态化床中导入反应气体，反应气体为 90% 的氨气、4% 氮气和 6% 氢气的混合气体，工作压力为 3500 Pa。流态化后向反应区施加射频感应电场，射频电源频率为 13.56 MHz，射频输入功率为 450～600 W，待还原、氮化反应结束后，取出产物，经 X 射线衍射检测，证实为纯氧化钒（VN）。

该发明方法及所设计的专用装置的优点是：工艺方法简单、操作容易控制和调节、装置结构简单、而且生产效率高，所得到的产物氮化钒的质量较好。

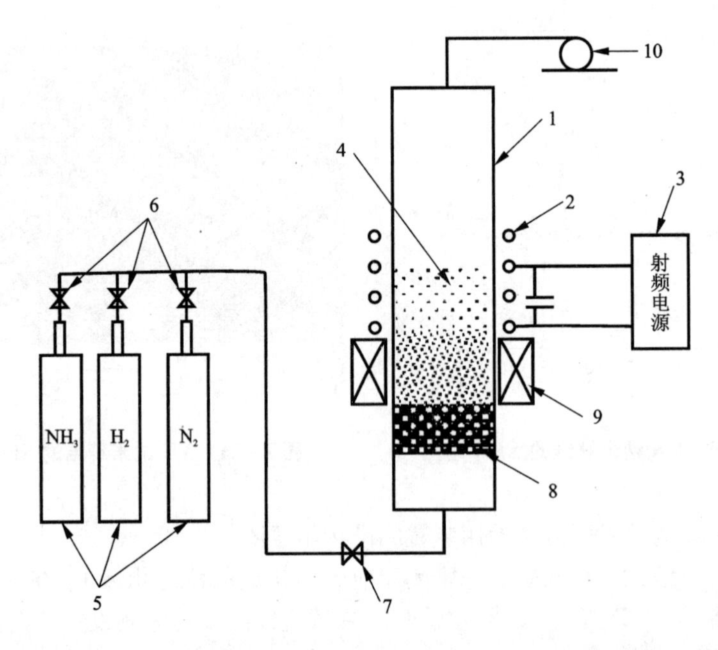

图 7-12 射频感应流态化床制备氮化钒专用装置示意图

7.5 含钒合金钢的生产

周勇等人在“一种 V_2O_5 直接合金化炼钢工艺”的中国专利中公开了一种 V_2O_5 直接合金化炼钢工艺方法[11]，其特点是在炼钢炉冶炼的氧化期末期，将氧化渣扒除干净，将 V_2O_5 与还原剂、熔剂、添加剂的混合物经破碎混匀后，装入炼钢炉内，利用还原剂、熔剂、添加剂将 V_2O_5 中的钒 V 还原出来而对钢水进行直接合金化冶炼。在还原过程中，加入调整熔剂调整熔渣的成分，在还原期末，将炉渣贫化剂加入炉内，对含 V_2O_5 的炉渣进行还原贫化，使钒的收得率达到 95% 以上；本发明与现有技术相比其优点在于：V_2O_5 直接合金化方法可以不用冶炼铁合金的整套设备，相当于一种单步法工艺，因而节省投资和能源消耗，降低了钢的钒合金化成本，减轻了环境污染。

该专利的发明人在实施例中称：在装入量为 20 t 的电弧炉上完全用 V_2O_5 直接合金化冶炼高速工具钢 M2(W6Mo5Cr4V2)，采用的工艺路线为：电炉冷装低磷(P)废钢、钨铁、钼铁→熔化期→氧化期，氧化期结束时，将炉内的氧化渣彻底扒除干净→加 V_2O_5 与还原剂、熔剂、添加剂的混合物→还原期→加入调整熔剂调整溶渣的成分→加炉渣贫化剂→出炉→LF 炉用铁合金微调成分→VD(真空脱气)→浇铸。其中：加入含钒量为 98.74% 的氧化物 V_2O_5，其含碳 0.01%，含磷

30 μg/g，硫 20 μg/g；加入的 V_2O_5 氧化物为 722.8 kg(30.6%)；还原剂为 75% 的硅铁 366 kg(15.5%)；熔剂为 CaO 878 kg(37.2%)，MgO 74 kg(3.1%)，Al_2O_3 74 kg(3.1%)，CaF_2 146 kg(6.2%)；加入的添加剂为含铁 92% 的还原铁粉100 kg(4.3%)；将所加入的原料经破碎后混合均匀。V_2O_5 与还原剂、熔剂、添加剂的混合物装入炉内后形成新渣。在还原反应进行到 10 min 后，加入调整熔剂将溶渣的成分调整到 CaO：55%，SiO_2：15%，MgO：7.5%，Al_2O_3：7.5%，CaF_2：15%，其中熔剂 CaO 为 440 kg(75.5%)，MgO 为 36 kg(6.20%)，Al_2O_3 为 36 kg(6.2%)，CaF_2 为 72 kg(12.3%)，将其混合均匀后加入。在还原反应进行到 20 min后，加入炉渣贫化剂 Al，加入量为 52 kg。当还原反应进行到 30 min 后即结束冶炼，扒渣出钢。

实施结果表明，采用该发明方法能取得良好的冶炼效果，不仅钒合金元素收得率达到 97.2%，高于钒铁合金合金化方法的 86% ~88%，而且波动也小，操作稳定，成品钢材质量与用钒铁合金化的钢材相当。检验结果表明，在低倍组织与碳化物不均匀度方面，采用氧化物直接合金化冶炼高速钢工艺所获得的 80 mm 方坯和 105 mm 圆坯的低倍组织，均达到 GB 9943—88 中心疏松、一般疏松、偏析≤1 级的要求。按 ASTMA561 进行评定，其疏松、偏析≤3 级，也达到美国 ASTMA600 标准对低倍组织的要求。钢材的碳化物不均匀度完全达到 GB 9943—88 的要求。中间坯的碳化物不均匀度完全达到企业内控标准。由于钢的冶炼浇注工艺合理，碳化物不均匀度控制良好，成品钢材的非金属夹杂物评级结果表明，未发现钢的 C 类硅酸盐夹杂物、D 类球状夹杂物，A 类硫化物夹杂、B 类脆性夹杂均≤2 级，完全达到 ASTMA561 标准。钢中氧含量为 $55\times10^{-4}\%$，氮含量为 $154\times10^{-4}\%$，钢的纯洁度高。与使用钒铁合金合金化方法相比，吨钢降低成本 880 元，经济效益可观。

显然，这一工艺同样可以用于其他含钒合金钢的冶炼。

参考文献

[1] 赵天从，傅崇说，何福煦等. 有色金属提取冶金手册：稀有高熔点金属(下)[M]. 北京：冶金工业出版社，1999.

[2] 廖世明，柏谈论. 国外钒冶金[M]. 北京：冶金工业出版社，1985.

[3] 大西一志. 非 Ni 添加タイプ高靭性高张力鋼の製造方法[P]. 特開平 4—325625，1992. 11.16.

[4] 王永刚. 钒铁两步法冶炼工艺研究[J]. 铁合金，2011(5).

[5] 冯良荣. 一种制备氮化钒的方法[P]. CN 103466569 A，2013. 12. 25.

[6] 冯良荣. 一种电加热回转窑[P]. CN 103335513 A，2013. 10.02.

[7] 黄太仲等. 一种氮化钒的制备方法[P]. CN 104016314 A，2014. 10. 15.

[8] 朱福兴等. 氮化钒的制备方法[P]. CN 104099634 A, 2014. 10. 15.
[9] 董相廷等. 氮化钒纳米纤维及其制备方法[P]. CN 104532404 A, 2015.04.22.
[10] 丁伟中等. 氮化钒的制备方法及其装置[P]. CN 1562769A, 2005.01.12.
[11] 周勇, 李正邦, 张家雯, 杨海森. 一种 V_2O_5 直接合金化炼钢工艺[P]. CN101067182A, 2007. 11. 07.

第 8 章　金属钒的生产

8.1　金属钒的冶炼[1-3]

生产纯钒的方法各种各样，新的方法也不断出现，主要有钙热还原法、氯化物镁热还原法与真空碳热还原法。用这些方法得到的钒含间隙元素碳、氧、氮和氢高，塑性差，需要经进一步提纯后才能得到塑性钒。提纯钒的方法有熔盐电解精炼法、真空熔炼法、区域熔炼提纯法、碘化物热分解精炼法和电迁移精炼法等。不同方法得到纯钒的典型成分列于表 8-1 中[3]。

表 8-1　高纯度钒的典型化学成分

成分	生产方法									
	钙热还原	工业电解精炼	二次电解精炼	镁热还原	真空碳热还原	电子束熔炼	真空电弧熔炼	碘化物热分解	区域精炼	电迁移精炼
V/%	99.8	99.8	99.99		98.93	99.93				
$C/10^{-6}$	400	80	10	193 ~ 240	500	50	355	150	20	<2
$H/10^{-6}$	30	200	6			5	2	10	1	
$O/10^{-6}$	800	600	40	170 ~ 735	100	200	150	40	13	<1
$N/10^{-6}$	250	80	5	35 ~ 85	50	100	26	<50	5	<0.5
$Fe/10^{-6}$	250	500	未检出	60 ~ 100		<150	500	150	3	
$Cr/10^{-6}$	100	200	<6	30 ~ 80		<20		70	未检出	
$Cu/10^{-6}$		200	<5	5 ~ 10		<40		30	未检出	
$Al/10^{-6}$	<100	<100	5	10 ~ 60		<20	100	未检出	0.2	
$Si/10^{-6}$	250	<100	15	<25 ~ 100		320		<50	10	

制备塑性金属钒，大致可分为以下几种方法：氧化物和氯化物的金属热还原法，氯化物的氢还原法，氧化物的真空碳热还原法，熔融电解法，而应用碘化物的热离解法可获得纯度最高的金属钒。

8.2　钙还原法[1-3]

原料为化学纯的五氧化二钒和化学纯的蒸馏金属钙。由于金属钙对氧的亲和力远高于低价氧化钒中钒对氧的亲和力，因而能保证将五氧化二钒完全还原成金

属钒。热还原法是基于下列反应进行的

$$5Ca + V_2O_5 \longrightarrow 5CaO + 2V + 1464.4\ kJ$$

反应是一个放热反应，所放出的热量足以使钒充分熔化，还原结果钒聚集成很大的珠粒。为了利用反应热，以提高反应温度，生成大的金属钒块，提高金属钒的生产率，在原料中加入碘晶体，碘与金属钙相互作用放出大量的热，使反应温度提高，结果生成大的熔结钒块，而使金属钒产出率提高。

还原作业在专制的密封的充有惰性气体的钢弹中进行。先将密封装置抽成真空，然后充以氩气，加热到700℃，在此温度下反应迅速进行，温度突然升高。反应的结果是得到金属钒粒。金属的产率为50% ~84%，金属纯度为99.5%，钙用量为理论用量的1.6倍。若在反应中加入$CaCl_2$作助熔剂，则可不加碘，同样可得大颗粒金属钒。

作为一例取175质量份的五氧化二钒、300质量份的经煅烧的$CaCl_2$和300质量份的金属钙作为炉料。还原过程在950℃下进行1 h。这时$CaCl_2$充当熔剂，它能溶解氧化钙，改善反应物之间的接触，有利于生成大颗粒的金属钒。还原得到的金属含钒99.9%。然后在真空中熔炼成钒锭。

文献[2]认为该法要求钙具有很高的纯度，否则钙中的杂质在冶炼过程中会大量地转入金属钒中，所以金属钒的纯度不高，含氧量和氮量都很难达到$<0.05\%$和$<0.03\%$的指标，钙的价值昂贵，钒的回收率仅能达到80% ~85%。该法的成本高，很难在工业上推广应用。

然而，文献[3]的著者说氧化物的钙热还原法得到了广泛的应用。

选择氧化钒的还原剂，从热力学考虑，其氧化物的$\Delta G^{\ominus}$应比氧化钒更负，而且这种还原剂不溶解于钒。从经济角度来看，应该选用能生成含氧多的氧化物的还原剂，并且货源充足，价格较低。

人们很早就选用钙作还原剂，并添加氯化钙，使之与还原产物CaO形成流动性较好的炉渣。还原反应式如下：

$$V_2O_5 + Ca \longrightarrow 2VO_2 + CaO \tag{8-1}$$

$$2VO_2 + Ca \longrightarrow V_2O_3 + CaO \tag{8-2}$$

$$V_2O_3 + Ca \longrightarrow 2VO + CaO \tag{8-3}$$

$$VO + Ca \longrightarrow V + CaO \tag{8-4}$$

上列反应在不同温度下的$\Delta G^{\ominus}$、$\Delta H^{\ominus}$值示于表8-2。

表8-2 不同混度下反应(8-1)~(8-4)的热力学计算结果/(kJ·mol^{-1})

温度/K	反应(8-1)		反应(8-2)		反应(8-3)		反应(8-4)	
	$\Delta G^\ominus$	$\Delta H^\ominus$	$\Delta G^\ominus$	$\Delta H^\ominus$	$\Delta G^\ominus$	$\Delta H^\ominus$	$\Delta G^\ominus$	$\Delta H^\ominus$
1000	-495.31	-569.27	-402.82	-434.87	-248.88	-271.31	-189.22	-209.37
1400	-462.79	-579.94	-387.67	-442.47	-237.59	-278.81	-178.08	-221.53
1800	-437.84	-609.69	-356.79	-712.23	-222.59	-427.71	-161.70	-376.17
2000	-419.39	-597.73	-317.11	-715.18				

随着氧化钒中钒的化合价降低，其与钙反应的趋势逐渐减小，但 $\Delta G^\ominus$ 仍为较大的负值，说明反应容易进行到底。氧化钒与钙的反应为放热反应，且热效应较大。工业上一般以 V_2O_5 为原料或用氢把它还原成 V_2O_3 后用钙还原。反应比较激烈，实际上反应一经引发便能自动进行。反应温度急剧上升，当超过钒的熔点(2175K)后，钒熔化沉于炉底，生成的 CaO 与加入的 $CaCl_2$ 形成流动性较好的炉渣覆盖于钒上。有时用碘代替 $CaCl_2$ 来造渣，因为 I_2 与 Ca 反应生成 CaI_2 亦会与 CaO 反应形成炉渣。

比尔德(Beard)和克鲁克斯(Crooks)所用的钙热还原氧化钒的装置见图8-1。

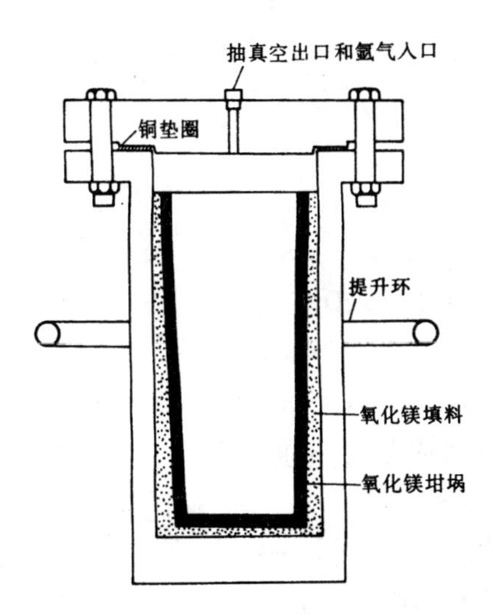

图8-1 钙热还原氧化钒反应器示意图

乔利(Joly)提出了每批可生产 10 kg 钒的钙热还原氧化钒的方法。他用升华硫(99.9%)代替 I_2。反应器是一个有效容积为 100 L 的钢罐，内衬氧化镁。通过电启动装置来引发还原反应，电启动装置由绝缘的钒电极组成，电极端接在埋于料中的钒丝线圈上。把反应器抽至 1 Pa，然后充入纯度为 99.99% 的氩气。产出的钒先用水洗，再用 30% 盐酸洗。投料及产品情况见表 8－3。

表 8－3　10 kg 规模的钙热还原氧化钒投料及产出情况

投料/g			产品		
V_2O_5	Ca	S	钒锭/g	收率/%	维氏硬度
17000	32000	没给出	8000	约 85	<90
25000	47000		12000		

产品分析/%								
Al	C	Ca	Fe	H	N	O	S	V
0.01～0.03	0.05～0.10	<0.01	0.01～0.03	<0.005	0.005～0.015	0.010～0.025	<0.01	>99.7

用硫代替碘不仅降低了成本，而且形成的渣可以除去钠及其他一些杂质。因此可用工业纯 V_2O_5 或 V_2O_3 生产塑性钒。

8.3　铝还原法

氧化钒的铝还原可用下列顺序发生的反应表示：

$$3V_2O_5 + 2Al \xlongequal{} 3V_2O_4 + Al_2O_3 \quad (8-5)$$

$$3V_2O_4 + 2Al \xlongequal{} 3V_2O_3 + Al_2O_3 \quad (8-6)$$

$$3V_2O_3 + 2Al \xlongequal{} 6VO + Al_2O_3 \quad (8-7)$$

$$3VO + 2Al \xlongequal{} 3V + Al_2O_3 \quad (8-8)$$

上述四个反应的 $\Delta G^\ominus$ 均较大，均为强放热反应，有利于反应的进行。

美国泰勒丹·华昌奥尔巴尼(Teledyne Wah Chang Albany)公司和德国电冶金公司均用铝还原法进行工业生产。华昌的生产过程在密封的反应罐中进行(见图 8－2)。表 8－4 列出了用不同过量铝所得到的热还

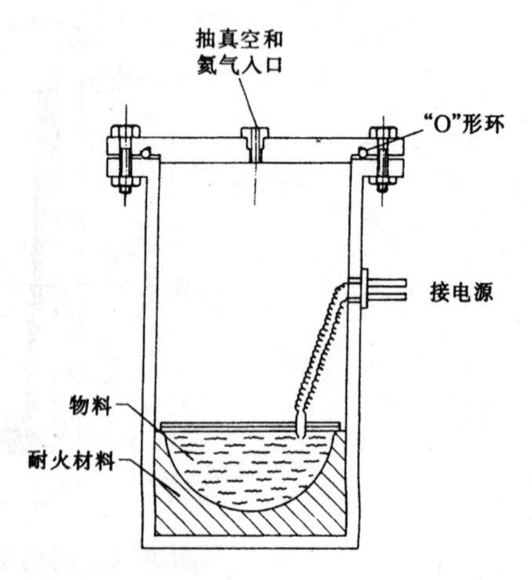

图 8－2　氧化钒铝还原工业密封反应罐

原钒的成分。由于热还原钒将送真空熔炼提纯，要求其氮含量低。仅产品Ⅳ和Ⅴ含有足够的铝，适合真空熔炼提纯。

表 8－4　用铝在密封反应器中还原五氧化二钒产物的分析

元素	热还原钒的分析/%					
	华昌公司					电冶金工厂
	Ⅰ	Ⅱ	Ⅲ	Ⅳ	Ⅴ	Ⅵ
Al	0.7500	1.9300	2.4000	13.6000	15.5000	19.3600
C	0.0094	0.0104	0.0120	0.0052	0.0170	0.0084
N	0.0080	0.0096	0.0095	0.0063	0.0079	0.0085
O	0.6000	0.5260	0.8200	0.3200	0.3350	0.4400
Si	0.0430	0.0360	0.3300	0.0318	0.0240	0.0044

德国电冶金工厂生产钒的过程包括铝热还原和真空精炼[4]。所以，其还原过程设计成可得到低氮含量（ <0.01% ）和高铝含量（ >10% ）的还原产物，产物的分析值见表 8－4。

关于铝还原产品粗钒的真空精炼见 8.6 节。

格普塔(Gupta)等[5]采用敞口铝还原法生产粗钒。这一方法设备简单，易于操作。但产品含氮高达 0.08%，通过电解精炼法可获得纯钒。此法的设备简图见图 8－3，配料和产品分析见表 8－5。

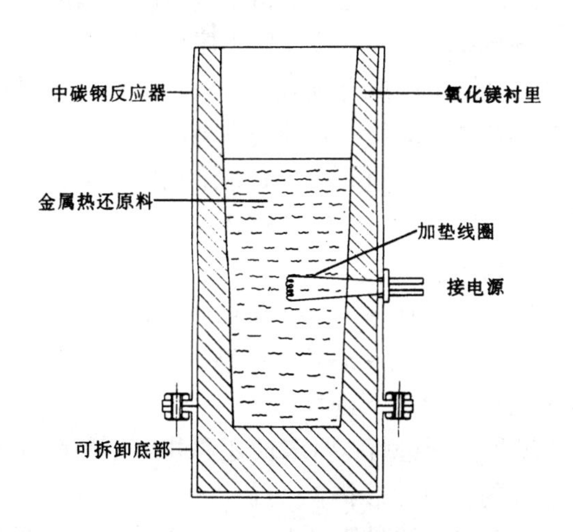

图 8－3　敞口铝还原氧化钒设备简图

表 8－5　敞口铝还原五氧化二钒数据

No.	原料				产品					
	组分	质量/g	摩尔量/mol	铝过量/%	产率/%	分析/%				
						Al	Fe	N	O	V
Ⅰ	V_2O_5	200	1.10	30	93	4.77	0.42	0.076	0.8	92.98
	Al	129	4.8							
	CaO	100	1.8							
Ⅱ	V_2O_5	200	1.3	50	93	16	0.51	0.08	0.2	81.9
	Al	119	4.4							
	$KClO_3$	25	0.33							
Ⅲ	V_2O_5	44	0.24	50	93	15.01	0.52	0.08	0.25	83.02
	V_2O_3	200	1.3							
	Al	130	4.8							

8.4　真空碳还原法[2]

方法基于在真空加热下用碳还原三氧化钒[3]。过程所需的原料三氧化二钒是靠在500～600℃用氢还原五氧化二钒获得的。后续作业由三阶段在不同温度(1250～1750℃)和不同真空度下(1～10 mmHg)的还原过程组成。中间产物为部分还原的含金属相，该金属相是在金属晶格中嵌有碳和氧的固溶体。这些中间产物经破碎和添加还原剂压型后，送后续还原工序处理。

金属钒的收率颇高，但作业本身烦琐、昂贵，设备结构复杂，而且与钙热还原一样，碳热还原要求原料和试剂应有最高的纯度。

通常用三氧化二钒在真空中进行碳热还原，反应如下：

$$V_2O_3 + 3C = 2V + 3CO \qquad (8-9)$$

该反应是分阶段进行的：

$$V_2O_3 + 5C = 2VC + 3CO \qquad (8-10)$$

$$V_2O_3 + 3VC = 5V + 3CO \qquad (8-11)$$

反应是在低于钒熔点的温度下进行的。由于还原温度很高，而且是在真空下进行，为了保证还原过程顺利进行，要求被还原物料不致熔化和蒸发，所以还原的原始物料采用熔点高的三氧化二钒。

用碳做还原剂时，反应中的脱氧能力与系统压力有关，当系统中压力足够低时，碳的脱氧能力可超过活性金属钙和镁，因而可降低金属中氧含量至最低限度。

三氧化二钒和碳在真空条件下反应的活化能介于 204.2 ~ 217.2 kJ，反应可以在低于钒的熔点下进行，事实上，因为熔融状态的钒会把反应物料包住熔结而会减慢或阻止上述碳还原反应的进行，所以反应在钒熔点以下进行。反应也要有一个良好的真空环境，以便排除反应所产生的分压极低的一氧化碳气体，使反应顺利地进行到底，根据实践，炉内真空度控制在 $10^{-1} \sim 10^{-4}$ mmHg 时，反应温度在 1200 ~ 1600℃时就可促使反应急剧进行，为使反应效果良好，通常温度在 1600 ~ 1700℃，真空度控制在 10 ~ 4 mmHg 的条件下，再维持一个相当长的反应时间，其反应方可基本完成（1 mmHg = 133.3224 Pa）。

冶炼时为使三氧化二钒与碳的反应能够充分完全，工艺要求三氧化二钒的粉末与碳粉必须充分混合，并需压制成透气良好的团块，为提高碳粉的活度，要求其粒度小于 140 目，并最好选用灯油炭黑，用量为理论量的 105% ~ 107% 为宜。压块黏结剂采用汽油和橡胶，以使其烘干后有较好的透气性。

在金属钒中，氧和碳的含量适当是本法的最重要问题，熔解于固态钒中氧和碳的反应如下式所示：

$$2C + O_2 = 2CO \quad K_p = P_{CO}^2/(a_C^2 \cdot a_O)$$

式中：P_{CO} 为 CO 的分压；

a_C 及 a_O 分别为溶解于固体钒中的碳和氧的活度。

K_p 为化学平衡常数，在一定温度下 K_p 为一常数，而与其他无关，通常 a_C 认为是 1，由上式不难看出，反应中随着气相中 CO 的分压下降，金属中的溶解氧也相应地下降。

在实际操作中，为了更好地控制金属中的碳氧含量，人们采用预还原的办法，即将团块首先在真空炉中于 900 ~ 1000℃的温度内预还原 2 h，此时团块的碳可降至 4% ~ 5%，然后再进行粉碎。并根据化验结果及其操作经验，再作必要炉料调整（即适当加入适量的新三氧化二钒粉末），再重新压成团块（此时不加黏结剂），最后再高温真空冶炼，以获得含氧碳较低的金属钒。

本法在具有良好真空设备的条件下是可以获得含氮量 ≤0.03%，含碳 ≤ 0.1% ~ 0.3%，含氧 ≤0.1%，纯度为 ≥99.7% 的具有一定塑性的金属钒，但在实际生产中还有一定的困难，塑性要求也不太理想，故必须作进一步的精炼，方可加工成材。

用碳还原钒的氧化物须在高温下进行。温度越高，反应趋势越大。在高温下用碳把钒氧化物还原成钒可由下面总方程式表达。

$$\frac{1}{y}V_zO_y + C = \frac{x}{y}V + CO \tag{8-12}$$

应该注意到钒和碳的亲和力很强，一旦生成游离钒，它会马上与碳反应形成碳化物。

碳热还原 $V_2O_5 \longrightarrow V$ 过程由以下步骤组成：

$$V_2O_5 + CO = 2VO_2 + CO_2 \quad (8-13)$$

$$2VO_2 + CO = V_2O_3 + CO_2 \quad (8-14)$$

$$V_2O_3 + 5C = 2VC + 3CO$$

$$2V_2O_3 + VC = 5VO + CO \quad (8-15)$$

$$VO + 3VC = 2V_2C + CO \quad (8-16)$$

$$VO + V_2C = 3V + CO \quad (8-17)$$

在温度1625℃、压力 133.2×10^{-4} Pa 下，炭黑还原五氧化二钒可制得金属钒。当金属钒含碳量少于0.1%时，金属含氧都高，而且都有脆性；当钒含碳大于0.17%时，其含氧就低于0.1%，得塑性钒。

与还原 V_2O_5 比较，用炭黑还原 V_2O_3 可提高真空炉的效率，更为经济合理。反应温度和真空度对还原速度的影响见图8－4。

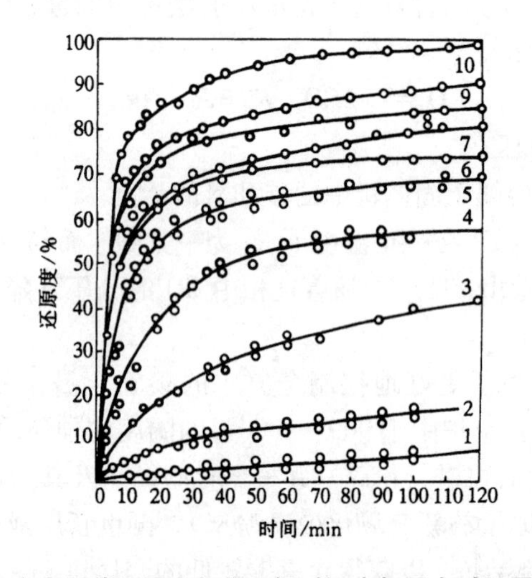

图8－4　真空中用碳还原三氧化二钒时温度与压力对还原速度的影响

1—900℃，26.66～0.133 Pa；2—1000℃，26.66～0.133 Pa；3—1100℃，26.66～0.133 Pa；4—1200℃，26.66～0.133 Pa；5—1300℃，26.66～0.133 Pa；6—1400℃，26.66 Pa；7—1400℃，0.133 Pa；8—1500℃，26.66 Pa；9—1500℃，0.133 Pa；10—1600℃，0.133 Pa

真空碳热还原钒氧化物一般得到脆性钒，要进一步精炼才能制得塑性钒。将脆性钒破碎后加入钒氧或钒碳中间合金调整碳、氧含量后，重新压块，放入真空炉内在0.13 Pa压强下精炼，精炼温度从1600℃逐渐提高到1700～1750℃。精炼后得到海绵钒。真空碳还原制取钒的回收率为98%～99%。

基非尔(Kieffer)报道过以碳化钒和三氧化二钒为原料制备金属钒的方法。三氧化二钒含 67.6% V、0.01% Fe、0.01% P、0.01% As、0.022% S 和 0.02% Na_2O，碳化钒含 81.0% V、17.59% C、0.3% Fe、0.05% Si。将料磨至小于 0.01 mm，加入 10% 樟脑乙醚溶液作黏结剂，压成块料，用直接烧结法或间接烧结法将坯料还原(图 8 -5)，每次产钒 0.5 ~1 kg。有关结果见表 8 -6。用直接烧结然后再烧结的方法生产钒的纯度与钙热还原法生产的钒相当，而碳、氧、氢含量较低。

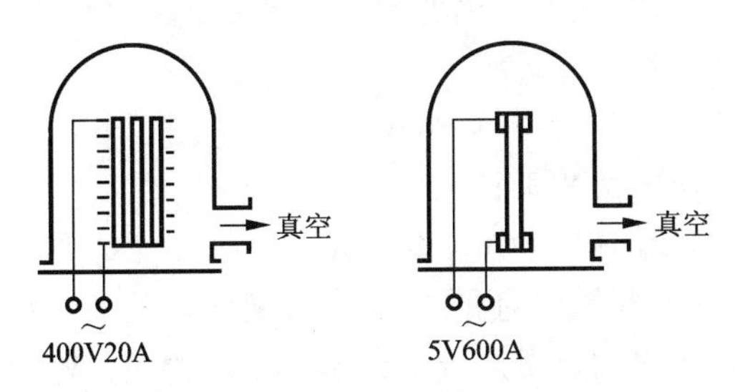

图 8 -5　烧结法制取金属钒的装置

（左图：间接焙烧法；右图：直接焙烧法）

表 8 -6　用 V_2O_3、VC 制取钒的试验结果

项目	反应时间/h	最高反应温度/℃	压力/Pa	化学成分/%				硬度 HV
				V	C	O	N	
混合原料				75 ~ 76	9.8	13.5	未分析	未测定
间接烧结	8	1450	0.0667	85 ~ 87	5 ~ 6	7 ~ 9	未分析	未测定
间接烧结	9	1500	0.0133	92 ~ 94	2.6	3.5	未分析	未测定
料块预烧结	0.5	1300	0.0133		未分析	未分析	未分析	未测定
预烧结块直接烧结	3	1650	<0.00267	99.7	0.01	0.17	0.01	130
直接烧结后再烧结	3	1675	<0.00667	99.8	0.12	0.014	0.01	115
钙热还原法产钒				99.7	0.21	0.031	0.016	120 ~ 130
碘化物热分解法产钒				99.93	0.05	0.01	0.005	55 ~ 70

8.5　氯化物的镁热还原法[1-3]

方法基于液态镁在惰性气氛下能还原三氯化钒。过程在碳钢制的反应器中进行。初始加热温度为750～800℃，开始后的钒还原过程不需要外热，过程的速率靠三氯化钒和镁加入反应器的速率来调节。

镁热还原法是基于下列反应进行的：

$$2VCl_3 + 3Mg = 2V + 3MgCl_2$$

反应得到的海绵钒经真空蒸馏以除去镁和其他杂质。

此法包括以下几个阶段：

(1)在500℃下氯化五氧化二钒或钒铁以制取液态VCl_4，所得氯化物产品中含有液态$VOCl_3$和固态$FeCl_3$；

(2)用蒸馏法除去$VOCl_3$；

(3)吹炼使VCl_4分解成VCl_3；

(4)蒸馏以除去VCl_3中的$VOCl_3$和$SiCl_4$；

(5)在氩气气氛中以熔融镁还原VCl_3为金属钒。只需在反应开始时加热，反应的继续靠反应本身放出的热量。反应结果得到海绵钒、$MgCl_2$和残余镁块。

(6)在920～950℃下真空蒸馏除去海绵钛中的$MgCl_2$和镁。

(7)浸出海绵钒中的残留的$MgCl_2$，滤洗出海绵钒。

从VCl_3制备海绵钒的收率可达96%，所得金属钒的纯度可达99.5%～99.6%，该法的钒回收率较高。

8.6 氯化钒的氢还原法[2]

还原反应分两个阶段进行。第一个阶段反应在450～550℃下完成，反应按下式进行，生成固体二氯化钒和氯化氢：

$$2VCl_3 + H_2 = 2VCl_2 + 2HCl$$

第二阶段约在1000℃的温度下进行，反应按下式生成金属钒和氯化氢：

$$VCl_2 + H_2 = V + 2HCl$$

还原反应分两个阶段进行是为了消除由于在1000℃下VCl_3的热离解生成VCl_4蒸汽，以提高金属钒的收率。还原所得产品是金属粉末，硬度较高，只作粉剂产品使用。

8.7 熔盐电解法制取金属钒[1-3]

8.7.1 原理和设备

从工业五氧化二钒制备价廉的塑性金属钒至今仍有现实意义。在熔盐电介质中阳极精炼粗钒是制取塑性钒的一种方法[2]。

钒不适宜进行水溶液电解精炼，而只能采用熔盐电解精炼。熔盐电解精炼法可以用脆性钒或低纯度钒作原料来大规模生产纯钒。由于熔盐电解温度低于钒的熔点，所以得到树枝状的电解沉积钒。

在高温熔融电解质中，粗钒在阳极发生氧化反应形成钒阳离子，阴极发生钒阳离子的还原反应生成精钒。电解槽结构见图 8－6。

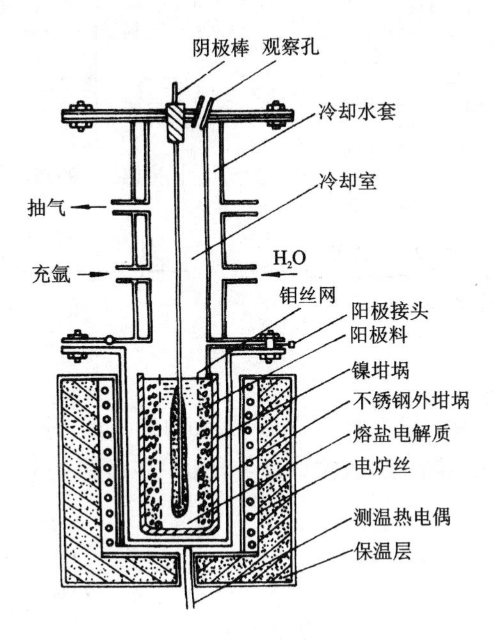

图 8－6　电解槽结构

8.7.2　工艺及影响因素

阳极选用纯 V_2O_5 碳热还原得到的粗钒（V 94% ～95%）、V_2O_5 铝还原的钒铝合金（V 90% ～94%）或不合格的电解钒返回料。电解质采用烘烤脱水后组成为 $KCl : LiCl : VCl_2 = 47 : 37 : 16$（%）的混合物。温度范围 600 ～800℃；电解槽电压：0.3 ～0.8 V。阴极电流密度：0.4 ～0.6 A/cm^2；阴极电解时间：15 ～20 h/棒，阴极棒为 ϕ6 mm × 1000 mm 钼棒。阳极筐 ϕ120 mm × 300 mm。阴极—阳极间距 60 mm，电解质熔池高度 320 ～350 mm。阳极原料装入量与电解质质量之比为 10∶1。钒电解精炼在密闭电解槽内、氩气气氛下进行，电解前多次抽空—充氩，以排除罐内残留空气。

1. 影响电解钒品位的因素

1）坩埚材质

四种不同坩埚材质对电解钒品位影响的结果列于表 8－7。由表 8－7 可见，用石英坩埚得到的电解钒品位最高，镍坩埚次之，不锈钢坩埚最差。

2）阳极材料

由返回料精炼得到的电解钒品位低，其余两种原料精炼效果接近（见表 8－8）。

表 8－7　坩埚材质对电解钒品位的影响[1]

坩埚材质	电解钒平均品位/%		
	V	Fe	Cr
不锈钢	99.26	0.120	0.113
碳钢	99.40	0.074	0.069
镍	99.55	0.026	0.035
石英	99.87	0.0062	0.022

①700℃，阳极提取率 40%。

表 8－8　阳极原料与电解钒品位的关系

原料	电解钒平均品位/%		
	V	Fe	O
粗钒	99.46	0.024	0.026
钒铝	99.51	0.027	0.030
返回料	99.35	0.108	0.061

3）电解精炼温度

温度对电解钒品位、氧及铁两杂质含量的影响见图 8－7。精炼温度低于 700℃为宜，电解温度提高，杂质含量显著升高，电解钒的品位则相应降低。

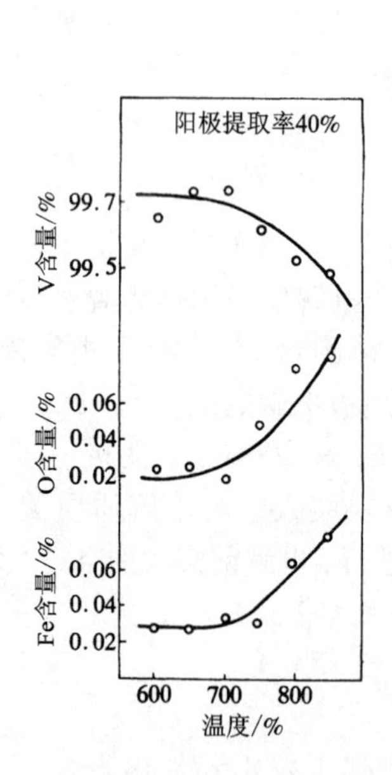

图 8－7　精炼温度对电解钒中杂质含量的影响

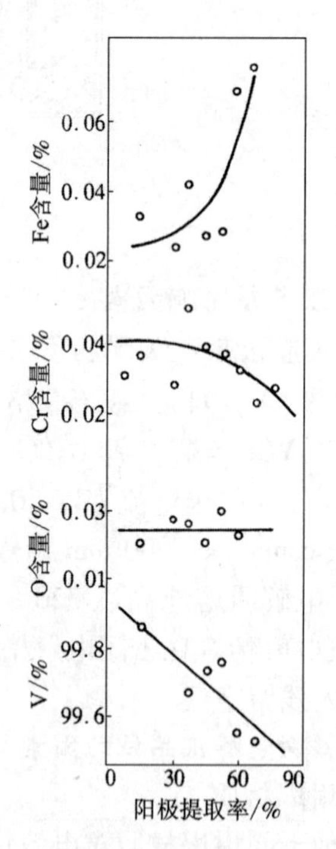

图 8－8　阳极提取率与电解钒中杂质含量的关系

4) 阳极原料提取率

图 8 - 8 给出了电解钒品位及铁、铬、氧杂质含量随阳极提取率的变化。由图 8 - 8 可见，当阳极提取率高于 40% 后，铁含量升高，铬含量稍有降低，氧含量几乎不变，电解钒品位逐渐降低。通过比较，显然铁杂质含量是影响电解钒品位的主要因素。

5) 电解槽槽电压

使用不锈钢坩埚时，槽电压高于 0.5 V 后，电解钒中铁含量显著升高，见图 8 - 9。

6) 电解操作条件

由表 8 - 9 可见，在电解操作各环节中，烘烤脱水和真空充氩洗罐两步对电解钒中氧含量有明显影响。

表 8 - 9　操作条件对电解钒含氧量影响

真空度	干燥程度	平均含氧量/%
低	未脱水	0.398
0.1 Pa	干燥	0.022

2. 影响电解精炼电流效率的因素

1) 电解温度

在 650 ~ 750℃ 范围，可维持电流效率高于 60% (见图 8 - 10)。继续升高温度，电流效率反而下降。

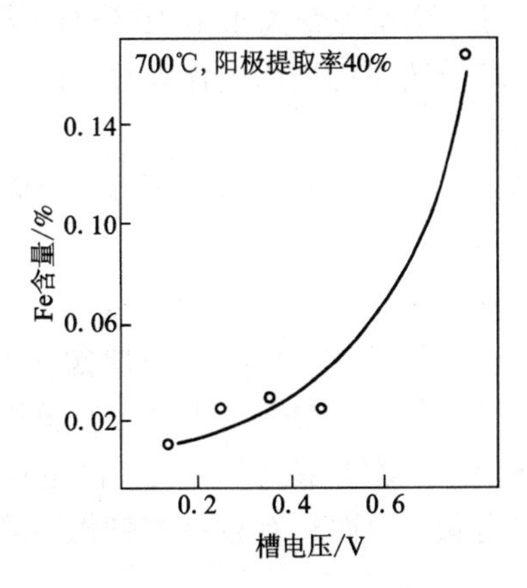

图 8 - 9　槽电压与电解钒中铁含量的关系

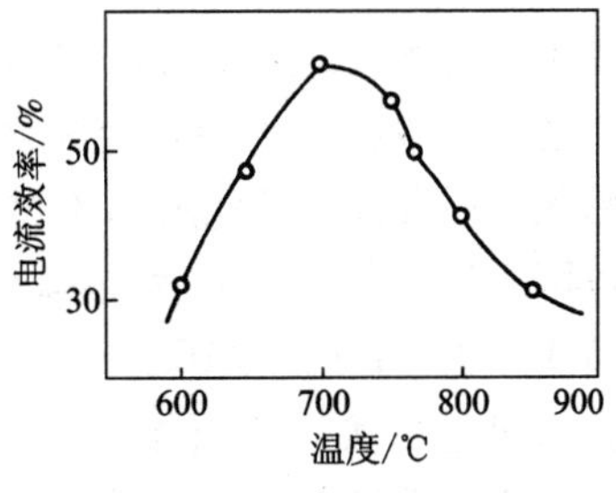

图 8 - 10　电流效率与温度关系(提取率 40%)

2)阳极原料提取率

电解温度恒定在650℃时，电流效率随阳极原料提取率升高而下降，见图8-11。

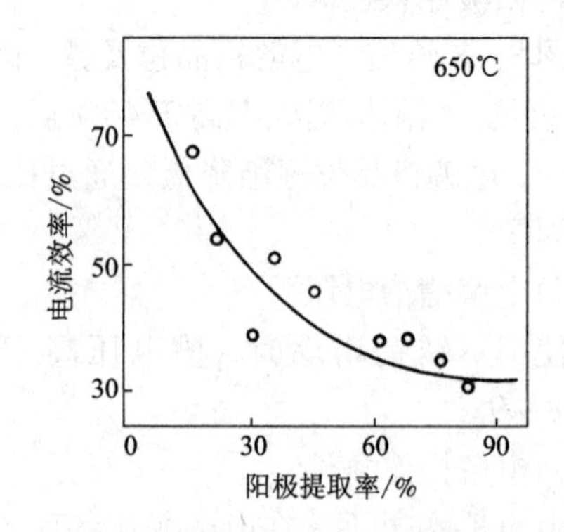

图8-11 阳极提取率与电流效率的关系

文献[3]报道，在用工业纯五氧化二钒铝热还原得到的粗钒作为阳极时，基于含钒电解液中在电极上进行的电极反应和钒的电化学行为的研究和热力学计算，确定了钒与不同杂质完全分离的可能性。粗钒的化学成分如下(%)：78~93.8 V，1.1~10.0 Fe，1.5~3.1 Si，0.8~3.1 Al，0.3~2 P。电解用的电解质为含1%~5% VCl_2的KCl-NaCl等摩尔比混合物。

视电解质成分不同阴极电流密度在0.2~0.8 A/cm^2、阳极电流密度在0.025~0.2 A/cm^2、电解温度在650~800℃范围内变化。在对所有被研究的粗钒合金的精炼过程中均达到了钒与杂质硅、磷、铝、氧化铝的足够完全的分离。当粗钒中铁含量不高于3%和阳极溶解率不大于30%~40%的情况下，铁也得到足够完全的分离。阳极残极经用硝酸溶解掉污染的表层后，可重新用于电解精炼。

得到的阴极金属成分如下(%)：Fe 0.05~3.0，Si <0.1，P <0.1，Al 0.03~0.04；平均阴极电流效率为83%~85%。

在相应的条件下，若采用有孔隔板作为隔离阴极空间和阳极空间的辅助阴极，使铁离子不从阳极空间渗到阴极空间，并令隔板上的电流密度在高于铁离子放电的极限电流密度条件下进行阴极沉积，则可完全避免铁离子由阳极空间进入阴极空间。与此同时，这一电流密度远低于钒离子还原的极限电流密度，因此钒将通过隔板扩散到阴极空间，并在主阴极上沉积。

在上述电解方式下，甚至在阳极大量溶解时，也能得到铁含量低于0.5%的阴极金属。在隔板上沉淀的金属含铁达5%~6%。

因此，粗钒合金的电解精炼过程可以顺利地实施，并用于工业生产。

也可以用三氯化钒作为熔盐电解质的成分。文献[3]列举了一种含3.6% VCl_3和其余为NaCl的电解质。电解温度为800℃。阴极为铁棒，阳极为石墨坩埚本身。粗钒呈块状置于石墨坩埚底部。电解过程在氦气保护下进行，槽电压为0.4~0.7 V。电解精炼得到的钒具有较低的氧含量，因而具有较高的韧性，可进行冷轧。

文献[2]报道，熔盐电解法制取金属钒是比较简单而较成功的办法。基本反应机理如下：

(1)粗钒氯化：

$$2V + 4Cl_2 \xrightarrow{500℃} 2VCl_4$$

$$2VCl_4 + H_2 \xrightarrow{>250℃} 2VCl_3 + 2HCl\uparrow$$

$$2VCl_3 + H_2 \xrightarrow{>450℃} 2VCl_2 + 2HCl$$

(2)二氯化钒电解精炼：

$$VCl_2 \longrightarrow V^{2+} + 2Cl^-$$

$$V^{2+} + 2e \longrightarrow V^0 \text{(从阴极上析出)}$$

在阳极区，粗钒不断丢失电子而进入熔盐池。

$$V^0 - 2e \longrightarrow V^{2+}$$

电解质是由 LiCl、KCl 和 VCl_2组成，三者的比例为 $LiCl:KCl:VCl_2 = 41:51:8$。粗钒系由纯五氧化二钒经铝热法炼得，粗钒的品位 >95% 即可，其余为铝。铝热法用铝粒要求采用精铝制取。

电解槽电压为 0.3 ~ 0.5 V。这样低的电压可以不使电解质中大量的 Li^+ 和 K^+ 以及杂质 Fe^{2+}、Al^{3+} 等在阴极上析出而影响钒的质量。

钒离子的标准电极电位值较正为 $V^{2+}/V = -1.186$ V，故钒在此条件下可以优先在阴极上析出，而上述其他元素则难于在阴极上析出，这就构成了电解精炼钒的基本要素。但是这些杂质不被析出的状况并非是绝对的，故在电解精炼时如何掌握好有利因素，使钒在阴极上尽可能多的析出，而其他杂质不被析出。实践证明在电解精炼时如果能控制好下列诸因素，则可以获得较为满意的精炼效果。

(1)电解温度最高控制在 650 ~ 700℃。在此温度条件下，不仅可使电解质有较好的流动性，电流效率也较高，可达 90% 左右，所得的金属钒颗粒大而致密。

(2)电解槽电压最好控制在 0.3 ~ 0.4 V，最高不超过 0.5 V，这样就可获得纯度较高的金属钒。必要时在电解第一棒时采用“高压”(0.5 ~ 0.6 V)电解 10 ~ 15 h，以除去一部分杂质。然后在电解第二棒时控制正常电解电压(0.3 ~ 0.4 V)。每棒电解时间约 20 h 为宜。

(3)电流密度最好控制在 0.4 ~ 0.6 A/cm^2，这样可以使钒的析出速度处于最适当的条件之中，此间不仅可以获得较好的电流效率，同时也可以使金属钒中的杂质下降至最低限。

(4)电解周期不宜太长，一般控制在 20 棒左右(大约 15 天)。当然，具体要由熔盐中的杂质富集情况而定。

(5)阴极棒的选择，通常采用耐腐蚀性好，电阻率小而导电良好的棒。极距的控制等条件均会对电解的效果发生十分明显的作用，这些都要求在实践中加以优选确定。

电解后电极棒上的电解产物是夹有电解质与金属钒颗粒的混合体。需要用热水和冷水进行洗涤，待黏附在金属钒颗粒表面上的电解质基本洗除后，再用2%~10%的盐酸水溶液加热浸洗两次，然后用热水和冷蒸馏水洗涤至基本无氯为止，最后再用乙醇清洗一次以脱水，待自然干燥后即可包装。如此所得的金属钒呈松枝状，钒的活性较大，故在包装贮存时应密封充氩保护。

采用本法所得的金属钒，品位较高，可达99.97%，一般情况下也能在99.95%以上。本法精炼除杂质的效果较高，金属中的杂质铁的含量可下降为之前的1/10~1/5倍，硅的含量可下降为之前的1/5左右，氧的含量可下降为之前的1/100倍，铝的下降量也很大，氮的含量可下降至<0.002%。故本法所得的金属钒塑性很好，适宜于直接熔铸加工成材。目前本法已成为我国生产金属钒中比较成熟的一个方法。

松枝状金属钒如图8-12所示。

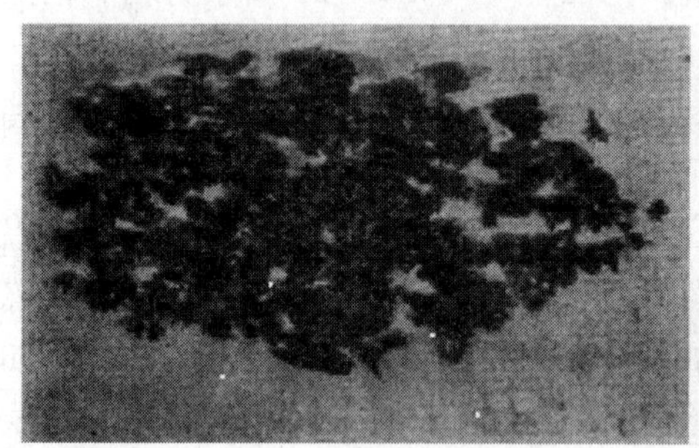
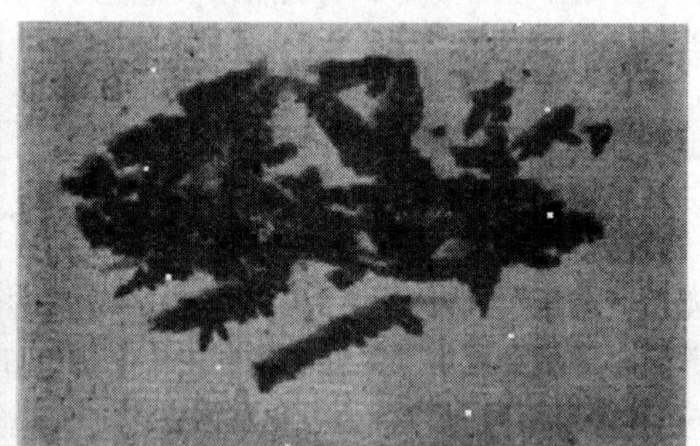

图8-12 呈松枝状的电解金属钒

谢屯良等[6]在中国专利CN 101440507A中提出了“一种金属钒的制备方法”。该制备方法也基于熔盐电解原理。

将杂质含量较低的V_2O_3粉末在模具内，施加20 MPa以上的压力，获得厚度在5 mm以下的压片，将压片在900℃以上的保护性气氛的加热炉内加热烧结，在压片烧结6 h以后，在保护性气氛下冷却，冷却后的V_2O_3压片作为阴极，石墨作为阳极，在完全由惰性气体保护的电加热炉内，将V_2O_3压片插入$CaCl_2-CaO$为主要成分的熔盐内进行直流电解，控制电解温度为900~1000℃，电解电压为3.0 V，电解约8 h待电解电流无变化后，停止电解，从熔盐电解质内取出阴极片，在惰性气体气氛下冷却，冷却后的阴极片经清洗去黏附的熔盐杂质即得到金属钒，其纯度大于99%。

用$CaCl_2-CaO$作电解质环保、无害，且容易获得，以此为电解质可得到纯度超过99%的粉末状金属钒。所用的保护性气氛指的是惰性气体，常用的有氩气。电解过程稳定可控，工艺过程简单，制取产品金属钒质量稳定，成本低，能耗低，适合于规模化、企业化生产，是一种制备金属钒的全新方法。

此技术简单易行，可行性强，应用前景广。

阎蓓蕾等[7]在中国专利 CN 101649471A 中提出了“生产高纯金属钒的方法”。该制备方法为：以钒铁料作为可溶性阳极、以耐腐蚀金属导电材料作为阴极、以碱性金属卤化物的熔盐体系作为电解液，该电解液中加入钒的低价卤化物；所述电解液在 600～1000℃的温度范围内进行电解，以使所述阳极中的钒以低价离子形式进入熔盐体系并在阴极沉积得到高纯金属钒。按照该发明所提供的方法，不仅可以在阴极上得到高纯度的成品，而且与已有工艺相比大大缩短了工艺流程、降低了生产成本。

取 190 g 钒的质量分数为 60% 的钒铁作为可溶性阳极，以金属钼棒作为阴极，以 $NaCl-LiCl-VCl_2$熔盐体系作为电解液组成电解池，其中钒离子浓度的质量分数为 8%；在 650℃的温度下进行电解，阳极的初始电流密度为 0.3 A/cm^2，阴极的初始电流密度为 0.8 A/cm^2，电解 6 h。电解完成后，阳极损失 20 g，从电解液中取出阴极，首先用质量分数为 0.5%～5% 的盐酸浸洗除去金属钒中夹杂的电解质，再用蒸馏水洗涤金属钒至洗涤液中无氯离子，最后真空干燥后得到 18 g 沉淀物。

对上述干燥的沉淀物进行化学分析，结果表明钒含量的质量分数为 99.98%。

8.8　碘化物热离解提纯法

碘化钒热解法制得的金属钒含杂质最少，含间隙杂质为 0.02%～0.03%。故用碘化钒热离解可使粗钒精炼成高纯钒。

碘化物热离解法提纯钒是基于以下原理。粗钒中的钒在 800～900℃温度下与碘蒸气反应生成 VI_2，接着 VI_2蒸气在加热到 1000～1400℃的钨丝或钒丝上分解，生成钒，释放出 I_2。其分解反应如下：

$$VI_2 \xrightarrow{\text{加热}} V + I_2$$

在上述过程中，粗钒中的氧、氮、碳等杂质不与碘反应。有些杂质即使与 I_2反应，但由于很稳定不会在 1000～1400℃下分解。

卡尔森（Calson）和欧文（Owen）用图 8－13 所示装置对碘化物热分解生产纯钒的方法进行了研究。正常情况下，热分解精炼一次需要 24 h，所得沉积钒棒重约 150 g。

这种精炼方法除非金属杂质的效果较好，但除金属杂质效果欠佳。通过碘化物热分解法精炼的钒的典型成分为 V 99.95%，Ca <0.002%、Mg <0.002%、Ti <0.002%、Cr 0.007%、Cu 0.003%、Ni 0.002%、C 0.015%、O 0.004%、H 0.001%、Si <0.005%。熔点为 1890±10℃，极限强度为 183.37 MPa，屈服点为

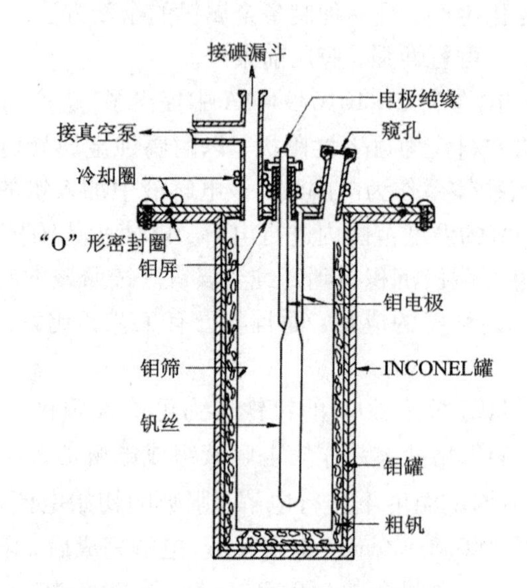

图 8－13　碘化物热分解生产纯钒装置

116.69 MPa，而收缩率大于99%，硬度为57(HV)。

一般说来，用碘化钒热离解法虽可制得纯度较高的钒，但由于这种方法的生产效率很低，因此没有得到广泛应用，仅用于制取少量供性能测试之用的钒。

8.9　真空熔炼提纯钒

卡尔森研究了能生产千克级的、纯度达99.9%的纯钒的生产工艺。他用过量高纯铝还原五氧化二钒得钒铝合金(V－11% Al)，再在6 MPa真空度下把合金加热到1700℃，并保持8 h，以除去其中的铝而得到海绵钒。海绵钒压成锭后再用电子束熔炼进一步除去残余的铝、氧、铁及其他挥发性杂质。卡尔森将铝还原得到的钒铝合金用稀硝酸清洗后破碎成小块，装入钽坩埚中真空脱铝。为避免钽进入钒中，严格控制脱铝温度不高于1820℃以免钒与钽形成固溶体。脱铝时合金失重与时间的关系见图8－14。脱铝后的海绵钒压块后在10 kg电子束炉内重熔，熔炼速度为25 g/min，炉内压力为133.3 μPa。钒中杂质在整个过程中的变化见表8－10。也可省去真空脱铝步骤，直接用电子束熔炼处理钒铝合金。熔炼过程中杂质氧、氮、碳、铝和硅含量的变化分别见图8－15至图8－19。图中A、B、C、D、E代表炉次，各炉试验结果及钒的成分列于表8－11，钒的回收率示于图8－20。

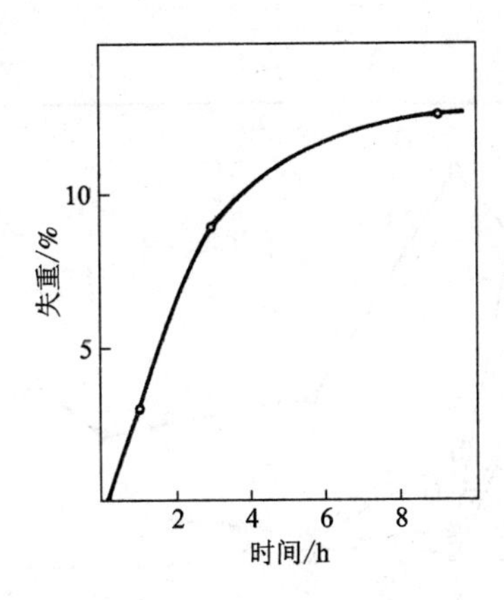

图 8－14　钒铝合金在 1700℃真空脱铝失重与时间的关系曲线

表 8－10　真空熔炼提纯钒过程中原料、中间制品和产品的化学分析/%

名称	钒铝合金	海绵钒	电子束熔炼钒锭
Al	11.100	1.42	0.010
C	0.013		0.015
Cr	<0.008	<0.008	<0.008
Cu	<0.010	<0.010	<0.002
Fe	0.081	0.035	0.012
Ni	0.002	0.002	0.002
N	0.006	0.008	0.008
O	0.290	0.010	0.005
Si	约 0.050	约 0.050	约 0.050

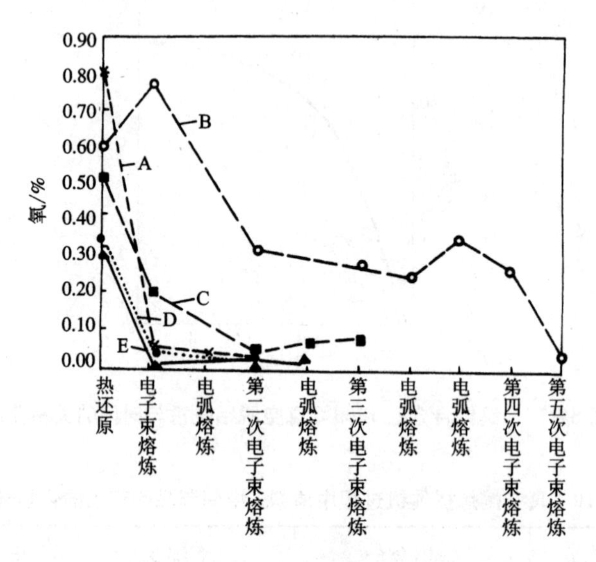

图 8－15　钒在真空熔炼过程中含氧量的变化

注：图中 A、B、C、D、E 代表炉次。

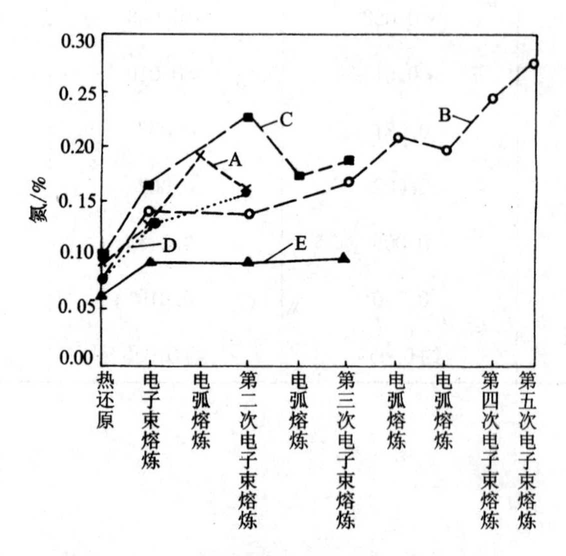

图 8－16　钒在真空熔炼过程中含氮量的变化

注：同图 8－15。

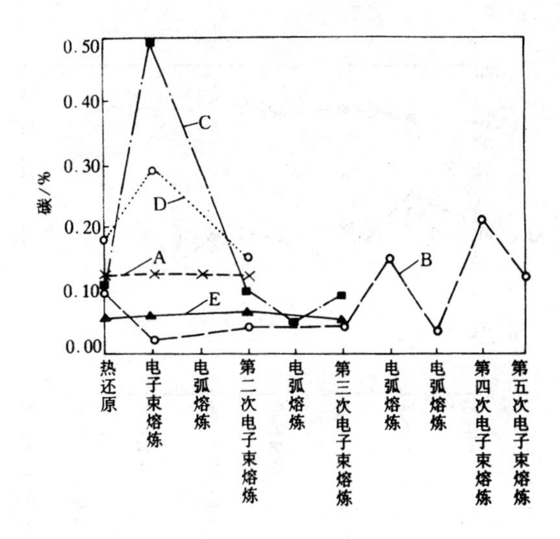

图8-17　钒在真空熔炼过程中含碳量的变化

注：同图8-15。

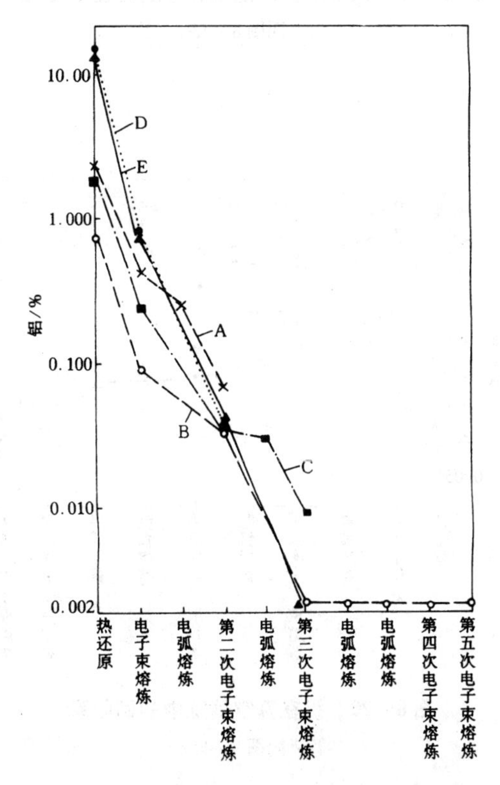

图8-18　钒在真空熔炼过程中含铝量的变化

注：同图8-15。

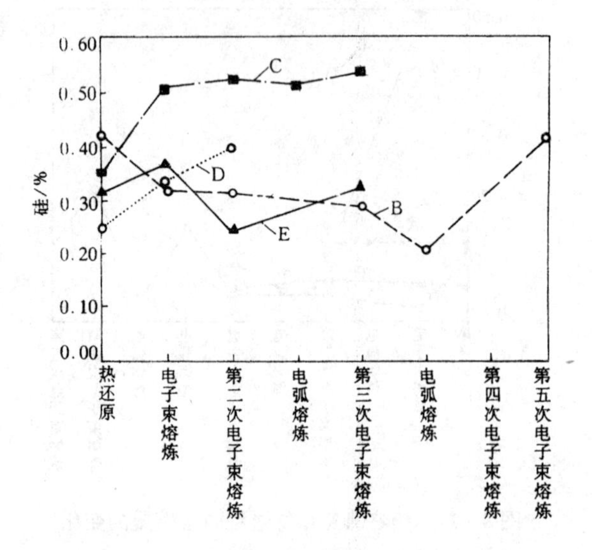

图 8-19　钒在真空熔炼过程中含硅量的变化

注：同图 8-15。

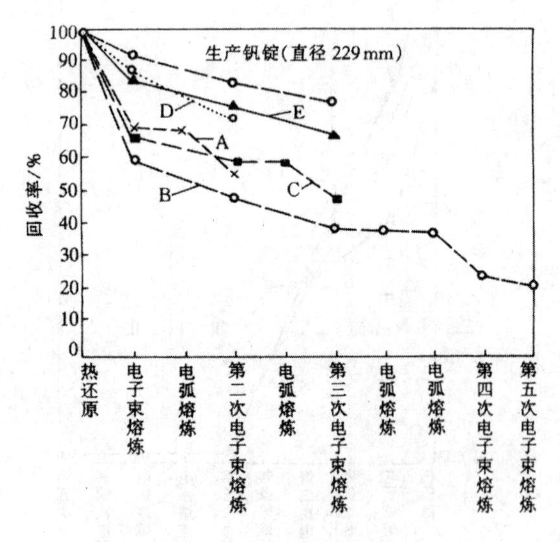

图 8-20　钒在真空熔炼中的回收率

注：同图 8-15。

表 8－11　真空熔炼法提纯钒试验结果

炉次	钒铝合金主要杂质/%					最终钒锭主要杂质/%	
	Al	Si	O	N	C	Al	Si
A	2.4	0.330	0.82	0.0095	0.0120	0.071	0.468
B	0.75	0.043	0.600	0.0080	0.0094	<0.002	0.042
C	1.93	0.036	0.526	0.0096	0.0104	<0.010	0.056
D	15.50	0.024	0.335	0.0079	0.0170	<0.044	0.040
E	13.60	0.0318	0.321	0.0063	0.0052	<0.002	0.0318

炉次	最终钒锭主要杂质/%			钒纯度/%	熔炼次数	钒回收率/%
	O	N	C			
A	0.028	0.0159	0.0124	99.4	电子束熔炼 2 次与电弧熔炼 1 次	57.5
B	0.041	0.0280	0.0120	99.8	电子束熔炼 5 次与电弧熔炼 2 次	20.5
C	0.026	0.0190	0.0095	99.8	电子束熔炼 3 次与电弧熔炼 1 次	47.6
D	0.020	0.0160	0.0150	99.8	电子束熔炼 2 次	72.0
E	0.018	0.0099	0.0050	99.93	电子束熔炼 3 次	66.1

重熔钒应用最广泛的技术是电弧熔化。阿纳伯尔(Anable)提出用自耗电弧炉“端模法”熔炼提纯钒的方法。该法的特点是可以消除熔炼区压强高的弊病，使熔融钒处于高真空下以利于挥发杂质，提高精炼效果。图 8－21 显示了“端模法”与

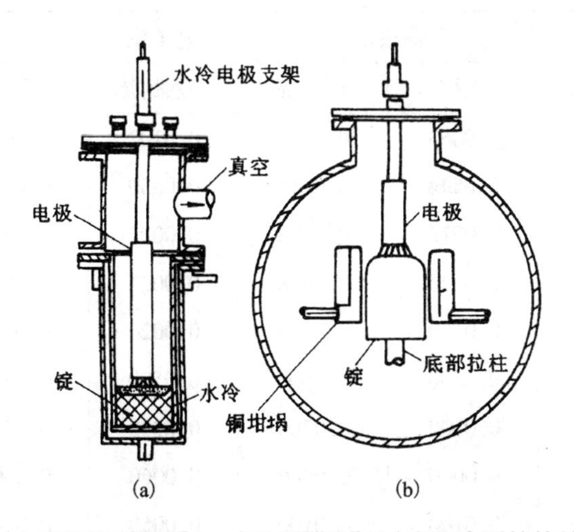

图 8－21　常规“深模法”(a)与“端模法”(b)自耗电弧熔炼炉的比较

常规的“深模法”的装置差别。

使用两种钒作自耗电极。一种是海绵钒，纯度为98.5%，粒度6.4～19 mm；另一种是以海绵钒作原料经电解精炼的高纯钒，纯度为99.5%，粒度0.175～3.33 mm。分别用“深模法”“端模法”和电子束熔炼法精炼，所得钒中杂质含量见表8－12、表8－13。

表8－12　海绵钒真空熔炼成分变化情况

杂质	杂质含量/%						
	海绵钒	深模法		端模法		电子束熔炼	
		一次熔炼	再熔炼	一次熔炼	再熔炼	一次熔炼	再熔炼
C	0.0500	0.0575	0.0583	0.0573	0.0572	0.0540	0.0453
O	0.0350	0.0450	0.0542	0.0315	0.0195	0.0144	0.0131
H	0.0007	0.0002	0.0002	0.0002	0.0002	0.0003	0.0003
N	0.0450	0.0470	0.0515	0.0460	0.0177	0.0452	0.0487
Al	0.2000	0.2000	0.1000	0.2000	0.2000	0.1000	0.0060
Fe	0.1000	0.1000	0.1000	0.1000	0.1000	0.1000	0.0600
Mo	0.2000	0.2000	0.1000	0.2000	0.2000	0.2000	0.1000
Si	0.4900	0.4900	0.4900	0.4900	0.4900	0.4900	0.4900
Ti	0.3000	0.3000	0.3000	0.2000	0.2000	0.2000	0.2000

表8－13　电解精炼钒真空熔炼成分变化情况

杂质	杂质含量/%					
	电解钒	深模法		电子束	端模法	
		一次熔炼	再熔炼	一次熔炼	一次熔炼	再熔炼
C	0.0044	0.0063	0.0054	0.0102	0.0048	0.0052
O	0.0420	0.0544	0.0415	0.0330	0.0380	0.0300
H	0.0013	0.0012	0.0002	0.0003	0.0002	0.0002
N	0.0014	0.0020	0.0018	0.0024	0.0015	0.0017
Al	0.0100	0.0100	0.0100	0.0020	0.0060	0.0020
Fe	0.1000	0.1000	0.0800	0.0500	0.0800	0.0500
Mo	0.0300	0.0300	0.0300	0.0300	0.0300	0.0300
Si	0.0060	0.0060	0.0060	0.0060	0.0060	0.0060
Ti	0.0100	0.0100	0.0100	0.0050	0.0100	0.0100

“深模法”钒的回收率为98.1%，“端模法”为95%。这是由于“端模法”熔炼时喷溅较厉害的缘故。真空自耗电弧炉熔炼 1 kg 钒耗电 1.14～1.36 kW · h，电子束熔炼 1 kg 钒耗电 12.1 kW · h。

“端模法”熔炼时添加碳、钇和铝作脱氧剂，可降低产品钒中含氧量，结果见表 8－14。

表 8－14　“端模法”熔炼钒锭添加脱氧剂的试验结果

杂质	杂质含量/%						
	电解钒	添加 0.035% 碳		添加 0.45% 钇		添加 1.5% 铝	
		第一次熔炼	第一次熔炼	第一次熔炼			
C	0.0044	0.0365	0.0355	0.0045	0.0084	0.0079	0.0064
H	0.0013	0.0002	0.0002	0.0002	0.0002	0.0002	0.0001
O	0.0420	0.0225	0.0150	0.0190	0.0158	0.0300	0.0225
N	0.0014	0.0014	0.00260	0.0031	0.0055	0.0018	0.0032
Al	0.0100	0.0100	0.0100	0.0100	0.0100	1.0800	1.0000
Fe	0.1000	0.0500	0.0500	0.1000	0.0500	0.0800	0.0600
Y				0.2900	0.2100		

真空熔炼法提纯钒已达到工业化程度，就除去钒中的金属和非金属杂质而言，电子束熔炼最有效，“端模法”真空电弧炉熔炼效果次之，而“深模法”熔炼效果最差。

市场上的纯钒也可经过区域熔融进一步提纯。区域熔融的装置由五个主要部分组成：真空系统、电子枪动作机械、电子枪、阳极可调节高压整流器等。经第一次区域熔融后真空度约 1.333×10^{-4} Pa，经几次区域熔融后为 1.333×10^{-7} Pa。粗钒经电解提纯和连续三次区域熔融后，杂质含量达 0.085%。经超真空进一步区域熔炼，杂质降到原来的 1/10。结果如表 8－15 所示。

表 8－15　区域熔融提纯后钒中间隙杂质含量/($\mu g \cdot g^{-1}$)

杂质元素	H	N	O	C
六次区域熔融	<3	4～10	95～120	3～13
十二次区域熔融	<3	2～10	～30	3～11

彭予民等[8]介绍了电子束冷床炉熔炼制备高纯金属钒铸锭技术。电子束冷

床炉熔炼(EB 炉)是一种新兴的金属精炼方法。利用电子束冷床炉的高温真空精炼特性，以钒成分为82%钒铝合金为原料，制备了纯度在99.7%以上的金属钒铸锭。彭予民等人详细论述了电子束冷床炉在熔炼钒铝合金时各杂质元素的去除机理行为，认为熔炼时较大的电子束照射功率对一次铸锭中铝的挥发去除有较好效果，但这种熔炼工艺却会影响到铸锭的最终氧含量。分析认为，两次小功率熔炼是符合设备特点的制备高纯金属钒铸锭的最佳熔炼工艺。

EB 炉是在真空状态下，利用电子束轰击产生的热量进行高温难熔金属熔炼及提纯的专用真空熔炼设备。通过数支电子束枪分别对原料、凝壳以及结晶器照射，在熔化原料的同时，使凝壳上方的熔融金属获得充分的液态维持时间与过热度，促使原料中的各类杂质元素和夹杂物或下沉或上浮或熔化或挥发加以去除，其制备的铸锭成分均匀、纯净度高、宏观偏析小。

EB 炉精炼高纯金属钒是利用主金属钒与杂质元素或化合物间的饱和蒸汽压差，从而将杂质元素或化合物从主金属中分离出去。在主金属熔点附近，杂质元素或化合物的饱和蒸气压大于主金属就容易挥发去除，而小于主金属则很难挥发去除。图 8－22 为各元素的饱和蒸气压随温度变化的关系图。从图中可知，钼、铌、钛、镍、硅等元素的饱和蒸气压低于钒，而钠、镁、铝、铬、铁等元素的饱和蒸汽压则高于钒。根据同一温度下各元素与钒的饱和蒸气压关系可以推测，进行 EB 精炼时钠、镁、铝、铬、铁等元素较易去除，而钼、铌、钛、镍、硅等元素则较难去除。

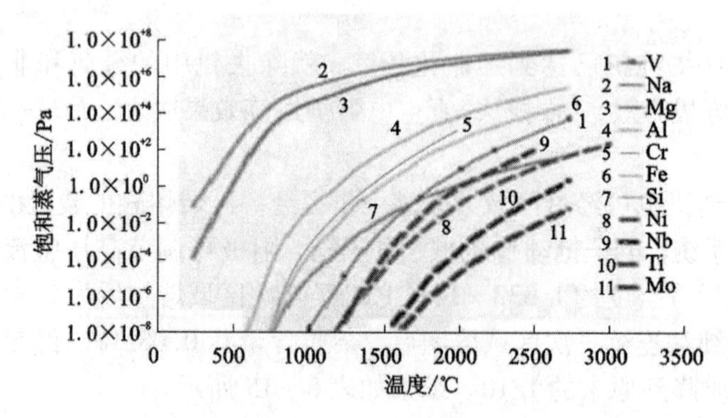

图 8－22　各元素饱和蒸气压曲线与温度的关系

为了控制最终产品中钼、铌、钛、镍、硅等饱和蒸气压小于钒的杂质元素含量，在合金原料制备阶段使用纯度在99.5%以上的五氧化二钒和99.9%的铝屑，采用惰性气体保护一步铝热法制备了钒铝合金。

熔炼后得到的合金成分如表 8－16 所示。

表 8－16　钒铝合金成分/%

w_V	w_{Al}	w_{Fe}	w_{Si}	w_C	w_O	w_N
余量	17.84	0.013	0.014	0.009	0.209	0.006

该研究采用的 EB 炉工作原理示意于图 8－23，电子束照射图形分布示意图(俯视图)见图 8－24。棒状原料由加料系统水平推入熔炼室，经电子束照射后熔化，并滴入水冷铜床形成凝壳，在电子束连续照射下凝壳表面熔化形成熔池，随着原料的连续投入，熔融金属流经凝壳熔池，再由浇铸口浇铸到结晶器形成铸锭。钒纯度在 99.7% 以上。

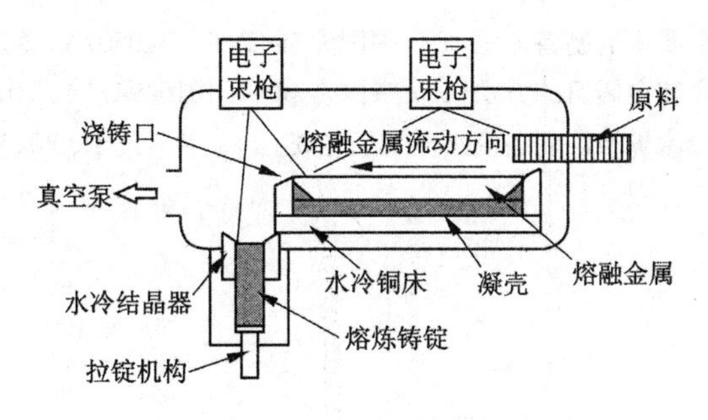

图 8－23　EB 炉工作原理示意图

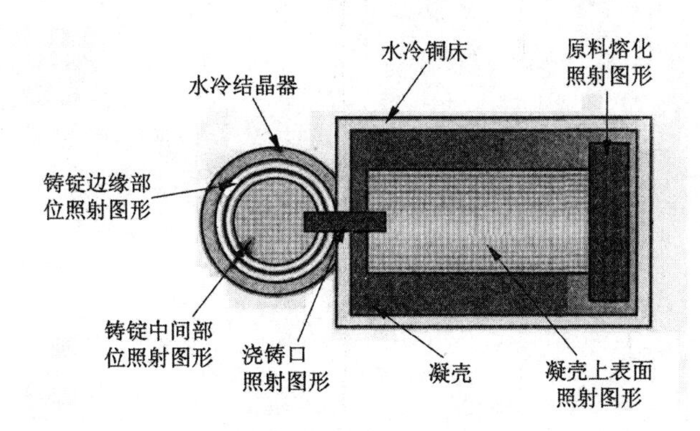

图 8－24　电子束照射图形分布示意图(俯视图)

参考文献

[1] 赵天从，傅崇说，何福煦等. 有色金属提取冶金手册：稀有高熔点金属(下)[M]. 北京：冶金工业出版社，1999.

[2] 陈鉴等. 钒及钒冶金[R]. 攀枝花资源综合利用领导小组办公室，1983.

[3] Кобжасов А. К. Металлурия Ванадия и Скандия[M]. Алматы, 2008.

[4] R. Hahn et al. Production of high purity vanadium, Part Ⅱ: Refining of V - Al alloys to 99.9% purity by electron beam melting [J]. Metall, 1985, 39: 704 - 707, 931 - 936.

[5] Gupta C. K. Krishnamurthy N. Extractive Metallurgy of Vanadium[M]. Amsterdam-London-New York-Tokyo: Elsevier, 1992.

[6] 谢屯良等. 一种金属钒的制备方法[P]. 中国专利 CN 101440507A, 20090527.

[7] 阎蓓蕾等. 生产高纯金属钒的方法[P]. 中国专利 CN 101649471A, 20130612.

[8] 彭予民. 电子束冷床炉熔炼制备高纯金属钒铸锭[J]. 宝钢技术，2012(5).

第 9 章　提钒作业中常用的分析方法[1]

9.1　容量分析法

9.1.1　固体样品中 V_2O_5 含量的分析方法 1

称取经 800℃灼烧后的灰渣样品 0.5 g 左右，加入预先垫有 1 ~ 2 g 过氧化钠的高铝坩埚中，上面再盖上 2 g 左右的过氧化钠，在高温炉中慢慢升温至 650 ~ 700℃，熔融 10 ~ 15 min，取出坩埚，冷却，放入盛有 50 mL 热水及 4 ~ 5 滴乙醇的烧杯中浸取熔融物，用热水浸洗坩埚，煮沸 5 ~ 10 min 以除去 H_2O_2，冷却，迅速加入 50 mL 硫 - 磷混合酸，冷却至室温，滴加 0.1 mol/L 硫酸亚铁铵溶液至溶液呈浅绿色，再过量 2 ~ 3 mL，滴加 2.5% 高锰酸钾溶液至溶液呈粉红色，放置 10 min，然后加入 1 g 尿素，滴加 2.5% 亚硝酸钾溶液至高锰酸钾的红色退去，再过量 1 滴，充分搅拌，放置 5 min，加 2 滴苯基邻氨基苯甲酸作指示剂，以 0.02 mol/L 硫酸亚铁铵标准溶液滴定至溶液由红紫色变为黄绿色。

$$w(V_2O_5)=\frac{90.94\times C\times V}{G}\times 100\%$$

或

$$w(V_2O_5)=(T\times V\times 100\%)/G$$

式中：C——硫酸亚铁铵标准溶液的物质的量浓度，mol/L；

T——硫酸亚铁铵标准溶液的滴定度，g/L；

V——硫酸亚铁铵标准溶液的用量，mL；

G——样重，g；

90.94——($V_2O_5/2$)摩尔质量。

9.1.2　固体样品中 V_2O_5 含量的分析方法 2

(1)称取固体样品 0.5 ~ 1.0 g 于已垫有氢氧化钠 4.0 ~ 6.0 g 的镍坩埚中摇匀，带盖(留一小缝)先于普通电炉上除去水分，再移入 700℃马弗炉中熔融 20 ~ 30 min。

(2)待熔好后，将坩埚从马弗炉中取出，置于操作台上的耐火板上面，冷却至 50℃以下。

(3)取 500 mL 烧杯，加 H_2O 约 100 mL，于电炉上煮沸取下，将已冷却之坩埚及内熔物置于烧杯中浸出。

(4)向浸液中加入 1 + 1 H_2SO_4 40 mL，于电炉上煮沸溶解，取下冷至室温。

(5)依次向浸液中加入磷酸 5 mL，滴加 4% 硫酸亚铁铵至浸液呈蓝色，以下操作同标定。记下 V_d，按下式求算结果。

$$T = \frac{T_{Fe^{2+}/V^{5+}} \cdot V_d}{m} \times 100\%$$

式中：T——矿样中全钒百分含量，%；

$T_{Fe^{2+}/V^{5+}}$——硫酸亚铁铵标准溶液相当于五氧化二钒的量，g/mL；

V_d——滴定消耗硫酸亚铁铵标准溶液的体积，mL；

m——称取矿样量，g。

9.1.3 溶液中 V_2O_5 浓度分析方法 1

吸取 2 mL 酸浸液，加蒸馏水 50 mL，加硫－磷混酸 25 mL，冷却至室温，其余分析步骤与灰样中五氧化二钒测定步骤相同。

$$\rho(V_2O_5) = \frac{C \times V \times 90.94 \times 1000}{2}\ \text{g/L}$$

或

$$\rho(V_2O_5) = \frac{T \times V \times 100\%}{V_0}\ \text{g/L}$$

式中：C——硫酸亚铁铵标准溶液的物质的量浓度，mol/L；

T——硫酸亚铁铵标准溶液的滴定度，g/L；

V——硫酸亚铁铵溶液耗量，mL；

V_0——取样品液的体积，mL。

9.1.4 溶液中 V_2O_5 浓度分析方法 2

准确吸取试样 1 ~ 10 mL 于 250 mL 三角瓶中，加 H_2SO_4 20 mL、磷酸 2.5 mL，摇匀，滴加 4% 硫酸亚铁铵至试液呈蓝色，混匀，以流水令三角瓶和溶液冷至室温，滴加 2.5% 高锰酸钾溶液至呈红色 3 min 内不褪色并过量 1 ~ 2 滴，加 10% 尿素溶液 20.0 mL，滴加 1% 亚硝酸钠溶液至红色恰好消失再过量 1 ~ 2 滴，充分摇动、放置 1 min，加钒指示剂 3 滴，用硫酸亚铁铵标准溶液滴定至由紫色变为亮绿色为终点，按下式计算：

$$\rho(V_2O_5) = \frac{T_{Fe^{2+}/V^{5+}} \cdot V_d}{m} \times 100\%$$

式中：$T_{Fe^{2+}/V^{5+}}$——硫酸亚铁铵标准溶液对五氧化二钒的滴定度，g/mL；

V_d——滴定时消耗硫酸亚铁铵标准溶液体积，mL；

m——取样体积，mL。

9.1.5 溶液中 Al_2O_3 浓度分析方法

取溶液样品 5 mL 于三角烧瓶中，以甲基橙作指示剂，用 1∶1 NH_4OH，1∶1 HCl 调节溶液的酸度，至溶液刚由红色变黄色，加入过量的 EDTA（0.04 mol/L，8 mL），加入 20 mL pH4.5 缓冲溶液，加热至微沸 2 min，稍冷，加入 0.2% PAN 指示剂 5 滴，以硫酸铜溶液滴定至由黄色变红紫色为终点(不记读数)，随后加入氟化钠0.5 g左右，加入少量的硼酸，加热至微沸2 min，稍冷，补加pH 4.5缓冲液5 mL，以标准硫酸铜溶液滴定至溶液由绿色变红紫色为终点，记下消耗的标准硫酸铜溶液的体积。

$$C(Al_2O_3)=\frac{C\times V_1\times 50.98}{V_2\times(5/100)}\times 1000$$

式中：C——硫酸铜标准溶液的物质的量浓度，mol/L；

V_1——硫酸铜耗量，L；

V_2——酸浸液的体积，L；

50.98——$(Al_2O_3/2)$摩尔质量。

9.1.6　溶液中Fe_2O_3浓度分析方法

取溶液样品5 mL于三角烧瓶中，加入1∶1 HCl 2 mL，加入蒸馏水100 mL，加入3% H_2O_2 10 mL，过量的H_2O_2在电炉上赶尽后，用1∶1 NH_4OH把溶液的酸度调至pH在2左右，随后加入pH 2.5缓冲液10 mL，加热溶液至70～80℃，用磺基水杨酸作指示剂，以EDTA标准溶液滴定至溶液由红紫色变成无色或黄色为终点。

$$C(Fe_2O_3)=\frac{C\times V_1\times 79.58}{V_2\times(5/100)}$$

式中：C——EDTA标准溶液的物质的量浓度，mol/L；

V_1——EDTA耗量，L；

V_2——酸浸液的体积，L；

79.58——$(Fe_2O_3/2)$摩尔质量。

9.1.7　中间盐样品分析方法

称取105～110℃烘至恒重的中间盐1～1.5 g于100 mL烧杯中，加蒸馏水50 mL，加1∶1 H_2SO_4 10 mL，加热溶解，过滤于250 mL容量瓶中，以蒸馏水稀释至刻度供测定用。中间盐成分分析方法与9.1.3和9.1.4节液体样品分析方法相同。

9.1.8　石煤提钒溶液中五氧化二钒浓度分析方法

湘潭大学朱茜[2]在其硕士论文中对石煤提钒溶液中五氧化二钒浓度分析方法作了详细的叙述。

测定原理：利用硫酸亚铁($FeSO_4$)对含钒溶液中的氧化物先进行还原，再用高锰酸钾($KMnO_4$)将低价钒氧化为+5价，然后在尿素环境中利用亚硝酸钠($NaNO_2$)与过量的高锰酸钾发生反应，最后加入苯代邻氨基苯甲酸(钒指示剂)显色，用硫酸亚铁铵$[Fe(NH_4)_2(SO_4)_2]$标准溶液滴定。该方法对含钒溶液的测定范围为：V_2O_5含量≥0.005%。

9.1.8.1 试剂及配制方法

(1)硫酸，约1.84 g/mL；

(2)磷酸，约1.70 g/mL；

(3)硫酸，(1+1)：将硫酸(ρ=1.84 g/mL)500 mL 缓慢地注入 350 mL 二次蒸馏水中，注入过程中需要不断搅拌，待溶液冷至室温后，用二次蒸馏水定容至1000 mL；

(4)硫酸，(5+95)：将硫酸(ρ=1.84 g/mL)25 mL 缓慢地注入 400 mL 二次蒸馏水中，注入过程中需要不断搅拌，待溶液冷至室温后，用二次蒸馏水定容至500 mL；

(5)磷酸，(1+1)：将磷酸(ρ=1.70 g/mL)500 mL 缓慢地注入 350 mL 二次蒸馏水中，注入过程中需要不断搅拌，待溶液冷至室温后，用二次蒸馏水定容至1000 mL；

(6)硫酸亚铁(5%)溶液：准确称取5 g 七水合硫酸亚铁($FeSO_4 \cdot 7H_2O$)，用硫酸(5+95)溶解，后用该硫酸溶液搅拌定容至 100 mL；

(7)亚硝酸钠(1%)溶液：准确称取 1 g 亚硝酸钠于一定量二次蒸馏水中进行溶解，然后搅拌定容至 100 mL；

(8)高锰酸钾(2%)溶液：准确称取 2 g 高锰酸钾于适量二次蒸馏水中加热溶解，冷却后定容至 100 mL，保存于棕色试剂瓶中；

(9)脲(10%)溶液：准确称取 10 g 脲溶于适量二次蒸馏水，定容至 100 mL，为防止变质，均应现用现配；

(10)硫酸亚铁铵(约0.003 mol/L)：准确称取1.18 g 六水合硫酸亚铁铵，用硫酸(5+95)溶解，然后用硫酸(5+95)搅拌定容至 1000 mL；

(11)苯代邻氨基苯甲酸溶液及其配制方法：

①准确称取 1 g 碳酸钠(Na_2CO_3)溶解于 350~400 mL 二次蒸馏水中；

②将上述①溶液置于电炉上加热升温至微热后，将 0.1 g 经准确称量的苯代邻氨基苯甲酸溶于①中，待冷却后转至棕色试剂瓶中保存；

③准确称取 0.01 g 五氧化二钒，加热溶解于 45 mL 硫酸(1+1)、5 mL 磷酸(1+1)以及 60 mL 二次蒸馏水混合溶液中，待冷却至室温后，向其中注入②中所述的苯代邻氨基苯甲酸溶液 10 mL，在振荡条件下用硫酸亚铁铵溶液滴定，溶液颜色由紫色逐渐变浅，至亮黄色即为终点，此时溶液总体积约为 145 mL；

(12)钒标准溶液：准确称取 267.8 mg 先于 105℃条件下烘干 1.5 h 的五氧化二钒(基准试剂)，加热溶解于 100 mL 硫酸(1+1)溶液中，待溶解完全后，流水冷却至室温，然后移入 1 L 容量瓶中，以二次蒸馏水定容至刻度，混匀。该溶液中 1 mL 即含有 0.15 mg 钒。钒标准溶液主要用于滴定度的标定。

(13)过氧化钠：粉末状。

9.1.8.2　分析步骤

1. 标定

往 250 mL 锥形瓶中精确地移入 10.00 mL 钒标准溶液，加入硫酸(1 +1)40 mL，磷酸(1 +1)5 mL，用二次蒸馏水调节溶液体积于 100 mL 左右，冷却至室温后，加入 5 mL 硫酸亚铁溶液(5%)进行 2 min 的振荡反应，再按下述 2 中(3) ~ (5)进行(应进行平行标定，最后取三个平行样品的均值)。

通过式(9 - 1)计算硫酸亚铁铵溶液对钒的滴定度：

$$T = \frac{m}{V} \qquad (9-1)$$

式中：T——硫酸亚铁铵溶液对钒的滴定度，g/mL；

V——滴定时硫酸亚铁铵溶液消耗的体积，mL；

m——所移取的钒标准溶液含钒量，g。

2. 溶液中五氧化二钒的分析

(1)准确量取 1 mL 待测含钒溶液至 250 mL 锥形瓶中，用适量二次蒸馏水润洗锥形瓶内壁(若待测溶液含钒量经预测较低，则可取 2 ~4 mL)；

(2)加入硫酸(1 +1)20 mL，磷酸(1 +1)5 mL，用二次蒸馏水稀释至约 90 mL，经流水冷却后加入硫酸亚铁(5%)溶液 5 mL，人工振荡反应 2 min；

(3)在人工振荡条件下滴加高锰酸钾(2%)溶液至溶液至红色，并保持 6 min 不褪色；

(4)用移液管移入 10 mL 脲(10%)溶液，在人工振荡条件下加入亚硝酸钠(1%)溶液至红色褪去，并过量 2 ~3 滴，等待 6 min；

(5)用移液管移入钒指示剂 15 mL，待溶液转为紫红色后，在人工振荡条件下，用硫酸亚铁铵溶液滴定至溶液呈亮黄色。

3. 空白值的确定

(1)往 100 mL 容量瓶中移入钒标准液 20 mL，用二次蒸馏水进行定容，此溶液中含五氧化二钒为 30 μg/mL；

(2)用移液管移取上述 1 中的钒稀释液 1 mL 至 250 mL 锥形瓶中，用二次蒸馏水洗涤锥形瓶内壁，以下操作按 2 中(2) ~ (5)进行；

(3)空白体积即为所耗体积与滴定 30 μg 钒时所应消耗的硫酸亚铁铵溶液体积的差值。

9.1.8.3　溶液中五氧化二钒浓度的计算

五氧化二钒浓度计算公式如下式所示。

$$C(V_2O_5) = \frac{1.7852 \times T \times (V - V_0)}{V_c} \times 10^3$$

式中：$C(V_2O_5)$——待测溶液中钒的浓度，g/L；

V_c——待测溶液所耗体积，mL；

T——硫酸亚铁铵溶液对钒的滴定度，g/mL；

V_0——滴定空白溶液时硫酸亚铁铵溶液的消耗量，mL；

V——待测溶液滴定时硫酸亚铁铵溶液的消耗量，mL。

9.1.9 石煤矿样中五氧化二钒含量的分析[2]

1. 样品灰化

将待测矿样磨至粒度小于0.2 mm，于105℃下干燥2.5 h，然后准确称取干燥石煤样0.5 g(称准至0.0001 g)于刚玉坩埚中，放入马弗炉内，由室温逐渐加热至650℃，并在此温度下灼烧至少1.5 h，直至无黑色炭粒，取出坩埚并冷却至室温。

2. 灰样处理

(1)向盛有灰样的刚玉坩埚中加入5 g过氧化钠(Na_2O_2)，混匀后，再将其表面覆盖1.5 g过氧化钠，放入马弗炉中，由室温逐渐升温至700℃，在此温度下熔融15～20 min，取出坩埚并冷至室温。

(2)将坩埚缓缓放入盛有90 mL沸水的500 mL烧杯中，于电炉上煮沸10～15 min浸取熔融物。取下烧杯，用少量二次蒸馏水和硫酸(1+1)对坩埚进行洗涤，将其移至烧杯，将烧杯中的浸取物煮沸4～6 min。待冷却后，缓慢注入40 mL硫酸(1+1)，煮沸3～4 min，加入6 mL磷酸(1+1)继续煮沸至溶液体积浓缩至大约100 mL，冷至室温。

(3)此后测定步骤与9.1.8.2中2相同。

3. 空白实验

分解一批试样应同时制备一个样品空白溶液，制备方法与9.1.9中1、2相同，只是不加入石煤样品。将空白溶液移至锥形瓶后，操作方法与9.1.8.2中3相同。

4. 标定

方法与9.1.8.2中1相同。

5. 计算

计算方法与9.1.8.3相同。

9.1.10 石煤中钒的价态的测定[3]

1. 实验原理

利用NaOH溶液选择性浸取，Fe(Ⅲ)滴定法测定V(Ⅴ)；残渣用非氧化性混酸$HF-H_3PO_4$分解，加入过量的V(Ⅴ)氧化V(Ⅲ)，用Fe(Ⅱ)返滴定测定V(Ⅲ)含量；

通过全钒差减求得V(Ⅳ)。

2. 实验方法

准确称取0.5000 g矿样，加入50 mL 6%的NaOH溶液，滤液不经高锰酸钾氧化直接进行滴定，测定出五价钒的含量。

称取0.5000 g矿样，加入6 mL H_3PO_4和5 mL HF，低温加热30 min，过滤，在滤液中加入20 mL V_2O_5标准溶液，1∶1硫酸20 mL，加热反应10 min，测定出反应后溶液中的五价钒含量，在酸性介质中，V(Ⅲ)容易被V(Ⅴ)氧化成V(Ⅳ)，根据加入的五氧化二钒标准液剩余量可以计算出三价钒的含量。

由钒总含量和三价、五价钒含量的差得出四价钒含量。

3. 各种价态钒含量计算方法

五价钒含量的计算公式：

$$\rho(V^{5+}) = \frac{C_1 V_1}{1000G \times w} \times 100\%$$

式中：C_1——硫酸亚铁铵标准溶液浓度，g/L；

V_1——硫酸亚铁铵标准溶液用量，mL；

w——V_2O_5质量分数；

G——样品质量，g。

三价钒含量的计算公式：

$$\rho(V^{3+}) = \frac{C_0 V_0 - C_2 V_2}{1000G \times w} \times 100\%$$

式中：C_0——五氧化二钒标准溶液浓度，g/L；

V_0——五氧化二钒标准溶液用量，mL；

C_2——硫酸亚铁铵标准溶液浓度，g/L；

V_2——硫酸亚铁铵标准溶液用量，mL；

w——V_2O_5质量分数；

G——样品质量，g。

四价钒含量的计算公式：

$$\rho(V^{4+}) = 100\% - \rho(V^{5+}) - \rho(V^{3+})$$

9.2 钒和二氧化硅的比色分析[4]

钒的比色分析法很多，其中以4-(2吡啶偶氮)间苯二酚方法的灵敏度最高，不同比色方法的灵敏度及测定时的波长如表9-1所示。

表 9-1 钒的不同比色分析法

方 法	灵敏度/(r·mL^{-1})	波长/μm
过氧化氢	0.18	450
磷钨酸	0.02	375
8-羟基喹啉 $CHCl_3$ 萃取	0.016	550
PAN($CHCl_3$ 萃取)	0.0030	615
1-(2 吡啶偶氮)-萘酚二甲酚橙	0.0026	530
4-(2 吡啶偶氮)-间苯二酚 PAR	0.0014	550

下面介绍两种常用方法。

9.2.1 过氧化氢比色法分析钒

在酸性溶液中钒与过氧化氢作用生成红棕色的硫酸过氧钒$[V(O_2)]_2(SO_4)_3$，其反应如下：

$$VO_3^- + 4H^+ + H_2O_2 = [V(O—O)]^{3+} + 3H_2O$$

9.2.2 PAR 法分析钒

PAR-钒具有一个很灵敏的紫色，最大吸收在550 μm 区，试剂本身有少量被吸收，PAR-钒络合物在很广泛的 pH 范围内是稳定的。这个方法在较宽浓度范围内符合博朗—比尔定律，在 25 mL 的试验溶液里，可以测定 1~5r 的钒。实验中加入 1，2-二氨基环己烷四乙酸，可以掩蔽 30 多种离子。

在钒的分析中，必要时应选择适当的分离方法，以分离干扰元素。

在 5% ~10% HCl 或 H_2SO_4的条件下，用 H_2S 从酸性硫化物组中分离钒，为了阻止钒的共沉淀，必须加入酒石酸，如果沉淀很多，应当溶解进行重沉淀。

用 NaOH 沉淀，V、Al、Be、Zn、W 在滤液中，而 Fe、Ti、Zr、Hf、Cr、U 则进入滤饼。

测定钒时，也常用汞阴极分离法，汞阴极分离在稀硫酸、高氯酸溶液中进行，电流为 5 A，电压为 5~10 V，并不断搅拌水银和溶液。

Cr、Fe、Mo、Co、Ni、Zn、Cd、Cu、Sb、Sn、Bi、Pb、Hg、Ag、Au、Ca、In 及一部分的 Mn 在汞阴极上析出，而 V、Ti、Al 碱金属碱土金属余留于溶液中。

还可用溶剂萃取法和离子交换法从许多金属中分离钒。

分离手续一般比较冗繁，分离速度慢，引起误差较大，分析结果不准确。因此，在分析中常使用掩蔽剂，以消除杂质的干扰。

9.2.3 二氧化硅的分析[5]

当溶液中钒硅浓度比 $C(SiO_2)/C(V_2O_5) \geq 1$ 时，采用硅钼黄分光光度法。

移取0、1、2、3、4、5 mL 0.1 mg/mL SiO_2标准分别于50 mL容量瓶中，滴加1滴对硝基酚，用1∶5盐酸中和至无色，过量2.8 mL，加入20 mL纯水，然后加入5%的钼酸铵溶液10 mL，以纯水定容至刻度，摇匀，放置30 min后。用3 cm比色皿，以随同试样的空白为参比，于721分光光度计(波长420 nm)测量其吸光度。然后以吸光度为横坐标，浓度为纵坐标，绘制标准工作曲线，见图9-1。

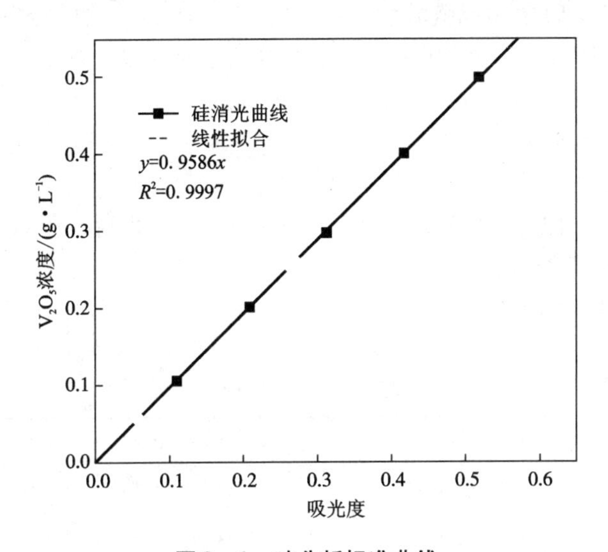

图9-1 硅分析标准曲线

通过线性拟合，硅的吸光度与浓度呈现良好的线性。通过拟合可以得到硅的标准曲线关系式为：$y=0.9586x$。

其中y为SiO_2浓度，x为吸光度，浓度单位为g/L。

9.2.4 Mo的分析方法[6]

方法原理：矿样在高温下经过氧化钠熔融，熔融物用水浸取，滤液在硫酸介质(质量分数为9%~10%)中以铜盐催化，用硫脲将六价钼还原至五价，与硫氰酸盐结合生成可溶性橘红色硫氰酸钼络合物，然后利用分光光度计，于460 nm波长处测量吸光度。

1. 试剂

(1)过氧化钠。

(2)硫酸-硫酸铜混合液：称取4 g硫酸铜($CuSO_4 \cdot 5H_2O$)，加入450 mL二次蒸馏水，人工搅拌至溶解后，缓慢注入500 mL硫酸($\rho=1.84$ g/mL)，人工搅拌均匀，待冷至室温后，将混合液移入1000 mL容量瓶，用二次蒸馏水定容至刻度，摇匀。

(3)柠檬酸钠(5%)溶液。

(4)硫脲(9%)溶液。

(5)硫氰酸钾(25%)溶液。

(6)钼标准溶液：准确称取0.15 g(称准至0.0001 g)三氧化钼(99.99%)(预先于500℃灼烧过)，置于200 mL烧杯中，加入5~6 mL氢氧化钠(20%)溶液溶解，再用硫酸(1+1)中和至微酸性，并过量15~20 mL，然后转入1000 mL容量瓶中，用二次蒸馏水定容至刻度，摇匀，此溶液中钼含量为0.1 mg/mL。

2. 仪器

721型分光光度计。

3. 分析步骤

(1)矿样：矿样应磨细至粒度<0.097 mm，装入小瓶，在80~90℃下烘干2 h，置于干燥器中备用。

按表9-2称取矿样。

表9-2　取样标准

钼量/%	矿样/g	试液总体积/mL	分取试液体积/mL
0.01~0.05	0.5000±0.0005	100	25.00
>0.05~0.1	0.5000±0.0005	100	25.00
>0.1~1	0.2000±0.0003	100	25.00~10.00
>1~2	0.1000±0.0003	100	10.00
>2~5	0.1000±0.0003	100	10.00~5.00

(2)空白试验：随同矿样做空白试验。

(3)校正试验：随同矿样进行同类型标准试样的分析。

(4)测定：

①将矿样置于10 mL刚玉坩埚中，加入3.5~4 g过氧化钠，搅拌均匀后，上面覆盖0.5~1 g过氧化钠，置于预先升至650~700℃的马弗炉中，在650~700℃熔融10 min，取出冷至室温；

②将坩埚置于200 mL烧杯中，盖上表面皿，加入沸水30~40 mL，待坩埚内熔融物全部洗脱后，用少量水淋洗坩埚，盖上表面皿，于电炉上煮沸约3 min(若溶液呈绿色，应缓慢滴加无水乙醇，搅拌至锰的绿色褪去)。待烧杯中无小气泡产生后，取下烧杯以流水冷却，用少量水洗净表皿后移入100 mL容量瓶，用二次蒸馏水定容至刻度，摇匀(A液)。

③A液放置澄清或干过滤，按表9-2分取溶液，置入100 mL容量瓶中(B

液)。钨量低于500 μg时，可以不加柠檬酸钠(用于掩蔽钨)。

④往(B液)中加入18.5 mL硫酸－硫酸铜混合液，流水冷却后加入2 mL柠檬酸钠，摇匀后加入15 mL硫脲溶液，混匀后等待5 min，加入8 mL硫氰酸钾溶液，用二次蒸馏水稀释至刻度，混匀，等待15 min后，在分光光度计上于460 nm波长处，用3 cm比色皿，以试剂空白作参比，测量吸光度。同时进行标准曲线的测定，从其中查得相应的钼量。

⑤工作曲线的绘制

向100 mL容量瓶中准确移取0、0.20、0.40、0.60、1.00、1.50、2.00、2.50、3.00(mL)钼标准溶液，用二次蒸馏水稀释至约50 mL，加入18 mL硫酸－硫酸铜混合液，流水冷却，以下按测定步骤中(4)所述进行测定。以钼量为横坐标，吸光度为纵坐标，测量吸光度。

4. 矿样中Mo含量的计算

按下式计算钼的含量：

$$w(\mathrm{Mo})=\frac{(m_1-m_0)V\times10^{-6}}{mV_1}\times100$$

式中：m_1，m_0——从工作曲线上查得的钼量以及空白试验钼量，μg；

V_1——按表9－2所移取试液体积，mL；

V——试液总体积，mL；

m——矿样质量，g。

9.3　钒的其他分析方法[4]

物料中钒除了用上述容量法及比色法分析外，还可以用发射光谱、原子吸收光谱、极谱等方法来分析。

9.3.1　发射光谱分析法测定钒

任何元素的原子都由原子核及核外电子所组成，这些核外运动着的电子处在一定能级上，具有一定能量，当其受到热、光或者电的作用时，离核较远的外层电子获得一定的能量激发到较高能级，就处于激发态，处于激发态的原子于短暂时间内辐射出能量，电子跃回到原来的能级上，但也可能分次跃迁，再回到原来的能级上，于是得到若干谱线，每个元素有其特征谱线，我们根据某些特征谱线的有无，确定试样中某些元素是否存在，然后再根据辐射的谱线强度，来确定该元素的含量，即发射光谱分析。

可以用这种方法测定合金钢中的钒，在合金钢中铁是主要成分，它的谱线强度变化很小，选定钒的一条谱线作为分析线，选定铁谱线一条作为内标线，这样一对分析线对的黑度差(S)值就不受分析条件改变的影响。由标准试样及试样的分析线对的S值就能确定试样钒的含量。

如果要求的准确度不高，可以用均称线对法(半定量法)。

如果将钒线与铁线强度比较。可以发现下列关系：

钒的含量/%	钒线与铁线强度比较
0.20	(V)4389.97Å = Fe4375.93Å
0.30	(V)4395.23Å = Fe4375.93Å
0.10	(V)4379.24Å > Fe4375.93Å
0.60	(V)4395.23Å > Fe4375.93Å

由肉眼观察钒线与铁线强度之间属于哪种关系，就可断定试样中钒的含量。

这种快速简便方法，在冶金工厂中常用于配料场和检查金属废料等。

用发射光谱法可以测定低碳钢中0.035% ~0.05%的钒，锆中20 ~200 μg/g的钒、铝及铝合金中0.001% ~0.05%的钒。

9.3.2 原子吸收分光光度法测定钒

原子吸收分光光度分析是基于从光源辐射出具有特征的待测元素谱线的光，通过试样蒸汽时，为蒸汽中待测元素基态原子所吸收，由辐射特征光被减弱的程度来测定试样中待测元素含钒量的方法。

原子吸收分析法测定钒选定31.8 nm线作为特征谱线。其灵敏度极高，并可同时分析若干个元素。

9.3.3 极谱法测定钒

极谱分析法是基于元素离子于一定外电场下在滴汞电极上还原后，产生扩散电流，利用扩散电流的大小以测定试样中元素的含量。

这种扩散电流—电压曲线称为极谱波。

由于钒具有不同的价态，它们在不同的介质中，都有各种极谱波。关于这些极谱波若干研究者都进行过研究。例如，在碱性介质中将 +4 价钒氧化成 +5 价钒，测量其阴极波，可以测定试样中的钒。钢中的钒可以应用下述方法测得。

称取0.5 ~2.5 g的样品放于克氏烧瓶中，加入20 mL 6N HCl，5 g磷酸氢二钠，数分钟后加入3 mL浓HNO_3，再加入3 mL浓硫酸蒸发至发烟，盛于电解池中，用电解法除去铁及其他干扰元素，溶液再用2 ~5 mL H_2O_2氧化 +3 价的钒，温和煮沸后，加入Na_2SO_3 2 g，将钒还原为 +4 价，将此溶液稀释至一定体积，取此溶液一部分，在1 mol/L NaOH及0.1 mol/L Na_2SO_3溶液中，于25℃下，在约0.25 V处测量阴极的扩散电流。

用一标准钢样，进行同样试验。

比较标钢及试样的扩散电流 i 值，就可以计算试样中钒的含量。

用极谱法可以测定钢中0.01% ~2%钒的含量。

9.3.4 电感耦合等离子体发射光谱法

李杰龙等[7]用电感耦合等离子体发射光谱仪可以一次性测定不锈钢中锰、

硅、磷、铬、镍等10种金属元素含量，快速简便。

攀钢集团的成勇等[8]以氢氟酸、硝酸消解样品，然后加入硫酸络合钛避免其在低酸度介质中水解，并且加热至产生三氧化硫烟以驱赶氢氟酸，以水稀释定容后采用电感耦合等离子体原子发射光谱法(ICP－OES)直接测定含钒尾渣中钒的含量。实验考察了在共存含有铁、钛、铝、铬、锰、钒等元素的含钒尾渣复杂基体中，基体效应、光谱干扰以及背景噪音等影响因素对钒测定的干扰。方法通过优选元素分析谱线、背景校正区域以及光谱仪工作条件，并且采用基体匹配法和同步背景校正法相结合的方式，消除了构成复杂且变化无常的样品基体对测定的影响。结果表明：方法可用于测定0.01%～6.0%的钒，并且样品基体在含20%～40%铁、5%～30%钛时，铝、铬、锰、钠、硅、钙、镁各元素1%～10%的变化对测定无影响，检测下限可达0.0009%，精密度 $RSD<3\%$，加标回收率94%～106%，与高锰酸钾氧化－硫酸亚铁铵滴定化学分析法的测定结果对照一致。

参考文献

[1] 徐耀兵. 中间盐法石煤灰渣酸浸提钒工艺的试验研究[D]. 浙江大学，2009.

[2] 朱茜. 从含钒石煤酸浸液中分离制备钒产品的新工艺[D]. 湘潭大学，2013.

[3] 华骏. 石煤氧化酸浸提钒及钒渣的综合利用[D]. 吉首大学，2012.

[4] 陈鉴等，钒及钒冶金[R]. 攀枝花资源综合利用领导小组办公室，1983.

[5] 肖超. 石煤提机新工艺及其机理研究[D]. 中南大学，2010.

[6] 谷雨. 含钒钼石煤矿中有价金属的综合回收新工艺[D]. 湘潭大学，2012.

[7] 李杰龙等. 电感耦合等离子体发射光谱仪测定不锈钢中锰、硅、磷、铬、镍等10种金属元素含量[J]. 科技信息，2012(7).

[8] 成勇. 电感耦合等离子体原子发射光谱法(ICP－OES)测定含钒尾渣中钒的含量[J]. 中国无机分析化学，2013，3(4).

图书在版编目(CIP)数据

钒冶金/赵秦生,李中军编著. —长沙:中南大学出版社,2015.11
ISBN 978 - 7 - 5487 - 2176 - 5

Ⅰ.钒... Ⅱ.①赵...②李... Ⅲ.钒 - 有色金属冶金
Ⅳ.TF841.3

中国版本图书馆 CIP 数据核字(2016)第 023161 号

钒 冶 金

赵秦生　李中军　编著

□责任编辑　史海燕
□责任印制　易红卫
□出版发行　中南大学出版社
社址:长沙市麓山南路　邮编:410083
发行科电话:0731-88876770　传真:0731-88710482
□印　　装　长沙超峰印刷有限公司

□开　　本　720×1000　1/16　□印张 18.75　□字数 349 千字
□版　　次　2015 年 11 月第 1 版　□印次　2015 年 11 月第 1 次印刷
□书　　号　ISBN 978 - 7 - 5487 - 2176 - 5
□定　　价　95.00 元